utb 6291



**Eine Arbeitsgemeinschaft der Verlage**

Brill | Schöningh – Fink · Paderborn
Brill | Vandenhoeck & Ruprecht · Göttingen – Böhlau · Wien · Köln
Verlag Barbara Budrich · Opladen · Toronto
facultas · Wien
Haupt Verlag · Bern
Verlag Julius Klinkhardt · Bad Heilbrunn
Mohr Siebeck · Tübingen
Narr Francke Attempto Verlag – expert verlag · Tübingen
Psychiatrie Verlag · Köln
Ernst Reinhardt Verlag · München
transcript Verlag · Bielefeld
Verlag Eugen Ulmer · Stuttgart
UVK Verlag · München
Waxmann · Münster · New York
wbv Publikation · Bielefeld
Wochenschau Verlag · Frankfurt am Main

**Lars Wächter** ist Diplom-Handelslehrer und Studienrat. Er ist Autor zahlreicher wirtschaftswissenschaftlicher Aufsätze und Bücher, z. B. „Ökonomen auf einen Blick – Ein Personenhandbuch zur Geschichte der Wirtschaftswissenschaft“ (2. A., 2022) und „Groß- und Außenhandel – Einführung in die Handelsbetriebslehre mit historischen und praktischen Bezügen“ (1. A., 2023).

Lars Wächter

# Betriebswirtschaftliches Denken von der Antike bis zur Gegenwart

UVK Verlag · München

Umschlagabbildung: © Evgeny Gromov · iStock
Autorenbild: © privat

Bibliografische Information der Deutschen Nationalbibliothek
Die Deutsche Nationalbibliothek verzeichnet diese Publikation in der Deutschen Nationalbibliografie; detaillierte bibliografische Daten sind im Internet über http://dnb.dnb.de abrufbar.

DOI: https://doi.org/10.36198/9783838562919


– Ein Unternehmen der Narr Francke Attempto Verlag GmbH + Co. KG
Dischingerweg 5 · D-72070 Tübingen



Internet: www.narr.de
eMail: info@narr.de

Einbandgestaltung: siegel konzeption | gestaltung
Elanders Waiblingen GmbH

utb-Nr. 6291
ISBN 978-3-8252-6291-4 (Print)
ISBN 978-3-8385-6291-9 (ePDF)
ISBN 978-3-8463-6291-4 (ePub)

MIX
Papier | Fördert gute Waldnutzung
FSC® C016368
FSC www.fsc.org

# Inhalt

Für
Lia & Massiel

# Vorwort

Während die betriebswirtschaftliche Literatur selbst für ausgewiesene Fachleute schon seit Jahrzehnten kaum mehr zu überschauen ist, verhält es sich mit der Literatur über die Entwicklung der Disziplin völlig anders. Die Anzahl der Arbeiten zur Geschichte der BWL ist insgesamt recht übersichtlich. Dabei möchte man eigentlich meinen, dass mit zunehmendem Alter einer Wissenschaft auch das Bedürfnis steigen würde, sich über deren Entwicklungsstufen zu informieren; und dies insbesondere dann, wenn – wie dies in der BWL der Fall ist – seit über einem halben Jahrhundert eine zunehmende Spezialisierung und Zersplitterung des Faches zu konstatieren ist.

Überraschenderweise setzte der Beginn der **BWL-Geschichtsschreibung** schon sehr früh ein, zu einer Zeit, als die BWL als Wissenschaft noch in den Kinderschuhen steckte: 1914 erschien die „Literaturgeschichte der Handelsbetriebslehre" von *Eduard Weber*. Und im Jahre 1923, zum 25-jährigen Bestehen des Faches als Hochschuldisziplin, veröffentlichte der junge Betriebswirt *Alfred Isaac* „Die Entwicklung der wissenschaftlichen Betriebswirtschaftslehre in Deutschland seit 1898". Zwei Jahre später erschien ein Aufsatz von *Balduin Penndorf* mit dem Titel „Die geschichtliche Entwicklung der Handelswissenschaften bis zum Ende des 19. Jahrhunderts". *Rudolf Seÿffert*, der sich auf dem Gebiet der historischen Forschung und Lehre der BWL besonders verdient gemacht hat und schon früh Vorlesungen hierzu in Köln hielt, veröffentlichte 1924 seine Antrittsvorlesung über „Begriff, Aufgaben und Entwicklung der Betriebswirtschaftslehre" als Aufsatz in der *Zeitschrift für Handelswissenschaft und Handelspraxis*, der in ähnlicher Form auch in das 1926 erstmals erschienene *Handwörterbuch der Betriebswirtschaftslehre* Eingang fand. Dieser Text erlebte als Separatdruck bis 1971 sechs Auflagen und bietet auf rund 70 Seiten eine kenntnisreiche und immer noch lesenswerte Einführung in die Entwicklung der Betriebswirtschaftslehre bis in die 1960er-Jahre. 1932 erschien „Das Methodenproblem in der Einzelwirtschaftslehre" von *Fritz Schönpflug*. Wie *Hans Seischab* im Vorwort zu der von ihm herausgegebenen und erweiterten zweiten Auflage von 1954 bemerkt, wollte *Schönpflug* „keine Geschichte der gesamten betriebswirtschaftlichen Lehrmeinungen geben, sondern einen Querschnitt durch das Schrifttum zu Beginn der 30er-Jahre legen." 1935 veröffentlichte *Josef*

*Löffelholz* seine soziologisch geprägte „Geschichte der Betriebswirtschaft und der Betriebswirtschaftslehre“, in der er, wie *Wilhelm Kalveram* im Geleitwort schreibt, „versucht, die Zusammenhänge zwischen Wirtschaft und Mensch, zwischen Gesellschaft und Betrieb mit Hilfe der ‚historischen Methode‘ zu erforschen.“ Immer noch lesenswert ist die „Geschichte der Betriebswirtschaftslehre“ von *Bernhard Bellinger* aus dem Jahr 1967, der auf rund 100 Seiten die Entwicklung der BWL von der Antike bis zu den Entwicklungstendenzen in der Mitte des 20. Jahrhunderts nachzeichnet. *Bellingers* Anspruch war es, die Geschichte der BWL sowohl unter problem- als auch unter ideengeschichtlichen Gesichtspunkten zu behandeln.

Um die Jahrtausendwende erschienen zum hundertjährigen Jubiläum der BWL als Fachdisziplin (Gründung der ersten Handelshochschule 1898 in Leipzig) die von *Michael Lingenfelder* (1999) sowie von *Eduard Gaugler/ Richard Köhler* (2002) herausgegebenen Sammelwerke, in denen namhafte Fachvertreter die Entwicklungspfade der Allgemeinen BWL sowie insbesondere der Speziellen Betriebswirtschaftslehren nachzeichnen. In diese Zeit fällt auch die voluminöse Monographie von *Dieter Schneider* (2001), der im vierten Band seiner Betriebswirtschaftslehre auf über 1.000 Seiten (!) die „Geschichte und Methoden der Wirtschaftswissenschaft“ äußert fundiert und kenntnisreich darstellt. Als aktuelle Monographien sind die vornehmlich wissenschaftsprogrammatisch bzw. wissenschaftstheoretisch orientierte „BWL-Story“ von *Günther Schanz* und die „Betriebswirtschaftslehre in Wissenschaft und Geschichte“ von *Klaus Brockhoff* zu nennen. Das jüngste Sammelwerk ist die zweibändige „Ideengeschichte der BWL“: Der von *Wenzel Matiaske* und *Wolfgang Weber* (2018) herausgegebene erste Band thematisiert die ABWL sowie die Spezialgebiete Organisation, Personal, Rechnungswesen und Steuern; der von *Wenzel Matiaske* und *Dieter Sadowski* (2022) besorgte zweite Band widmet sich den Bereichen Produktion, Operations Research, Innovation, Marketing, Finanzierung, Nachhaltigkeit, ÖBWL und internationales Management.

Diese Spezialisierung spiegelt auch die reale Entwicklung des Faches wider. Zwar wirkt sich die Spezialisierung – im Sinne einer wissenschaftlichen Arbeitsteilung – zumeist förderlich auf den wissenschaftlichen Fortschritt aus und wird als wünschenswert erachtet; allerdings sollte sie nicht zu einer Verengung der Perspektive, zur Verselbständigung der Teilbereiche oder zum Verlust einer ganzheitlichen Perspektive führen. Gerade die Wissenschaftsgeschichte kann hier nützliche Dienste leisten und als „Klammer“ der Allgemeinen BWL wirken.

Sowohl für Studenten der BWL als auch für alle an der Wissenschaftsgeschichte der BWL Interessierten scheint mir – zumindest für den Einstieg in das Thema – eine kompakte, überschaubare Darstellung geeignet, die gleichermaßen sowohl die herausragenden Persönlichkeiten des Faches vorstellt als auch deren Schriften, Ideen, Theorien und Wissenschaftsprogramme darstellt und historisch einordnet. Damit ist im Wesentlichen auch schon der Zweck umrissen, den das vorliegende Buch verfolgt: **Es soll eine grundlegende, aber auch facettenreiche Einführung bieten in die faszinierende Ideengeschichte der Betriebswirtschaftslehre.**

Danken möchte ich *Wolf-Dieter Ludwig*, der das Manuskript Korrektur gelesen hat. Herr Prof. Dr. *Norbert Koubek* gab nicht nur nützliche Hinweise zum zehnten Kapitel, insbesondere zum Konzept der AOEWL, sondern war auch so freundlich, mir ein Foto zur Verfügung zu stellen, wofür ich mich an dieser Stelle herzlich bedanken möchte. Bei meiner Bildrecherche wurde ich weiterhin unterstützt von: *Birgit Abeler* (Schmalenbach-Gesellschaft für Betriebswirtschaft e. V.), Dr. *Sandra Eichfelder* (Universitätsarchiv der Universität Mannheim), Frau Prof. Dr. *Andrea Gröppel-Klein* (Institut für Konsum- und Verhaltensforschung an der Universität des Saarlandes), *Corinna Groß* (NWB Verlag), Dr. *Wolfgang Müller* (Universitätsarchiv der Universität des Saarlandes), Dr. *Katharina Schaal* (Hessisches Staatsarchiv Marburg), Dr. *Bianca Volk* (Verband der Hochschullehrer für Betriebswirtschaft e. V.) und dem Stadtarchiv Nürnberg. Ihnen allen sei an dieser Stelle herzlich gedankt! Herrn *Rainer Berger* vom UVK Verlag danke ich für die stets professionelle und sehr angenehme Zusammenarbeit.

Kassel, im Sommer 2024
Lars Wächter

## Abkürzungsverzeichnis

**Abb.** | Abbildung
**ABWL**| Allgemeine BWL
**AOEWL**| Arbeitsorientierte Einzelwirtschaftslehre
**Aufl.** | Auflage
**Bd./Bde.** | Band/Bände
**BLBS** | Bundesverband der Lehrerinnen und Lehrer an beruflichen Schulen
**BRD** | Bundesrepublik Deutschland
**BvLB** | Bundesverband der Lehrkräfte für Berufsbildung
**BWL** | Betriebswirtschaftslehre
**DBW** | Die Betriebswirtschaft
**DDP** | Deutsche Demokratische Partei
**DDR** | Deutsche Demokratische Republik
**DGB** | Deutsche Gesellschaft für Betriebswirtschaft oder Deutscher Gewerkschaftsbund
**D.H.H.L** | Diplom der Handels-Hochschule Leipzig (bis 1920er-Jahre)
**Dipl.-Hdl.** | Diplom-Handelslehrer
**Dipl.-Kfm.** | Diplom-Kaufmann
**DM** | Deutsche Mark
**Dr.** | Doktor
  jur. | juris (Rechtswissenschaft)
  oec. | oeconomiae (Wirtschaftswissenschaft)
  phil. | philosophiae (geisteswissenschaftliche Disziplinen)
  rer. pol. | rerum politicarum (Politik-, Sozial- oder Wirtschaftswissenschaft)
**ebd.** | ebenda
**et al.** | et alii (und andere)
**f./ff.** | folgende/folgenden (Seiten)
**FDJ** | Freie Deutsche Jugend
**FfH** | Forschungsstelle für den Handel
**HdStW** | Handwörterbuch der Staatswissenschaften
**HdSW** | Handwörterbuch der Sozialwissenschaften
**HdWW** | Handwörterbuch der Wirtschaftswissenschaft
**HfÖ** | Hochschule für Ökonomie
**HH** | Handelshochschule
**hrsg. v.** | herausgegeben von

**Hrsg.** | Herausgeber
**Jb.** | Jahrbuch
**JBE** | Journal of business economics (zuvor ZfB)
**Jh.** | Jahrhundert
**Kap.** | Kapitel
**KZ** | Konzentrationslager
**LDPD** | Liberal-Demokratische Partei Deutschlands
**MEW** | Marx-Engels-Werke
**NIÖ** | Neue Institutionenökonomik
**NS** | Nationalsozialismus, nationalsozialistisch
**NSD** | Nationalsozialistischer Deutscher Dozentenbund
**NSDStB** | Nationalsozialistischer Deutscher Studentenbund
**NSDAP** | Nationalsozialistische Deutsche Arbeiterpartei
**RM** | Reichsmark
**S.** | Seite
**SBWL** | Spezielle Betriebswirtschaftslehre/n
**SBZ** | Sowjetische Besatzungszone
**SED** | Sozialistische Einheitspartei Deutschlands
**Sp.** | Spalte
**SPD** | Sozialdemokratische Partei Deutschlands
**Tab.** | Tabelle
**TH** | Technische Hochschule
**UdSSR** | Union der Sozialistischen Sowjetrepubliken (Sowjetunion)
**vgl.** | vergleiche
**VDDK** | Verband deutscher Diplom-Kaufleute e. V.
**VEB** | Volkseigener Betrieb
**VHB** | Verband der Hochschullehrer für Betriebswirtschaft e. V.
**VLW** | Verband der Lehrerinnen und Lehrer an Wirtschaftsschulen
**VWL** | Volkswirtschaftslehre
**WiSt** | Wirtschaftswissenschaftliches Studium
**WSI** | Wirtschafts- und Sozialwissenschaftliches Institut
**WU** | Wirtschaftsuniversität
**ZfB** | Zeitschrift für Betriebswirtschaft
**ZfbF** | Schmalenbachs Zeitschrift für betriebswirtschaftliche Forschung
**ZfhF** | Zeitschrift für handelswissenschaftliche Forschung
**ZfHH** | Zeitschrift für Handelswissenschaft und Handelspraxis (später DBW)
**zit. n.** | zitiert nach

„Die Geschichte einer Kunst oder Wissenschaft trägt sehr viel zur richtigen Beurtheilung und Verbesserung derselben bey. Sie legt uns den Zeitpunct vor Augen, da dieselbe gestiegen oder gefallen ist, und entdecket uns dadurch die Ursachen und Mittel, die zu ihrem Wachsthum oder Verfall etwas beygetragen haben, oder noch beytragen können."[1]
*J. C. May*, 1762

„Unsere Wissenschaft, einstmals kaum eines mitleidigen Blickes gewürdigt, gehört längst zu den Kulturgütern der Nation."[2]
*A. Isaac*, 1923

„Auf dem Gebiet der historischen Forschung in unserer betriebswirtschaftlichen Disziplin zeigt sich ganz allgemein eine gewisse Scheu oder Uninteressiertheit."[3]
*O. R. Schnutenhaus*, 1967

1 Johann Carl May (1731–1784) in seinem „Versuch einer allgemeinen Einleitung in die Handlungs-Wissenschaft", Erster Band, Altona 1767, S. 27, § 34.

2 Alfred Isaac (1888–1956) in seiner Dissertation: Die Entwicklung der wissenschaftlichen Betriebswirtschaftslehre in Deutschland seit 1898, Berlin 1923, S. 192.

3 Otto Schnutenhaus (1894–1976), ein Vorreiter des Marketings in Deutschland, in seinem Geleitwort zu der Arbeit von Dieter Marscheider: Die Erkenntnisse auf dem Gebiet des Vertriebs in der deutschsprachigen Literatur von 1868 bis 1914, Berlin 1967.

# 1 Einleitung

Die Geschichte der Betriebswirtschaftslehre ist eine Wissenschaftsgeschichte. Es ist noch gar nicht lange her, dass der Wissenschaftscharakter der Betriebswirtschaftslehre in Frage gestellt und sie als eine bloße „Profitlehre" verspottet wurde. Bevor wir uns anschauen, wie sich die Betriebswirtschaftslehre entwickelt hat, werden in dieser Einleitung vorab wichtige Begriffe wie Betrieb, Betriebswirtschaft und Betriebswirtschaftslehre erklärt. Anschließend wird nach dem Nutzen gefragt, den die Beschäftigung mit der Wissenschaftsgeschichte bzw. mit der Geschichte der Betriebswirtschaftslehre bringt, bevor abschließend auf die Problematik der Periodisierung eingegangen wird und die Epochen benannt und voneinander abgegrenzt werden, an denen sich der Aufbau des vorliegenden Buches orientiert.

## 1.1 Betriebswirtschaftslehre: Profitlehre oder Wissenschaft?

Da sich die Betriebswirtschaftslehre erst ab dem 20. Jahrhundert zu einer Hochschuldisziplin entwickelt hat, wurde sie innerhalb der Wirtschaftswissenschaft im Vergleich zur (vermeintlich) „altehrwürdigen" Volkswirtschaftslehre nicht nur als eine junge, sondern auch als eine unreife Disziplin betrachtet. Zuweilen haben Volkswirtschaftler der Betriebswirtschaftslehre überhaupt den Rang einer Wissenschaft abgesprochen: So bezeichnete der Nationalökonom *Lujo Brentano* (1844–1931) die Privatwirtschaftslehre, wie die Betriebswirtschaftslehre damals auch genannt wurde, polemisch als „Profitlehre". Und auch dessen Fachkollege *Karl Diehl* (1864–1943) konnte seinen wissenschaftlichen Hochmut nicht verbergen, wenn er in seinem Beitrag über „Nationalökonomie und Handelsbetriebslehre"[4] dem privatwirtschaftlichen Fach keinen Wissenschaftscharakter zuspricht.[5]

Wie *Schneider* klarstellt, sind jedoch „wissenschaftliche Einsichten, die heute zur Betriebswirtschaftslehre zählen, älter als solche zur Volkswirt-

4 K. Diehl: Nationalökonomie und Handelsbetriebslehre, in: Jahrbücher für Nationalökonomie und Statistik, III. Folge, Bd. 43, Jena 1912, S. 98f.

5 Vgl. H. Wächter: Gesamtwirtschaftliche Bezüge im Denken älterer Betriebswirte, in: G. Schanz (Hrsg.): Betriebswirtschaftslehre und Nationalökonomie, Wiesbaden 1984, S. 8.

schaftslehre, weil es in Landgütern, Handelsgesellschaften oder bei der Verwaltung von Heeresbeständen und deren Rechnungslegung seit Jahrtausenden Probleme zu lösen galt, während eine Volkswirtschaft als Wirtschaftssystem [...] sich erst ab dem 17./18. Jahrhundert herausgebildet hat."[6] Gestützt wird diese Auffassung von *Löffelholz*: „Betrieb und Betriebswirtschaft [...] bestehen vom Urbeginn der Menschheit an. So lange der Mensch als denkendes Wesen existiert, hat er innerhalb eines Betriebes gewirtschaftet."[7] Wenn dies zunächst überzogen klingen mag, liegt das wohl daran, dass mit dem Begriff „Betrieb" zumeist die neuzeitliche Erscheinungsform einer gewinnorientierten, kapitalistischen Unternehmung in Verbindung gebracht wird. Verständlich werden diese Hinweise auf „jahrtausende alte Probleme" – die sogar bis zum „Urbeginn der Menschheit" reichten – erst dann, wenn man sich das Erfahrungsobjekt (Betrieb) und Erkenntnisobjekt (Wirtschaften) der Betriebswirtschaftslehre vergegenwärtigt.

## 1.2 Betrieb, Betriebswirtschaft und Betriebswirtschaftslehre

In seiner Betrachtung gelangt *Seÿffert* – der sich übrigens als einer der ersten Betriebswirte auch der Geschichte seines Faches widmete – zu der Erkenntnis, dass es außerhalb der Betriebe gar kein Wirtschaften gibt. Was er unter **Betrieb**, **Betriebswirtschaft** und der **Lehre** davon versteht, erläutert er so:

> „Der **Betrieb** im allgemeinsten Sinne ist ein soziales Gebilde, das mit menschlichem Zweckhandeln erfüllt ist. Er tritt überall auf, wo menschliche körperliche und geistige Bedürfnisse zur Befriedigung drängen und die Mittel und Wege dazu gesucht werden. Der Betrieb kann schon durch einen einzelnen Menschen in seinem organisierten Bemühen um die Zweckverwirklichung gebildet werden. [...]
>
> Mit **Betriebswirtschaft** wird sowohl der einzelne wirtschaftliche Betrieb (die Einzelwirtschaft) wie das Wirtschaftsleben der Betriebe als Gesamterscheinung bezeichnet [...]. Die wirtschaftlichen Betriebe oder Betriebswirtschaften sind

---

6 D. Schneider: Geschichte der Betriebswirtschaftslehre, in: Lingenfelder (Hrsg.): 100 Jahre Betriebswirtschaftslehre in Deutschland 1999, S. 1.

7 J. Löffelholz: Geschichte der Betriebswirtschaft, in: Seischab/Schwantag: Handwörterbuch der Betriebswirtschaft, Bd. 1, 3. Aufl., Stuttgart 1956, Sp. 970.

in sich geschlossene, mit wirtschaftlichen Prozessen erfüllte Sozialgebilde im Dienste der menschlichen Bedarfsdeckung. Sie sind Organisationseinheiten der Wirtschaft. [...] Unmittelbare Bedürfnisdeckung erfolgt in den Haushaltungen, die insofern auch als wirtschaftliche Betriebe anzusehen sind. Mittelbar wird der Bedarf durch arbeitsteiliges Wirtschaften gedeckt, das zumeist auf den Erwerb von Kaufkraft ausgerichtet ist, die dann der Bedarfsdeckung in der Haushaltung dient. Alle wirtschaftlichen Betriebe stellen in sich geschlossene Organisationseinheiten dar, die durch Wirtschaften die Bedürfniswerte für die Bedürfnisbefriedigung bereitstellen. [...] Alles Wirtschaften dient dem Bereitstellen der Befriedigungswerte für die Bedürfnisbefriedigung. Von hier aus erhalten die Vorgänge in der Wirtschaft ihren Sinn und ihre Berechtigung. [...] Jede andere Zwecksetzung widerspricht dem wahren Wesen wirtschaftlicher Betätigung. [...] Die **Betriebswirtschaftslehre** befaßt sich mit der Erforschung der wirtschaftlichen Erscheinungen an der Stelle ihrer Entstehung in den wirtschaftlichen Betrieben. Die betriebswirtschaftliche Forschung geht immer vom einzelnen Betriebe aus. Ihr Aufgabenkreis umfaßt das Erforschen und Beschreiben, Analysieren und Systematisieren der inneren und der äußeren Beschaffenheit der Betriebswirtschaften, der Betriebsvorgänge, der Beziehungen der Betriebswirtschaften untereinander und ihrer Stellung im gesellschaftlichen Leben, eingeschlossen jegliche Art von Zusammenschlüssen von Betriebswirtschaften.“[8]

Im Laufe der Menschheitsgeschichte wurden vielfältige Organisationsformen und Sozialgebilde zur Bedarfsdeckung verwirklicht. Zu unterschiedlichen Zeiten sind sie in ganz unterschiedlichen Formen in Erscheinung getreten. So unterscheidet sich z. B. die zentral geplante und gesteuerte Tempelwirtschaft im altertümlichen Orient von der *Oikos*-Wirtschaft im antiken Griechenland, welche die zwei unterschiedlichen sozialen Einheiten Familie und Betrieb miteinander verbindet.[9] Die römische Sklavenwirtschaft, die mittelalterliche Lehnswirtschaft und das Zunftsystem funktionierten wiederum völlig anders als der frühe Handelskapitalismus zur Zeit der Renaissance. Dies führt uns zu der grundsätzlichen Frage, ob damals gewonnene Einsichten und Erkenntnisse heutzutage überhaupt noch von Nutzen sein können: Kann man also aus der Geschichte der Betriebswirtschaftslehre

8 R. Seÿffert: Über Begriff, Aufgaben und Entwicklung der Betriebswirtschaftslehre, 6. Aufl., Stuttgart 1971, S. 7–13.

9 Vgl. M. Bardmann: Grundlagen der Allgemeinen Betriebswirtschaftslehre, 3. Aufl., Wiesbaden 2019, S. 46.

etwas lernen? Oder ist die Wissenschaftsgeschichte für den Betriebswirtschaftler nutzlos?

## 1.3 Der „Denkstil von der geschichtslosen Managementwissenschaft“

In einem 1984 erschienenen Aufsatz stellte *Dieter Schneider* (1935–2014) die weit verbreitete Auffassung unter Betriebswirtschaftlern in Frage, wonach die eigene Wissenschaftsgeschichte nutzlos sei.[10] Hierfür prägte er den Begriff vom „Denkstil der geschichtslosen Managementwissenschaft“ und untermauerte ihn anhand einiger recht plausibler Beispiele aus der Wissenschaftsgeschichte: So setzten sich seit den 1960er-Jahren Zustands- und Entscheidungsbäume in der Planungstheorie durch, die durch Übersetzung der angelsächsischen Literatur auch Einzug in die deutschen BWL-Lehrbücher fanden. Doch diese Konzepte seien eben nicht neu, wie *Schneider* betont. Um eine logische Entscheidung bei alternativen Zukunftslagen zu erläutern, habe der Philosoph *Chrysippos* im 3. Jahrhundert v. Chr. das Beispiel eines Hundes gewählt, der beim Jagen der Beute an eine Stelle kommt, wo der Weg sich dreiteilt. Der Hund versucht die Fährte auf zwei Wegen zu erschnüffeln – und folgt dann ohne Zögern und erneutes Schnüffeln dem dritten Weg. Denn wenn von einer bestimmten Anzahl von Möglichkeiten alle bis auf eine ausgeschlossen werden können, dann muss die verbleibende die richtige sein. „Wenn schon in der Antike Hunde ihre Entscheidungen an Zustandsbäumen ausrichteten, dann stellt sich“, wie *Schneider* süffisant anmerkt, „doch die Frage: Warum wurde dieses einfache Planungskonzept in der Betriebswirtschaftslehre bis nach 1960 nicht gelehrt und mußte erst aus dem angelsächsischen Managementschrifttum übersetzt werden?“[11] Gleiches gilt auch für die weiteren von *Schneider* genannten Beispiele aus der Geschichte der Betriebswirtschaftslehre: die Berechnung von Ertragswerten bzw. Kapitalwerten mittels Zinseszinsen durch *Gottfried Wilhelm Leibnitz* 1682 und darauf aufbauend durch *Friedrich Löhmann* 1829, die Ausführungen *Johann Heinrich von Thünens* über Planungsrechnungen

10 Die folgenden Ausführungen basieren auf diesem Aufsatz: D. Schneider: Managementfehler durch mangelndes Geschichtsbewusstsein in der Betriebswirtschaftslehre, in: Zeitschrift für Unternehmensgeschichte/Journal of Business History, 29. Jg., Heft 2, München: C. H. Beck 1984, S. 114–130.

11 Ebd., S. 115.

zur Sensitivitätsanalyse, die Plankostenrechnung mit Ursachenanalyse von *Fredersdorff* aus dem Jahr 1802 und die erste Berechnung der kostendeckenden Ausbringung, die *Carl Freiherr von Oeynhausen* im Jahre 1822 aufstellte – 80 Jahre vor der Break-even-Analyse des Amerikaners *Henry Hess*, auf den auch die Bezeichnung **Break-even-Point** zurückgehe; und 90 Jahre vor der Berechnung der kostendeckenden Ausbringung durch *Johann Friedrich Schär*, der hierfür den Namen **Toter Punkt** fand. So gelangt *Schneider* zu dem Befund, dass bei etwas mehr wissenschaftlichem Interesse so manche der heutigen betriebswirtschaftlichen Grundlagen Jahrzehnte oder sogar Jahrhunderte früher hätten gelehrt und negative unternehmens- und gesellschaftspolitische Folgen verhindert werden können.[12]

Als „eine Ursache des fragwürdigen Geschichtsbewusstseins in der BWL" nennt *Schneider* das „Fehlverständnis von wissenschaftlichem Arbeiten" von *Eugen Schmalenbach*, einem der Gründerväter der modernen Betriebswirtschaftslehre und einflussreichsten Hochschullehrer seiner Zeit. Dieser sprach sich gegen eine auf Erklärung ausgerichtete Theorie aus und stattdessen für eine Lehre, die auf unmittelbar praktische Anwendbarkeit gerichtet ist, also für eine Betriebswirtschaftslehre im Sinne einer auf Vermarktung gerichteten Managementwissenschaft. *Schneider* kritisiert daran, dass überzeugende, durch Argumente abgewogene Handlungsempfehlungen ohne erklärende Theorien nicht möglich seien. Zuerst seien empirische Gesetzmäßigkeiten zu erarbeiten, ehe Handlungsempfehlungen für die Praxis gegeben werden können: „Wer eine Wissenschaft anwenden will, muß erst einmal eine Wissenschaft haben."[13]

## 1.4 Vom Nutzen der Geschichte für die BWL

Schon relativ früh, Mitte der 1920er-Jahre, bemängelt *Seÿffert*, dass die „historische Methode als der Erforschung von Betriebsverhältnissen, die der Vergangenheit angehören" in der betriebswirtschaftlichen Forschung vernachlässigt wird und stellt hierzu kritisch fest:

> „Die historische Methode kann für die Betriebswirtschaftslehre sehr ergiebig sein. Viele technische Besonderheiten, z. B. das Rechnungswesen, der Welthandelsorganisation, des Verkehrswesens können nur historisch erklärt und verstanden

12 Vgl. ebd., S. 117/120.
13 Ebd., S. 125.

> werden. Weiter bieten die Geschichte der Firmen, der Kolonialgesellschaften, des Geldwesens usw. eine Fülle von auch für die Jetztzeit ausnutzenswerten Stoffes, der betriebswirtschaftlich noch nicht durchgearbeitet worden ist. Von der Anwendung der historischen Methode ist noch viel für die Betriebswirtschaftslehre zu erwarten."[14]

Dennoch scheint es auch ein Jahrhundert später immer noch nötig zu sein, eine Rechtfertigung der historischen Methode zu liefern bzw. den Nutzen der Geschichte für die betriebswirtschaftliche Forschung zu begründen. „Was lehrt eine Beschäftigung mit der Geschichte wirtschaftlichen Denkens?"[15] Diese Frage wirft *Schneider* am Beginn des vierten Bandes seiner Betriebswirtschaftslehre auf, in dem er sich auf über 1.000 Seiten der „Geschichte und Methoden der Wirtschaftswissenschaft" widmet. Nach seiner Auffassung erleichtere sie das Erlernen, das Beurteilen und die spätere berufliche Anwendung wirtschaftswissenschaftlicher Theorien in fünffacher Hinsicht:[16]

1. *Verständnis einzelner Theorien:*
   Die Theoriegeschichte helfe beim Verständnis des Problems und der vorgeschlagenen Lösung sowie beim Erkennen der Voraussetzungen der Theorie.
2. *Anwendungsvoraussetzungen von Theorien*
   Kenntnisse um die Geschichte des wirtschaftlichen Denkens können voreilige Schlüsse und Irrtümer verhindern.
3. *Verständnis für den Theoriezusammenhang*
   Wissenschaftsgeschichte bilde einen inneren Zusammenhang der einzelnen wirtschaftswissenschaftlichen Teilgebiete und biete die Möglichkeit, eine Fülle an Einzelwissen miteinander zu verknüpfen. Zudem lasse sich aus den Erfahrungen des bisherigen Vorgehens in der wirtschaftswissenschaftlichen Forschung die Fruchtbarkeit verschiedener Forschungsmethoden überprüfen.
4. *Entwicklung verbesserter Theorien*
   Häufig offenbare erst das Lesen der Originaltexte bzw. Primärliteratur zu einer heutigen Theorie, was diese beantworten wollte, was sie gelöst

---

14 R. Seÿffert: Betriebswirtschaftliche Forschung, ihre Entwicklung, in: Handwörterbuch der Betriebswirtschaft, hrsg. von H. Nicklisch, Bd. 1, Stuttgart 1926, Sp. 1188–1193 (hier: Sp. 1190).

15 D. Schneider: Betriebswirtschaftslehre, Bd. 4: Geschichte und Methoden der Wirtschaftswissenschaft, München/Wien 2001, S. 1.

16 Vgl. ebd., S. 1–8.

hat oder nicht gelöst hat. So könne der Blick auf Kritikpunkte erweitert werden und es werden Lösungsalternativen erkennbar.

5. *Standortbestimmung der Wissenschaft*
   Mangelndes Wissen über die Geschichte einer Wissenschaft begünstige eine Fehleinordnung neuer Problemstellungen und verführe zu einer Über- oder Unterschätzung von Methodenproblemen, wodurch es zu Fehlurteilen hinsichtlich der Aussagefähigkeit von Theorien kommen kann.

Eine letzte Frage, die hier in der Einleitung angesprochen werden soll, betrifft die Periodisierung. Wann lässt man eine Geschichte der Betriebswirtschaftslehre beginnen? Und in welche Epochen lassen sich die Entwicklungsstufen (sinnvoll) einteilen?

## 1.5 „Periodizing, as we know, is a necessary evil"[17]

„Bekanntlich ist die Einteilung in verschiedene Perioden ein notwendiges Übel", stellte schon *Schumpeter* in seiner „History of Economic Analysis" (dt. „Geschichte der ökonomischen Analyse") fest, denn „geschichtliche Entwicklungen sind immer kontinuierlich, und man kann sie niemals in Abschnitte zerlegen, ohne Willkür und Verlust mit in Kauf zu nehmen."[18] Dies betrifft nicht nur die Einteilung in einzelne Epochen innerhalb der Geschichtserzählung, sondern auch deren Beginn und Ende. Zwar lässt *Gutenberg* in seiner „Einführung in die Betriebswirtschaftslehre" – sie gilt als Klassiker unter den betriebswirtschaftlichen Lehrbüchern – seinen kurzen historischen Rückblick im 15. Jahrhundert mit *Luca Pacioli* beginnen; er weist aber auch darauf hin, dass „sich bereits bei den Ägyptern und den Babyloniern, selbstverständlich auch bei den Griechen und Römern, Schriften nachweisen lassen, die betriebstechnische und betriebswirtschaftliche Erörterungen enthalten."[19]

Ähnlich äußert sich *Seÿffert*, wenn er berechtigte Fragen zur Datierung der Geschichte der Betriebswirtschaftslehre aufwirft – und zugleich eine Antwort auf diese findet:

---

17 J. A. Schumpeter: History of Economic Analysis, Abingdon/Oxfordshire: Routledge 1954, S. 379.

18 J. A. Schumpeter: Geschichte der ökonomischen Analyse, Bd. 1, Göttingen: Vandenhoeck & Ruprecht 2007, S. 475.

19 E. Gutenberg: Einführung in die Betriebswirtschaftslehre, Wiesbaden 1958, S. 14.

> „Von wann ist die Geschichte der Betriebswirtschaftslehre zu datieren? Erst von dem Zeitpunkt an, von dem von einer wissenschaftlichen Lehre gesprochen werden kann? Oder hat die Forschung sich auch zu erstrecken auf die Vorläufer der eigentlichen Lehre, auch wenn weder Wille noch Vermögen zur Ausbildung einer wissenschaftlichen Disziplin festzustellen ist? Mir scheint kein Zweifel darüber, daß auch diese ersten Keime, aus denen sich später eine Lehre entwickeln konnte, mit einzubeziehen sind; ohne Rücksicht darauf, welchen Motiven sie ihre Entstehung zu verdanken haben.“[20]

Seine weiteren Ausführungen lassen erkennen, dass eine Datierung demgemäß „in der frühesten Zeit der Geschichte“ ihren Anfang nehmen kann, da sich beweisen lässt, dass schon damals eine geordnete Rechnungsführung existierte und „das Buchhaltern, das Wirtschaftsrechnen und später auch das Verfassen kaufmännischer Schriftstücke verbreitete, erlernbare Techniken waren.“[21]

Diesem Verständnis folgt auch *Bellinger*, der seine „Geschichte der Betriebswirtschaftslehre“ mit der „Alten Geschichte“ beginnen lässt, die einen Zeitraum von ca. 3000 v. Chr. bis ca. 1600 n. Chr. umfasst. Denn in dieser Spanne sei es gelungen, „einzelne soziale Beziehungen im betriebswirtschaftlichen Bereich durch die Buchhaltung zu erfassen und zu quantifizieren, bestimmte Verfahrenstechniken zu entwickeln, zu generell gültigen Prinzipien erfolgreichen Wirtschaftens vorzustoßen, die theoretischen Grundlagen gesicherter Erkenntnisse zu entdecken, das kaufmännische Rechnen mit indischen Zahlzeichen zu entwickeln, Grundsätze der Geschäftspolitik aufzustellen und für Forschungszwecke rationale und kausale Betrachtungsweisen einzuführen.“[22]

*Brockhoff* lässt seine Ideengeschichte der BWL im Altertum mit der physischen Dokumentation von Geschäftsfällen durch Tontafeln und Keilschrift im Zweistromland beginnen. Als Ende der Periodisierung wählt er die 1970er-Jahre, um so „Herkommen und Einordnung gegenwärtiger Wissensstände etwas besser beurteilen zu können.“[23]

---

20 Seÿffert (1971), S. 32.
21 Ebd., S. 35.
22 B. Bellinger: Geschichte der Betriebswirtschaftslehre, Stuttgart 1967, S. 10f.
23 K. Brockhoff: Betriebswirtschaftslehre in Wissenschaft und Geschichte, 5. Aufl., Wiesbaden 2017, S. 107.

In der Geschichtsschreibung der Betriebswirtschaftslehre hat sich im Wesentlichen die **Periodisierung von *Seÿffert*** durchgesetzt, die aus folgenden Entwicklungsstufen besteht:

- Die Frühzeit der verkehrs- und rechnungstechnischen Anleitungen (bis 1675).
- Die Zeit der systematischen Handlungswissenschaft (1675–1804).
- Die Niedergangszeit der Handlungswissenschaft (19. Jahrhundert).
- Die Aufbauzeit der beschreibenden Handelstechnik (1898–1910).
- Die Zeit des Ausbaus zur Betriebswirtschaftslehre und deren Instituierung als Hochschuldisziplin (ab 1910/12–1954).
- Die Expansion der Betriebswirtschaftslehre in der Nachkriegszeit durch Rezeptionsprozesse, zunehmende Ausrichtung auf die Betriebswirtschaftspolitik und Ausfächerungstendenzen (ab 50er-Jahre).[24]

Diese Einteilung *Seÿfferts* soll im Wesentlichen (leicht modifiziert) auch der hier vorliegenden Darstellung zugrunde gelegt werden. **Abweichungen** von *Seÿfferts* Periodisierung erfolgen ab der neueren Geschichte: Die Zeit des Ausbaus (1910/12–1954) wird hier differenzierter dargestellt (Systematisierung und Konsolidierung). Die Zeit des Nationalsozialismus (1933–1945) stellt hier eine eigene Epoche dar. Die Entwicklung der BWL im Nachkriegsdeutschland erfordert aufgrund der unterschiedlichen Wirtschaftssysteme eine entsprechende separate Darstellung der Fachdisziplin in der SBZ/DDR und in den Westsektoren bzw. der BRD. Dieses Kapitel endet mit der Gutenberg-Ära Ende der 1960er-Jahre. Das Kapitel zur neueren Entwicklung lassen wir 1969 beginnen und befassen uns darin mit verschiedenen Ansätzen, die im Wesentlichen eine Folge der sozialwissenschaftlichen Öffnung des Fachs sind und deren Bedeutung teilweise bis in die jetzige Zeit hineinreicht. Den Abschluss bildet die Problematik, die sich aus dem Spannungsverhältnis von Allgemeiner und Spezieller Betriebswirtschaftslehre ergibt.

## ➲ Zusammenfassung

- Allgemein versteht man unter einem **Betrieb** ein soziales Gebilde, eine in sich geschlossene Organisationseinheit, in der Menschen zweckmä-

24 Vgl. Seÿffert (1971), S. 34.

ßig handeln. Insofern stellen auch Haushaltungen natürliche, ursprüngliche Betriebe dar.

- **Betriebswirtschaft** bezeichnet sowohl den Einzelbetrieb als auch die Betriebe in ihrer Gesamtheit. Betriebswirtschaften sind in sich geschlossene Organisationseinheiten der Wirtschaft, die dem Zweck der menschlichen Bedarfsdeckung dienen.
- Zu den Aufgaben der **Betriebswirtschaftslehre (BWL)** gehören das
  - Erforschen,
  - Beschreiben,
  - Analysieren und das
  - Systematisieren

  der wirtschaftlichen Vorgänge in den Betrieben/Betriebswirtschaften.
- Kenntnisse über die historische Entwicklung der BWL (**Wissenschaftsgeschichte**)
  - erleichtern das Verständnis von Problemen und Theorien,
  - helfen Fehlurteile zu vermeiden und
  - ermöglichen methodische Probleme besser einzuschätzen.
- Eine **Periodisierung** der Geschichte der BWL kann durch Einteilung in folgende Entwicklungsstufen erfolgen:
  - **bis 1675:** Frühzeit (Handelskunde/Anleitungen und „Rezepte"),
  - **1675–1804:** Systematische Handlungswissenschaft
  - **19. Jahrhundert:** Niedergang/Verfall der Handlungswissenschaft,
  - **ab 1898:** Aufbau der BWL zur wissenschaftlichen Disziplin (Gründung der ersten Handelshochschulen),
  - **1910–1933:** Ausbau der BWL (erste systematische Abhandlungen, zunehmende Professionalisierung, Gründung von Zeitschriften, Verbänden und Instituten, Promotionsrecht),
  - **1933–1945:** ideologisierte, unwissenschaftliche BWL in der NS-Zeit,
  - **1945–ca. 1969:** Wiederaufbau der BWL, Expansion, Übernahme amerikanischer Ansätze (z. B. Marketing),
  - **ab ca. 1969:** Öffnung der BWL, sozialwissenschaftliche und alternative Ansätze, zunehmende Spezialisierung und Internationalisierung.

## 2 Anfänge betriebswirtschaftlichen Denkens

In einem äußerst weitgefassten Verständnis lassen sich die Anfänge betriebswirtschaftlichen Denkens bereits für altorientalische Tempelwirtschaften im Altertum festmachen, in denen – wie archäologische Funde zeigen – schon das Bedürfnis bestand, Vermögen, Schulden und Lagerbestände zu dokumentieren, um die Erzeugung und Herstellung von Gütern sowie deren Lagerung und Distribution zu koordinieren.

In der Antike beruhte die Wirtschaft auf der Sklaverei, und der für diese Epoche und dieses Wirtschaftssystem charakteristische Betriebstyp war der *Oikos*, d. h. die geschlossene Hauswirtschaft, die auch handwerkliche und landwirtschaftliche Betriebe umfasste. Sowohl griechische Philosophen als auch römische Schriftsteller priesen den *Oikos* als die Betriebswirtschaft, die der menschlichen Gesellschaft entspricht. In Griechenland waren dies z. B. *Aristoteles* und *Xenophon*, in Rom vor allem *Marcus Porcius Cato*. Als durch systematische Raubzüge im Mittelmeer die Sklavenreservoire erschöpft waren, brach auch dieses antike Wirtschaftssystem zusammen: „Die Römer schlachteten selbst die Henne, die ihnen die goldenen Eier gelegt hatte."[25]

Im Mittelalter nahmen arabische Kaufleute eine herausragende Stellung ein. Aus der Blütezeit des arabischen Handels stammt eine der ältesten Schriften über den Handel. Später entwickelten sich italienische Städte zu Zentren des Handelskapitalismus. Hier nahm die doppelte Buchführung ihren Anfang und fand schließlich durch *Luca Pacioli* ihre Verbreitung. Christliche Gelehrte wie *Thomas von Aquin* und *Martin Luther* setzten sich mit Fragen auseinander, welche die Vereinbarkeit des Handels mit der christlichen Lehre betrafen. Der Handel galt aus christlicher Sicht als problematisch, da die Kaufleute nicht – wie in der Landwirtschaft und dem Handwerk – ihren Unterhalt im Schweiße des Angesichts verdienten, sondern dadurch, dass sie Güter unverändert weiterverkauften. So trieb die Kaufleute die Sorge um, ob und wie es möglich sei, im Einklang mit der christlichen Lehre Handel zu treiben, ohne das eigene Seelenheil zu gefährden. Daher entwickelten *Thomas von Aquin* und *Martin Luther* wirtschaftsethische Grundsätze und gaben praktische Ratschläge, die es den

25 Oppenheimer, zit. n. Löffelholz (1956), Sp. 971.

Kaufleuten ermöglichen sollten, sich mit den Fragen und Problemen, die der aufkommende Frühkapitalismus mit sich brachte, zurechtzufinden. Auch die meisten kaufmännischen Schriften des 16. und 17. Jahrhunderts werden noch dominiert von moralischen und religiösen Anweisungen. Praktische Kenntnisse über den Handel wurden bis dahin von den Handelsherren als Geschäftsgeheimnis gehütet, in Notizbüchern festgehalten und nur an den eigenen Nachwuchs oder Geschäftspartner weitergegeben. Zu den ersten Schriften, in denen Handelskenntnisse einer breiten Öffentlichkeit zugänglich gemacht werden, gehören die Bücher des Nürnberger Kaufmanns *Lorenz Meder* und des Genuesen *Giovanni Domenico Peri*. Sie enthalten eine bunte Zusammenstellung praktischer Kenntnisse, die ein Kaufmann damals wissen musste. Ihr Mangel besteht in der unsystematischen Ordnung und einer lückenhaften Darstellung; und theoretische Zusammenhänge sucht man dort vergebens. *Weber* versteht diese Schriften daher auch als „Winke aus der Praxis für die Praxis", während sie für *Sombart* ein „ziemlich konfuses, schlecht disponiertes Sammelsurium aller möglichen Lehren"[26] sind. Die im Folgenden dargestellten Anfänge betriebswirtschaftlichen Denkens umfassen einen Zeitraum, der von den ersten Buchhaltungs- und Verfahrenstechniken im **Altertum** bis hin zum ersten Versuch einer systematischen Lehre vom Handel in der ersten Hälfte des **17. Jahrhunderts** reicht.

## 2.1 Erste Buchhaltungs- und Verfahrenstechniken in Mesopotamien

Bereits für das Altertum lassen sich durch archäologische Funde und andere Quellen kaufmännische Aufzeichnungen nachweisen. Sie stammen vornehmlich aus dem Bereich des sogenannten *Fruchtbaren Halbmondes*, einem Gebiet, das sich vom Persischen Golf im Süden des heutigen Irak über den Norden von Syrien, den Libanon, Israel, Palästina und Jordanien erstreckt (→ Abb. 2.1).

26 Zit. n. E. Leitherer: Geschichte der handels- und absatzwirtschaftlichen Literatur, Köln/Opladen 1961, S. 41.

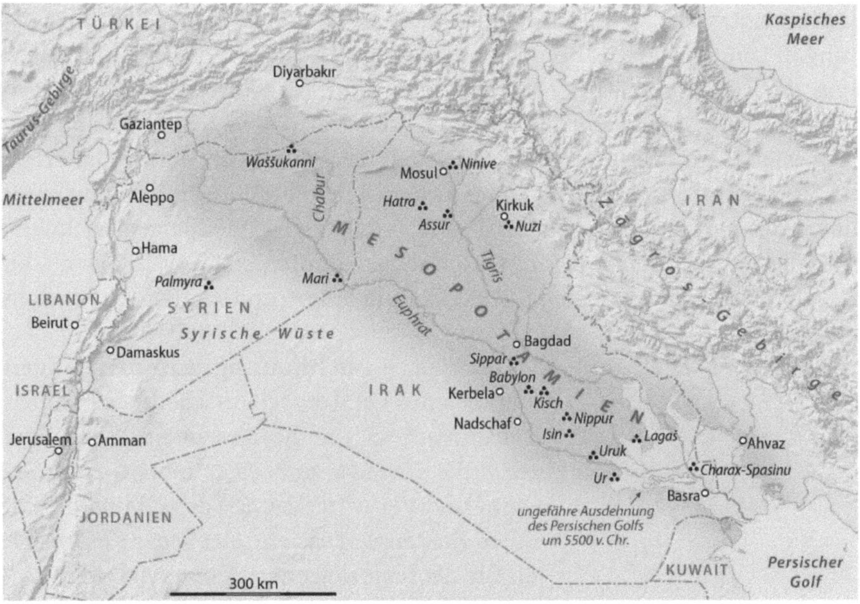


Abb. 2.1: Mesopotamien innerhalb heutiger Staatsgrenzen. | [1]

Im 4. Jahrtausend vollzogen sich dort tiefgreifende soziale und kulturelle Veränderungen. In dieser Periode, die auch *Uruk-Zeit* genannt wird, kam es zu einem starken Bevölkerungswachstum und zur Entstehung echter Städte. Der marxistische Archäologe *Vere Gordon Childe* (1892–1957) führte hierfür den Begriff der **urbanen Revolution**[27] ein. Zahlreiche dörfliche Siedlungen wurden von den Bewohnern aufgegeben, um sich in der Stadt Uruk oder ihrer näheren Umgebung anzusiedeln. Dies hatte Auswirkungen auf das gesellschaftliche Zusammenleben. Dörfliche Strukturen, die bis dahin das Wirtschaftsleben prägten, und in denen territoriale und verwandtschaftliche Beziehungen weitgehend identisch waren, mussten durch neue **Organisationsformen** ersetzt werden. So mussten vor allem neue Prinzipien der Arbeitsteilung und der Verteilung wirtschaftlicher Ressourcen entwickelt werden. Dies konnte nur erreicht werden „durch eine eingreifende zentrale Planwirtschaft und eine Zwangsfestlegung der erreichten Arbeitsteilung“[28].

27 V. G. Childe, The Urban Revolution. Town Planning Review 21, 1950, S. 3–17.

28 W. Zorn: Wirtschaftsgeschichte, in: Handwörterbuch der Wirtschaftswissenschaft (HdWW), Bd. 9, Stuttgart et al. 1982, S. 66.

Dadurch, dass die kleinen Stadtstaaten Mesopotamiens die Produktionsleistung in Landwirtschaft, Bergbau und Handwerk vorschrieben, die Distribution der Versorgungsgüter organisierten und auch das Volkseinkommen umverteilten, ergab sich die Notwendigkeit, Vermögen, Schulden und Warenbestände zu **dokumentieren**. Dies geschah zunächst durch Einkerben und Ritzen in Tonscherben; später wurden Symbole entwickelt, die Auskunft über Warenart und Menge gaben (→ Abb. 2.2), und schließlich entwickelten sich die **Schrift** und **Zahlen**. Durch diese konnten seit etwa 3000 v. Chr. Geschäftsvorfälle erstmals abstrakt dokumentiert und rechenbar gemacht werden.[29]

Abb. 2.2: Sumerische Bilderschrift. | [2]

Die ältesten **Buchhaltungsaufzeichnungen** stammen aus der Tempelwirtschaft des Tempels *Dublal-mach* in Ur, die aus einem fortlaufend geführten Inventar und einer monatlichen Gewinn- und Verlustrechnung bestand und die auf einem Kontenplan basierte, der sogar Kostenstellen für die tempeleigenen Spinnereien und Webereien enthielt.[30] Um 3000 v. Chr. wurden auch schon Plankalkulationen, Soll-Ist-Vergleiche, Abrechnungen von Arbeitsleistungen und Aggregationen von Mengengrößen aufgestellt.

Weitere keilschriftliche Aufzeichnungen sind **Gesetze**, wie z. B. jene des *Urnamus* von Ur („Codex Ur-Nammu") von ca. 2100 v. Chr. und des Königs *Hammurapi*, einem der bedeutendsten Herrscher des alten Orients, der von 1792–1750 v. Chr. in Babylon regierte. Dieser „Codex Hammurapi" ist die umfangreichste Sammlung von Rechtsnormen aus dem Alten Orient und der antiken Welt – lange vor dem römischen Recht, das erst im 6. Jahrhundert nach Chr. kodifiziert wurde. Im „Codex Hammurapi", der aus 282 kasuistisch formulierten (Wenn-dann-Schema) Rechtssätzen (Paragraphen) besteht, werden auch Bereiche des Wirtschaftslebens geregelt, wie z. B. Kauf, Miete, Pacht, Darlehen sowie Höchstsätze für Preise, Löhne und Zinsen.[31]

Auch in der altindischen Maurya-Dynastie im 4.–3. Jahrhundert v. Chr. wurden ähnliche **Buchhaltungs- und Verfahrenstechniken** sowie wirtschaftlich relevante Rechtsvorschriften entwickelt, welche die Grundlage

29 Vgl. Brockhoff (2017), S. 108.
30 Vgl. Bellinger (1967), S. 11.
31 Vgl. Brockhoff (2017), S. 110.

bildeten für die Tätigkeiten der königlichen Beamten und ihnen auch ermöglichten, Kontrolle auszuüben und Strafen zu verhängen. *Brockhoff* hebt hervor, dass „Redlichkeit eine mehrfach geforderte Tugend ist, der vielfach Nachdruck verliehen wird". Werden z. B. Waren aus dem königlichen Eigentum verkauft, so soll auch die Bevölkerung davon profitieren.[32]

Zu einer interessanten wirtschaftshistorischen und sozialanthropologischen Einordnung dieser altertümlichen Buchhaltungs- und Verfahrenstechniken gelangt *Karl Polanyi* (1886–1964). Er vertritt in seinem Werk „The Great Transfomation" (1944) die Ansicht, dass vor den modernen Zeiten und dem Aufkommen der Marktwirtschaft die meisten ökonomischen Transaktionen unter der Aufsicht und nach den Regeln eines bestimmten gesellschaftlichen Akteurs stattfanden. Nach seiner Meinung war die **Wirtschaft** in der Geschichte so gut wie immer in eine **Gesellschaft** eingebettet. Soziale Normen hatten Priorität vor wirtschaftlichen Aktivitäten. Seiner Ansicht nach dürfe aus den oben beschriebenen Buchhaltungs- und Verfahrenstechniken nicht der Schluss gezogen werden, Geschäfte zu machen sei so alt wie die Menschheit und die damals gemachten Geschäfte seien von der Art, wie wir sie heute kennen, nämlich Kaufen und Verkaufen mit dem Ziel, Profite zu machen. Die Händler von damals seien wohl eher mit Beamten vergleichbar. Ihr Einkommen stammte nicht aus den Profiten des Handels, sondern aus den Gehältern, die sie vom Herrscher bezogen. *Polanyi* bemängelte, dass viele Ökonomen die Art dieses altertümlichen Handels missverstanden hätten; denn es ist eben nicht *der* Handel, wie wir ihn heute kennen. Damals sei die wirtschaftliche Tätigkeit des Menschen in seine **Sozialbeziehungen** eingebettet gewesen. Erst sehr viel später setzte sich im Zuge einer großen Transformation der sichselbstregulierende **Markt** als Steuerungsmechanismus der Ökonomie durch, und die Wirtschaft wurde aus ihrer „Einbettung" in die Gesellschaft herausgelöst. Während in nichtmarktwirtschaftlichen Gesellschaften die Wirtschaftsordnung bloß eine Funktion der Gesellschaftsordnung war, jene also von dieser abhängig war bzw. die Gesellschaft die Ökonomie dominierte, kehrte sich im Zuge der **Transformation** diese Beziehung um:

> „Die neuere historische und anthropologische Forschung brachte die große Erkenntnis, daß die wirtschaftliche Tätigkeit des Menschen in der Regel in seine Sozialbeziehungen eingebettet ist. Sein Tun gilt nicht der Sicherung seines

32 Vgl. ebd., S. 113.

individuellen Interesses an materiellem Besitz, sondern der Sicherung seines gesellschaftlichen Rangs, seiner gesellschaftlichen Ansprüche und seiner gesellschaftlichen Wertvorstellungen. Er schätzt materielle Güter nur insoweit, als sie diesem Zweck dienen.[33]

Vor diesem Hintergrund lassen sich die beschriebenen kaufmännischen Aufzeichnungen als ein Managementinstrument altorientalischer Planwirtschaft begreifen.

## 2.2 Griechische Lehre vom „Oikos" (*Xenophon*, *Aristoteles*)

Im Gegensatz zur altorientalischen Planwirtschaft Mesopotamiens war das Wirtschaftssystem des antiken Griechenlands von 560 bis 330 v. Chr. **marktwirtschaftlich** geprägt. So konnten beispielsweise für das vierte Jahrhundert eine Athener Getreidebörse mit Musterproben sowie Anfänge von Schreibgeld (Giro) nachgewiesen werden. Diesen freiwirtschaftlichen Aspekten stand allerdings eine gesellschaftliche Produktionsbeziehung entgegen, die auf **Sklavenarbeit** basierte.[34] Die vorherrschende Wirtschaftsweise der griechischen Privatwirtschaft war die sogenannte *Oikos*-Wirtschaft. Sie war die zentrale Organisationsform der Produktion, Distribution und Konsumtion von Gütern und Leistungen.

Im Rahmen der Lehre vom *Oikos* setzten griechische Philosophen sich mit betriebswirtschaftlichen Fragen und Problemen auseinander. *Oikos* bezeichnete im Griechischen nicht nur das „Haus", sondern es „umfasste die Familie des Eigentümers, die Sklaven oder andere abhängige Arbeitskräfte, die Wohn- und Wirtschaftsräume, Äcker und Baumpflanzungen, die Vorräte an Saatgut und Lebensmitteln, das Vieh und die Gerätschaften, mithin eine ganze Welt im Kleinen"[35]. Der *Oikos* war Untersuchungsgegenstand einer eigenen Kunstlehre: der **Oeconomia**. Der Begriff **Ökonomie** setzt sich zusammen aus **Oikos** (= Haus, Haushalt, Betrieb) und **Nomos** (= Gesetz, Regel) und kann dementsprechend übersetzt werden mit der „Lehre von der Hauswirtschaft", „Haushaltungskunst", „Haushaltsführung" oder auch „Be-

33 K. Polanyi: The Great Transformation, 14. Aufl., Frankfurt a. M. 2014, S. 75

34 Vgl. Zorn (1982), S. 67.

35 G. Audring/K. Brodersen: Oikonomika – Quellen zur Wirtschaftstheorie der griechischen Antike, Darmstadt 2008, S. 7.

triebslehre“. Aus dem Bemühen, praktische Aufgaben der Versorgung mit Lebensnotwendigem zu bewältigen, entsteht einzelwirtschaftliches Denken und schließlich auch eine Lehre von der Ökonomie. Die Ökonomik begegnet uns in der Literatur einiger griechischer Philosophen, deren Adressat der bildungsbeflissene Hausherr ist. *Schneider* erkennt in dieser Ökonomikliteratur eine „ganzheitliche Managementlehre zur Führung einer Organisation oikos“[36]. Die bedeutendsten antiken Schriften zur Ökonomik ist *Xenophons* Werk „Oikonomikós“ („Über die Haushaltsführung“) und das *Aristoteles* zugeschriebene Buch „Oikonomika“.

## 2.2.1 Oikonomikós (Xenophon)

*Xenophon* (um 430–354 v. Chr.) stammte aus einer wohlhabenden Familie, vermutlich aus der griechischen Ritterschaft, und wirkte in der Praxis als Söldnerführer und Landgutbesitzer. Nach der Schlacht bei Koroneia (394) wurde *Xenophon* aus politischen Gründen aus Athen verbannt und ließ sich in Skillus bei Olympia nieder. Dort lebte er von 390 bis 365 v. Chr. auf seinem Landgut, das er von Sparta erhielt. Wahrscheinlich führte diese erzwungene Tätigkeit in der Haus- und Landwirtschaft dann zur Entstehung seines Werkes „Oikonomikos“.

*Xenophon*, der für die Klarheit seines Stils bekannt ist, verfasste zwei Bücher, in denen er sich mit ökonomischen Fragestellungen beschäftigt. Diese beiden Werke können im Prinzip als die ersten Fachbücher für Betriebs- und für Volkswirtschaftslehre betrachtet werden. Hier ist sein Werk „Oeconomicus“ (dt.: „Von der Hauswirtschaft“/„Über die Haushaltsführung“) von Interesse, das *Xenophon* vermutlich zwischen 385 und 370 v. Chr. verfasste. Darin werden in Form eines kunstvollen **Dialogs** zwischen *Sokrates* und *Kritobulus* die Prinzipien einer guten Haushaltungskunst und Landwirtschaft diskutiert. Der erste Teil (Kap. I bis VI) handelt von der Haushaltungskunst im Allgemeinen. Es werden zunächst die Grundbegriffe

Abb. 2.3: Xenophon. | [3]

36 D. Schneider: Betriebswirtschaftslehre, Bd. 4, Geschichte und Methoden, München/ Wien 2001, S. 100.

der Unterredung definiert und gezeigt, dass die Haushaltung eine Kunst sei, welche sich mit der **Verwaltung des Hauswesens** befasst – und zwar sowohl eines eigenen oder auch eines fremden. **Ökonomie** definiert *Xenophon* als die Wissenschaft, durch welche die Menschen „ihr Hauswesen emporzubringen imstande sind“. Das erste Thema befasst sich mit den Pflichten einer Hausfrau (z. B. Aufsicht im Haus, Verantwortung für Ordnung und Arbeitseinteilung, Einrichtung des Hauses, Auswahl einer guten Haushälterin) sowie den Pflichten des Ehemanns (z. B. Aufsicht und Rechtsprechung über die Sklaven, Auswahl und Einweisung der richtigen Mitarbeiter). Im zweiten Teil (ab Kap. VII) geht es um die Landwirtschaft. Darin werden Themen von der Bodenkunde bis hin zu den ökonomischen und menschlichen Qualitäten eines Landmanns behandelt. Dieser Teil kann im Prinzip als eine erste (agrarökonomische) Betriebswirtschaftslehre betrachtet werden: Ein Experte namens *Ischomachos* unterrichtet über Inventur, Organisation und Planung. Sodann wird die Notwendigkeit erörtert, Überschüsse anzustreben und auf eine Vermehrung des Reichtums bedacht zu sein. In diesem Zusammenhang werden Anforderungen genannt, die an den Eigentümer und Verwalter gestellt werden, wie beispielsweise eine geschickte Verhandlungstechnik, Fachkenntnisse und Prinzipien guter Menschenführung. Schließlich wird eine Theorie der Landwirtschaft entworfen und es werden Techniken der Bodenbearbeitung, der Aussaat und der Ernte besprochen.

Einige jener wirtschaftlichen Fragestellungen, mit denen sich *Xenophon* befasste, sind auch **heute** noch von Bedeutung. So erkannte er die Bedeutung der Arbeitsteilung als Mittel zur Qualitätssteigerung der Produktion und beschäftigte sich beispielsweise mit Fragen zu Investitionen und zur Gewinnmaximierung.

## 2.2.2 Oikonomiká (Aristoteles)

*Aristoteles* (384–322 v. Chr.) gilt als ein hervorragender Beobachter, der der **Erfahrung und Wirklichkeit** zugewandt und auch entschieden sachlicher und systematischer war als *Platon. Aristoteles* (→ Abb. 2.4) beschäftigte sich mit einer Vielzahl von Wissensgebieten und gelangte auch auf ökonomischem Gebiet zu tiefen Einsichten. Seine ökonomischen Abhandlungen in Form von Dialogen und Monologen finden sich in seiner „Politik" und der „Nikomachischen Ethik", mit denen er die praktische Philosophie begründete. Im Zusammenhang mit den dort behandelten Fragestellungen, wie der Staat aufgebaut sein sollte, beschäftigt er sich auch mit der Verwaltung und Führung des ***Oikos***, denn das Haus ist seiner Ansicht nach die kleinste Einheit des Staates.

Abb. 2.4: Aristoteles. | [4]

Bestandteile des Hauses sind der Mensch und die Besitztümer. Zu den wichtigsten Besitztümern, die sich ein Hauseigentümer beschaffen muss, werden die Sklaven gezählt. Im Zusammenhang mit der Führung der Sklaven setzt sich Aristoteles mit Problemen der Personalführung auseinander, insbesondere mit Formen der Entlohnung und der Motivation.[37] Im Umgang mit dem Vermögen nennt Aristoteles konkrete Tätigkeiten, die der Hauswirt kennen sollte:

> „Er soll sowohl fähig sein zu erwerben als auch zu bewahren, wenn nicht nützt das Erwerben nichts; das heißt mit dem Sieb schöpfen und ist das sprichwörtliche Faß ohne Boden. Außerdem soll er das Vorhandene in Ordnung halten und zu gebrauchen verstehen, denn wegen dieser letztgenannten Tätigkeitsformen brauchen wir auch jene erstgenannten. Es ist nötig, daß jeder Teil des Besitzes aufgegliedert wird und daß die einträglichen Teile mehr sind als die nicht einträglichen, und daß die Arbeiten so eingeteilt werden, daß die einzelnen nicht zugleich allen Gefahr bringen."[38]

*Bellinger* erkennt in diesen Tätigkeiten „vier Grundprinzipien der betriebswirtschaftlichen Betätigung" und findet es bemerkenswert, „daß in das

37 Vgl. Audring/Brodersen (2008), S. 139.
38 Aristoteles: Oionomiká, in: Audring/Brodersen, (2008), S. 139/141.

erwerbswirtschaftliche Prinzip unmittelbar das Prinzip der Sicherung gegen Risiken eingeht“, denn dadurch, dass die ertragsreichen Kapitalanlagen überwiegen müssten, wird zugleich eine Verteilung der Risiken gefordert.[39]

Neben der Hausführung setzt sich *Aristoteles* auch mit den **Einkünften** auseinander. „Die wichtigste Einnahme [ist] die, die aus dem Boden kommt. Die zweite ist die aus den anderen stets wiederkehrenden Tätigkeiten. Die dritte ist die aus dem Geld“. Zudem formuliert *Aristoteles* mit der generellen Forderung, „daß die Ausgaben nicht größer sein dürfen als die Einkünfte“[40] ein grundlegendes finanzwirtschaftliches Ziel, nämlich das des finanziellen Gleichgewichts.

Von der **Ökonomik**, die *Aristoteles* als eine naturgegebene wirtschaftliche Tätigkeit zur Bedürfnisbefriedigung begreift, grenzt er die **Chrematistik** ab, unter der er eine naturwidrige „Kunst, Vermögen zu machen“ sieht – eine schrankenlose Anhäufung von Reichtum in Geldform. So unterscheidet er **Güter** einerseits in Verbrauchsgüter, die dem unmittelbaren Gebrauch dienen, und andererseits in Güter, die dem Tausch dienen. Erwerbsarten, die der Versorgung dienen, seien natürlich, der bloße Erwerb von Tauschmitteln sei künstlich. Diese entstehen durch Überproduktion in dem einen Haushalt und Unterproduktion in dem anderen. Solange diese Überproduktion zufällig ist, bleibt die Verwendung von Gütern als Tauschmittel noch natürlich. Geschieht Überproduktion jedoch ganz gezielt, um das Produkt marktfähig zu machen, so entwickelt sich eine künstliche Erwerbsart. Deren Regeln sind dann nicht mehr Gegenstand der Ökonomik, sondern der sog. Chrematistik.

## 2.3 Römische Landwirtschaftslehre (Marcus Porcius Cato)

Das *Imperium Romanum*, das antike römische Reich, war im Wesentlichen eine politische und militärische Macht. Die Römer waren Bauern, Soldaten, Juristen und Staatsmänner. Kaufleute hatten in dieser Gesellschaft einen schlechten Ruf. Und da der Handel eines feinen Mannes unwürdig war, wurde der Einzelhandel in Rom vor allem von Sklaven betrieben; und der

39 Bellinger (1967), S. 16.
40 Aristoteles: Oionomiká, in: Audring/Brodersen, (2008), S. 143.

Fern- und Großhandel lag fast vollständig in den Händen von Griechen, Syrern, Karthagern und anderen fremden Völkern. Die Wirtschaft im Römischen Reich beruhte hauptsächlich auf der Landwirtschaft (wichtigste Agrarerzeugnisse waren Wein, Oliven und Getreide), die sehr arbeitsintensiv und in der Regel ohne technische Hilfsmittel betrieben wurde. Im 5. bis 3. Jahrhundert v. Chr. bildete die Landwirtschaft die wesentliche, wenn nicht gar die alleinige Grundlage der Wirtschaft. Im 3. Jahrhundert kam es zu einer enormen Ausweitung des römischen Staatsgebietes: Umfasste das Staatsgebiet um 338 v. Chr. 5.525 $km^2$, kontrollierte Rom um 200 v. Chr. ein Territorium von 130.000 $km^2$ mit einer Bevölkerung von etwa 3.000.000 freien Bürgern, an die Rom Gebiete zur Bewirtschaftung verteilte. Es entstehen erste mittlere (*villae*) und große Landgüter (*latifundiae*), durch welche die Landwirtschaft auf eine neue Grundlage gestellt und in der Folge rationeller und marktorientierter geführt wird.[41]

Bildeten früher Getreideanbau und Tierhaltung die Grundlage der römischen Selbstversorgungswirtschaft, kam es mit zunehmender Größe der Landgüter, mit einem Aufblühen der Latifundien zur **Spezialisierung**. Etwa im 1. Jahrhundert v. Chr. spezialisierten sich die **Latifundien**, die riesige Ausmaße annahmen und von Verwaltern und Sklaven bewirtschaftet wurden, zunehmend auf den Wein- und Olivenanbau. Daher verwundert es nicht, dass hier eine Literatur entstand, „die sich vor allem der Führung von Landgütern widmet und teilweise erstaunlich tiefe Spezialisierungen in diesem Bereich aufweist“[42], und in der neben naturkundlichen Fragen auch solche der Produktionsplanung und der Organisation des Arbeitsablaufs behandelt werden.[43]

---

41 Vgl. K. Ruffing: Wirtschaft in der griechisch-römischen Antike, Darmstadt 2012, S. 89.

42 Brockhoff (2017), S. 118.

43 Vgl. Schneider (2001), S. 108.

Abb. 2.5: Cato. | [5]

Von den römischen Schriftstellern der Landwirtschaftslehre ist neben *Marcus Terentius Varro*, *Virgil* und *Lucius Junius Moderatus Columella* vor allem *Marcus Porcius Cato* (*Cato der Ältere*, 234–149 v. Chr.) erwähnenswert, der von 234 bis 149 v. Chr. lebte und als Feldherr, Politiker und Schriftsteller wirkte (→ Abb. 2.5). Er, der sich als „knochenharter Haustyrann“[44] gab, gilt als Verfechter altrömischer Lebensart. In Wort und Schrift bekämpfte die nach Rom eingeführte hellenistische Kultur, die von ihm als verderblich gewertet wurde. Auch erkannte *Cato* die Gefahr, die Rom durch die überlegene hellenistische Landwirtschaft drohte. Durch **neue Methoden** versuchte er die römischen Landwirte **konkurrenzfähig** zu halten.[45] Dies erklärt auch, warum seine im Jahre 154 v. Chr. verfasste Schrift **De agricultura**, auch: **De re rustica** (lat. „Vom Landbau“), einen warnenden und belehrenden Charakter hat. Auffällig an diesem Werk ist die äußere Formlosigkeit, das Bauprinzip lockerer Reihung, das infolge der vielfachen Abschweifungen und Einschübe den Eindruck einer willkürlichen Notizensammlung erzeugt, obwohl der Beginn durchaus planvoll anmutet. Zunächst hebt *Cato* in einem Vorwort die Vorzüge der Landwirtschaft hervor und preist den Wert des Bauern gegenüber dem Banker und dem Kaufmann:

> „Mag sein, daß es manchmal besser ist, durch Handel nach Vermögen zu streben, wenn es nicht so gefährlich wäre, und ebenso, Wucher zu treiben, wenn es nur ehrenhaft wäre. Unsere Voreltern haben es so gehalten und so in den Gesetzen verordnet, daß ein Dieb ums Doppelte, der Wucherer ums Vierfache gestraft werde. [...] Und einen rechten Mann wenn sie lobten, lobten sie ihn so: als einen rechten Bauern und guten Landwirt; [...]. Den Kaufmann aber halte ich für einen tüchtigen und auf Erwerb bedachten Mann, doch ist er [...] der Gefahr und dem Unglück ausgesetzt. Aber aus den Bauern gehen die tapfersten Männer und die tüchtigsten Krieger hervor, und der ehrlichste und dauerhafteste Gewinn kommt

44 Ebd., S. 108.

45 O. Schönberger (Hrsg.): Marcus Pordus Cato: Vom Landbau, 2. Aufl., Düsseldorf/Zürich 2000, S. 338.

heraus und der am wenigsten dem Neid ausgesetzte, und am wenigsten schlechte Gedanken haben die, welche mit dieser Arbeit beschäftigt sind."[46]

Anschließend gibt *Cato* Anweisungen für die Einrichtung eines Landgutes und Vorschriften für die anfallenden Tätigkeiten in Feld, Garten und Weinberg. Dann wird es ungeordnet: Es folgen z. B. Vorschläge für Kochrezepte, es werden Haus- und Heilmittel aufgezählt und Gebetsvorschriften erteilt. Die Themen springen vor und zurück, von Schädlingsbekämpfung bis zur Behandlung von Verdauungsbeschwerden. Konsequent eingehalten wird eigentlich nur ein strenger, erzieherischer Befehlston.

**Betriebswirtschaftliche Aspekte** kommen bei den römischen Autoren zur Sprache, wenn z. B. auf die mengenmäßige Kombination von (limitationalen) Produktionsfaktoren bei der Bewirtschaftung eines Olivenhains oder Weinbergs eingegangen wird oder Zusammenhänge zwischen Bewirtschaftungsintensität und Bodenertrag aufzeigt werden, Hinweise auf die Bedeutung der Transportkosten erfolgen und Vorgabezeiten für Landarbeiter genannt werden.[47] Diese betriebswirtschaftliche Denkweise mag wohl *Finley* zu folgendem **Urteil** über *Cato* veranlasst haben: „Es gab niemals jemanden, der das Gewinnstreben leidenschaftlicher vertrat als jener selbsternannte Hohepriester der alten Tugenden, [...] der ältere *Cato*."[48] Eine ähnliche Meinung scheint auch *Ruffing* zu vertreten, denn er sieht in *Catos* Schrift „ein Zeugnis für die hohe Bedeutung einer rationell geführten und marktorientierten Landwirtschaft, wie sie von der Oberschicht in dieser Zeit betrieben wurde."[49]

## 2.4 Arabische Handelslehre (Alī ad-Dimišqī)

Im Mittelalter nahmen arabische Kaufleute eine Mittlerfunktion zwischen China und Europa ein. Sie beherrschten die alten Handelswege zu Lande und zu Wasser, insbesondere die Seidenstraße sowie die wichtigsten Seerouten im Mittelmeer und im Indischen Ozean. „Die arabischen Kaufleute des 8. bis 15. Jahrhunderts beherrschten den Handel in Kleinasien, Ägypten, den Durchgangshandel über die alten Karawanenstraßen vom Fernen Osten

46 Ebd., S. 15.
47 Vgl. Schneider (2001), S. 109 und Brockhoff (2017), S. 119.
48 M. Finley: Die antike Wirtschaft, 3. Aufl., München 1993, S. 61.
49 Ruffing (2012), S. 91.

mit den großen Umschlagsplätzen Bagdad, Antiochien, Ephesos, Alexandrien, Kairo. Sie teilten sich den Mittelmeerhandel mit Byzanz und den italienischen Handelsstädten“[50] (→ Abb. 2.6). Ihr Handelsnetz, das sich über ganz Eurasien erstreckte, machte sie zu einer wahren Wirtschaftsmacht im Mittelalter.

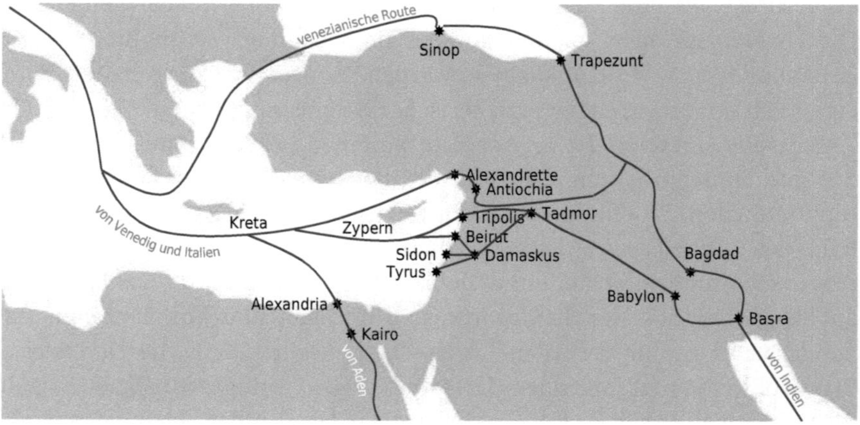


Abb. 2.6: Handelswege nach dem Nahen Osten. | [6]

Aus dieser Blütezeit des arabischen Handels stammt „die älteste zusammenhängende Darstellung über Handelswissenschaften“[51]. Es wird angenommen, dass dieses **arabische Kaufmannsbuch** zwischen dem 10. und 12. Jahrhundert von *Alī ad-Dimišqī*[52] in Damaskus verfasst worden ist. Über den Verfasser und die exakte Abfassungszeit seiner Schrift mit dem ausschweifenden Titel „Das Buch des Hinweises auf die Schönheiten des Handels und die Kenntnis der guten und schlechten Waren und die Fälschungen der Betrüger an ihnen“[53] ist nichts bekannt.

Dieses orientalische **Handbuch** der Handelskunde besteht aus **vier Teilen**, nämlich einer Warenkunde, einem wirtschaftstheoretischen Teil,

---

50 H. Linhardt: Die historische Komponente der funktionalen Betriebswirtschaftslehre, Berlin 1964, S. 35.

51 B. Penndorf: Die geschichtliche Entwicklung der Handelswissenschaften bis zum Ende des 19. Jahrhunderts, in: Zur Entwicklung der Betriebswirtschaftslehre – Festschrift für Robert Stern, Berlin/Wien/Leipzig 1925, S. 8.

52 Sein vollständiger Name lautet *Scheikh Abu l'Fadl Gafar ben Ali ad Dimisqi.*

53 H. Ritter: Ein arabisches Handbuch der Handelswissenschaft, in: Der Islam – Journal of the History and Culture of the Middle East, 1916.

einem handelswissenschaftlichen Teil und einem paränetischen Teil, wobei neben sittlichen Ermahnungen und Belehrungen auch absatzpolitische und geschäftspolitische Ratschläge gegeben werden. So heißt es z. B.: „Alles, was verkauft und gekauft wird, wird mit dem Hohlmaß gemessen oder abgewogen oder mit dem Längenmaß gemessen oder nach Zeit oder Zahl bestimmt." „Beim Ausgeben hat man sich vor fünf Eigenschaften zu hüten: vor Geiz, Knauserigkeit, Verschwendung, Protzerei und schlechter Verwaltung."[54] *Schneider* hebt hervor, dass dieses Buch „auch erste Erwägungen über die Einflußgrößen des Marktpreises und die Bestimmungsgründe der Lagerhaltung bringt."[55] So heißt es über das Zustandekommen der Warenpreise: „Der Marktpreis ist das Produkt von Angebot und Nachfrage, die wieder von verschiedenen Faktoren abhängen."[56] *Leitherer* weist darauf hin, dass dieses Buch „außer den üblichen informatorischen Mitteilungen bereits gewisse theoretische Einsichten in die wirtschaftlichen Zusammenhänge erkennen läßt."[57] Im Welthandel wurden die arabischen Kaufleute abgelöst von den Italienern.

## 2.5 Scholastische Handelslehre im Mittelalter (Thomas von Aquin)

Nördlich der Alpen prägten zwei selbständige Wirtschaftssysteme mit eigenen Betriebsformen und Betriebsweisen die mittelalterliche Wirtschaft: Das System der kirchlich-feudalen Naturalwirtschaft mit dem Betrieb der Klöster und der Grundherrschaft sowie das System der berufsständischen Stadtwirtschaft mit dem Zunftbetrieb. Klosterbetrieb und Grundherrschaft wirtschafteten autark, sie waren eine Bedarfsdeckungswirtschaft. Der wirtschaftliche Schwerpunkt lag auf der (primitiven) Landwirtschaft. Handel wurde nur mit solchen Gütern betrieben, die in den grundherrschaftlichen Großbetrieben nicht selbst hergestellt wurden. „Betriebswirtschaftlich gesehen stellt sich die Grundherrschaft als ein autarker Produktionsverband selbständiger ländlicher Betriebe mit einem Herrenhof als Mittelpunkt dar."[58]

---

54 Zit. n. Leitherer (1961), S. 45.
55 Schneider (2001), S. 123.
56 Zit. n. Penndorf (1925), S. 8.
57 Leitherer (1961), S. 44.
58 Löffelholz (1956), Sp. 974.

Die **Wirtschaftsweise** der mittelalterlichen Stadtwirtschaft, die das Gemeinschaftswohl im Blick hatte, war geprägt durch das Prinzip der wirtschaftlichen Selbstgenügsamkeit, der ökonomischen Autarkie und die „Idee der Nahrung". So entstand ein kompliziertes und straffes System von Regeln, welches das Wirtschaftsleben ordnete. Tragende **Organisationen** dieses Systems waren die Zünfte der Handwerker und die Gilden der Kaufleute. Zu deren Aufgabenbereichen gehörten neben wirtschaftlichen auch soziale und sogar religiöse Angelegenheiten. „Die planenden und dispositiven betriebswirtschaftlichen Funktionen sind so umfassend, daß sie für sich selbst eine Betriebswirtschaft darstellen, in welche die einzelnen Zunftbetriebe gleichsam als Teilbetriebe eingebettet sind."[59]

Das **theologisch-philosophische** Fundament des mittelalterlichen Wirtschafts- und Lebenssystems bestand aus der katholischen Sitten- und Soziallehre sowie der Scholastik. Als **Scholastik** (lat. schola = Schule) wird sowohl die theologisch-philosophische Lehre bezeichnet als auch die Methode, d. h. die Art und Weise der Begründung der Glaubenswahrheiten, wie sie an den Klosterschulen praktiziert wurde. In der Scholastik wurde der Versuch unternommen, die aristotelische Philosophie mit den christlichen Auffassungen zu verbinden; darüber hinaus erfolgte auch eine Auseinandersetzung mit der arabischen Philosophie.

Mit *Thomas von Aquin* (1225–1274) erreichte die mittelalterliche Rezeption der Schriften des *Aristoteles* ihren Höhepunkt. *Thomas* versuchte, die christliche Lehre mit der Wissenschaftsauffassung des *Aristoteles* in Einklang zu bringen. Die Grundlage der Theologie bildet der **Glaube**, die der Philosophie die **Vernunft**. Nach *Thomas* ließen sich einige Wahrheiten sowohl mit der Vernunft, d. h. rational und wissenschaftlich, als auch durch die Offenbarung ergründen. Beide gelangten also durch unterschiedliche Herangehensweise letztlich zum gemeinsamen Ziel.

59 Ebd.

*Thomas* wirkte im 13. Jahrhundert zu einer Zeit, als sich die Städte – basierend auf dem Marktrecht – zu Zentren von Handel und Gewerbe entwickelten: Der Warenaustausch erhöhte sich, die Bedeutung der Geldwirtschaft nahm zu und der Einfluss der Kaufleute verstärkte sich. Vor allem der Fernhandel mit begehrten Luxusgütern aus dem Orient (z. B. Gewürze, Seide, Weihrauch) bescherte den Kaufleuten äußerst lukrative Gewinne. Da sie aber – im Gegensatz zu den Bauern und Handwerkern – ihren Lebensunterhalt nicht nach dem Willen der Bibel „im Schweiße ihres Angesichts" verdienten, trieb sie die Sorge um eine Erlösung aus dem Fegefeuer in besonderem Maße um: Wie war es möglich, im Einklang mit der Lehre des **Christentums** wirtschaften und **Handel** treiben zu können, ohne das eigene Seelenheil zu gefährden? *Thomas*, „dem die Probleme der Menschen in seiner Zeit bekannt waren und der auf Antworten bedacht war, die Hilfen für die Menschen sein sollten"[60], liefert keine Wirtschaftstheorie, sondern er entwickelte vielmehr **sittliche Grundsätze**, die es dem Menschen ermöglichen sollen, sich in wirtschaftlichen Angelegenheiten zurechtzufinden. Seine ökonomischen Ansichten und Lehren, die über sein Gesamtwerk verstreut sind, stellen ein „Fundament der mittelalterlichen Wirtschaftslehre"[61] dar und „haben auch heute noch einen tiefen Sinn für die Deutung unserer Probleme."[62]

Abb. 2.7: Thomas von Aquin. | [7]

Für *Thomas* gehört das Wirtschaften zur Schöpfung Gottes. Als *animal sociale et politicum* sei der Mensch auf wirtschaftliche Aktivitäten angewiesen, denn diese haben die Aufgabe, die leiblichen, seelischen und geistigen Bedürfnisse der Menschen zu befriedigen. Allerdings dient das **Wirtschaften** nicht dazu, Reichtümer und Gewinn zu mehren, sondern dass alle das zum Leben Notwendige und Angemessene erhalten. Wenn Gewinne erwirtschaftet werden, so darf davon nur das einbehalten werden, was

60 F. Beutter: Thomas von Aquin, in: Starbatty (Hrsg.): Klassiker des ökonomischen Denkens, München 1989, S. 63.

61 Leitherer (1961), S. 15.

62 Beutter (1989), S. 63.

der **Existenzsicherung** dient und zudem einen standesgemäßen Unterhalt sichert. Was darüber hinausgeht, ist der Gemeinschaft wieder zurückzuführen. Daher wird in der Regel auch gar kein Gewinn erzielt, der über die **standesgemäße Nahrung** hinausgeht.[63]

Grundlage der städtischen Wirtschaft solle die Eigenversorgung sein. Eine Versorgung mittels des Handels betrachtet *Thomas* als gefährlich. Er ist sich aber wohl bewusst, dass dies nicht immer zu vermeiden ist, „weil keine städtische Wirtschaftsgemeinschaft alle lebensnotwendigen Güter innerhalb ihres Gebietes erzeugen kann."[64] Insofern misst er dem Handel eine gemeinwirtschaftliche Bedeutung zu. Trotz übler Folgen für das Seelenheil der Kaufleute sei er aus ökonomischen Gründen nicht zu entbehren. Allerdings solle beim Handel Gleichwertiges ausgetauscht werden. *Thomas* unterscheidet – wie schon zuvor *Aristoteles* – zwei Arten von Tausch. Den **Tausch**, der dazu dient, lebensnotwendige Bedürfnisse zu befriedigen (Ware gegen Ware), betrachtet er als natürlich und nützlich. Der berufsmäßige **Handel** jedoch, den Kaufleute treiben (Geld gegen Ware bzw. Ware gegen Geld), um Gewinn zu erzielen, habe etwas Schimpfliches an sich, da er kein ehrenhaftes Ziel verfolge. Werde allerdings der Gewinn für den Familienunterhalt oder zur Unterstützung der Armen verwendet, werde das Handeln zu einer ehrenhaften Beschäftigung. Gleiches gilt auch, „wenn der Handel dem öffentlichen Nutzen dient und wenn dabei der Gewinn nicht als Ziel gesucht wird, sondern als Lohn der Arbeit aufgefasst wird. [...] Nach dieser Auffassung ist der Gewinn des Kaufmanns der Lohn für seinen Beitrag zur Güterversorgung."[65] *Löffelholz* führt hierzu aus, dass sowohl der **Wert** der Arbeit als auch der Gewinn nicht durch marktwirtschaftliche Faktoren bestimmt werde, sondern vom Status der Person und der Rangordnung des Berufs. Diese war in der kleinen mittelalterlichen Stadt „durch die ständische Verfassung der Zünfte so stabil, daß der Kostenwert der Arbeit als „aestimatio communis" erschien und nicht als Ergebnis einer betriebswirtschaftlichen Wertung auf der Grundalge von Marktpreisen."[66] Ähnlich einfach wird der Wert eines Produktes ermittelt, der sich zusammensetzt aus den *Arbeitskosten* (*labores*) plus den Rohstoff- und Materialkosten (*expensae*). Da sich ein großer Teil des Handels in Form von Naturaltausch (Ware gegen

63 Vgl. Löffelholz (1956), Sp. 975.
64 Zit. n. Leitherer (1961), S. 16.
65 Ebd.
66 Löffelholz (1956), Sp. 975.

Ware) vollziehen sollte und zudem die Wirtschaft und die Märkte streng reguliert und stabil waren, waren ein kostenmäßiges Denken in Zahlen und Preiskalkulationen dem Zunftbetrieb völlig fremd. Für Handwerksbetriebe bestand kein Marktrisiko, da in der Regel auf Bestellung produziert wurde. Im Handel sollte nach scholastischer Lehre ein **Äquivalenzprinzip** befolgt werden, d. h. eine Gleichwertigkeit von Leistung und Gegenleistung sollte dem Tauschgeschäft innewohnen. Dies führe zum *iustum Pretium*, einem **gerechten Preis**, der eine Preisbildung am Markt überflüssig mache. Allerdings sah *Thomas* schon früh die Gefahr, die dem Äquivalenzprinzip durch die Kaufleute drohte. „Da dem Handel das Erwerbsstreben immanent ist, hat er dann schließlich auch die mittelalterliche Stadtwirtschaft gesprengt."[67]

## 2.6 Italienische Buchhaltungslehre der Renaissance (Luca Pacioli)

In der Renaissance, einer Übergangsphase zwischen Mittelalter und Neuzeit (etwa 1400 bis 1600) befreiten Wissenschaftler, Forscher und Künstler sich aus der gedanklichen Enge der mittelalterlichen Scholastik. Sie sahen ihren Sinn nicht mehr darin, durch die christliche Lehre ohnehin schon vorgegebene Antworten neu zu begründen. Vielmehr besann man sich zurück auf das Geistesleben der Antike und suchte nach neuen Antworten auf alte Fragen. Einer der führenden Mathematiker dieser Zeit war der italienische Franziskanermönch *Luca Pacioli* (1445–1517). Er publizierte als erster eine geschlossene Darstellung der doppelten Buchführung[68] und trug entscheidend zu deren Verbreitung bei.

Wirtschaftlich ist die Epoche der Renaissance gekennzeichnet durch die Herausbildung frühkapitalistischer Strukturen infolge der sogenannten **kommerziellen Revolution**, die durch folgende Umstände begünstigt wurde: Die Kaufleute bedienten sich verstärkt des Schriftverkehrs (z. B. kaufmännischer Briefwechsel, Bücher mit Umrechnungstabellen für unterschiedliche Maße, Münzen und Gewichte), und es wurden Schreibschulen für Kaufleute gegründet. Im Zahlungsverkehr bzw. im Kreditwesen gewann der Warenkredit zunehmend an Bedeutung: „Spätestens im ausgehenden 13. Jh. hatte sich eine Kreditkette aufgebaut, die vom Produzenten

67 Ebd., Sp. 976.

68 Siehe auch meinen Aufsatz: L. Wächter: 525 Jahre Luca Paciolis doppelte Buchführung, in: WiSt, 49. Jg., Heft 6/2020, S. 53–55.

bis hin zum Konsumenten reichte. Der Kaufmann, der seinen Lieferanten bar bezahlte, dem Kunden jedoch Kredit einräumte, wäre rasch insolvent geworden."[69] Durch eine größere Dauerhaftigkeit der Lagergebäude (z. B. Gewölbe, Kammern) wurde die Lagerhaltung verbessert, wodurch besser auf Markterfordernisse (Angebot, Nachfrage, Preise) reagiert werden konnte. Der Warentransport wurde optimiert durch ein leistungsfähigeres und zuverlässigeres Verkehrs- und Transportwesen. Auch wurden erste Versicherungen für Warentransporte entwickelt (z. B. stammt die älteste Police einer Seeversicherung aus dem Jahr 1350). Im Bereich der Unternehmensorganisation kam es zur Arbeitsteilung durch den Aufbau von Handelsstützpunkten mit Vertretern, Kommissionären, halbselbständigen „Faktoren" und unselbständigen „Dienern". Auch entstanden neue Rechtsformen wie die Handelsgesellschaft. Schließlich gewann auch das Messewesen weiter an Bedeutung, denn Messen boten den Händlern bessere Markttransparenz und große Rechtssicherheit durch eine kaufmännische Gerichtsbarkeit; außerdem mussten sie keine Steuern und Abgaben leisten.

Diese die **frühkapitalistische Entwicklung** im Handel begünstigenden Faktoren wurden verstärkt durch weitere, sich wechselseitig beeinflussende Umstände: Zum einen kam es zu einem Bevölkerungswachstum und einem Wachstum der Städte. Der Lebensstandard erhöhte sich und die Bedürfnisse der Menschen vermehrten sich. Zum anderen setzte sich das Erwerbsprinzip immer weiter durch und verdrängte endgültig die althergebrachte Wirtschaftsweise der mittelalterlichen Stadt, die auf dem „Prinzip der Nahrung" beruhte. Infolge fortschreitender Arbeits- und Berufsteilung sowie zahlreicher technischer Innovationen (z. B. Hochofen, Optimierung des Spinnrades, Buchdruck) wurden die Betriebe gezwungen, rationeller zu arbeiten. Die stetige Vergrößerung der Produktion und die damit verbundene Ausweitung des Geschäfts- und Kundenkreises führten zu einer Intensivierung des Handelsverkehrs. Frühestens ab dem 14., insbesondere aber im 15. Jahrhundert machte sich im Handel eine Arbeitsteilung bemerkbar: Es kam zu Spezialisierungen im Handel und auch zu Differenzierungen der Handelsbetriebe. Der Großhandel als Betriebsform entstand.

Ein außerordentlich aktuelles Problem in venezianischen Kaufmannskreisen stellte damals das System der neuen **Buchhaltung** dar. Dieses lernte der damals 20-jährige *Luca Pacioli* durch den reichen Kaufmann *Rompiansi*

---

69 M. North (Hrsg.): Deutsche Wirtschaftsgeschichte, München 2000, S. 69.

kennen, bei dem er während seines Studiums lebte. *Pacioli* unterrichtete nicht nur dessen drei Söhne als Hauslehrer, sondern er nahm auch als Assistent *Rompiansis* an mehreren Schiffshandelsreisen teil und lernte so die Handelspraxis kennen. 1472 entschloss sich *Pacioli* dem Franziskanerorden beizutreten, wo ihm die Möglichkeit geboten wurde, unabhängig zu forschen. Ab 1476 führte er ein Leben als Wanderlehrer und lehrte als Professor an den wichtigsten Universitäten Italiens. Nach den Wanderjahren kehrte er in seine Heimatstadt zurück, wo er bis 1493 blieb und die Veröffentlichung seines ersten gedruckten Buches vorbereitete. Im Herbst **1494** erschien es dann in Venedig unter dem Titel „Summa de Arithmetica, Geometria, Proportioni e Proportionalita" in einer geschätzten Auflagenhöhe von 1.000 bis 2.000 gedruckten Exemplaren.[70]

Ursprünglich wollte *Pacioli* sein Werk in fünf Hauptteile gliedern. Von diesem **Plan** wich er jedoch ab. Tatsächlich besteht die *Summa* aus **zwei Hauptteilen**, nämlich der Arithmetik und der Geometrie. Diese sind ihrerseits in *distinzioni* unterteilt, welche wiederum in *trattati* und schließlich in *articoli* unterteilt sind. Der erste Hauptteil umfasst die vier ersten in der ursprünglichen Reihenfolge vorgesehenen Kapitel. Arithmetik und Algebra nehmen mit acht von insgesamt neun Teilen den meisten Raum in Anspruch. Die ersten sieben *distinzioni* sind der Arithmetik gewidmet, die achte behandelt die Algebra. Die neunte *distinctio* deckt die ursprünglichen Teile 2 bis 4 ab, befasst sich also mit handelskundlichen Themen (z. B. Gesellschaften, Waren, Wechselgeschäfte, Löhne, Münzen, Maße, Gewichte, Buchhaltung).

Abb. 2.8: Luca Pacioli. | [8]

Der elfte Traktat der „Summa" ist der „Tractatus particularis de computis et scripturis", worin auf etwa 20 Folioseiten (in dt. Übersetzung von *Penndorf* 72 Seiten) in 36 kurzen Kapiteln das **System der doppelten Buchführung** dargestellt ist.[71] Dieser Abschnitt ist „die älteste Druckschrift über die

70 Vgl. T. Hermann: Luca Pacioli im Lichte von Betriebswirtschaftslehre und Economia Aziendale, in: Matiaske/Weber (Hrsg.): Ideengeschichte der BWL, Wiesbaden 2018, S. 120.

71 Den folgenden Ausführungen liegt die Ausgabe zugrunde: Luca Pacioli, Abhandlung über die Buchhaltung, ins Deutsche übersetzt und mit einer Einleitung versehen von Balduin Penndorf, Stuttgart 1933.

Doppelbuchhaltung"[72] und „wurde in fast alle Kultursprachen übersetzt."[73] *Pacioli* behandelt in dem Werk nur die Buchhaltung des Warenhandels. Die Form legt die Vermutung nahe, dass die Schrift für Unterrichtszwecke bestimmt ist. *Pacioli* ist darum bemüht, „den spröden Stoff lebendig und anschaulich darzustellen" und schreibt nicht, wie damals üblich, in der lateinischen Sprache, wie sie die Gelehrten zu verwenden pflegten, sondern in der Sprache des Volkes, d. h. in der italienischen Sprache – genauer gesagt: in einem venezianischen Dialekt. Die Abhandlung ist insbesondere für den Selbstunterricht gedacht, wobei *Pacioli* „einen Schüler von gesundem Menschenverstande"[74] voraussetzt.

*Pacioli* gibt in der „Summa" eine **Inhaltsangabe** des Werkes; über den **Buchhaltungsteil** sagt er Folgendes: „Der dritte Hauptteil enthält Regeln, Formen, Mittel und Wege über die Führung aller Konten und Buchungen eines Geschäfts sowie eines Ladens, Lagers oder einer besonderen Niederlassung, ausreichend und genügend für die ganze Welt, besonders aber in der Form, die in Venedig angewendet wird und irgendwo anders, wenn man will. Nämlich mit aller Sorgfalt ein Hauptbuch zu führen mit seinem Journal und Memorial, das immer der Ursprung und die Wurzel aller Bücher und Buchhaltung ist, die die Kaufleute in allen Orten der Welt führen, wie Du an jener Stelle verstehen wirst gemäß der Ordnung, die sich vorn im Anfang der genannten Abhandlung befindet und die nach Kapiteln eingeteilt ist. Dieser Teil wird, wie gesagt, durch seine Kapitel, die Bilanz eines Hauptbuchs zu machen, ausgezeichnet und wie im Soll und Haben die Vorfälle gebucht werden, sowie durch die zwei im Journal gebräuchlichen Ausdrücke Per und A und durch das Übertragen des Journals in das Hauptbuch. Ferner durch die Form, die Einträge im Journal mit zwei Linien durchzustreichen, eine den Debitor und die andere den Kreditor, und die Bezeichnung der Blätter des Hauptbuchs am Rande des Journals, die die Nummern der Blätter angeben, wo im Hauptbuch Debitoren und Kreditoren gesetzt worden sind, mit deren Hilfe man das Hauptbuch erneuern könnte, wenn es verloren wäre, mit genau so viel Blättern wie das erste, wie Du begreifen wirst usw. Und am Ende der ganzen Abhandlung wird man eine Zusammenstellung aller Buchungen finden."[75]

---

72 E. Weber: Literaturgeschichte der Handelsbetriebslehre, Tübingen 1914, S. 7.

73 J. Löffelholz: Geschichte der Betriebswirtschaft und der Betriebswirtschaftslehre, Stuttgart 1935, S. 144.

74 Pacioli/Penndorf (1933), S. 62.

75 Ebd., S. 61.

Zu Beginn der Abhandlung weist *Pacioli* auf die Bedeutung dreier Eigenschaften hin, die ein Kaufmann haben müsse, „der mit gebührendem Fleiß Handel treiben will“[76]: Dies sind erstens die Eigenschaften eines **ehrenwerten Kaufmanns**, die z. B. erst ein auf Vertrauen fußendes Kreditgeschäft ermöglichen. Dies begründet er religiös-wirtschaftsethisch: „Nichts galt höher als das Wort des guten Kaufmanns, und so bekräftigten sie ihre Eide, indem sie sagten: ‚Bei der Ehre eines wahren Kaufmanns‘. Dies soll niemand verwundern, weil jedermann nach katholischer Weise nur durch den Glauben selig wird, ohne den es unmöglich ist, Gott zu gefallen.“ Zweitens sei es zum Handeltreiben notwendig, „daß man ein guter Rechner und geschickter Buchhalter sei.“ Und drittens sei es nötig, „daß man mit schöner Ordnung alle seine Geschäfte in gebührender Weise einträgt, damit man in aller Kürze von jedem Kenntnis haben kann, sowohl von den Schulden als auch von den Guthaben, denn auf anderes erstreckt sich der Handel nicht.“ Anschließend erläutert *Pacioli* den Inhalt seiner Abhandlung. Er fordert zunächst ein Eröffnungsinventar, sodann drei Bücher, nämlich Memorial, Journal und Hauptbuch. Das 9. Kapitel gibt einen Überblick über neun Zahlungsarten, die dem Kaufmann zur Verfügung stehen: „nämlich gegen Kasse, oder gegen Ziel, oder gegen Waren, was man gewöhnlich Tausch nennt, oder teils gegen Kasse und teils gegen Ziel, oder teils gegen Kasse und teils gegen Waren, oder teils gegen Waren und teils gegen Ziel, oder gegen Anweisung einer Bürgschaft, oder teils gegen Bürgschaft und teils gegen Ziel, oder teils gegen Bürgschaft und teils gegen Waren.“ Kapitel 10 bis 12 behandeln das Journal. Im 11. Kapitel werden die Bezeichnungen *Per* und *A* definiert: „Mit *Per* bezeichnet man immer den Schuldner, sei es einer oder seien es mehrere, und mit *A* den Gläubiger, sei es einer oder seien es mehrere.“ Im 12. Kapitel werden neben der Technik der Journalbuchung die Begriffe Kasse und Kapital erläutert: „Unter der Kasse versteht man Deinen Anteil oder Deine (Geld-)Börse, unter Kapital versteht man die Gesamtheit und Gesamtsumme Deines gegenwärtigen Vermögens.“ Das 14. Kapitel behandelt den doppelten Buchungssatz, die Buchungen im Soll und im Haben. In den Kapiteln 32–34 behandelt *Pacioli* die Bilanz. Er beschreibt, wie man die Bilanz des Hauptbuches zu erstellen habe, wie das alte Hauptbuch in das neue übertragen werden muss, wie die Konten des alten Hauptbuches abzuschließen seien. Bevor das Werk mit

76 Vgl. zu den folgenden Ausführungen ebd., S. 88 ff.

einer Zusammenfassung abschließt, gibt *Pacioli* Hinweise zum Umgang mit Schriftstücken (Briefen, Urkunden etc.).

*Penndorf* sieht das **Innovative** der Schrift weniger in ihrem wissenschaftlichen Inhalt, sondern vielmehr darin, wie dieser gestaltet und dargeboten wird: „Das Neue an der ‚Summa' ist also nicht der Inhalt, sondern die Form. [...] Immer hat *Pacioli* bei Abfassung seines Werkes die praktischen Bedürfnisse, insbesondere die des Kaufmanns, im Auge, und so wählte er eine Form der Darstellung, die verständlich war. Deshalb schrieb er sein Werk nicht in der Gelehrtensprache, sondern in der Volkssprache und suchte die trockene Auseinandersetzung des Gegenstandes mit Beispielen, Anekdoten, Sprichwörtern, Zitaten und Sprüchen zu beleben, denn der Lehrer muss nach ihm stets tausenderlei Arten herausfinden, um von dem Lernenden verstanden zu werden."[77] Fragen nach der **Didaktik** des Werkes, der Zielgruppe sowie der Verbreitung haben in der modernen Forschung eine Kontroverse ausgelöst.[78]

*Bellinger* gelangt zu folgender **Würdigung**: „Pacioli erkannte das Prinzip der Doppik und formulierte die doppelte Buchhaltung dem Sinne nach als Kalkül. Es gelang ihm, den gesamten quantifizierbaren Bereich kaufmännischer Tätigkeiten in ein abstimmbares, lückenloses und sogar praktikables System zu fassen. Sein Modell erlaubte es, nicht nur den wissenschaftlichen Stand und die Struktur einer Betriebswirtschaft zu jedem Zeitpunkt darzustellen, sondern auch deren Entwicklung in der Zeit wiederzugeben. Für den weiteren Aufstieg der Betriebswirtschaftslehre war diese wissenschaftliche Leistung von unschätzbarem Wert."[79]

Als eine bedeutsame Errungenschaft führen einige Autoren an, dass in *Paciolis* Schrift sich erstmals die Trennung von privatem Haushalt und Betrieb nachweisen ließe, welche die Voraussetzung für die Entwicklung der am Gewinn orientierten kapitalistischen Unternehmung war. Nach *Brockhoff* könne dieser Auffassung jedoch kaum gefolgt werden, da „im Inventar aber auch Kleidung, Betten, Wäsche oder Tischgeschirr aufgeführt werden sollen."[80] *Schneider* **kritisiert**, dass *Paciolis* Darstellung in vielem hinter dem zurückbleibe, was schon mehr als hundert Jahre zuvor oberitalienische Kaufleute praktizierten. So seien beispielsweise

77 Pacioli/Penndorf (1933), S. 59.
78 Vgl. Hermann (2018), S. 118 ff.
79 Bellinger (1967), S. 23.
80 Brockhoff (2017), S. 129.

schon die Rechnungsbücher der Stadt Genua, die ab 1340 erhalten sind, in doppelter Buchhaltung geführt.[81] In dem Zusammenhang wird zuweilen der **Vorwurf** erhoben, dass es sich bei der Schrift von *Pacioli* um ein Plagiat handele. Diesen Vorwurf will *Löffelholz* nicht gelten lassen. Er sieht darin vielmehr eine jener „Sensationstheorien", denen auch *Shakespeare* und *Homer* ausgesetzt gewesen seien, und lässt „darum den Ruhm, die Buchhaltung zum ersten Male dargestellt zu haben, ungeschmälert dem Franziskanermönch Luca Pacioli." Dieser sei „einer der stärksten Geister der Renaissance" gewesen und habe weit über seine Zeit hinaus gewirkt: „Der Buchhaltungstraktat des gelehrten Mönches hat einen außerordentlichen Einfluß auf die gesamte Buchhaltungsliteratur der Renaissance gehabt. Er wird sogar noch im 17. und 18. Jahrhundert von italienischen Schriftstellern als Lehrbuch empfohlen."[82] Zur **Bedeutung** der doppelten Buchführung konstatiert *Löffelholz* an anderer Stelle: „Die Buchhaltung hat die wirtschaftliche Welt erschlossen." Denn mit ihr mussten auch alle anderen Begriffe des modernen Wirtschaftsbetriebes geschaffen werden. Diesbezüglich weist er insbesondere auf den Kapitalbegriff hin, aus dem sich zahlreiche andere Begriffe entwickelten, „die für die neuzeitliche Betriebswirtschaft charakteristisch sind, wie die Begriffe Gewinn und Verlust, die als Saldo des Kapitalkontos erklärt werden."[83]

**Exkurs** | Warum sprechen wir heute von „Soll und Haben"

„Du musst wissen, daß von allen Posten, welche du im Journal gebildet hast, immer je zwei in dem großen Heft gemacht werden sollen, nämlich einer im Geben und einer im Haben"[84]. So übersetzt *Löffelholz* eine Textstelle in *Paciolis* Werk und verwendet damit dessen ursprüngliche Formulierung für die Seiten eines Kontos. Statt **Geben** und **Haben** verwendet *Penndorf* in seiner Übersetzung die auch heute üblichen Bezeichnungen **Soll** und **Haben**. Doch wie ist es zu dieser Begriffsbildung gekommen? Woher stammen die heute gebräuchlichen Fachbegriffe Soll und Haben? Wie *Penndorf* in seiner „Geschichte

81 Vgl. Schneider (2001), S. 78.
82 Löffelholz (1935), S. 142 f. und 146.
83 Löffelholz (1956), Sp. 979.
84 Vgl. J. Löffelholz: Geschichte der Betriebswirtschaft und der Betriebswirtschaftslehre, Stuttgart 1935, S. 145.

der Buchhaltung“ erläutert, hatte „die deutliche Kennzeichnung der Schuld, Forderung oder Zahlung von jeher zum Wesen der Buchhaltung gehört“:

> „Ägypter und Babylonier hatten dafür die Ausdrücke ‚belasten‘ und ‚erkennen‘, die Römer ihr ‚acceptum und expensum‘. In Italien schrieb man ursprünglich unter das ‚de avere‘ das ‚aver dato‘, später erst ‚de dar‘ links und ‚de aver‘ rechts, oder auch ‚dover dare‘ (= Soll Geben) und ‚dover avere‘ (= Soll Haben). Auf der linken Seite wurde zuerst das dare (das Geben), auf der rechten ziemlich später das dover (das Soll) weggelassen, und so entstand unser heutiges Soll und Haben.“[85]

Der französische Historiker *Jean Favier* erläutert, dass die Formulierungen **soll geben** und **soll haben** im Italien des 13. Jahrhunderts durchaus noch ihren Sinn gehabt hätten.

> „Die Redewendung ist logisch. Die Dinge ändern sich und die Sache wird komplizierter, als die Franzosen zu Beginn der Neuzeit mitmischen. Weniger vertraut mit den kapitalistischen Strukturen der großen Gesellschaften, haben sie einige Mühe, den Chef und seinen Kassierer zu unterscheiden. Und anstatt ‚*soll geben* und *soll haben* einander entgegenzustellen, stellen sie *soll* und *haben* einander gegenüber. Natürlich besagen *soll* und *soll geben* das gleiche, und der Widerspruch versteht sich von selbst. Aber er macht *soll haben* zu *haben*, was eigentlich ein Widersinn ist. Die französischen Buchhalter des 15. Jahrhunderts kümmern sich dennoch wenig darum. Hier, wie häufig auch andernorts, übernehmen sie mit Verspätung die italienische Praxis, ohne sie richtig zu verstehen.“[86]

---

85 B. Penndorf: Geschichte der Buchhaltung in Deutschland, Leipzig 1913, S. 42.

86 J. Favier: Gold und Gewürze – Der Aufstieg des Kaufmanns im Mittelalter, Hamburg 1992, S. 285.

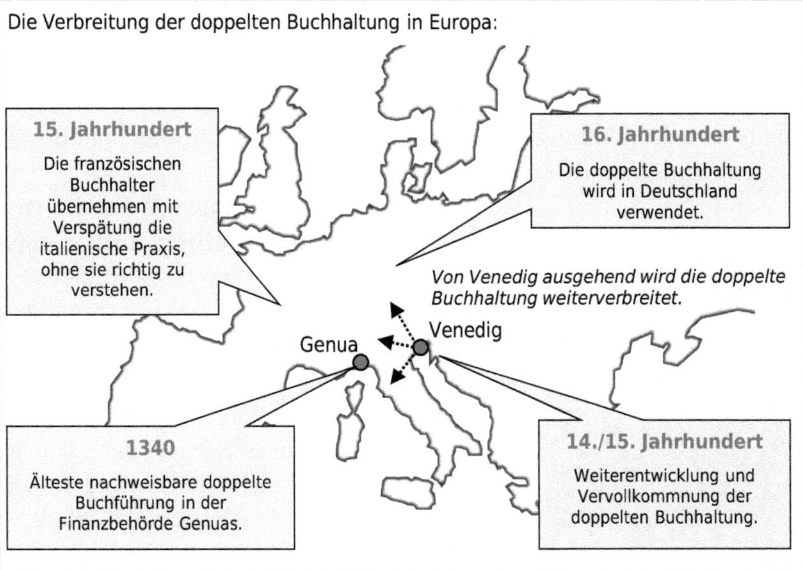


Abb. 2.9: Die Verbreitung der doppelten Buchhaltung in Europa.| [9]

## 2.7 Christliche Handelslehre vom „gerechten Preis“ (Martin Luther)

Dreißig Jahre nach dem Erscheinen von *Paciolis* „Summa“ erscheint nördlich der Alpen eine Schrift des Theologen, Moralphilosophen und Augustinermönchs *Martin Luther* (1483–1546). In seinen philosophisch-theologischen Schriften hat er sich auch mehrfach mit ökonomischen Fragestellungen auseinandergesetzt. Allerdings sind seine diesbezüglichen Ausführungen nicht das Ergebnis systematischer Reflexion; vielmehr reagierte er auf Begebenheiten, die er in seiner Umwelt wahrnahm oder auf Probleme, die vom Volk an ihn (in seiner Funktion als Seelsorger) herangetragen wurden. Seine ökonomischen Ansichten sind **ethisch-religiös** geprägt und drücken eine **kritische** Haltung aus gegenüber den aufkommenden frühkapitalistischen Produktionsverhältnissen; die Naturalwirtschaft und die einfache Warenproduktion hingegen verteidigte er. Finanz- und Ausbeutungspraktiken der katholischen Kirche prangerte er an und suchte nach Möglichkeiten, soziale und ökonomische **Missstände** in Übereinstimmung mit der **Bibel** zu lösen. In seinen Schriften richtete er sich gegen den Missbrauch menschlicher Arbeit zu Profitzwecken, gegen den Wucher, den Zins, den Luxus, gegen „Monopolia" und das Handelskapital. In dem Zusammenhang entwickelte er auch seine Vorstellungen vom gerechten Preis, die in der Tradition von *Aristoteles* und *Thomas von Aquin* stehen.

Abb. 2.10: Martin Luther. | [10]

Das ökonomische Hauptwerk *Luthers* ist die Schrift **„Von Kaufshandlung und Wucher"** aus dem Jahr **1524**, die im 16. Jahrhundert siebenmal gedruckt worden ist. Darin formuliert er im Predigtstil zentrale Ansichten für ein christliches Handeln im Wirtschaftsleben. Den (evangelisch gesinnten) Kaufleuten, die einerseits Gewinne erwirtschaften müssen, andererseits aber ihre Mitmenschen nicht übervorteilen sollen (→ Abb. 2.11), werden Ratschläge erteilt, wie sie ihre Handelsgeschäfte im Einklang mit der christlichen Lehre betreiben können. Konkret werden z. B. Überlegungen angestellt zur **richtigen Preisbildung** und Ermittlung der Handelsspanne. Deutlich wird insbesondere, dass Luthers Idee vom **gerechten Preis** auf eine optimale Güter- und Einkommensverteilung abzielt, die sowohl das Allgemeinwohl als auch eine für Käufer- und Verkäuferseite akzeptable Preisgestaltung berücksichtigt.

> „[...]. Das kann man aber nicht leugnen, daß Kaufen und Verkaufen ein notwendig Ding ist, das man nicht entbehren und gut christlich brauchen kann, besonders in den Dingen, die zum täglichen Bedarf und in Ehren dienen. [...] Aber der ausländische Kaufhandel, der aus Indien und dergleichen Ware herbringt (wie solch kostbares Seiden- und Goldwerk und Gewürz), die nur zur Pracht und keinem Nutzen dient [...] sollte nicht zugelassen werden [...].
> Wir wollen hier von Mißbrauch und Sünden des Kaufhandels reden, soweit es das Gewissen betrifft. [...] Erstens haben die Kaufleute unter sich eine allgemeine Regel, [...] daß sie sagen: Ich darf meine Ware so teuer geben, wie ich kann. Das halten sie für ein Recht, da ist dem Geiz der Raum gemacht und der Hölle alle Tür und Fenster aufgetan. [...]

Es sollte nicht so heißen: Ich darf meine Ware so teuer geben, wie ich kann oder will, sondern so: Ich darf meine Ware so teuer geben, wie ich soll, oder wie es recht und billig ist. Denn dein Verkaufen soll nicht ein Werk sein, das frei in deiner Macht und Willen ohne alles Gesetz und Maß steht, als wärest du ein Gott, der niemand verbunden wäre. Sondern weil solches dein Verkaufen ein Werk ist, das du gegen deinen Nächsten übst, soll es durch solch Gesetz und Gewissen begrenzt sein, daß du es ohne Schaden und Nachteil deines Nächsten übst. Und du sollst viel mehr acht darauf haben, wie du ihm nicht Schaden tust, als wie du Gewinn davon trügest. [...]
Da fragst du dann: Ja, wie teuer soll ichs denn geben? Wo treffe ich das Recht und die Billigkeit, daß ich meinen Nächsten nicht übervorteile oder überteure? Antwort: [...] Nun ists aber billig und recht, daß ein Kaufmann an seiner Ware so viel gewinne, daß seine Kosten bezahlt, seine Mühe, Arbeit und Gefahr belohnt werde. [...]
Wo aber die Ware nicht festgesetzt noch gang und gäbe ist und du sie zum ersten festsetzen sollst und mußt, hier kann man wahrlich nicht anders lehren, man muß es deinem Gewissen anheimstellen, daß du zusehest und deinen Nächsten nicht übervorteilest, und nicht den Geiz, sondern deine ausreichende Nahrung suchest. [...] Darum mußt du dir vornehmen, nichts als deine ausreichende Nahrung in solchem Handel zu suchen, danach Kosten, Mühe, Arbeit und Gefahr rechnen und überschlagen, und alsdann die Ware selbst festsetzen, (im Preis) steigern oder erniedrigen, auf daß du solcher Arbeit und Mühe Lohn davon habest. [...]
Dementsprechend berechne, wieviel Tage du an der Ware, sie zu holen und zu erwerben dich gemüht, und wie große Mühe und Gefahr du darin ausgestanden habest. Denn große Mühe und viel Zeit(verlust) soll auch desto größern und mehr Lohn haben. Näher und besser und bestimmter kann man in dieser Sache nicht reden noch lehren. [...]"[87]

87 M. Luther: Von Kaufshandlung und Wucher, in: Werke, Bd. 7, hrsg. v. K. Aland, Göttingen 1991, S. 264–269.

Abb. 2.11: Wucher und Fürkauf. | [11]

Der Theologe *Lohse* sieht in *Luthers* Hauptwerk *Von Kaufshandlung und Wucher* zwar ein Zeichen für *Luthers* sozialpolitisches Interesse, kritisiert aber, dass dessen Vorschläge nicht auf einer näheren Kenntnis der wirtschaftlichen Zusammenhänge basieren, wie sie damals schon durchaus bekannt gewesen seien.[88] Zu anderer Auffassung gelangt *Leitherer*: „Dieses kleine Buch ist aber noch das bedeutendste und überlegteste Schriftwerk unter der ganzen Literatur der Reformationszeit über den Handel, in welchem eine gewisse theoretische Analyse (auf dem Gedankengut der Scholastik fußend) enthalten ist."[89]

88 Vgl. B. Lohse: Martin Luther. Eine Einführung in sein Leben und sein Werk, 3. Aufl., München 1997, S. 151.

89 Leitherer (1961), S. 32.

## 2.8 Die Enthüllung „verborgener Künste" (Lorenz Meder)

Als im Jahre 1558 – vierunddreißig Jahre nach dem Erscheinen von Luthers Schrift *Von Kaufshandlung und Wucher* – der Nürnberger Kaufmann *Lorenz Meder* sein „Handel Buch"[90] veröffentlichte, muss dies für den Kaufmannsstand ein ungeheuerlicher Vorgang gewesen sein, denn „man fasste es als einen Verrat kaufmännischer Geschäftsgeheimnisse auf, wenn ein Kaufmann etwas über handelskundliche Dinge veröffentlichte."[91] Ob *Meders* Hinweis in der Vorrede, dass etliche seiner Freunde ihn um diese Publikation gebeten hätten, ihn tatsächlich vom Verdacht des Verrats entlasteten, erscheint fraglich. Immerhin weist er selbst darauf hin, er schreibe von „verborgenen Künsten so bishero noch nie an den tag kommen und von niemands biß auff diese stund klerlich durch den Truck an den tag gegeben worden sein". Die Gründe, ein solches kaufmännisches Handbuch trotzdem zu verfassen, müssen für *Meder* also schon schwerwiegend gewesen sein. In den deutschen Landen herrschte damals ein völliges Durcheinander an vielfältigen Maßen, Gewichten, Münzen und Zolltarifen. Erschwerend kamen noch die schlechten Transportverhältnisse, die verschiedenen Handelsbräuche und unterschiedliche örtliche Gebräuche im Wechsel- und Zahlungsverkehr hinzu. Wegen des Mangels an Informationsquellen schrieben die Kaufleute daher zum **eigenen Gebrauch** sämtliche den Geschäftsbetrieb betreffende Informationen, Erfahrungen, Kenntnisse und Hinweise feinsäuberlich in ein **Notizbuch** nieder, das zunächst wohl lediglich dazu diente, sich selbst besser zurechtfinden zu können. Später wurde aus diesem Notizbuch ein richtiges Geschäftsbuch, um den Erfahrungsschatz an den Nachwuchs und die Geschäftspartner weitergeben zu können.[92] Insofern handelt es sich bei diesen Schriften um „Winke aus der Praxis für die Praxis"; eine systematische, wissenschaftliche Stoffbehandlung lag den Verfassern fern.[93] Auch *Meders* „Handel Buch" soll, wie der Verfasser in der Vorrede schreibt, „den grossen Hendlern und kauffleuten behilflich und gefellig sein". Es könne genutzt werden „gleich wie ein Register, handbuch, Wegweyser und anleytung in alle Hendel, kauff und rechenschafften etc.. Dann es zeygt und lehret was der gebrauch, nit allein in Teutschen, sonder auch aller

90 L. Meder: Handel-Buch, Nürnberg: Vom Berg und Neuber 1558.
91 Löffelholz (1935), S. 211.
92 Vgl. Löffelholz (1935), S. 210 u. Leitherer (1961), S. 35.
93 Vgl. Weber (1914), S. 4.

anderer lender, Jahrmärckten handlen seye, Was für unkosten aufs jede Wahren gehen, Wie sich allerley Münzen, Eln, Massen, Gewichten etc. gegeneinander vergleychen. Mit allerley vortheylen in Wechsseln und was dergleychen stücken mehr sind, dadurch jeder gnugsamen bericht seines handels erfaren mag."

Die literaturwissenschaftliche Nachforschung *Webers* hat ergeben, dass *Meders* gedrucktem „Handel Buch" von 1558 ältere Handschriften von 1511 und 1538 zugrunde liegen, deren Verfasser *Lorenz Meders* Vater gewesen sein soll.[94] Der Hauptunterschied zwischen dem „Handel Buch" und den Schriften des Vaters bestünden vor allem in der Gliederung: „In der älteren Arbeit ist alles nach sachlichen Gesichtspunkten geordnet, während in den jüngeren die geographische Einteilung nach Ländern oder Handelsplätzen gewählt ist."[95] Dass gerade die **ältere Schrift**, die Vorarbeit zum „Handel Buch", sachlich gegliedert war, ist bemerkenswert, denn eine solche Form ist die Voraussetzung für eine **wissenschaftliche** Herangehensweise. Aufgrund der sachlich-systematischen Einteilung der älteren Schrift gelangt *Weber* zu der Beurteilung, „daß das Werk trotz seines hervorragend praktischen Zweckes auch auf einer für diese Zeit überraschenden wissenschaftlichen Höhe steht." Der Inhalt sei seiner Ansicht nach „eine privatwirtschaftliche internationale Handelskunde und somit ein früher Vorläufer von *Hellauers* ‚Welthandelslehre', im weiteren Sinne auch der Handelungswissenschaft und der späteren Handelsbetriebslehre."[96] Diese Feststellung *Webers* ist äußerst bemerkenswert, da in der Literatur die Auffassung vorherrscht, dass wissenschaftliche Ansätze, wenn überhaupt, erst rund hundert Jahre später in dem Werk des Italieners *Giovanni Domenico Peri* erkennbar sind.

## 2.9 Versuch einer systematischen Lehre vom Handel (Giovanni D. Peri)

Den Abschluss der ersten Entwicklungsstufe betriebswirtschaftlichen Denkens bildet das Werk „Il Negotiante" (1639) des Genuesen *Giovanni Domenico Peri* (1590–1666). Es ist die letzte bedeutende kommerzienkundliche Publikation der Renaissance, gilt aber zugleich auch als die erste handelswissenschaftliche Schrift im Sinne des Merkantilismus. Sein Werk ist von

94 Vgl. Weber (1914), S. 25ff.
95 Ebd., S. 31.
96 Ebd., S. 25/26.

Bedeutung, weil es auf der Schwelle zu einer höheren Entwicklungsstufe der Betriebswirtschaftslehre steht, den Übergang bildet von der Kommerzienkunde zu Merkantilwissenschaft.[97] Dieser Dualismus spiegelt sich im Inhalt des Buches wider, der sowohl auf *Peris* persönlichen praktischen Erfahrungen und Kenntnissen der Geschäftspraxis beruht als auch auf seinen philosophischen, theologischen und juristischen Studien.

Die Venediger Ausgabe des **„Il Negotiante“** von 1682 umfasst rund 700 Seiten; der Inhalt[98] gliedert sich in vier Teile: Im **ersten Teil** spricht *Peri* u. a. über den Ursprung der Kaufleute, von dem Rechnen mit arabischen Ziffern, dem Latein, dem Briefschreiben, der Buchführung sowie den Aufgaben und Tätigkeiten des Kassierers und des Korrespondenten. Ein Schwerpunkt liegt auf den rechtlichen Aspekten der Geschäftstätigkeit. So erläutert *Peri* ausführlich die Wechselangelegenheiten und gibt Beispiele für richtige Vertragsabschlüsse. In dem Zusammenhang liefert er auch Hinweise zu den Handelsbräuchen an der berühmten Messe von Besançon. Der erste Teil behandelt im Wesentlichen die „innerbetriebliche Problematik“[99], den „organisatorischen Aufbau und Ablauf eines Wirtschaftsbetriebes“[100].

Der **zweite Teil**, der sich ausführlich mit der Handelsverkehrslehre befasst, beginnt zunächst mit einer Einleitung über die „wahren“ Kaufleute und ihre Eigenschaften. Anschließend werden Verkäufe gegen bar und auf Ziel sowie die dazugehörige Korrespondenz und Buchhaltung erläutert. Es folgen Ausführungen über kaufmännische Rechtsgutachten und Schiedssprüche (sie hatten damals bei Konflikten zwischen den Kaufleuten eine große Bedeutung), über den Zins und wiederum über den Wechsel. Dabei geht *Peri* zugleich auf die Kurse an verschiedenen Handelsplätzen ein; und er beschreibt auch diese Plätze nach Lage, Handel und Gewerbe. Des Weiteren befasst *Peri* sich mit dem Messe- und mit dem Transportwesen, insbesondere mit der Schifffahrt.

Abb. 2.12: Giovanni Domenico Peri. | [12]

97 Vgl. E. Sundhoff: Dreihundert Jahre Handelswissenschaft, Göttingen 1979, S. 22ff.

98 Zur Inhaltsangabe vgl. insbesondere Weber (1914), S. 9–12 und Löffelholz (1935), S. 215f.

99 Löffelholz (1935), S. 216.

100 Bellinger (1967), S. 30.

Im **dritten Teil** wird ausführlich die doppelte Buchführung behandelt. Nach Ausführungen zu den Themen Zins, Geld und Frachtgeschäft kommt *Peri* abermals auf den Wechsel, sein (wie *Weber* es nennt) „Lieblingsthema", zu sprechen. Doch erscheint es etwas zu naiv, den von Peri so häufig thematisierten Wechsel einfach als „Lieblingsthema" abzutun. Bei kritischer Betrachtung würde die betriebswirtschaftliche und volkswirtschaftliche Bedeutung des Wechsels zu der damaligen Zeit ins Auge fallen, auf die z. B. *Sombart* hinweist: Der Kreditwechselverkehr, der wegen des damaligen Wucherproblems von großer (juristischer) Bedeutung war, beherrschte die gesamte frühkapitalistische Epoche. Er „spielte sich vom 15. Jahrhundert [...] bis zum Ende des 17. und, allmählich verschwindend, bis ins 18. Jahrhundert hinein auf einigen ‚Weltmessen' ab, die ursprünglich auch Warenmessen gewesen waren, im Laufe des 16. Jahrhunderts sich aber in reine Wechselmessen umwandelten."[101] Die bedeutendsten Messen dieser Art waren Lyon, Antwerpen und Besançon. Diese Messeplätze wurden von den genuesischen Kaufleuten, zu denen auch *Peri* zählte, gewählt „im Hinblick auf das kanonische Wucherrecht, das den Wechsel nur zuließ, wenn er auf einen anderen Ort als den Wohnort des Ausstellers lautete." Eine genaue Kenntnis war also unabdingbar nicht nur für die Durchführung von Warengeschäften, sondern vielmehr von Finanztransaktionen. „Die Funktion jener Wechselmessen bestand darin, eine Vermittlungsstelle für den Leiheverkehr zwischen den verschiedenen europäischen Ländern zu bilden, insbesondere aber die Aufnahme der großen Anleihen der Fürsten und Staaten zu erleichtern." So verwundert es auch nicht, dass *Peri*, wie *Sombart* bemerkt, „die beste Beschreibung der Vorgänge auf diesen Messen liefert"[102].

Wie *Weber* bemerkt, mache der **vierte Teil** „mit seinem buntscheckigen Inhalt" den „Eindruck einer Nachlese". Zu den vielfältigen Themen, die hier behandelt werden, gehören z. B. die Notwendigkeit und Nützlichkeit des Handels, die Eigenschaften und Kenntnisse des Kaufmanns, Kontokorrente, Partizipationen, Wechselzahlungen, Versicherungen, Prokuren, Quittungen. Zumeist handelt es sich bei den Ausführungen zu diesen Themen lediglich um Ergänzungen und Erweiterungen der vorangegangenen Kapitel.[103]

---

101 W. Sombart: Der moderne Kapitalismus, Bd. II/1, 2. Aufl., München/Leipzig 1916, S. 522.
102 Ebd., 523.
103 Vgl. Weber (1914), S. 11.

Dieser methodischer Mangel mag wohl auch den Anstoß gegeben haben zu *Sombarts* **Kritik**, wonach *Peris* Werk ein „ein ziemlich konfuses, schlecht disponiertes Sammelsurium aller möglichen Lehren"[104] sei. Diese Auffassung hält auch *Leitherer* für „nicht ganz unberechtigt", denn *Peri* versuche, „neben einer systematischen Lehre vom Handel [...] auch den Inhalt eines Handbuches" (Münze, Maße, Gewichte, geographische Beschreibungen usw.) zu bringen; und diese „Fülle der Tatsachenbeschreibungen sprengt die Geschlossenheit der Darstellung"[105]. Diese „kunterbunte Stoffanordnung" bzw. methodische Schwäche habe nach *Leitherer* wohl nicht nur die Lektüre des Werkes und seinen praktischen Nutzen erschwert, sondern auch dessen literaturgeschichtliche Wirkung verhindert.[106] *Leitherer* charakterisiert die Methodik im Werk *Peris*, die dadurch gekennzeichnet sei, dass die Theorie zugunsten der moralischen Belehrung und der Vermittlung praktischer Dinge in den Hintergrund trete, zusammenfassend mit den Worten: **„Faustregeln und gute Lehren."** Trotz dieser methodischen Mängel sollte die Leistung *Peris* nicht abschätzig beurteilt werden. So gelangt *Bellinger* sogar zu einem positiven Urteil, wenn er die damals herrschenden schwierigen Arbeitsbedingungen und Anforderungen, die an Wissenschaftler gestellt wurden, berücksichtigt: „In dieser Situation waren die damaligen Arbeiten durchaus von wissenschaftlichem Erkenntniswert, zumal das Ausgangsmaterial und die wissenschaftlichen Arbeitsmöglichkeiten der Autoren eine bessere Bearbeitung kaum zuließen. Unter diesen Umständen war es auch richtig, das Ausgangsmaterial für eine theoretische Einsicht wiederzugeben und nach der eigenen theoretischen Arbeit bewährte Sondererfahrungen insoweit festzuhalten, als sie späteren theoretischen Arbeiten anderer Autoren vielleicht nützlich sein könnten."[107] Zu einer ähnlichen Einschätzung gelangt auch *Sundhoff*, wenn er schreibt, dass „von Peri zunächst einmal die Bausteine bereitgestellt [wurden], deren man zum weiteren Ausbau der Handelswissenschaft bedurfte." Und trotz aller Vorbehalte gegenüber der Kommerzienkunde sei festzuhalten, „daß sie als Vorläuferdisziplin für die moderne Betriebswirtschaftslehre eine nicht unerhebliche Bedeutung besitzt. Ohne ihre Vorarbeit wäre jedenfalls die sie im 17. Jahrhundert ablösende Merkantilwissenschaft nicht möglich gewesen. Weder der eigentliche

104 Sombart (1916), S. 426.
105 Leitherer (1961), S. 41.
106 Vgl. ebd., S. 41f.
107 Bellinger (1967), S. 31.

Begründer der Handelswissenschaft, der Franzose *Jacques Savary*, noch sein Übermittler und Verbreiter in Deutschland, *Paul Jacob Marperger*, hätten ihr Lebenswerk zu vollbringen vermocht, wären sie nicht in der günstigen Situation gewesen, auf die italienischen Autoren und insbesondere *Peri* zurückgreifen zu können."[108]

## ➲ Zusammenfassung

- **Altertum:** Im 4. Jahrtausend v. Chr. kommt es in Mesopotamien zur urbanen Revolution: Dörfliche Strukturen, die bis dahin das Wirtschaftsleben geprägt haben, müssen durch neue Organisationsformen ersetzt werden. Vorgaben der Produktionsleistung, der Distributionsorganisation sowie der Umverteilung des Volkseinkommens erfordern die Dokumentation von Vermögen, Schulden und Warenbeständen. Dies geschieht zunächst durch Einkerben in Tonscherben, später durch Symbole, die Auskunft über Warenart und Menge geben. Seit ca. 3000 v. Chr. entwickeln sich Schrift und Zahlen. Dadurch werden die Geschäftsvorfälle erstmals abstrakt dokumentiert und rechenbar gemacht. Diese ältesten Buchhaltungsaufzeichnungen lassen sich als ein Managementinstrument altorientalischer Planwirtschaft begreifen.
- **Antike:** Die vorherrschende Wirtschaftsweise ist die Oikos-Wirtschaft. Sie ist die zentrale Organisationsform der Produktion, Distribution und Konsumtion von Gütern.
- Im Rahmen der Lehre vom Oikos setzen **griechische Philosophen** (z. B. *Aristoteles*, *Xenophon*) und **römische Schriftsteller** (z. B. *Cato*) sich mit betriebswirtschaftlichen Fragen auseinander. Aus dem Bemühen, die Versorgung mit Lebensnotwendigem zu bewältigen, entsteht eine **Lehre** von der Ökonomie. Im Oikos sehen die Philosophen jene Form der Betriebswirtschaft, die der menschlichen Gesellschaft entspricht.
- Der Begriff **Ökonomie** setzt sich zusammen aus den griechischen Wörtern *Oikos* (= Haus, Haushalt, Betrieb) und *Nomos* (= Gesetz, Regel).
- Im **Mittelalter** nehmen arabische Kaufleute mit ihrer Mittlerfunktion zwischen China und Europa eine herausragende Stellung ein. Sie beherrschen die wichtigsten Handelswege (z. B. die Seidenstraße). Ihr

108 Sundhoff (1979), S. 24/25.

Handelsnetz macht sie zu einer Wirtschaftsmacht. Aus der Blütezeit des arabischen Handels stammt eine der ältesten Schriften über den Handel. Dieses „arabische Kaufmannsbuch“ wird vermutlich im **11./12. Jahrhundert** von *Alī ad-Dimišqī* in Damaskus verfasst. Es trägt den Titel: „Das Buch des Hinweises auf die Schönheiten des Handels und die Kenntnis der guten und schlechten Waren und die Fälschungen der Betrüger an ihnen“.

- Im **13. Jahrhundert** versucht *Thomas von Aquin*, die christliche Lehre mit der Wissenschaftsauffassung des *Aristoteles* in Einklang zu bringen. *Thomas* entwickelt sittliche Grundsätze, die es dem Menschen ermöglichen sollen, sich in wirtschaftlichen Angelegenheiten zurechtzufinden.
- In Folge der **kommerziellen Revolution** im 13./14. Jahrhundert (z. B. Schriftlichkeit, Kredit-, Verkehrs- und Messewesen) bilden sich im Spätmittelalter **frühkapitalistische Strukturen** im Handel heraus.
- *Luca Pacioli* stellt 1494 in seiner „Summa“ als erster das System der **Doppelten Buchhaltung** vor. Für die Entwicklung der BWL ist diese wissenschaftliche Leistung von unschätzbarem Wert.
- *Martin Luthers* ökonomische Ansichten (z. B. vom **gerechten Preis**) sind ethisch-religiös geprägt. In seinen Schriften richtet er sich gegen den Missbrauch menschlicher Arbeit zu Profitzwecken, gegen den Wucher, Zins, Luxus sowie den aufkommenden Handelskapitalismus.
- **1558** veröffentlicht der Nürnberger Kaufmann *Lorenz Meder* sein **„Handel Buch“**, ein praktisches Handbuch und Nachschlagewerk für Kaufleute.
- **1639** erscheint das Werk **„Il Negotiante“** von *Giovanni Domenico Peri*. Es ist die letzte bedeutende handelskundliche Publikation der Renaissance. Sie bildet den Übergang von der Kommerzienkunde zu Merkantilwissenschaft.

# 3 Systematische Handlungswissenschaft (1675-1804)

Während noch bis in das ausgehende Mittelalter das Ziel eines Unternehmers darin bestand, dem Prinzip der standesgemäßen Nahrung zu folgen und einen lediglich angemessenen Gewinn für seinen Unterhalt zu erwirtschaften, galt dies spätestens ab dem 16. Jahrhundert nicht mehr. Die festgefügte mittelalterliche Sozialordnung war zusammengebrochen, und der Reichtum wurde zum Ziel des wagemutigen Kaufmanns.[109] Die Wirtschaft nach 1500 war gekennzeichnet durch Aufbruch und Dynamik: Eroberungen in der **Neuen Welt**, Entdeckungen neuer Handelswege und Märkte, Innovationen im Handels- und Gewerbesektor sowie eine verbesserte Kapitalwirtschaft durch den Aufschwung der Börsen und innovative Finanzinstrumente bildeten beste Voraussetzungen für wagemutige, gewinnorientierte Kaufleute. Als im Laufe des 16. und 17. Jahrhunderts die **internationalen Handelsverflechtungen** zunahmen, wuchs auch das Interesse europäischer Staaten, ihre wirtschaftliche Entwicklung aktiv zu fördern und diese für die eigene politische Vorherrschaft zu nutzen. Hierzu musste vor allem die Staatskasse gefüllt werden, um den Finanzbedarf für die Kriegs- und Handelsflotten sowie einen wachsenden Beamtenapparat decken zu können.

Die in Europa vorherrschende Wirtschaftstheorie und Staatswirtschaftspolitik in der Phase des Frühkapitalismus, die vom Beginn des 17. bis in die Mitte des 18. Jahrhunderts reicht, wird allgemein als **Merkantilismus** bezeichnet. In Frankreich wurde hierfür auch der Begriff **Colbertismus** verwendet – benannt nach seinem bedeutendsten Vertreter *Jean-Baptiste Colbert* (1619–1683); und in Deutschland bildete sich infolge des Dreißigjährigen Krieges eine eigene Spielart heraus: der Kameralismus. Macht und Reichtum eines Landes, so die merkantilistische Auffassung, werde bestimmt durch die Menge an Gold und Silber. Um diese zu erhöhen, nutzten z. B. die Spanier die Möglichkeit, ihre Kolonien in Lateinamerika auszuplündern. Die englischen Merkantilisten erkannten hingegen die Vorteile des Handels. Durch eine Ausweitung der Exporte sollten mehr Edelmetalle in das Land fließen. Eine Beschränkung der Importe – z.B. durch Zölle

109 Vgl. Löffelholz (1956), Sp. 977.

– sollte dagegen den Abfluss des Geldes ins Ausland verhindern und so dem Schutz der inländischen Wirtschaft dienen (→ Abb. 3.1). Demgemäß rückte der bedeutendste englische Merkantilist *Thomas Mun* (1571–1641) die Forderung nach einer aktiven Handelsbilanz und einer Maximierung des Handelsbilanzüberschusses in den Vordergrund. Da Deutschland kein Nationalstaat war, sondern aus einem „Flickenteppich" an Fürstentümern bestand, hatte hier der Außenhandel nicht den Stellenwert wie in England. Zudem stand nach dem Ende des Dreißigjährigen Krieges der Wiederaufbau der deutschen Lande im Vordergrund. Um den Finanzbedarf durch Steuereinnahmen decken zu können, förderten die deutschen Herrscher nicht nur Handel und Gewerbe, sondern errichteten auch selbst großgewerbliche Betriebstypen wie Manufakturen und Verlage. Die Herrscher erkannten den Vorteil des Unternehmertums für ihre (politischen) Zwecke; und so wurde dem Kaufmann auch zugestanden, dass seine unternehmerische Tätigkeit auf **Gewinnmaximierung** gerichtet ist. So heißt es 1758 bei dem deutschen Nationalökonomen und Kameralisten *Johann Heinrich Gottlob Justi* (1717–1771): „Der einzige Endzweck des Kaufmanns ist der Gewinnst, den man ihm in Ansehung des Nutzens, den er dem Staate leistet, der Gefahr, der Mühewaltung [...] wohl gönnen kann."[110]

Abb. 3.1: Das Zollhaus in London. | [13]

110 Zit. n. Penndorf (1951), S. 9.

Ein weiterer deutscher Merkantilist, der hier kurz vorgestellt werden soll, war *Johann Joachim Becher* (1635–1682). Als Universalgelehrter und Ökonom[111] lieferte er einige Erkenntnisse, die der Handelswissenschaft dienlich waren. Diese gewann er überwiegend aus seinen vielen praktischen Tätigkeiten für unterschiedliche Herrscher. Im Jahre 1660 wurde er Hofrat und Mitglied des Kommerzienkollegiums in Wien, wo er Pläne für Manufakturen entwarf und sich für die Errichtung einer österreichisch-indischen Handelsgesellschaft einsetzte. Nachdem er in Ungnade gefallen war, musste er Wien verlassen und lebte seit 1662 in München, wo er eine Seidenmanufaktur gründete, sowie in Würzburg, Haarlem und London, wo er sich vor allem mit großen Bergwerksunternehmungen beschäftigte. Ab 1664 wandte er sich ausschließlich der praktischen Kameralistik zu und war darum bemüht, neue Manufakturen anzusiedeln, wie z. B. eine Glashütte und eine Seidenmanufaktur. Ab 1666 war *Becher* der Wirtschaftsberater Kaiser *Leopolds I.* in Wien und übte starken Einfluss auf dessen Wirtschafts- und Handelspolitik aus. Auch hier wurde auf sein Betreiben hin eine Seidenmanufaktur gegründet, die jedoch – wie so viele seiner Projekte – hohe Kosten verursachte und nicht rentabel war. Schon kurze Zeit später kehrte *Becher* nach München zurück, wo er seine Hauptwerke, den „Politischen Discurs" und den „Moral Discurs", verfasste.

Im **„Politischen Discurs"** (1668), liefert *Becher* eine Analyse der soziologischen Struktur der Wirtschaft. Er identifiziert die drei Stände Bauern, Handwerker und Kaufleute und bestimmt diese näher. Wirtschaft und Staat stellen für ihn eine Einheit dar, eine „volkreiche, nahrhafte Gemein", die zum Ziel habe, die Bevölkerungszahl zu erhöhen. Denn auch *Becher* geht, wie überhaupt die Merkantilisten, von dem Grundsatz aus, dass die Macht des Staates mit steigender Bevölkerungszahl zunimmt. Dem Staat komme daher die wichtige Aufgabe zu, sowohl für die Ernährung als auch für die Beschäftigung der Bevölkerung Sorge zu tra-

Abb. 3.2: Johann Joachim Becher. | [14]

111 Neben Chemie, Medizin und Theologie studierte *Becher* auch Staatswirtschaftslehre in Mainz.

gen. *Becher* identifiziert und analysiert jene Faktoren, die der Erreichung dieses Zieles im Wege stehen: Eine Gefahr sieht er insbesondere in der Bildung von sogenannten *Monopolien, Polypolien* und *Propolien.* „Ein Monopolium besteht darin, wann ein Glied in der Gemeinschaft das allein hat in Nahrung, woran sonsten in der Gemeinde viele andere leben können." Unter einem Polypolium versteht *Becher* ein Überangebot bzw. einen ruinösen Wettbewerb, denn es teilten sich zu viele, „wovon nur etliche leben können".[112] Mit dem Begriff *Propolium* bezeichnet er verschiedene Formen des unerwünschten Wettbewerbs, wie Preisabsprachen oder auch – wie wir heute sagen – Dumpingpreise, die zum Ziel haben, die Konkurrenz auszuschalten. Mit dieser einfachen **Marktformenlehre** möchte er herausfinden, wie man Störungen des Marktes verhindern bzw. das Funktionieren des Marktes gewährleisten kann. Als Abwehrmaßnahmen gegen diese Störungen regte *Becher* eine staatliche Reglementierung des Handels (z. B. staatliche Preisregulierung, Zusammenschluss von Unternehmen in Kompagnien) und eine Beaufsichtigung des Zunftwesens an und setzte sich für die Einrichtung von Ankaufstellen ein. Durch die Gründung von **Manufakturen** sollte der Import ausländischer Waren begrenzt werden. Wie alle Merkantilisten sträubte er sich gegen die Einfuhr ausländischer Waren, da dies mit einer Ausfuhr von Geld einherging. Die Koordination der von ihm vorgeschlagenen wirtschaftspolitischen Maßnahmen sollte durch ein Kommerzienkolleg erfolgen.

Unter den Kameralisten nimmt *Becher* eine herausragende Stellung ein. Er leistete als Erster Vorarbeiten zu Fragen der Marktformen, der Konzentration und des Wettbewerbs sowie zur Beschäftigungspolitik. *Kolb* zählt *Becher* „zu den wirklich originellen Köpfen des Kameralismus". Beispielsweise habe er „als erster den Terminus des Polypols in die Wirtschaftslehre eingebracht und außerdem auf Entartungserscheinungen des Wettbewerbs aufmerksam gemacht, die später bei der Entstehung der Marktformenlehre wieder aufgegriffen wurden." Außerdem entwickelte er neue Betriebsformen im Handel.[113]

Neben diesen Nationalökonomen traten auch die ersten **handlungswissenschaftlichen Schriftsteller** auf den Plan, die sich mit einzelwirtschaftlichen bzw. betriebswirtschaftlichen Fragen und Problemen auseinandersetzten. Von einer wissenschaftlichen Behandlung könne nach *Seÿffert* erst

112 Vgl. J. J. Becher: Politischer Discurs, Frankfurt 1668, S. 29–30.

113 Vgl. G. Kolb: Geschichte der Volkswirtschaftslehre, 2. Aufl., München 2004, S. 30.

von dem Augenblick an gesprochen werden, „in dem versucht wird, das Leben der kaufmännischen Betriebe vollständig und in geordneter und begründeter Form zu erfassen."[114] Der erste, dem dieses in richtunggebener Form gelungen sei, ist der Franzose *Jaques Savary*. Mit ihm lassen sowohl *Weber* als auch *Seÿffert* die Epoche der systematischen Handlungswissenschaft beginnen. *Werner Sombart* ist davon überzeugt: Wer dieses Buch „nicht gründlich kennt, weiß nicht, wie es in der Geschäftswelt um die Wende des 17. Jahrhunderts ausschaute."[115]

Die besten deutschen **Lehrbücher**[116] dieser Zeit sind nach der Auffassung *Sombarts* neben den Schriften *Paul Jacob Marpergers* die folgenden:

- *Gottfried Christian Bohn:*
  Wohlerfahrener Kaufmann (1727),
- *Carl Günther Ludovici:*
  Grundriss eines vollständigen Kaufmanns-Systems (1756),
- *Johann Carl May:*
  Versuch einer Einleitung in die Handlungswissenschaft (1763),
- *Johann Heinrich Jung:*
  Gemeinnütziges Lehrbuch der Handlungswissenschaft (1785) und
- *Johann Michael Leuchs:*
  System des Handels (1804).

Mit der Nennung dieser deutschen Autoren folgt *Sombart* der Literaturgeschichtsschreibung *Webers*, auf den sich auch die **Epochenbezeichnung** der systematischen Handlungswissenschaft zurückführen lässt und die sich in der Literatur weitgehend durchgesetzt hat. So lässt z. B. auch *Seÿffert* sein Kapitel „Die Zeit der Systematischen Handlungswissenschaft" mit *Savary* beginnen und mit *Leuchs* enden. Somit umfasst diese Epoche den Zeitraum von 1675 bis 1804. Bezüglich der Periodisierung weist *Leitherer* darauf hin, dass eine Einteilung in Epochen schwierig sei, da deren Grenzen nicht als Zäsuren aufgefasst werden dürfen. Die Literatur dieser Zeit habe immer noch das Ziel verfolgt, den praktischen Kaufmann zu informieren. Obwohl die wissenschaftliche Absicht in dieser Epoche stärker hervortrete, herrschten immer noch Rezepte und Moralanweisungen vor. Wissenschaftliche

---

114 Vgl. Seÿffert (1971), S. 36.

115 Sombart (1914), Bd. II, S. 426.

116 Nach Ansicht Sombarts (1916, S. 428) sind die nachfolgend genannten deutschen Werke den französischen, holländischen und englischen Schriften zumindest in pädagogischer Hinsicht überlegen.

Einsichten seien eher ein Nebenprodukt des praktischen Zwecks. So sei auch bei *Savary* das wirklich Neue in seinem Werk, mit dem die Epoche der systematischen Handlungswissenschaft eingeleitet wird, in der Systematik der Stoffanordnung zu sehen.[117]

## 3.1 „Le Parfait Négociant" oder „Der vollkommene Kauff- und Handels-Mann" (Jaques Savary)

*Jaques Savary* (1622–1690) war ein französischer Kaufmann, Verwaltungsbeamter und Berater von *Colbert*, dem Wirtschaftsminister Ludwigs XIV.[118] *Savary* gilt nicht nur als der **Gründervater der französischen Handelsgesetzgebung**, er verfasste auch das bedeutendste handelswissenschaftliche Werk des 17./18. Jahrhunderts, „welches mit weiteren Auflagen ein ganzes Jahrhundert die einschlägige Literatur stark beeinflußt hat."[119]

Abb. 3.3: Jaques Savary. | [15]

Bis zu seinem Tode war er schriftstellerisch tätig, bekleidete zahlreiche Ämter und diente drei Finanzministern als Wirtschaftsberater. *Savary* entstammt einer Familie, die im 15. Jahrhundert auf Vorrechte des Adels verzichtete, um ein Handelsgewerbe ausüben zu dürfen. Nach dem Tode des Vaters wurde der junge *Jacques* zu seinem Onkel, einem angesehenen Kaufmann, nach Paris geschickt, um ihn dort getreu der Familientradition zum Kaufmann ausbilden zu lassen. Die Ausbildung war breit angelegt und umfasste neben der Lehre in einer sehr vornehmen Großhandelsgilde auch Tätigkeiten bei einem Anwalt und einem Notar. Nachdem *Savary* als Kaufmann im Tuchgroßhandel in kurzer Zeit zu großem Wohlstand gekommen war, zog er sich von den Handelsgeschäften zurück, um ein öffentliches Amt zu

117 Vgl. Leitherer (1961), S. 47.

118 Eine sehr gute Darstellung von Leben, Werk und Wirkung des Jacques Savary liefert Sundhoff (1979), S. 27–46. Hier findet sich m. E. eine der besten Lebensbeschreibungen (S. 30–32), zu der auch weitere Literaturhinweise gegeben werden. Die mir bekannte umfangreichste und beste Inhaltsangabe des „Parfait Négociant" ist die von Weber (1914), S. 15–23.

119 K. Schwantag: Betriebswirtschaftslehre (I): Geschichte, in: Handwörterbuch der Sozialwissenschaften, Bd. 2, hrsg. von Erwin v. Beckerath et al., Stuttgart et al. 1959, S. 114.

bekleiden. Bereits kurze Zeit später bekleidete er eine hohe Position in der Gesellschaft zur Verwaltung der königlichen Domänen. Zwar verlor er dieses Amt später, doch es dauerte nicht lange, bis er wieder in den Dienst des Königs trat. Seit 1667 arbeitete *Savary* in der Staatskanzlei, wo *Colbert* – Merkantilist und Wirtschaftsminister Ludwigs des XIV. – auf ihn aufmerksam wurde. *Savarys* anschließende Gutachter- und Beratertätigkeit war so erfolgreich, dass er schließlich von *Colbert* in das *Conseil de Réforme* berufen wurde, welches die Aufgabe hatte, ein einheitliches französisches (Handels-)Recht zu erarbeiten. Das Ergebnis war ein **Handelsgesetzbuch**, auf das *Savary* einen solch großen Einfluss hatte, dass es auch „Code Savary" genannt wurde. Sowohl dieses Handelsgesetzbuch, die „Ordonnance de Commerce" von 1673, als auch das zwei Jahre später von *Savary* veröffentlichte handelswissenschaftliche Werk „Le Parfait Négociant" sind eng miteinander verknüpft und vor dem Hintergrund der merkantilistischen Wirtschaftspolitik, des Colbertismus, zu verstehen: *Colbert* und *Savary* verfolgten das Ziel, durch Ausbildungsförderung den Kaufmannsstand leistungsfähig zu erhalten, sein Ansehen im In- und Ausland zu heben sowie insbesondere durch die Vereinheitlichung des Handelsrechts den Handelsverkehr zu erleichtern.[120] „Es genüge nicht nur, betonte Savary, daß der Handel ein auf seine Bedürfnisse zugeschnittenes Recht besitze; um ihn wirksam zu fördern, müsse der Unwissenheit der Kaufleute zu Leibe gegangen werden, denn in ihr liege der Grund für die meisten volks- und privatwirtschaftlichen Verluste."[121] Dementsprechend lautet auch die Grundfrage des „Parfait Négociant": „Wie kann auf eine redliche Weise dauernd der größte Gewinn erzielt werden?" sowie die dabei mitschwingende volkswirtschaftliche bzw. wirtschaftspolitische Frage: „Wie kann durch eine Erziehung des Einzelnen zu einem guten Wirtschafter und Staatsbürger eine Gesundung der darniederliegenden gesamten Wirtschaft herbeigeführt werden?"[122]

*Savarys* Hauptwerk **„Le Parfait Négociant"**, in dem das gesamte kaufmännische Wissen der damaligen Zeit wiedergegeben wird, erschien im Jahre 1675 und erlebte über 20 Auflagen in französischer Sprache. Bereits 1676 lag eine deutsche Ausgabe mit dem Titel **„Der vollkommene Kauff- und Handels-Mann"** vor. *Savary* verarbeitete für dieses Werk

120 Vgl. Sundhoff (1979), S. 33.
121 Ebd., S. 36.
122 Weber (1914), S. 22.

umfangreiches Material und bediente sich einer Vielzahl von Quellen: seine eigenen Erfahrungen und seine Sachkenntnis aus kaufmännischer und beratender Tätigkeit, Berichte und Materialien von (im Ausland ansässigen) Kaufleuten, amtliche Unterlagen aus seiner Zeit im Staatsdienst sowie schließlich die französische und italienische Fachliteratur, vor allem die Schriften von *Pacioli*, *Cotrugli* und *Peri*. Die „Genauigkeit und Zuverlässigkeit", mit der *Savary* dieses Material zusammentrug, machte den „Parfait Négociant" „zu einer Fundgrube für alle Wissenschaftler, die sich später des Werkes bedienten."[123] Das Werk sollte ein praktisches Handbuch für den Kaufmann und zugleich ein Lehrbuch für kaufmännische Lehrlinge sein.

Abb. 3.4: Titelkupfer aus J. Savarys „Der vollkommene Kauff- und Handels-Mann" (1676). | [16]

In dem Vorwort beschreibt *Savary* den inhaltlichen Aufbau entsprechend seiner didaktischen Zielsetzung:

123 Sundhoff (1979), S. 38.

> „Zu diesem Ende nehme ich ein Kind gleichsam wann es aus der Wiegen kömt / und damit dasselbe von seinen Lehrjahren an desto besser unterwiesen werde / führe ich es zu dem Handkauff / zu grosser Handlung / in die Wechsel-Bänke / Manufacturen und Mess oder Märckte. Ich nehme es mit in frembde Länder / und vermittelst langer Reise in die weit entlegenen Örter / indem ich es aber also herumb führe / zeige ich ihm alle Gebräuche / welche es in acht nehmen / und die Dinge so es hingegen meiden muß. Ich weise ihm zugleich aus dem Grund / was entweder rechtmässig oder unrechtmäßig zu der Kauffmannschaft / wie sie auch Nahmen haben mögen / erfordert / und wie die Königlichen Verordnungen / vornemlich die vom Mon. Martio 1673 angewendet wird / auff daß es also in einem so nützlichen und löblichen Beruff sich leiten möge."

In dem Buch, dessen Inhalt sich über nahezu sämtliche Gebiete der Handelswissenschaft – insbesondere des Großhandels – erstreckt, werden beispielsweise die folgenden **Themen** behandelt:

- die Bedeutung des Handels und der Ausbildung des Kaufmanns,
- die Ursachen der Insolvenz durch Unwissenheit und Unvorsichtigkeit des Kaufmanns,
- die rechtliche Stellung des Lehrlings und Verhaltensregeln für diesen,
- das Recht des Handlungsgehilfen,
- Maße und Gewichte,
- die Warenkunde (insbesondere der Tuchbranche),
- das Handelsrecht,
- das Wechselrecht und Fragen des Kredit- und Zahlungsverkehrs,
- die Voraussetzungen für die Aufnahme in eine Kaufmannsgilde,
- die Führung des Handelsgeschäfts (Betriebsgründung, Ein- und Verkaufspolitik, Buchführung und Inventur),
- der Großhandelsbetrieb,
- das Gesellschaftsrecht,
- der Außenhandel (Import und Export),
- der Handelsvermittler und
- das Konkursrecht.

Die folgende Übersicht über die Kapitelfolge soll die **Systematik** des Werkes verdeutlichen:

**I. Teil**

1. Buch (Einleitung): Nützlichkeit des Handels; Darlegung und Begründung der Methode; die Vorbereitung des Kindes auf den Kaufmannsberuf usw. (5 Kapitel).
2. Buch (Lehrling): Seine Aufgaben und Pflichten; Münz- und Gewichtskunde; Warenkunde (Textilwaren) (11 Kapitel).
3. Buch (Gehilfe): Seine Aufgaben und Pflichten (1 Kapitel); Wechsellehre (11 Kapitel).
4. Buch (Kleinhändler): Gründung, Einrichtung und Führung des Ladengeschäfts; die Buchführung im Kleinhandel; Ein- und Verkaufspolitik; das Inventar; Gesellschaftsformen im Kleinhandel (12 Kapitel).

**II. Teil**

1. Buch (Großhändler): Gesellschaftsformen; Gründung und Führung der Unternehmung; der Fabrikbetrieb; Ein- und Verkaufspolitik des Großhändlers (5 Kapitel).
2. Buch (Importeur und Exporteur): Welthandelskunde (7 Kapitel).
3. Buch: Kommissionär, Spediteur, Agent und Makler.
4. Buch (Nachlese): insbesondere über Konkurse (12 Kapitel).

Das Verdienst des Werkes sieht *Löffelholz* „vor allem in der Gründlichkeit, der Tiefe und Sachlichkeit der Darstellung [...]. Man kann ohne Übertreibung sagen, daß kein zweites betriebswirtschaftliches Werk jemals einen solchen Einfluß auf die gesamte Literatur [...] gehabt hat wie der Parfait Négociant. [...] In allen späteren Schriften bis weit ins 19. Jahrhundert hinein stößt man immer wieder auf die Weisheiten des alten Franzosen."[124]

Ähnlich äußerte sich zuvor schon *Weber*, der im Jahre 1914 feststellte, dass im Hinblick auf die praktische Brauchbarkeit „heute noch" – also fast 240 Jahre nach Erscheinen der ersten Auflage! – keine gleichwertige Schrift existiere.[125] Diese Aussage kann aber nur für die praktische Handhabung des Buches gelten, nicht für dessen wissenschaftliches Niveau. Denn wie

124 Ebd., S. 229.
125 Vgl. Weber (1914), S. 22.

*Seÿffert* bemerkt, stellte bereits *Ludovicis* „System der Kaufmannschaft“ von 1752 einen erheblichen Fortschritt gegenüber *Savary* dar.

*Sundhoff* bemerkt zwar, dass es *Savary* nicht gelungen sei, allgemein geltende Gesetzmäßigkeiten festzustellen und so der Weiterentwicklung der ökonomischen Theorie zu dienen[126]; dennoch kommt er anderer Stelle zu dem Befund: „Der Parfait Négociant ist das erste Werk, das neben den allgemeinen Grundlagen die wichtigsten Sonderprobleme der Betriebswirtschaftslehre unter Ausnutzung aller verfügbaren Quellen straff und systematisch darstellt.“[127] So ist es auch kaum verwunderlich, dass *Savarys* Werk „einen überragenden Einfluß auf das Handelsschrifttum [hatte], da es die Eigenschaften eines gründlichen Lehrbuches für den Jungkaufmann, eines Nachschlagewerkes für den Handeltreibenden und eines anschaulichen Kommentars zu der ‚Ordonnance de Commerce‘ in sich vereinigte.“[128] Eine solche literarische Leistung hängt sehr eng zusammen mit der Person des Autors, die *Sundhoff* mit den folgenden Worten charakterisiert: „Es sind die Tugenden des Kaufmanns und des Wissenschaftlers, die Savary in sich vereint. Da er zudem als handelsrechtlicher Kommentator Autorität erlangte und infolge seiner öffentlichen Funktionen ebenso wie durch seine Beziehungen zu Colbert in volkswirtschaftlichen Zusammenhängen zu denken gewohnt war, besaß er im Rahmen des damals Möglichen alle Fähigkeiten und Kenntnisse, derer ein Ökonom bedurfte, um als merkantilwissenschaftlicher Autor nicht nur seiner Zeit, sondern auch den kommenden Jahrhunderten wertvolle Einsichten zu vermitteln.“[129]

## 3.2 „Neu-Eröffnetes Kauffmanns-Magazin“ (Paul Jacob Marperger)

*Marperger* (1656–1730), ebenfalls ein Vertreter der merkantilistischen Ökonomik, gilt als der erste deutsche Schriftsteller der systematischen Handelswissenschaft. *Löffelholz* sieht in ihm sogar den **Begründer der betriebswirtschaftlichen Literatur** in Deutschland.

---

126 Vgl. Sundhoff (1979), S. 39.

127 E. Sundhoff: Stichwortartikel „Savary, Jacques“ in: Handwörterbuch der Betriebswirtschaft, 3. Aufl., Bd. 3, hrsg. v. H. Seischab und K. Schwantag, Stuttgart 1960, Sp. 4763.

128 Sundhoff (1979), S. 32.

129 Ebd., S. 46.

*Marperger*, Sohn eines Offiziers, zeigte bereits von Jugend an ein großes Interesse an den Wissenschaften. Nach dem Besuch des Gymnasiums in Nürnberg begann er mit dem Studium der Rechtswissenschaften und widersetzte sich dem Willen seines Vaters, der ihn zum Studium der Theologie drängen wollte. Schließlich nahm der Vater *Marperger* von der Universität und schickte ihn nach Lyon, wo er den Beruf des Kaufmanns erlernte. In Frankreich beschäftigte *Marperger* sich intensiv mit politischer Ökonomie und Staatswissenschaften. Auf zahlreichen Reisen quer durch Europa vertiefte und erweiterte er seine Kenntnisse auf diesem Gebiet, die später Eingang in seine zahlreichen Werke finden. Zu *Marpergers* Aufenthaltsorten gibt es widersprüchliche Angaben. Sicher ist wohl, dass er längere Zeit in Hamburg lebte, wo er auch 1681 heiratete. 1714 übersiedelte er nach Dresden. Weitere Aufenthaltsorte, an denen *Marperger* als Angestellter und Berater von Fürsten arbeitete, waren: Wien, Lübeck, Kiel, Breslau, Moskau, Petersburg, Stockholm, Kopenhagen und Berlin. 1708 wurde *Marperger* in die einige Jahre zuvor von *Leibniz* gegründete *Königlich Preußische Sozietät der Wissenschaften zu Berlin* aufgenommen. Später bekam er Anstellungen am königlichen Hof in Dänemark, Preußen und zuletzt Polen, wo er die Stelle eines Hof- und Kommerzienrates erhielt.

*Marperger* hat über 90 Schriften veröffentlicht, 71 blieben unveröffentlicht. In seinem Œuvre behandeltet er neben der Ökonomie und Handelswissenschaft die verschiedensten Themen, z. B. Architektur, Geschichte und Medizin. Von seinen Werken kann etwa die Hälfte als ökonomische Werke im weiteren Sinn angesehen werden, wobei rund 20 Veröffentlichungen der Handelswissenschaft zuzuordnen sind. *Marperger* gilt somit als der erste deutsche Schriftsteller, der sich breitgefächert mit handlungswissenschaftlichen Themen beschäftigte. Bemerkenswert erscheint, dass er – ganz im Sinne der Aufklärung – seine Werke, die an das Bürgertum bzw. an die Kaufleute gerichtet waren, in deutscher und nicht wie damals üblich in lateinischer Sprache publizierte.

Der Durchbruch zum **ökonomischen Schriftsteller** gelang *Marperger* mit dem 1699 erschienenen ersten Band des „Allezeit fertigen Handels-Correspondenten" (der zweite bis vierte Band erscheinen zwischen 1705 und 1714), in dem der kaufmännische Schriftverkehr behandelt wird. Hervorzuheben sind weiterhin sein „Neu-Eröffnetes Manufacturen-Hauß" (1704), das als Vorläufer einer Industriebetriebslehre angesehen werden kann, seine wirtschaftsgeographischen Werke, zu denen beispielsweise der „Schlesische Kauffmann" (1714) gehört und die „Beschreibung der Banquen" (1716), eine „Erstlingsschrift der deutschen Bankbetriebslehre". Nach *Sundhoff* gehört dieses Buch „zweifellos zu den besten, die Marperger verfaßt hat, und ist wohl die erste in sich abgerundete Wirtschaftszweiglehre wissenschaftlichen Charakters in deutscher Sprache."[130] Unter wissenschaftlichem Aspekt bedeutsam ist das 1708 erschienene „Neu-Eröffnete Kauffmanns-Magazin". Es ist das erste Handelslexikon in deutscher Sprache. Aus wirtschaftspädagogischer Sicht ist das Werk „Trifolium Mercantile Aureum oder Dreyfaches Güldenes Klee-Blat der werthen Kauffmannschafft" (1723) bedeutsam. Hierin unterbreitet *Marperger* Vorschläge zur Ausbildung von Kaufleuten und thematisiert die Errichtung von Fachschulen sowie deren mögliche Lehrinhalte. Wie *Leitherer* bemerkt, biete diese Schrift einen gewissen Überblick über *Marpergers* Gedankenwelt, während seine handelskundlichen Ansichten am besten aus seinem Lexikon ersichtlich seien.[131] *Marpergers* handlungswissenschaftliches Hauptwerk – falls man von einem solchen überhaupt sprechen kann – ist das ursprünglich auf vier Bände angelegte Werk zum Erlernen des Berufs eines ehrbaren Kaufmanns. Es gliedert sich entsprechend der Lernstufen vom Lehrling („Kauffmanns-Jung") über den Kaufmannsgehilfen (Handels-Diener) bis hin zum Unternehmer („Kauffmannschafft", 2 Bde.). In dem ersten Teil der „Kauffmannschaft", der 1714 erschienenen Schrift „Nothwendig und nützliche Fragen über die Kauffmannschafft" werden in einem Frage-Antwort-Stil handelskundliche Aspekte behandelt – so zum Beispiel die Warenkunde, die Eigenschaften der Kaufleute hinsichtlich ihrer Tätigkeiten und Branchen, Einkauf und Verkauf, Kostenkalkulation sowie Überlegungen zum Gewinn aus theologischer und kaufmännischer Sicht. Der letzte Band wurde nicht mehr vollendet.

*Marpergers* wissenschaftliches und schriftstellerisches Wirken war darauf gerichtet, sich eine umfassende Bildung auf dem Gebiet der Ökonomie anzueignen und seine Kenntnisse – neben wirtschaftspolitischer Einflussnahme auch zum Zwecke der Belehrung – zu systematisieren und zu publizieren. Seine Wirtschaftskompetenz wurde von hochrangigen Beamten in Brandenburg-Preußen geachtet und geschätzt. Allerdings gehen die **Ansichten** über den äußerst produktiven Schriftsteller weit auseinander: So schreibt z. B. der Kamarelist *G. H. Zincke* im Jahre 1744 über ihn:

130 Sundhoff (1979), S. 68. Auch Bellinger (1967, S. 47) nennt dieses Werk als erste Bankbetriebslehre im Sinne einer Wirtschaftszweiglehre.

131 Vgl. Leitherer (1961), S. 54.

„Herr Paul Jacob Marperger war zu seiner Zeit ein Mann, welcher durch unermüdlichen Fleiß, vielen Nachdencken, Lesen, Zusammentragen und Schreiben [...] fast am meisten die ökonomische, Policey- und Cameral-Wissenschaft in die Höhe zu bringen [...] gesuchet hat." In seiner *Geschichte der Nationalökonomik* stempelt *W. Roscher Marperger* kurzerhand als einen „entsetzlichen Vielschreiber" ab. Für *Sundhoff* war *Marperger* „nicht nur der erste deutsche Autor, der in wissenschaftlich relativ ernst zu nehmender Weise ein bisher nur sehr unzureichend behandeltes Gebiet systematisch durchforschte; er hat dies auch mit einer erstaunlichen Gründlichkeit getan [...]."[132] Eines der positivsten Urteile über *Marperger* stammt wohl von *Löffelholz.* Er sieht „die Bedeutung Marpergers für die Betriebswirtschaft vor allem in seinem genialen Bestreben, der deutschen Wirtschaft [...] die geistigen Grundlagen zu geben, um den Betrieb nach den neuen Prinzipien zu organisieren. Er zeigt der Praxis neue Wege und Probleme der Wirtschaft, er regt den denkenden Kaufmann an, sich mit der neuen kapitalistischen Lehre [...] zu befassen." *Löffelholz* kommt zu dem Befund, „daß selten ein einzelner Schriftsteller so befruchtend und formend auf das betriebswirtschaftliche Leben gewirkt hat wie gerade Marperger. Er ist der Begründer der ‚modernen' betriebswirtschaftlichen Literatur in Deutschland."[133]

Darüber hinaus hat *Marperger* auch eine **große Bedeutung** für die Entwicklung der Betriebswirtschaftslehre zur Universitätsdisziplin sowie für die Errichtung von Handelsschulen. In seiner Funktion als Hof- und Kommerzienrat schlug er schon im Jahre 1715 die Errichtung einer *Kauffmannsacademie* vor! Dieser Vorschlag kann als Ausgangspunkt des kaufmännischen Berufsschulwesens in Deutschland gesehen werden. Außer dem Verdienst, als Erster ein wohldurchdachtes Konzept (Lehrpläne) für die Errichtung kaufmännischer **Berufsschulen** in Deutschland ausgearbeitet zu haben, plädierte *Marperger* auch dafür, eine kaufmännische Lehre an **Universitäten** zu lehren.[134] Dieses Plädoyer fand sogar Eingang in „Zedlers Universallexikon"[135] und wurde im Stichwortartikel „Professor der Kauffmannschaft" abgedruckt. Dort heißt es:

---

132 Sundhoff (1979), S. 54.

133 Löffelholz (1935), S. 232.

134 Vgl. Brockhoff (2017), S. 144 ff.

135 Von 1731 bis 1754 erschien „Das Grosse vollständige Universal-Lexicon aller Wissenschafften und Künste". Es umfasst 64 Bände und 4 Supplementbände mit insgesamt rund 63.000 Seiten und ist damit die umfangreichste Enzyklopädie 18. Jahrhunderts. Sie wurde herausgegeben von dem Buchhändler und Verleger Johann Heinrich Zedler (1706–1751), nach dem es „Zedlers Universallexikon" oder auch einfach nur „Zedler" genannt wird.

„Es wirft der berühmte Marperger [...] die Frage auf: ob es nicht rathsam wäre, auf Universitäten öffentliche Professores der Kauffmannschafft zu verordnen, welche die Kauffmannschafft, und alles, was in die selbe hinein lauft, oder von solcher dependiret, lehren müsten. [...]“[136] Dass *Marperger* neben der Gründung einer kaufmännischen Berufsschule auch die Handelswissenschaft als Universitätsdisziplin fordert, liegt auf der Hand. Denn zur Beschulung der kaufmännischen Lehrlinge bzw. Schüler an einer Handelsschule müssen zuvor qualifizierte Lehrer an Universitäten ausgebildet werden.[137] Hätte sich *Marperger* mit seiner Forderung zu Beginn des 18. Jahrhunderts durchgesetzt, wäre dies ein wichtiger Schritt gewesen für die Weiterentwicklung des Faches zu einer wissenschaftlichen Disziplin – und womöglich hätte eine Betriebswirtschaftslehre schon zur Zeit *Goethes* und *Schillers* an den deutschen Universitäten gelehrt werden können. Unterstützt wurden *Marpergers* Bemühungen zur Institutionalisierung der Handlungswissenschaft u. a. von *Carl Günther Ludovici*, der übrigens auch der verantwortliche Redakteur jenes Bandes des Zedlerschen Lexikons war, in welchem das Plädoyer von *Marperger* abgedruckt wurde.

## 3.3 „Eröffnete Akademie der Kaufleute: oder vollständiges Kaufmanns-Lexicon“ (Carl Günther Ludovici)

Während *Marperger* ein praktisch tätiger Kaufmann war, war *Carl Günther Ludovici* (1707–1778) ein erfahrener Hochschullehrer und Philosoph. Er gilt als Wegbereiter und erster akademischer Vertreter der Handlungswissenschaft, der ebenso wie *Savary* bestrebt war, das gesamte kaufmännische Wissen seiner Zeit zu sammeln und in ein System zu bringen. Anregung hierzu fand er wohl aus seiner Tätigkeit als Enzyklopädist und Hauptredakteur des berühmten „Zedler Universal-Lexicon“.

*Ludovici* nahm am 25.10.1724 im Alter von 17 Jahren das Studium der Philosophie und Theologie an der Universität Leipzig auf, wo sein Vater zu der Zeit als Rektor amtierte. Im Juni 1725 wurde er Baccalaureus (= Bachelor) der Weltweisheit und drei Jahre später Magister der philosophischen Fakultät. Sein Studium der Rechtswissenschaften, das er 1732 begonnen hatte, brach

136 Zedlers Großes Universallexikon, Bd. 29, Leipzig/Halle 1741, Sp. 770.

137 Daher finden sich auch in der Gründergeneration der BWL-Professoren zu Beginn des 20. Jahrhunderts fast ausnahmslos Diplom-Handelslehrer.

er schon nach kurzer Zeit wieder ab, als er am 06.05.1733 zum ordentlichen *Professor der Weltweisheit* (= Lehrstuhl für praktische Philosophie) ernannt wurde. Ab 1738 war er der Hauptredakteur des „Zedlers Universal-Lexicon". 1761 wurde er zum Professor für Aristotelische Logik ernannt. Von 1765 bis 1766 war *Ludovici* Dekan der Philosophischen Fakultät und zugleich Rektor der Universität Leipzig. Er war Mitglied der *Ökonomischen Societät zu Leipzig* und der *Königlich-Preußischen Akademie der Wissenschaften zu Berlin.* Neben seiner Beschäftigung mit philosophischen Werken trat *Ludovici* besonders hervor als Lexikograf, als der er eine gewaltige Arbeitsleistung bewältigte. Er ist weniger der Wissenschaftler, der neue Erkenntnisse liefert, sondern vielmehr der Sammler, der den Stoff zusammenträgt und systematisiert.

Das Werk, welches ihm dauernd einen hervorragenden Platz in der Geschichte der Betriebswirtschaftslehre sichert, ist seine „Eröffnete Akademie der Kaufleute: oder vollständiges Kaufmanns-Lexicon". In diesem zwischen 1752–1756 erschienenen fünfbändigen Lexikon, welches das erste und beste seiner Zeit in Deutschland war, werden handelswissenschaftliche, warenkundliche und wirtschaftsgeografische Inhalte systematisch aufbereitet und dargestellt. Von besonderer Bedeutung ist der Anhang zu diesem Lexikon, in dem *Ludovici*, wie er schreibt, „alle kaufmännischen Wissenschaften nach ihrer natürlichen Verbindung untereinander" darstellen will. Dieser Anhang stellt eine selbständige Abhandlung dar, die mit dem Lexikon durch zahlreiche Verweise verbunden ist, „so daß in gewissem Sinne das Gesamtwerk ein organisches Ganzes bildet."[138] In diesem 624 Seiten starken **„Grundriß eines vollständigen Kaufmanns-Systems"**[139] präsentiert *Ludovici* ein **System der Handelswissenschaften**, das aus drei „Kaufmännischen Hauptwissenschaften" und „Kaufmännischen Bey- oder Nebenwissenschaften" besteht. Wie → Abb. 3.5 zeigt, gehören zu den Hauptwissenschaften die Warenkunde, die Handlungswissenschaft und das Buchhalten. Die „Kaufmännischen Bey- oder Nebenwissenschaften" unterteilen sich einerseits in „Nötige oder unentbehrliche Beywissenschaften" und andererseits in „Nützliche oder Hilfswissenschaften".

138 Weber (1914), S. 55.

139 Hier liegt ein Nachdruck der 2. Aufl. von 1768 vor: Ludovici: Grundriß eines vollständigen Kaufmanns-Systems ..., 2. Aufl., Leipzig 1768, hrsg. von R. Seÿffert, mit einer Einleitung: Carl Günther Ludovici und sein Hauptwerk, Stuttgart 1932.

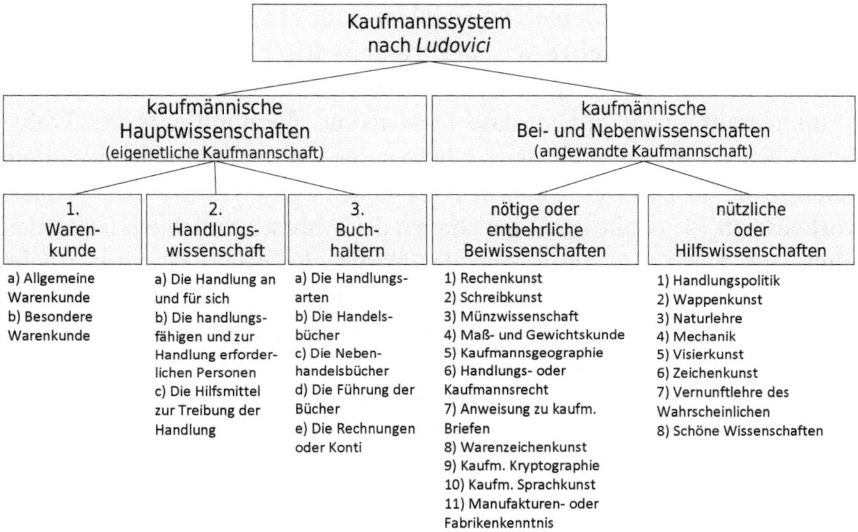


Abb. 3.5: Das Kaufmannssystem nach Ludovici. | [17]

Unter dem **Kaufmannssystem** versteht *Ludovici* „einen Inbegriff aller kaufmännischen Wissenschaften nach ihrer natürlichen Verbindung unter einander: und folglich müssen in einem solchen Kaufmannssysteme nicht nur die Theile der eigentlichen, sondern auch der angewendeten Kaufmannschaft [...] mit abgehandelt seyn, wenn anders dasselbe vollständig seyn soll. Die angesprochene natürliche Verbindung bezieht *Ludovici* nicht nur „auf die verschiedenen kaufmännischen Wissenschaften an und für sich untereinander; sondern auch auf den natürlichen Zusammenhang der Sachen, die in einer jeden von diesen Wissenschaften vorgetragen worden sind. Man kann daher das Kaufmannssystem auch durch einen natürlich zusammenhangenden Inbegriff aller kaufmännischen Wissenschaften, erklären.“[140]

In dem Werk erscheinen einige Aspekte besonders bemerkenswert, auf die hier hingewiesen werden soll: Zu Beginn seines „Grundriß“ trennt *Ludovici* klar zwischen der gesamtwirtschaftlichen „Handlungspolitik, oder der Regierungskunst der Handlung eines Staates [...], worunter man die Wissenschaft versteht, wie die Handlung in einem Staate zu ihrer Vollkommenheit, oder zu ihrem Flore zu bringen sey“, und der Privathandlung im Sinne einer

140 Ludovici (1768), S. 27 f., § 33

„Wissenschaft der Kaufleute".[141] Somit löst er die Handelsbetriebslehre bzw. **Betriebswirtschaftslehre** aus der gesamtwirtschaftlichen Betrachtung heraus und erhebt diese zu einer eigenständigen Wissenschaftsdisziplin.

Interessant ist außerdem, dass *Ludovici* die „Vernunftlehre des Wahrscheinlichen" zu den Hilfswissenschaften des Kaufmanns zählt, „weil dem Kaufmanne so gar viele Fälle in Ansehung des Gewinnsts und Verlusts vorkommen, die er alle nach den Graden der Wahrscheinlichkeit beurteilen muß, und wozu ihm die Regeln der **Wahrscheinlichkeit** vortreffliche Dienste thun werden." So verweist *Ludovici* darauf, dass der Kaufmann „bey seinen Handelsgeschäften und sich ereignenden Fällen (z. B. ob dieser oder jener Wechselcours, der Preis dieser oder jener Waare, muthmaßlich steigen oder fallen werde) die Gründe für und dagegen wohl erwäget."[142] Dass *Ludovici* die Wahrscheinlichkeitsrechnung als nützlich für den Kaufmann ansieht und ihm diese für seine Geschäftstätigkeit empfiehlt, ist nach der Einschätzung von *Brockhoff* „sehr beachtlich und weitsichtig", denn erst etwa 25 Jahre später widme *Leuchs* diesem Thema ein Hauptkapitel in seinem Werk[143]; und es dauere dann „immerhin weitere 150 Jahre, bis die Unsicherheit in der wirtschaftswissenschaftlichen Literatur deutlich erkennbar behandelt wird." Noch weitere 50 Jahre habe es dann gedauert, bis die Entscheidungen unter Unsicherheit generell in die Lehrpläne der Allgemeinen Betriebswirtschaftslehre Einzug gehalten haben.[144]

Im engen Zusammenhang mit der Wahrscheinlichkeitslehre ist auch das Thema **Spekulation** bzw. „Hazardiren"[145] zu sehen, das *Ludovici* im zweiten Teil (§ 505) diskutiert und welches damals in der handelswissenschaftlichen Literatur bis dato ein Novum darstellte.[146] Dabei geht er insbesondere der Frage nach, „ob, und in wie fern ein Kaufmann hazardiren, (das ist, etwas

---

141 Vgl. Ludovici (1768), S. 1f., §§ 1–2.

142 Ludovici (1768), S. 21, § 22.

143 Bei Weber (1914, S. 59) heißt es hingegen: „Es ist verwunderlich, daß erst ein Menschenalter später J. M. Leuchs auf den Gedanken kam, die Regeln dieser Wahrscheinlichkeitslehre, die für die kaufmännische Unternehmung in Betracht kommen, wirklich herauszuarbeiten."

144 Vgl. Brockhoff (2017), S. 143.

145 Von Hazard/Hasard (frz. „Glücksspiel", stammt vom arab. *yasara* „würfeln"). Hasardieren bedeutet so viel wie „rücksichtslos alles aufs Spiel setzen", „ein zu hohes Risiko bzw. Wagnis/Gefahr eingehen".

146 Vgl. Weber (1914)

ungewisses in der Hoffnung, daß es glücken solle, unternehmen) könne.“[147] Hierzu führt *Ludovici* folgendes aus:

> „Wenn ein Kaufmann nicht mehr harzardiret, als die Klugheit erlaubet, so ist solches an ihm mehr zu loben, als zu tadeln. Es sind aber drey Fälle, in welchen die Klugheit solches erlaubet: 1) Wenn das anzuwendende Mittel kein Geld, sondern bloße Bemühung kostet; 2) wenn das Mittel zwar Geld kostet, aber nicht mehr als man leicht verschmerzen kann, und der Gewinn gleichwohl um ein ansehnliches größer als der Aufwand ist; und 3) wenn Wahrscheinlichkeit da ist, daß die Sache gut gehen werde. In Ansehung des letzten Punctes hat man die Gründe sowohl für als wider die Hoffnung reiflich zu überlegen und gegen einander zu halten, um die Grade der Hoffnung bestimmen zu können. Ist nun (a) das Mittel, in Ansehung unsers ganzen Vermögens, von sehr hohem Werthe, und wir haben den stärksten Grad der Hoffnung vor uns; oder (b) das Mittel ist von sehr schlechtem Werthe, und die Hoffnung auch in einem schlechten Grade: so ist es in beyden Fällen zu hazardiren erlaubt, wenn der gesuchte Nutzen sehr groß ist. Hingegen ist die Hoffnung schlecht, und die Mittel sind sehr kostbar: so darf man sich dem Hazarde nicht aussetzen; gleichwie es auch nicht rathsam ist, sein ganzes Vermögen an Absichten zu wagen, wenn auch die Hoffnung und der gehoffte Nutzen noch so groß wäre, weil es gleichwohl nur Hoffnung und keine Gewissheit ist.“[148]

Ebenfalls eine **Neuerung** in der handelswissenschaftlichen Literatur ist das Thema Aktienhandel[149], das *Ludovici* im 17. Kapitel behandelt. Dabei steht der Handel, d. h. der Ein- und Verkauf der Aktien, im Vordergrund und nicht deren unternehmerische Funktion als Finanzierungsinstrument. Bemerkenswert ist die Erwähnung der Kursmanipulation bzw. des Kursbetrugs durch „erdichtete Zeitungen“, d. h. durch von Aktienhändlern bewusst verbreitete Falschinformation.[150] Der Kursbetrug fand 1884 Eingang in das Handelsgesetzbuch und 1896 in das Börsengesetz.

Erwähnenswert erscheint zudem ein – wenn auch nur rudimentär erkennbarer – **moderner Marketingansatz**, der bei verschiedenen absatzwirtschaftlichen Fragen mitschwingt: So unterscheidet *Ludovici* zwischen verschiedenen Nutzenarten und erwähnt einen „eingebildeten Nutzen“ der „auf der Menschen falsche Einbildungen, verderbte Affecten und Neigungen

---

147 Ludovici (1768), S. 256, § 505.

148 Ebd.

149 Vgl. Ludovici (1768), S. 174–176.

150 Vgl. ebd., S. 175, § 354. Der Begriff Zeitung bedeutete im 18. Jh. soviel wie „Nachricht von einer Begebenheit“.

gründet."[151] Weiterhin müsse der Kaufmann, „die Personen kennen, welche die [...] Waare vorzüglich gebrauchen" und „es muss ihm auch von solchen bekannt seyn, wo sie am meisten florieren, um sich mit der Waare dahin wenden zu können."[152] Im Rahmen seiner simplen **Preispolitik** erläutert *Ludovici* die Kalkulation des Verkaufspreises nach der Zuschlagskalkulation/Kosten-Plus-Methode[153] und gibt dabei auch Hinweise zur Gestaltung der Handelsspanne, weist auf das Instrument der Preisdifferenzierung hin, führt Gründe für Dumpingpreise an und erklärt in dem Zusammenhang die Penetrationsstrategie: Ein Grund, warum der Kaufmann seine Ware „unter dem gewöhnlichen Preise, ja wohl gar unter dem Preise des Einkaufes, oder was sie ihn selbst gekostet, hingeben" könne, ist der von *Ludovici* sogenannte „Profeßionsneid"[154], „da ein Kaufmann, weil er keinen von seiner Profeßion neben sich aufkommen lassen will, zu dem Ende die Waaren verschleudert, damit er alle Käufer an sich ziehen möge. [...] Insonderheit geschieht es von großen Capitalisten, daß sie ihre Waaren mit wenigem, oder gar keinem Profite, oftmals auch mit Schaden wegschlagen, um nur andere junge und schwache Anfänger [...] niederzuschlagen, daß sie die Handlung nicht fortsetzen können, sondern ihnen solche allein überlassen müssen." Dieser heute kartellrechtlich untersagte wettbewerbsschädigende Preiskampf im Einzelhandel wurde schon damals von *Ludovici* aus ethischen Gründen missbilligt, denn er sei „doch wider die Liebe des Nächsten"[155]. Im Hinblick auf die Käufer[156] unterscheidet *Ludovici* zwischen Endkunden und Geschäftskunden, nennt Maßnahmen der **Kundenbindung** („Liebe und Vertrauen erwecken") und nimmt eine simple Bewertung und **Segmentierung** der Kunden vor, indem er darauf hinweist, dass „Käufer, die gut bezahlen, und eine Menge Waaren nehmen" denen vorzuziehen seien, „welche übel bezahlen und die Waaren nur Stückweise holen."[157] Zu den „Hülfsmitteln des Verkaufs" zählt *Ludovici* distributions- und kommunikationspolitische Kenntnisse, nämlich über die Absatzmittler (§ 186) und das „Anpreisen der Waare" (§ 188). Die Werbung bzw. das „Anpreisen" beurteilt er positiv, denn es diene dazu, den Kunden über die Beschaffenheit der

151 Vgl. ebd., S. 42, § 30.
152 Ebd., S. 118
153 Vgl. ebd., S. 108 f., §174
154 „Konkurrenzkampf", „Wettbewerb"
155 Vgl. Ludovici (1768), S. 117 f., § 183.
156 Vgl. ebd., S. 113f., § 179.
157 Ebd., S. 114.

Ware zu informieren. Ein wichtiger Grundsatz der **Werbung** sei daher die Wahrheit der Werbeaussage:

> „[...] Denn ob man im gemeinen Sprüchworte saget: *Eine gute Waare lobet sich selbst* : so kann es doch nicht schaden, deren Beschaffenheit dem Käufer anzupreisen, weil nicht alle Käufer genaue Kenner der Waaren sind. Jedoch aber muß solches ohne falschen Hinterhalt und geziemend geschehen : weswegen denn von einem Kaufmanne dabey alles Lügen, sonderlich aber das falsche Schwören, weit entfernet seyn muß, damit es bey ihm nicht heiße, nach dem gemeinen Sprichworte : *Ein jeder Kramer lobet seine Waare.* Denn dieses Lob muß so gemäßigt seyn, daß es die Schranken der Wahrheit nicht überschreite, oder der Nächste durch falsches Vorgeben betrogen, und um das Seinige gebracht werde, indem es eine Unbilligkeit ist, von des Käufers Unerfahrenheit auf diese Art Vortheil ziehen zu wollen."[158]

*Ludovici* hebt die Informationsfunktion der Werbung hervor und möchte den Kaufmann von irreführender Werbung abhalten. Zur Gestaltung der Werbung und zum Einsatz von Werbemitteln und Werbeträgern äußert er sich nicht. Dies war aber auch nicht nötig: Zwar sind diese Aspekte der Werbung heute von betriebswirtschaftlichem Interesse, im 18. Jahrhundert spielten sie hingegen eine untergeordnete Rolle, da die zur Verfügung stehenden Werbemittel und Werbeträger sehr eingeschränkt waren. In Betracht kommen außer dem mündlichen Anpreisen im Rahmen eines Verkaufsgesprächs noch Flugschriften, Plakate mit Zeichnungen oder einfachen Kupferstichen sowie Anzeigen in Zeitschriften. Letztere fanden aber auch erst seit dem Ende des 18. Jahrhunderts eine größere Verbreitung und waren nur bedingt für Werbezwecke geeignet. Zudem muss berücksichtigt werden, dass zur Zeit *Ludovicis* schriftsprachliche Werbemittel (z. B. Flugschriften, Plakate) noch nicht einmal die Hälfte der Bevölkerung erreichen konnten. Noch im Jahre 1816 lag die Alphabetisierungsquote in Deutschland bei etwa 54 Prozent. Dass *Ludovici* bezüglich der Warenpräsentation auf die Wirkung des Lichts hinweist, die „den Verkauf einiger Waaren befördern oder verhindern kann"[159], lässt erkennen, dass ihm die grundsätzliche **psychologische Wirkungsweise** der Werbung, die immer auf der Sinneswirkung aufbaut, durchaus bewusst war. Vor diesem Hintergrund erscheint die Behauptung *Schneiders*, dass weder *Leuchs* noch andere Handlungswissenschaftler des

158 Ebd., S. 119, § 188.
159 Ludovici (1768), S. 312, § 620.

18. Jahrhunderts die Probleme erörtern, die heute unter Werbung verstanden werden, höchst zweifelhaft.[160]

Zugleich kann die Aussage *Schneiders* aber auch als ein Beleg dafür gesehen werden, dass *Ludovici* damals seinen Schriftstellerkollegen voraus war. So gelangt *Leuchs*, einer seiner Nachfolger, zu folgender Beurteilung: „Ludovici hat sich unter den Deutschen [...] ein größeres Verdienst um die Handelswissenschaft erworben als jeder andere vor und nach ihm. Richtige Erklärungen, genaue Zerlegung der Begriffe, geordneter, deutlicher Vortrag, nebst Vollständigkeit, erheben dieses Werk über andere.“ Ganz ähnlich äußert sich *Seÿffert* in seiner Einleitung zu dem Werk, wenn er darauf hinweist, *Ludovici* habe „durch die von ihm gewählte Anordnung des Stoffes eine für die Folgezeit sehr wichtige Systematisierungsarbeit geleistet, die sich durch Vollständigkeit, klare Begriffsbildung, Gründlichkeit, kurz durch wissenschaftliche Korrektheit auszeichnet.“[161] Demzufolge kann, wie *Bellinger* konstatiert, *Ludovici* durchaus „als **Begründer einer deutschen Betriebswirtschaftslehre** angesehen werden, deren Existenz damit spätestens im Jahre 1756 beginnt.“[162] Zweifellos hatte das Werk *Ludovicis* großen Einfluss auf die ihm nachfolgenden betriebswirtschaftlichen Schriftsteller, wie insbesondere *J. C. May*, *G. H. Buse* und den bereits erwähnten *J. M. Leuchs*.

## 3.4 „Versuch einer Einleitung in die Handlungswissenschaft“ (Johann Carl May)

Über die Bedeutung des Bremer Kaufmanns *Johann Carl May* (1731–1784), dessen „Versuch einer allgemeinen Einleitung in die Handlungswissenschaft“ (1763) im Folgenden vorgestellt werden soll, gehen die Meinungen auseinander: Während *Weber* ihm immerhin einen ganzen Abschnitt in seiner Literaturgeschichte[163] widmet, erwähnt *Leitherer* ihn mit nur wenigen Zeilen[164], die mit dem Hinweis beginnen, dass *Mays* Bedeutung für die Handelswissenschaft im allgemeinen überschätzt werde. Nach *Sundhoff* biete das Werk von *May*

160 Vgl. D. Schneider: Betriebswirtschaftslehre, Bd. 4: Geschichte und Methoden der Wirtschaftswissenschaft, München/Wien 2001, S. 748, Anm. 612.

161 R. Seÿffert in seiner Einleitung zu Ludovicis „Grundriß“ unter dem Titel „Carl Günther Ludovici und sein Hauptwerk“, Stuttgart 1932, S. XV.

162 Bellinger (1967), S. 33.

163 Weber (1914), S. 67–72.

164 Leitherer (1961), S. 55.

gegenüber dem von *Ludovici* zwar „keinen wesentlichen Fortschritt"[165], sei aber als die bekannteste lehrbuchartige Gesamtdarstellung der Handelswissenschaft hervorzuheben. So zählt z. B. auch *Sombart* das Werk von *May* zu den „besten Lehrbüchern"[166], was wohl an einem „flüssigen Stil" und einer „lebendigen Darstellung" liegen mag.[167] So weist *May* auch in seiner Vorrede darauf hin, dass er „als ein Handelsmann schreibe", dem bewusst sei, dass „weitläuftige Schriften unter den Handelsleuten selten Leser finden." Er verfolge das Ziel, „ein gemeinnütziges Handbuch, insonderheit für die zur Handlung bestimmte Jugend" zu verfassen und ist davon überzeugt: „Man wird es mir zu gute halten, daß ich meinen Vortrag in eine ungeschmückte und trockne Schreibart eingekleidet habe.". Seine Arbeit solle sogar, was für diese Zeit bemerkenswert ist, dem „schönen Geschlecht angenehm seyn." Den Aufbau und Inhalt seiner „Einleitung" beschreibt *May* im Vorbericht wie folgt:

> „Das ganze Werk wird aus zweyen Bänden, und jeder Band aus drey Stücken bestehen [...]. Der erste Band wird theoretische oder allgemeine Abhandlungen enthalten, als von der Handlung überhaupt, von der Handlungsfreyheit, den Münzen, dem Pari und Agio, dem Credit, den Zinsen, dem Gewinn und Verlust, ferner, von den Eigenschaften eines Handelsmanns etc.. Von Handlungsgesellschaften, Handlungsbüchern und Scripturen. Dieses erstere Stück selbst bestehet aus einer systematischen Einleitung, aus der Geschichte der Handlung und Schiffahrt, und einem Wörterbuche. Diese drey Theile zusammen können füglich als die nothwendigen Vorläufer beyder Bände angesehen werden. Der zweyte Band wird praktisch. Sein Gegenstand ist der Land-, Feld- und Bergbau, die Manufacturen und Fabriken, der Wechselhandel, die Banken, die Schiffahrt, Assecuranzen, Havarien etc. ferner der Ein- und Verkauf, Gutgewicht, Thara etc. Der Empfang und die Versendung der Waaren u.s.f."

Vor allem diese **Zweiteilung** in einen allgemeinen und einen besonderen (betriebstypologischen) Teil hält *Leitherer* in methodologischer Hinsicht für wichtig.[168] *Weber* weist in seiner recht umfangreichen Inhaltsangabe darauf hin, dass insbesondere jene Abschnitte am besten seien, in denen „der Verfasser aus der Fülle seiner praktischen Erfahrungen schöpfen konnte." Dies sei z. B. der Fall bei den Eigenschaften und Tätigkeiten des Kauf-

165 Sundhoff (1979), S. 155.
166 Sombart (1916), Bd. II, S. 428.
167 Vgl. Weber (1914), S. 69.
168 Leitherer (1961), S. 57.

manns, der Leitung eines Kontors, der betrieblichen Finanzwirtschaft sowie dem Warenhandel. Seine besondere **Stärke** sieht *Weber* bei den einzelnen Kaufarten; hier „ist May ganz in seinem Elemente". Ein Novum in der Handelswissenschaft ist die Erwähnung des Auktionshandels und einiger Spekulationskaufarten.[169] **Bemängelt** wird *Mays* allzu weit gefasster Handelsbegriff, der keine einheitliche Stoffanordnung zulasse, sein partielles Abschweifen in den technischen Bereich und eine Vernachlässigung der wirtschaftlichen Besonderheiten.[170] Auch *Löffelholz* bemängelt, dass es *May*, der zwar „einen scharfen und klaren Weitblick" zeige und „sein kluges Buch mit schwungvoller Feder schrieb", jedoch allzu leicht passiere, „daß er die Grenzen seines Themas weit überschreitet und sich in volkswirtschaftliches Gebiet verirrt."[171] Die **Verdienste** *Mays* sieht *Weber* „in einer Erweiterung des handlungswissenschaftlichen erfassten Gebietes und dann in einer Popularisierung der Handlungswissenschaft selber."[172]

Nach *May* erscheinen noch zahlreiche weitere Veröffentlichungen, die das gesamte literarische Spektrum der Literatur umfassen: rein handlungswissenschaftliche Schriften (z. B. *Gottfried Christian Bohn*: Wohlerfahrener Kaufmann), kameralistische Abhandlungen, Untersuchungen zu speziellen Fragen der Handlung, Handbücher und Lexika (z. B. von *Johann Georg Krünitz*: Oekonomische Encyklopädie, Berlin 1773–94; *Martin Euler*: Neues Handlungs-Lexicon, Karlsruhe/Frankfurt 1790; *Johann Isaak Berghaus*: Handbuch für Kaufleute, Münster/Osnabrück 1796–97) sowie Zeitschriften und Zeitungen (z. B. „Der Kaufmann" von *J. C. Sinapius*, das „Allgemeine Journal für Handlung, Schiffahrt, Manufactur und Gewerbe" von *Sinapius* und *Schedel* und die Vierteljahresschrift „Journal für Kaufleute" von *L. V. Seehusen*). Aus dieser Zeit sind noch die folgenden Autoren erwähnenswert: *Johann Heinrich Jung* (*Jung-Stilling*), *Johann Georg Büsch*, der Begründer der bekannten Handelsakademie sowie der Erfurter Handelsschulleiter *Gerhard Heinrich Buse*. Dessen Werk wird von *Leitherer* wegen seiner hohen wissenschaftlichen Qualität sehr positiv beurteilt: „Dieser sehr zu Unrecht wenig gewürdigte Autor [...] dürfte das ausgefeilteste Einteilungssystem des handlungswissenschaftlichen Stoffes geschaffen haben. Er vermag ein Werk darzubieten, dem auch nach modernen Begriffen das Prädikat der

169 Vgl. Weber (1914), S. 70 f.
170 Vgl. hierzu Weber (1914), S. 70 und Leitherer (1961), S. 55.
171 Löffelholz (1935), S. 234.
172 Weber (1914), S. 71.

Wissenschaftlichkeit nicht verweigert werden kann. Buse [...] versucht, auf theoretisch-abstrahierendem Wege seine Erkenntnisse zu gewinnen. Leider ist die systematische Schrift [...] ohne größere Beachtung geblieben. Sie hätte durchaus das Fundament für eine theoretische Betriebswirtschaftslehre des 19. Jahrhunderts abgeben können."[173]

„Alles in allem", stellt *Seÿffert* fest, „erweist sich die zweite Hälfte des 18. Jahrhunderts als eine Zeit regster literarischer Tätigkeit auf betriebswirtschaftlichem Gebiete."[174] Zu diesem Befund gelangt auch *Schenk*, der für das 18. Jahrhundert „eine Zeit ungestümen Dranges in der literarischen Entfaltung" konstatiert, die dadurch gekennzeichnet ist, dass die handelswissenschaftlichen Autoren danach wetteifern, „ein jeweils besseres und umfassenderes Buch zu schreiben als der Vorgänger."[175] Die Epoche der „Systematischen Handlungswissenschaft" zeichnet sich also nicht nur durch die Menge der in ihr erschienenen Werke aus, sondern sie ist auch in qualitativer Hinsicht eine sehr ergiebige. Ihren Abschluss und zugleich ihren Höhepunkt findet sie mit den Arbeiten von *Gerhard Heinrich Buse* und *Johann Michael Leuchs*.[176]

## 3.5 „Einleitung zur Handlungswissenschaft" (Gerhard Heinrich Buse)

*Gerhard Heinrich Buse* (1764–1827) zählt wohl zu den am meist **verkannten** Handlungswissenschaftlern. Sein Werk „Einleitung zur Handlungswissenschaft" fand sowohl in der zeitgenössischen als auch in der heutigen Literatur sehr wenig Beachtung. Dies ist umso **erstaunlicher**, als beispielsweise *Leitherer* dieser Schrift durchaus zutraut, das „Fundament für eine theoretische Betriebswirtschaftslehre des 19. Jahrhunderts" hätte abgeben zu können.[177]

*Buse* war seit seinem 17. Lebensjahr als Lehrer tätig, zunächst als Privatlehrer in Hannover, anschließend an der weiblichen Erziehungsanstalt in Gotha. Später ging er nach Erfurt, wo er erst Privatunterricht in Rechnen und Buchhaltung erteilte und später unter schwierigsten Bedingungen im

173 Leitherer (1961), S. 57.

174 Seÿffert (1971), S. 40.

175 H.-O. Schenk: Dogmengeschichte des Handels. In: Handwörterbuch der Absatzwirtschaft, hrsg. v. B. Tietz, Stuttgart 1974, Sp. 487–504 (hier: Sp. 495).

176 Vgl. Sundhoff (1979), S. 155 und Schenk (1974), Sp. 494.

177 Vgl. Leitherer (1961), S. 57.

Jahre 1798 eine Handelsschule[178] gründete, deren Rektor er bis 1807 lang war. Die Folgen des Dritten Napoleonischen Krieges wirkten sich auf Buses Erfurter Wirkungskreis so negativ aus, dass er sich gezwungen sah, Erfurt zu verlassen. Er nahm 1807/1808 einen Ruf nach Brünn an, wo er zunächst Oberlehrer und später Schulleiter wurde. Nach einem außergewöhnlich arbeitsreichen Leben starb er 1827 als Privatlehrer und Schriftsteller.[179]

Sein schriftstellerisches **Hauptwerk** auf dem Gebiet der Handlungswissenschaft umfasst 22 Bände, die unter dem Reihentitel „Das Ganze der Handlung oder vollständiges Handbuch der vorzüglichsten Handlungskenntnisse" (1798–1820) erschienen sind. Diese Reihe besteht aus den Abteilungen der Warenkunde, Geldkunde, Comptoirkunde, Wirtschaftsgeographie sowie der Handlungs-, Zahlungs- und Frachtkunde. Zu dieser Reihe gehört auch die **„Einleitung zur Handlungswissenschaft"** (1807). Diese „enthält die allgemeinen Grundsätze der ganzen Handlungswissenschaft", schreibt *Buse* in der Vorrede, und könne „als eine für sich bestehende erläuterte Uebersicht des ganzen Gebiets der Handlungskenntnisse betrachtet werden." Er weist darauf hin, dass seine „Einleitung" keines der vorhandenen Lehrbücher der Handelswissenschaft entbehrlich mache; vielmehr gedenke er „ein geordnetes ausführliches [...] Lehrbuch der Wissenschaft zu liefern."[180] Und dies ist ihm auch in hervorragender Weise gelungen.

Wie *Leitherer* hervorhebt, habe *Buse* „das ausgefeilteste Einteilungssystem des handlungswissenschaftlichen Stoffes geschaffen."[181] Auch *Klein-Blenkers* sieht den „Wert dieses Buches im systematischen und fortlaufenden Überblick über die einzelnen Komponenten der Aufgaben und Tätigkeiten eines Handelskaufmanns."[182] *Buses* **Systematisierungsbestrebungen** ziehen sich durch das gesamte Werk und berühren vielfältige Themen der Handelsbetriebslehre, von denen nachfolgend einige exemplarisch genannt seien:

---

178 Buse nennt sie an einer Stelle „Allgemeine Erziehungsanstalt für Knaben und damit verbundene Handlungsschule für Jünglinge", vgl. Buse (1807), S. 99, Anm. 11. Im „Erfurtischen Intelligenzblatt" wird „die Errichtung einer Handlungsschule oder kaufmännischen Instituts" am 13. Januar 1798 bekanntgegeben.

179 Zur Biographie Buses vgl. K. F. Pott: Gerhard Heinrich Buse ..., in: Gerhard Heinrich Buse, Einleitung zur Handlungswissenschaft, (Nachdruck der Ausgabe von 1807), hrsg. v. F. Klein-Blenkers/K. Robl, Bergisch Gladbach 2004, S. IX–XVII (= Schriften zur Geschichte der Betriebswirtschaftslehre, Nr. 18).

180 Buse (1807), Vorrede, nicht paginiert.

181 Leitherer (1961), S. 57.

182 Klein-Blenkers (2004), S. LXIX.

- Bei den Voraussetzungen der Handelstätigkeit unterscheidet *Buse* zwischen Bedürfnis, Befriedigungsmittel, Mangel und Überfluss. Die Bedürfnisse unterteilt er weiter in die Kategorien „natürliche“ und „künstliche“, die Befriedigungsmittel in „nothwendige“ und „willkührliche“. Den Zusammenhang zwischen Bedürfnissen und Befriedigungsmitteln leitet er ab aus den Situationen des Mangels und des Überflusses.[183]
- Als Mittel der Bedürfnisbefriedigung nennt *Buse* die Waren (z. B. Getreide), Leistungen (z. B. Arbeitsleistung gegen Lohn) und Rechte (z. B. Wohnrecht gegen Miete).[184] Waren im engeren Sinne bezeichnet er auch als „Produkte“. Er unterscheidet den Handel mit „Natur-Produkten“ und „Kunst-Produkten“, gliedert diese nach ihren Grundstoffen in solche aus dem „Pflanzenreiche, Thierreiche und Mineralreiche“ und belegt sie mit Beispielen. Naturprodukte werden hervorgebracht durch „Feldbau, Viehzucht, Jägerey, Fischerey und Bergbau“. Kunstprodukte „werden von Handwerkern, Manufacturisten, Fabrikanten und Künstlern aus rohen Naturprodukten verfertigt oder bereitet.“[185]
- Im Gegensatz zu anderen Autoren befasst *Buse* sich neben dem Großhandel, den er als „viel bedeutender und vorteilhafter als den Kleinhandel“ ansieht, trotzdem mit eben diesem und unterscheidet drei Arten, nämlich „Kleinhändler in großen Städten“, „Detailhändler in kleinen Städten“ und „Krämer“. Nicht berücksichtigt werden die „Hausirer“, die nach *Buses* Auffassung „als schädliche Glieder des Staates in keinem Lande geduldet werden sollten.“[186]

*Buse* erstellt „die erste systematische Auflistung von zwischenbetrieblichen Aufgabenbereichen der Handelsbetriebe“[187] in der handlungswissenschaftlichen Literatur, die nachfolgend grob skizziert werden soll (→ Abb. 3.6): Das elementare Geschäftsmodell des Handels beruht auf dem gewinnorientierten Einkauf und Verkauf von Waren. Diese beiden betrieblichen **Funktionsbereiche** (Einkauf und Verkauf) nennt *Buse* „Hauptgeschäfte“ und beschreibt sie zunächst ganz allgemein:

183 Vgl. Buse (1807), S. 5 f.
184 Ebd., S. 22.
185 Ebd., S. 39.
186 Ebd., S. 42–44.
187 F. Klein-Blenkers (2004), S. LXXX.

„Die H a u p t g e s c h ä f t e, d. h. diejenigen, worauf sich alle anderen beziehen, sind:

a. Der E i n k a u f, der das Geschäft, durch welches man Güter (Waaren oder Geld) unter der Bedingung zum Eigenthum erhält, daß man ihren bedungenen Werth entweder gleich oder auch nach einer gewissen bestimmten Zeit wieder erstatte;
b. Der V e r k a u f, oder das Geschäft, durch welches man Güter unter der Bedingung an andere abtritt, daß man ihren bedungenen Werth entweder gleich oder nach einer gewissen Zeit wieder zurück erhalte."[188]

Aus diesen Hauptgeschäften ergeben sich sowohl für den Einkauf als auch für den Verkauf die „nothwendigen Verrichtungen" sowie die „Hülfsverrichtungen". Zu den notwendigen Tätigkeiten des Einkaufs gehören die Kaufvertragsverhandlung, die Warenbestellung, der Warenempfang und die Wareneingangskontrolle sowie die Zahlung. Zu den Tätigkeiten des Verkaufs zählen die Kalkulation des Verkaufspreises, Festlegung der Zahlungsbedingungen, das Kommissionieren und Versenden der Waren, sowie die Kontrolle des Zahlungseingangs.

Die „durch die Hauptgeschäfte veranlaßten Hülfsverrichtungen" beziehen sich einerseits auf die Betreibung dieser Geschäfte (hierzu gehören Verwaltungstätigkeiten wie der kaufmännische Schriftverkehr und die Buchhaltung) und andererseits „auf den Hauptzweck des Handels – auf den Gewinn."[189] „Die sich auf den Gewinn beziehenden Hülfsgeschäfte betreffen theils die Verhütung des möglichen Schadens, teils die Ausmittelung und Berechnung des Gewinns."[190] Zur Schadensverhütung zählen z. B. „Versicherungen gegen Schaden und Verlust" und „bey auswärtigen Bestellungen von unbekannten Personen [...] Erkundigung nach ihren Vermögensumständen, ihrer Rechtschaffenheit, Solidität u.s.w." Zur „Ausmittelung und Berechnung des Gewinns" ist eine vollständige Rechnungsführung erforderlich. *Klein-Blenkers* weist darauf hin, dass *Buse* mit dieser „Zweiteilung in Schadenverhütung und Gewinnermittlung die beiden Komponenten benennt, die auch heute als Hauptziele unternehme-

188 Buse (1807), S. 57.
189 Buse (1807), S. 59.
190 Buse (1807), S. 60/61.

rischer Betätigung angesehen werden.“[191] Eine Übersicht der „Haupt- und Hülsgeschäfte des Handels“ gibt die folgende Abbildung.[192]

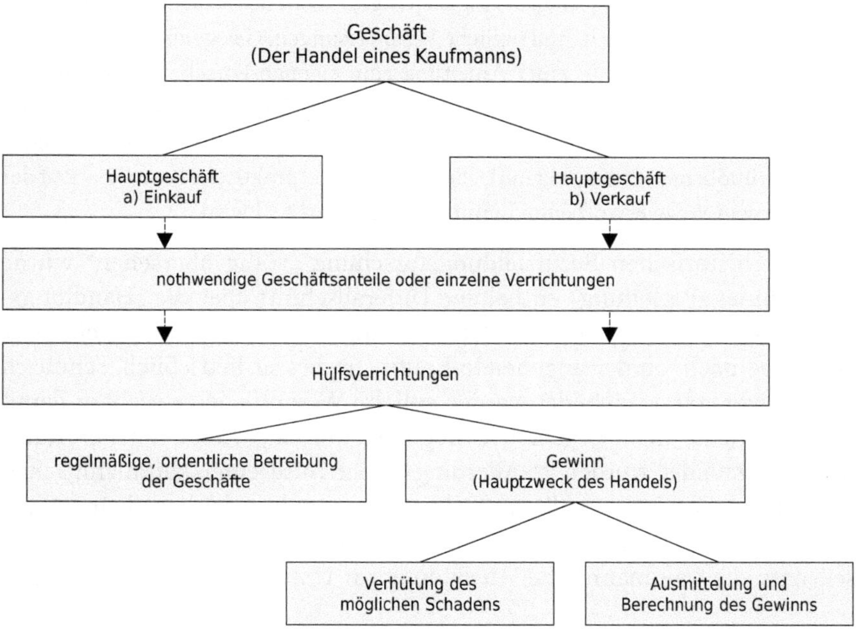


Abb. 3.6: „Haupt- und Hülsgeschäfte des Handels“ nach Buse. | [18]

Was *Buse* von den Handelsschriftstellern vor ihm unterscheidet, ist seine Leistung auf dem Gebiet der **Wirtschaftspädagogik** und **Wirtschaftsdidaktik**. Er gründete nicht nur eine der ersten Handelsschulen, sondern schrieb Lehrpläne und entwickelte Lehr-Lern-Arrangements, die seiner Zeit

191 Klein-Blenkers (2004), S. LXXXII.

192 Vgl. hierzu auch die Darstellung von Klein-Blenkers (2004), S. LXXIX ff. und insbesondere die Übersicht auf S. LXXXI. Allerdings ist darauf hinzuweisen, dass Klein-Blenkers ein begrifflicher Fehler bei der Visualisierung unterlaufen ist: Buse bezeichnet den Einkauf und Verkauf als Hauptgeschäfte. In der Darstellung von Klein-Blenkers werden diese von ihm als Tätigkeitsfelder bezeichnet, und auf der nachfolgenden Gliederungsebene unterteilt er in Hauptgeschäfte und Hülfsverrichtungen. Das, was Klein-Blenkers als Hauptgeschäfte bezeichnet, sind bei Buse die „nothwendigen Geschäftsteile oder einzelne Verrichtungen“ (vgl. Buse, S. 57).

weit voraus waren, wie z. B. den schülerzentrierten und den handlungsorientierten Unterricht. So heißt es in *Buses* Lehrplan aus dem Jahr 1801:

> „Die beste Methode [...] ist unstreitig diejenige, welche das Selbstdenken am meisten begünstigt, und dazu hinlängliche Veranlassungen, Gelegenheiten und Mittel darbietet. Sie besteht in einer Anleitung zum eigenen Forschen und Arbeiten, wodurch der Stunden-Unterricht vermindert, oberflächliche Vielwisserey, und blindes Vertrauen auf das Ansehen und die Hülfe der Lehrer gehindert, dagegen aber gründliches Wissen, eigene Ueberzeugung und praktische Brauchbarkeit der auf diesem Wege erworbenen Kenntnisse befördert [...] wird."[193]

Von der historischen Berufsbildungsforschung „völlig übersehen" wurde der in *Buses* „Einleitung" enthaltene Unterabschnitt über die „Handlungs-Lehrlinge", der mit 31 Seiten relativ umfangreich ausfällt. Dort geht *Buse* der Frage nach, ob der angehende Kaufmann besser betrieblich, schulisch oder universitär ausgebildet werden soll. Im Wesentlichen spricht er damit die auch heute noch gegebenen Möglichkeiten an, wie angehende Kaufleute ausgebildet werden.[194] Allerdings steht Buse einer kaufmännischen **Ausbildung** an Universitäten ablehnend gegenüber, da diese keine praktische Ausbildung gewährleisten können und außerdem zu befürchten sei, dass die kaufmännische Ausbildung an Universitäten als Anhängsel

---

193 Zitiert nach Pott (2004), S. XIV.

194 Seit dem 19. Jh. haben sich in Europa unterschiedliche **Modelle der Berufsausbildung** herauskristallisiert. Ein wichtiger Aspekt, der dabei eine Rolle spielt(e), ist die jeweils herrschende Arbeitskultur. So wird in Großbritannien, dem „Mutterland des Kapitalismus", die Produktionsbeziehung als reiner Marktprozess aufgefasst, und Arbeitnehmer sind dementsprechend bloße Marktakteure. In Frankreich wird die Produktionsbeziehung als eine politisch gestaltete verstanden, wobei der Staat der gestaltende Akteur ist, der auch das Arbeitsleben entscheidend prägt. In Deutschland wird die Produktionsbeziehung als eine gemeinschaftliche wahrgenommen, die geprägt ist von wechselseitiger Verantwortung und Rücksicht auf das gesellschaftliche Ganze. Der in England vorherrschende Leitgedanke der Ökonomie, die in Frankreich vorherrschende Idee des Politischen und der *Ordre Public* sowie der in Deutschland verankerte soziale Grundsatz spiegeln sich wider in deren jeweiligen Berufsbildungssystemen. So lassen sich heute in Europa drei Modelle identifizieren, wie die Berufsausbildung organisiert und durchgeführt werden kann: die **vollzeitschulische** Berufsausbildung (z. B. in Frankreich), die überwiegend **betriebliche** Berufsausbildung (z. B. in England) sowie eine Mischform aus aufeinander abgestimmten betrieblichen (praktischen) und schulischen (theoretischen) Elementen, die als **„duales System"** bezeichnet wird (z. B. in Deutschland).

der Staatswirtschaft (Volkswirtschaftslehre) betrieben werde.[195] So stellt er fest: „Die Handlungsschulen machen keine Ansprüche auf die Bildung der Staatswirthe, und die Universitäten sollten keine auf die Bildung der Kaufleute machen."[196]

Abschließend seien hier noch einige **formale Aspekte** von *Buses* „Einleitung" erwähnt, die in wissenschaftsmethodologischer Hinsicht interessant sind. Im letzten Kapitel gibt *Buse* den damaligen aktuellen Forschungsstand wieder, wenn er die Werke von *Ludovici, May, Jung, Büsch* und *Leuchs* bespricht. Hierzu merkt *Buse* an: „Es ist lehrreich, die vorzüglichsten Systeme, die seit der Mitte des vorigen Jahrhunderts bis auf unsere Zeiten, für die Handlungswissenschaft aufgestellt worden sind, näher kennen zu lernen. Die Darstellung dieser Systeme deutet nicht nur die wesentlichen Fortschritte dieser Wissenschaften an, sondern setzt auch jedem [...] in den Stand, [...] sich auf dem kürzesten Wege in dem weitläuftigen Gebiete der Handlungskenntnisse zu orientieren."[197]

Positiv hervorzuheben ist auch, dass *Buse* in seinem Text Zitate kenntlich macht, was zur damaligen Zeit unüblich war. Zitate werden von ihm – wenn auch stellenweise unzulänglich – durchweg als solche kenntlich gemacht, indem zumindest der Name des Verfassers genannt wird. Querverweise zu eigenen Schriften aus der Reihe „Das Ganze der Handlung..." erfolgen meist im Fließtext, während erläuternde Anmerkungen und fremde Quellen zumeist in Fußnoten erscheinen und als Referenzzeichen Sternchen (*) verwendet werden. Zwar genügt *Buses* **Form des wissenschaftlichen Arbeitens** nicht immer den heutigen Ansprüchen, aber seine Einleitung ist insgesamt nachvollziehbar, transparent und überwiegend auch fundiert geschrieben, sodass *Leitherer* durchaus zugestimmt werden kann, wenn er schreibt, dass *Buses* Werk „das Prädikat der Wissenschaftlichkeit nicht verweigert werden kann."[198]

Was die Lehre der Betriebswirtschaft betrifft, so liegt die Bedeutung *Buses* in der Förderung des kaufmännischen Berufsschulunterrichts – auch im Hinblick auf das spätere duale System der (kaufmännischen) Berufsausbil-

195 Auf den Seiten 98–113 setzt sich Buse kritisch mit den Ansichten F. G. Canzlers auseinander, der am Beispiel von Göttingen für eine Ausbildung von Kaufleuten „auf Teutschlands Universitäten" plädiert. Vgl. hierzu außerdem Klein-Blenkers (2004), S. XCII.

196 Buse (1807), S. 113.

197 Buse (1807), S. 178.

198 Leitherer (1961), S. 57.

dung. Für die Entwicklung des Fachs zur Universitätsdisziplin hingegen erweisen sich seine Ansichten und Bestrebungen als hemmend.

## 3.6 „System des Handels" (Johann Michael Leuchs)

*Buses* „Einleitung zur Handlungswissenschaft" bildet zusammen mit dem 1804 veröffentlichten „System des Handels" des Nürnberger Kaufmanns und Handelsschuldirektors *Johann Michael Leuchs* (1763–1836) den Abschluss der Epoche der „Systematischen Handlungswissenschaft".

*Leuchs* begann bereits im Alter von elf Jahren bei Verwandten in Nürnberg eine kaufmännische Lehre, die acht Jahre dauerte (von 1774 bis 1882). Anschließend unternahm er eine zweijährige Studienreise, die ihn zunächst nach Wien führte. Hier hielt er sich längere Zeit auf und hörte Vorlesungen in Medizin und Staatswissenschaft, u. a. bei dem Kameralisten *Josef von Sonnenfels.* Nach weiteren Stationen in Köln, Amsterdam, Brüssel, Paris und Straßburg kehrte er 1784 nach Nürnberg zurück und fand in einem Handlungshaus eine Anstellung. Während seiner sieben Jahre dauernden Tätigkeit als Handlungsgehilfe (bis 1791) reifte auch sein Entschluss, sich eingehend mit den theoretischen Grundlagen des Kaufmannsberufs zu beschäftigen. Als Ergebnis dieses handelswissenschaftlichen Studiums erschien 1791 sein Werk *Allgemeine Darstellung der Handlungswissenschaft.* Kurz darauf machte er sich als Großhändler mit einer Manufaktur-, Material- und Farbenhandlung selbständig. Als das Geschäft wegen des Revolutionskrieges nicht mehr lukrativ war, wurde er Herausgeber und Verleger der *Allgemeinen Handlungs-Zeitung*, die seit 1794 erschien und sehr großen Anklang in Deutschland fand. 1795 gründete *Leuchs* in Nürnberg seine *Akademie-, Lehr- und Pensions-Anstalt der Handlung.* In dieser kaufmännischen Berufsschule wurden Lehrlinge, deren „Alter, wo möglich, nicht unter 15 Jahre seyn" soll, in einer drei- bis fünfjährigen Lehre sowohl theoretisch als auch praktisch ausgebildet. Der Unterricht, der täglich fünf bis acht Stunden dauerte, wurde von Lehrern und Kaufleuten gehalten. Das Schulgeld betrug 300 Gulden jährlich. 1812 zog sich *Leuchs* aus dem Erwerbsleben zurück und überließ die Geschäfte seinen Söhnen. In seiner Funktion als Gemeindebevollmächtigter und stellvertretender Magistratsrat setzte er sich, als das Volksschulwesen neu geordnet wurde, für eine bessere Lehrerbesoldung ein. 1824 erschien *Leuchs* „Ausführliches Handels-Lexicon oder Handbuch der höhern Kenntnisse des Handels". Die letzten rund zehn Jahre seines Lebens verbrachte *Leuchs* viel Zeit in seiner Privatbibliothek, die 20.000 Bände umfasste, denn, wie er in seiner Autobiographie schreibt, war „die Unterhaltung mit den Büchern seine letzte und liebste Beschäftigung"[199]

Das erste Werk von *Leuchs* erschien im Jahre 1791 und trägt den Titel: „Allgemeine Darstellung der Handelswissenschaft nebst einer Anzeige der damit verbundenen Kenntnisse, und einige Gedanken über kaufmännische Erziehung." Hier entwickelt *Leuchs* schon im Wesentlichen sein System des Handels, welches 1804 unter gleichnamigem Titel erscheint. Eingeleitet wird seine „Allgemeine Darstellung" durch ein wirtschaftspädagogisches Kapitel, in dem sich *Leuchs* für die Einrichtung von **Handelsschulen** einsetzt. Außerdem schlägt er vor, dass die kaufmännische Ausbildung mit einem öffentlichen Examen abschließen sollte. Auch hält er es für möglich, dass die Handlungswissenschaft als **universitäre Disziplin** gelehrt werden könnte. Damit sieht er die Entwicklung voraus, die erst gut hundert Jahre später einsetzen wird, nämlich die Gründung der ersten betriebswirtschaftlichen Lehrstühlen und den Abschluss des Diplom-Kaufmanns bzw. -Handelslehrers. Zu den wichtigen Werken, die *Leuchs* in seiner wissenschaftlichen Schaffensphase verfasste, gehören das „System des Handels" (1804), die „Contorwissenschaft", (4 Teile., 1806–1823), das „Handels-Lexikon" (1824) und die „Kunst Reich zu werden" (1826).

Sein **Hauptwerk**, das **„System des Handels"**, erlebte insgesamt vier Auflagen (1804, 1817, 1822 und 1839). Mit dieser Arbeit erreichte die Handlungswissenschaft ihren Höhepunkt und den Rang einer Wissenschaft. Das Werk besteht aus drei Teilen: Der bürgerlichen Handelswissenschaft (Privathandelswissenschaft), der Staatshandelswissenschaft und der Handelskunde. Zur Handelskunde, die *Leuchs* eindeutig von der Handelswissenschaft abgrenzt, zählen die Warenkunde, die Handelsgeographie und die Handelsgeschichte. Kernstück seines „Systems" ist der erste Teil („Bürgerliche Handelswissenschaft"), der, wie *Seÿffert* feststellt, auch „am besten entwickelt worden" ist.[200] Dieser Teil gliedert sich wie folgt:

199 J. M. Leuchs: Die Kunst reich zu werden, Nürnberg 1837, S. 26.
200 Vgl. Seÿffert (1971), S. 41.

1. **Tauschmittellehre:**
   Eine Lehre von der Ware und vom Gelde.
2. **Wertbestimmungslehre:**
   Eine Kalkulationslehre, die außerordentlich exakt ausgebildet worden ist. Sie könne nach *Weber* „auch als Kalkulationslehre bezeichnet werden, weil die Fabrikations-, Bezugs-, und Verkaufskalkulationen von ihr ihre Grundsätze nehmen."[201]
3. **Handelslehre:**
   Sie hat den Handel als solchen zum Gegenstand, d. h. die Einkaufslehre, die Verkaufslehre, die Zahlungslehre und die Versendung.
4. **Kontorwissenschaft:**
   In ihr werden das Buchhalten, der Briefwechsel, die kaufmännischen Aufsätze und schriftlichen Ausfertigungen behandelt.
5. **Wahrscheinlichkeitslehre (Spekulationslehre, Mutmaßungslehre):**
   Sie untersucht die Grundlagen und Voraussetzungen des dauernden und sicheren Absatzes, um nach Bestimmung des Allgemein-Grundsätzlichen der Wahrscheinlichkeit des Erfolges im Handel diese Erkenntnisse anzuwenden auf den praktischen Fall des Wahrscheinlichen im Warenhandel, bei Fabrikunternehmungen, im Handel mit Staatspapieren, bei Assekuranzen, bei den Wechselpreisen und beim Steigen und Fallen von Aktien.

Die Darstellung des Systems der Handelswissenschaft, wie sie sich im Original bei *Leuchs* findet, zeigt die → Abb. 3.7.

201 Weber (1914), S. 79.

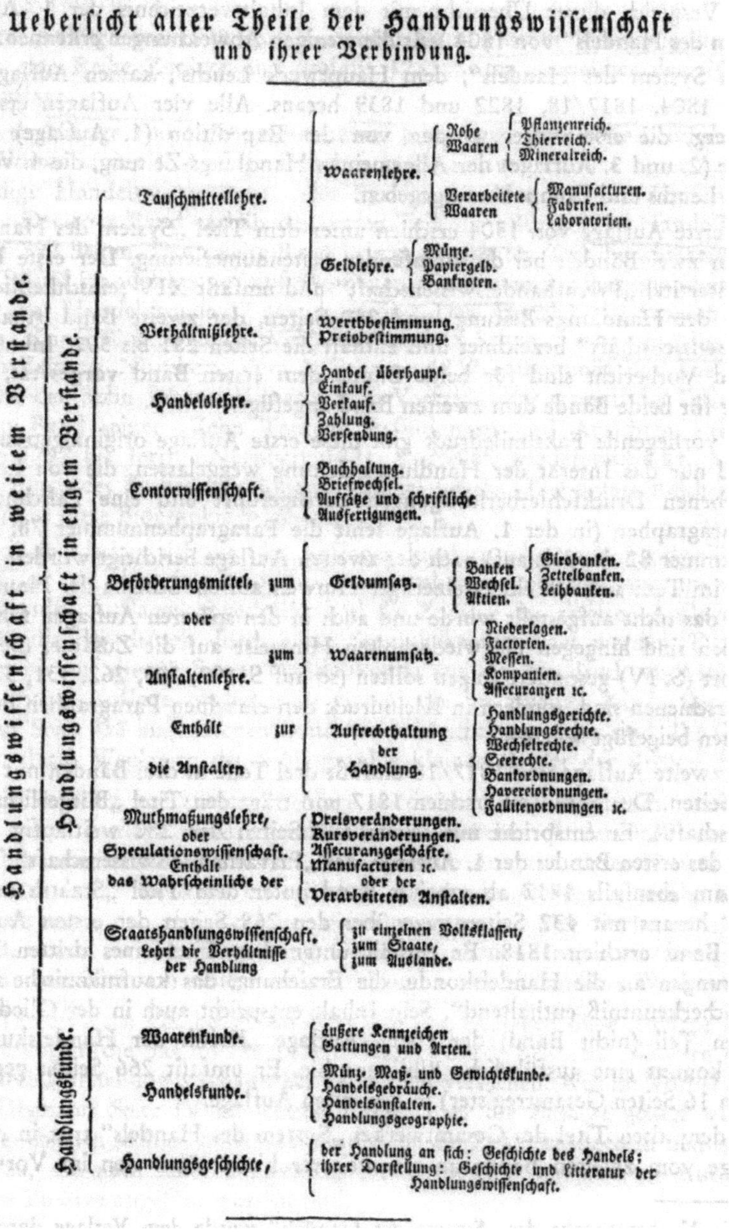


Abb. 3.7: Leuchs System der Handlungswissenschaft (1791). | [19]

In seiner **Würdigung** des Werks hebt *Löffelholz* vor allem hervor, dass *Leuchs* zu einer objektiven Darstellung gelangt, indem er sich auf den betrieblichen Leistungserstellungsprozess konzentriert und diesen losgelöst betrachtet von der Person des Kaufmanns: „Leuchs hatte die Trennung der Person vom Betriebe als die notwendige Konsequenz des liberal-kapitalistischen Systems erkannt, […]. Dem ‚persönlichen' Handelsbetrieb stellt er dann in der ‚Anstaltenlehre' den entpersönlichten Betrieb gegenüber."[202] Dies veranlasste jedoch *Weber* zu der kritischen Bemerkung, dass *Leuchs* Werk insofern eine Lücke aufweise, „als es die Arbeit als Produktionsfaktor nur wenig in ihrer Bedeutung berücksichtigt." Dass der Bereich der Personalwirtschaft ignoriert wird, führt *Weber* darauf zurück, dass *Leuchs* wohl „das Rechnen, das Berechnen mehr lag, als Betrachtungen über das Arbeiten."[203]

Neben der Handelsbetriebslehre sind auch die Bemühungen *Leuchs* auf dem Gebiete der kaufmännischen **Lehrlingsausbildung** bedeutsam. Der Lehrplan seiner 1795 gegründeten Handlungsakademie umfasste neben dem Stoff der Handelswissenschaft auch Warenkunde, Chemie und Fremdsprachen. Neben einer guten Fachausbildung wurden den Lehrlingen auch die für das menschliche Zusammenleben nötigen Kenntnisse vermittelt. *Leuchs* **Lehrplan** von 1797 sah die folgenden Inhalte vor:

- „Handlungswissenschaft, im engeren Verstande, wöchentlich zwei Stunden, nach meinem Lehrbuche.
- Kontorwissenschaft (Buchhalten, Korrespondenz usw.), nach eigenen Hilfsmitteln, wöchentlich zwei Stunden.
- Wechselrecht, nach Püttmann, und Wechselgeschäft; beides ein halbes Jahr lang, wöchentlich eine Stunde. Handelsrecht besonders.
- Rechnen und Handelsrechnungen, nach verschiedenen Lehrbüchern, wöchentlich zwei Stunden.
- Politische und Handelsgeographie, nach Fabris größerm Lehrbuche u. a.
- Sprachkenntnisse und Stil: a) deutsche Sprache nach Adelung und Moritz, wöchentlich eine Stunde; b) französische Sprache, wöchentlich drei Stunden; c) italienische, wöchentlich eine Stunde; d) englische, wöchentlich eine Stunde. Bei den fremden Sprachen wird nur auf vollkommene Erlernung der französischen gesehen, um den eigentlichen Handelskenntnissen nicht zuviel

202 Löffelholz (1935), S. 236f.
203 Vgl. Weber (1914), S. 94.

Zeit zu entziehen und Englisch und Italienisch nur soweit gelehrt, daß Briefe und Bücher in diesen Sprachen verstanden werden können; es müßten denn mehrere Kenntnisse darin besonders veranlagt werden.

- Schönschreiben.
- Zur technischen Chemie, Fabrikwissenschaft, Warenkunde und Handelsgeschichte erhalten sie Hilfsmittel zur eigenen Belehrung, und auch die nötigen Erläuterungen."[204]

In wirtschaftsdidaktischer Hinsicht war *Leuchs* auch aus heutiger Sicht sehr fortschrittlich. So führte er in seiner Akademie z. B. ein **Musterkontor** ein. Diese Juniorfirma, wie sie heute genannt wird, zählt zu den handlungsorientierten Ausbildungsmethoden und ist eine Variante des situativen Lernens. Gut 100 Jahre später wird der Leipziger Professor *Robert Stern* an der ersten Handelshochschule diese Lehrmethode wiederbeleben. *Leuchs* erläutert die Bedeutung des Musterkontors für den fachpraktischen Unterricht:

> „Zur Erlernung des Buchhaltens oder der Kontorwissenschaft habe ich eine eigene Lehrart eingeführt, bei welcher zugleich alle Handelskenntnisse Anwendung finden. Die Zöglinge übernehmen in verschiedenen Handelsstädten, z. B. London, [...] Hamburg, Nürnberg usw. teils schon als bestehend betrachtete Handlungen, teils fangen sie welche an [...]. Es führt also jeder eine eigene Handlung. Bei dieser Lesart hat nicht nur der Lernende äußerst viel Anschauung und Interesse, sondern auch der Lehrer die beste Gelegenheit, die mannigfaltigsten Kenntnisse beizubringen und ihre Wichtigkeit und Anwendung zu zeigen, sie in kritische Lagen zu versetzen und ihre Denkkraft auf alle Art zu üben."[205]

*Wöhe* gelangt zu der Feststellung, dass das Hauptwerk von *Leuchs* „noch heute relativ modern anmutet" und führt weiter aus: „Das Leuchs'sche System des Handels geht also weit über eine Handelsbetriebslehre im heutigen Sinne hinaus, da es im zweiten Teil auch eine volkswirtschaftliche Analyse des Handels und im dritten Teil eine Beschreibung der Warenkunde, der Wirtschaftsgeographie und anderer Gebiete enthält"[206]. Ähnlich positiv äußert sich auch *Schwantag*: „Das Werk überrascht durch die Fülle echter betriebswirtschaftlicher Probleme, die aufgeworfen und richtig gelöst werden." Dass dieses „letzte und zugleich wissenschaftlich beachtlichste Werk

---

204 Zitiert nach Sundhoff (1979), S. 144f.
205 Zitiert nach Sundhoff (1979), S. 145.
206 G. Wöhe: Einführung in die Allgemeine Betriebswirtschaftslehre, 15. Aufl., München 1984, S. 65.

der so fruchtbaren Handlungswissenschaft", wie *Seÿffert* feststellt, „ohne Einfluß auf unsere heutige Lehre geblieben ist, liegt an dem Verfall der Handlungswissenschaft, den das 19. Jahrhundert brachte."[207]

## ➲ Zusammenfassung

- Im Europa des 17./18. Jahrhunderts ist der **Merkantilismus** das vorherrschende Wirtschaftssystem.
- Um den Finanzbedarf durch Steuereinnahmen decken zu können, fördern die deutschen Herrscher Handel und Gewerbe, und sie errichten auch selbst Betriebe (z. B. Manufakturen). Die Herrscher erkennen den **Vorteil des Unternehmertums** für ihre (politischen) Zwecke. Deswegen wird dem Kaufmann auch zugestanden, dass seine unternehmerische Tätigkeit auf Gewinnmaximierung gerichtet ist.
- Mit dem Werk „Le Parfait Négociant" (1675) des Franzosen *Jaques Savary* beginnt die Epoche der **Systematischen Handlungswissenschaft**.
- *Paul Jacob Marperger* ist der **erste deutsche Schriftsteller** der systematischen Handelswissenschaft und „Begründer der modernen betriebswirtschaftlichen Literatur in Deutschland" (*Löffelholz*). Darüber hinaus hat er eine große Bedeutung für die Entwicklung der BWL zur **Universitätsdisziplin** sowie für die Errichtung von Handelsschulen. Bereits 1715 schlägt er die Errichtung einer **Kaufmannsakademie** vor. Dies kann als Ausgangspunkt des kaufmännischen Berufsschulwesens in Deutschland gesehen werden.
- Der Hochschullehrer und Philosoph *Carl Günther Ludovici* gilt als Wegbereiter und erster akademischer Vertreter der Handlungswissenschaft. 1752–56 erscheint seine „Eröffnete Akademie der Kaufleute". Neben dem umfangreichen **Lexikon** enthält es einen „Grundriß eines vollständigen Kaufmanns-Systems". In dieser **Handelsbetriebslehre** werden handelswissenschaftliche, warenkundliche und wirtschaftsgeografische Inhalte systematisch aufbereitet und dargestellt.
- 1763 erscheint der **„Versuch einer allgemeinen Einleitung in die Handlungswissenschaft"** des Kaufmanns *Johann Carl May*.
- Der Nürnberger Kaufmann und Handelsschuldirektor *Johann Michael Leuchs* veröffentlicht 1804 sein **„System des Handels"**. Damit erreicht

207 Seÿffert (1971), S. 41f.

die Handlungswissenschaft ihren **Höhepunkt** und den Rang einer Wissenschaft. Auch als Wirtschaftspädagoge ist *Leuchs* sehr fortschrittlich: Schon 1795 gründet er in Nürnberg eine Handelsschule, die *Akademie-, Lehr- und Pensions-Anstalt der Handlung*. Dort führt er als Unterrichtsmethode ein „Musterkontor“ ein, eine Übungsfirma.

- *Gerhard Heinrich Buse* veröffentlicht 1807 sein Lehrbuch „Einleitung zur Handlungswissenschaft“. Wie *Leuchs* gründet auch er eine Handelsschule, konzipiert Lehrpläne und entwickelt moderne wirtschaftsdidaktische Konzepte wie den handlungsorientierten Unterricht.

# 4 Niedergang der Handlungswissenschaft (19. Jahrhundert)

## 4.1 Verflachung und Verfall der Handlungswissenschaft

Die verheißungsvolle Entwicklung der systematischen Handlungswissenschaft fand im 19. Jahrhundert ihr **jähes Ende**. Die Ursachen und Gründe für diesen Niedergang sind immer noch unklar. Bereits 1869 stellte *Lindwurm* fest, dass die Handelswissenschaft „seit Büsch und seinen Zeitgenossen so geringe Fortschritte gemacht hat, ja was das eigentlich Wissenschaftliche, nämlich die Betriebslehre anbetrifft, eher zurückgegangen ist."[208] Ähnlich äußert sich auch *Hellauer*, wenn er sagt, dass er die „Originalität" und den „wissenschaftlichen Ernst" dieser Literatur vermisse. Außerdem kritisiert er eine „Überproduktion spekulativer Buchfabrikate", die schließlich zur „Diskreditierung der Handelswissenschaften" geführt habe.[209] *Weber* gelangt 1914 zu dem Befund, dass die industrielle Betriebslehre in der Technologie stecken blieb, während die Betriebslehre des Handels sogar gänzlich wieder vergessen wurde.[210] Die Abkehr von der Handlungswissenschaft habe sich so vollständig vollzogen, dass spätestens „nach den 1870er-Jahren auch die letzte Erinnerung an sie völlig dahingeschwunden war."[211] Ihre Tradition sei sogar „so gründlich vernichtet" worden, konstatierte *Seÿffert* im Jahre 1938, „daß auch heute noch die nähere Kenntnis ihrer Literatur auf einen engen Forscherkreis beschränkt ist."[212] *Seÿffert*, der selber diesem Kreis angehörte, stellte noch Jahrzehnte später, kurz vor seinem Tode fest, dass es besonderer Forschung vorbehalten bleibe, „die Gründe voll aufzudecken, welche die Ursache des Verfalls der Handlungswissenschaft gewesen sind."[213]

Die **Ursachen** für diesen Niedergang sieht *Weber* „teils in der hauptsächlich abwartenden oder gar ablehnenden Haltung der kaufmännischen Praxis, teils in der Umgestaltung des Handelsschulwesens [...] und teils in

208 A. Lindwurm: Die Handelsbetriebslehre und die Entwicklung des Welthandels, Stuttgart & Leipzig 1869, S. VI.

209 Vgl. J. Hellauer: System der Welthandelslehre, Berlin 1920, S. 18–20.

210 Vgl. Weber (1914), S. 1.

211 Vgl. Weber (1914), S. 111.

212 Seÿffert (1938), Sp. 934.

213 Seÿffert (1971), S. 42.

der Entwicklung der Kameralwissenschaften zur Volkswirtschaftslehre."[214] Zur Kameralwissenschaft gehörte – zunächst sogar gleichberechtigt – auch die „Bürgerliche Wirtschaftslehre"; jedoch drängte die staatswirtschaftliche Sichtweise schon rasch in den Vordergrund und forcierte den Übergang zur Volkswirtschaftslehre. Auch *Schwantag* sieht die Gründe für diese „eigenartige Entwicklung" in der Umbildung der Kameralwissenschaften zur modernen Volkswirtschaftslehre.[215] Diese Auffassung vertrat *Lindwurm* übrigens schon im 19. Jahrhundert: Die Ursache für den Rückgang der Betriebslehre sei „darin zu suchen, daß die ‚Volkswirtschaftslehre', unter dem überwiegenden Einflusse einer mit den praktischen Wirtschaftsbedürfnissen wenig bekannten Gelehrtenwelt, sich [...] das Vorrecht angemaßt hatte, allein etwas Wissenschaftliches vorzustellen, während den Gewerbelehren, also auch der Handelswissenschaft, die Rolle zuerkannt worden war, eine bloß zu praktischen Zwecken vorgenommene Zusammenstellung von Regeln zu sein (Roscher)."[216] Diese **ablehnende Haltung** wird auch deutlich bei *Karl Heinrich Rau*, der erklärte: „Wer sich nicht mit der Politischen Ökonomie vertraut macht, sondern bei der Privatökonomie stehen bleibt, kann ebenso wenig ein (theoretischer) Kameralist genannt werden, als Jemand auf den Namen eines Mathematikers Anspruch hat, wenn er nicht in die höhere Analysis und Geometrie eingedrungen ist."[217] Und er betont: „Die eigenthümliche Wesenheit der Volkswirtschaftslehre zeigt sich gerade darin, daß sie aus einem höheren Standpunkte die wirthschaftlichen Angelegenheiten betrachtet."[218] *Schneider* erkennt darin eine beklagenswerte Tradition: „Diese Einbildung, dass derjenige, der gesamtwirtschaftliche Probleme zu behandeln vorgibt, automatisch einen geistig höheren Standpunkt einnehme, durchzieht das Verhältnis von Volkswirtschaftslehre und einzelwirtschaftlichem Denken bis heute."[219]

Dass die Vertreter der Volkswirtschaftslehre, die zu dieser Zeit bereits als eine voll anerkannte Wissenschaft galt, die Einzelwirtschaftslehre abschätzig nur als eine Sammlung von Regeln ohne besonderen theoretischen Gehalt und bloß für den praktischen Gebrauch beurteilten, wirkte sich zwei-

214 Weber (1914), S. 111.
215 Schwantag (1959), Sp. 115.
216 Lindwurm (1869), S. VI.
217 K. H. Rau: Über die Kameralwissenschaft, Heidelberg 1823, S. III.
218 Rau (1823), S. 26.
219 D. Schneider: Die ersten Handelshochschulen. In: Entwicklungen der Betriebswirtschaftslehre, hrsg. v. E. Gaugler/R. Köhler, Stuttgart 2002, S. 45.

fellos hemmend auf die weitere Beschäftigung mit betriebswirtschaftlichen Fragestellungen aus. Dazu kommt, dass beide Disziplinen nur eine sehr geringe Schnittmenge aufweisen, d. h. nur teilweise denselben Gegenstand betrachten, nämlich die Unternehmung. Zudem hat sich auch diese selbst im Zuge der Veränderung wirtschaftlicher Verhältnisse – insbesondere der industriellen Revolution und der sie begleitenden Expansion der Geld- und Kreditwirtschaft – gewandelt von eher kleineren, inhabergeführten Unternehmungen zu immer größeren Kapitalgesellschaften. Neben dieser Entpersönlichung der Unternehmung, der Trennung von Person und Betrieb (Objektivierung), kam es zu zunehmender Arbeitsteilung und Spezialisierung, die sich nicht nur in der innerbetrieblichen Organisation bemerkbar machte, sondern auch in einer horizontalen und vertikalen Herausbildung verschiedener Betriebstypen in unterschiedlichen Wirtschaftszweigen, die gründlich zu erforschen waren. So bildeten sich neben einer Wirtschaftszweiglehre des Handels auch spezifische Lehren der Industrie und des Bankwesens aus. Dies hatte später zur Folge, dass die den verschiedenen Wirtschaftszweiglehren gemeinsamen Gebiete ausgeklammert wurden, um sie in einer allgemeinen Betriebswirtschaftslehre zusammenzufassen.[220]

Festgehalten werden kann, dass die einst so vielversprechende Entwicklung, den die Handlungswissenschaft zum Ende des 18. Jahrhunderts genommen hatte, abriss. Die Autoren dieser Zeit (z. B. *Leuchs* und *Buse*) und ihre Werke gerieten in **Vergessenheit**. In wissenschaftlicher Hinsicht brachte das 19. Jahrhundert für die Betriebswirtschaftslehre, so die einhellige Meinung, **Stagnation**, **Rückschritt**, **Verfall**, **Niedergang**. Die Ursachen und Gründe hierfür sind nicht eindeutig geklärt, und wie schon *Weber* feststellte, sei es müßig diese Fragen weiter zu erörtern. Die tatsächliche Entwicklung habe nun mal dazu geführt, dass es mit der Handlungswissenschaft sang- und klanglos zu Ende gegangen sei.[221] Selbst die wenigen wissenschaftlichen Werke, die im letzten Drittel des 19. Jahrhunderts erschienen sind und die wieder ein ansprechendes Niveau erreicht hatten, blieben unbeachtet. Die Betriebswirtschaftslehre wäre heute erheblich weiter, beklagte *Seÿffert*, wenn die Leistungen solcher Autoren wie *Arnold Lindwurm*, *Arwed Emminghaus* und *J. G. Courcelle-Seneuil* Beachtung gefunden hätten.[222]

220 Vgl. E. Sundhoff: Dreihundert Jahre Handelswissenschaft, Göttingen 1979, S. 159.
221 Vgl. Weber (1914), S. 115.
222 Vgl. Seÿffert (1971), S. 43.

## 4.2 Vorboten der „modernen" Betriebswirtschaftslehre

In der zweiten Hälfte des 19. Jahrhunderts traten *J. G. Courcelle-Seneuil, A. Emminghaus* und *A. Lindwurm* auf den Plan. Deren Werke heben sich, so die einhellige Meinung in der Literatur, deutlich von den anderen ab. Daher werden sie auch als „Vorboten der modernen Betriebswirtschaftslehre" betrachtet.[223] Dass dies jedoch nicht gleichermaßen auf alle drei Genannten zutrifft, werden die folgenden Ausführungen zeigen.

### 4.2.1 Die „Theorie und Praxis des Geschäftsbetriebs" (Jean-Gustave Courcelle-Seneuil)

Als junger Mann betätigte *Courcelle-Seneuil* sich ab 1830 als Journalist in Paris. Anschließend studierte er Politik-, Wirtschafts- und Rechtswissenschaften und war anschließend als Anwalt und Geschäftsmann tätig. Zudem war er zeitweilig Chefredakteur des bedeutenden, 1841 gegründeten „Journal des Économistes", welches Themen aus den Bereichen der politischen Ökonomie, der Landwirtschaft, der Produktion und des Handels behandelte. Im Jahre 1848 war *Courcelle-Seneuil* für zwei Monate Domänendirektor im französischen Finanzministerium. Nach dem Scheitern der 2. Republik emigrierte er 1852 nach Chile, wo er von 1853 bis 1863 an der Universität zu Santiago als Professor für Nationalökonomie lehrte. 1860 beriet er die chilenische Regierung bei der Einführung eines freien Bankensystems. Zehn Jahre später kehrte *Courcelle-Seneuil* nach Frankreich zurück und wurde 1879 Staatsrat. Von 1881 bis1883 lehrte er als Dozent für politische Ökonomie an der *École normale supérieure* und wurde 1882 als Mitglied in die *Académie des sciences morales et politiques* aufgenommen.[224] *Courcelle-Seneuil* starb am 29. Juni 1892 in Paris. In seiner Trauerrede sagte *Gustave de Molinari* über den Verstorbenen: „Er war einer

---

223 Vgl. Sundhoff (1979, S. 251ff.) sowie F. Klein-Blenkers: Courcelle-Seneuil, Emminghaus und Lindwurm als Vorläufer der neuen Betriebswirtschaftslehre in der zweiten Hälfte des 19. Jahrhunderts, in: Aufsätze zur Geschichte der Betriebswirtschaftslehre, hrsg. von F. Klein-Blenkers, Köln 1994, S. 111–130.

224 Zum Lebenslauf *Courcelle-Seneuils* vgl. die gleichnamigen Stichwortartikel von Lippert im Handwörterbuch der Staatswissenschaften, Bd. III, 2. Aufl., Jena 1900, Sp. 97, von E. Sundhoff im Handwörterbuch der Betriebswirtschaftslehre, Bd. I, 3. Aufl., Stuttgart 1956, Sp. 1360ff. sowie von H. Hesse im Personenlexikon der Wirtschaftsgeschichte, 2. Aufl., Stuttgart 2009, S. 110f.

der Meister der nationalökonomischen Wissenschaft und ein würdiger Nachfolger von *Turgot, J. B. Say, Dunoyer* und *Bastiat*."

*Courcelle-Seneuil* war als Nationalökonom ein entschiedener Anhänger individualistischer und **liberalistischer Ideen.** Als ein Vertreter des Freihandels übernahm er die Auffassung von *Adam Smith*, dass das Streben nach persönlichem Vorteil auch der Allgemeinheit zugutekäme. Die Bedeutung von *Courcelle-Seneuil* als Ökonom wird darin gesehen, dass er volkswirtschaftliche Erkenntnisse auf das Unternehmen zu übertragen versuchte. Insbesondere mit seinem 1854 erschienenen Buch „Traité théorique et pratique des entreprises industrielles, commerciales & agricoles ou Manuel des Affaires" habe er, so die weitverbreitete Auffassung, einen beachtlichen Beitrag für die Entwicklung der modernen Betriebswirtschaftslehre geleistet. **1868** erschien dieses Werk in deutscher Übersetzung von *G. A. Eberbach* unter dem Titel **„Theorie und Praxis des Geschäftsbetriebs in Ackerbau, Gewerbe und Handel"**. „Da das Buch sich mit Betrieben sehr verschiedener Wirtschaftszweige befaßt und dabei ihre Gemeinsamkeiten erkennen läßt, besitzt es stark den Charakter einer Allgemeinen Betriebswirtschaftslehre."[225]

Abb. 4.1: Jean-Gustave Courcelle-Seneuil. | [20]

*Courcelle-Seneuil* gliedert sein **Werk** „Theorie und Praxis des Geschäftsbetriebs in Ackerbau, Gewerbe und Handel"[226] in vier Teile („Bücher"):

1. Das Geschäft nach seinen inneren Beziehungen
2. Das Geschäft nach seinen äußeren Beziehungen
3. Der eigentliche Geschäftsbetrieb
4. Einige allgemeine Fragen aus dem Geschäftsleben

Die Betriebswirtschaftslehre, die *Courcelle-Seneuil* entwirft, lässt sich charakterisieren als eine „Verschmelzung von volkswirtschaftlicher Theorie

225 Sundhoff (1979), S. 251.
226 J.-G. Courcelle-Seneuil: „Theorie und Praxis des Geschäftsbetriebs in Ackerbau, Gewerbe und Handel", Stuttgart 1868.

mit den empirischen Erkenntnissen kaufmännischer Praxis".[227] Dementsprechend werden in den ersten beiden Teilen seines Buches die (auf volkswirtschaftlichen Erkenntnissen basierenden) allgemeinen Grundsätze erläutert, wie nach Ansicht des Verfassers ein Geschäft zu betreiben sei. Der Unternehmenszweck bzw. das Ziel eines Geschäftsmannes ist die Gewinnmaximierung: „Alle Diejenigen, welche [...] ein Geschäft beginnen [...] verfolgen sämmtlich denselben Zweck; sie wollen [...] reich werden, [...] sie wollen Geld verdienen."[228] Der Geschäftsmann, den *Courcelle-Seneuil* als die „leitende Seele" bezeichnet und der für den Erfolg oder Misserfolg des Unternehmens verantwortlich ist, habe die Produktionsfaktoren Arbeit und Kapital miteinander zu kombinieren – und zwar nach dem Prinzip der **Profitmaximierung**:

> „Aller Fortschritt, alle Vervollkommnung im geschäftlichen Leben strebt einzig darauf hin, mit einer bestimmten Menge von Löhnen und Capital-Nutzungen entweder einen höheren Ertrag zu erzielen, oder aber den gleichen, wo nicht einen größeren Ertrag bei einem geringeren Aufwand an Kräften zu erhalten. Wenn wir auf die Volkswirthschaft die kurzen Formeln der Mathematik übertragen wollen, so können wir den Rein-Gewinn ausdrücken durch **G**, den Werth des Roh-Ertrags durch **E**, die Capital-Nutzung und die Löhne durch **C** und **L**, und bekommen dann die Formel
>
> $$\mathbf{G = E - (C + L)}$$
>
> Aus dieser Formel geht hervor, daß der Zweck jedes Geschäfts und selbst des ganzen Geschäftslebens darin gipfelt, die Ziffer **E** so groß und die Ziffern **C** und **L** so klein als möglich zu erhalten."[229]

Das, was *Courcelle-Seneuil* hier formuliert, ist das **Ökonomische Prinzip**. Spätestens, wenn er dieses auf den Produktionsfaktor **Arbeit** anwendet, wird der Deckmantel der mathematischen Rationalität gelüftet und es kommt eine gnadenlose Profitgier zum Vorschein. So heißt es in dem Abschnitt zur Arbeit, „daß die Ausgabe des Geschäftsmanns für Arbeitslohn der allgemeinen Regel unterworfen ist: ‚für einen bestimmten Aufwand so viel als möglich Arbeitsleistung zu erhalten' und von der Richtschnur dieser Regel werden wir nicht abweichen."[230]

---

227 Vgl. Klein-Blenkers (1994), S. 119f.
228 Courcelle-Seneuil (1868), S. 15.
229 Courcelle-Seneuil (1868), S. 20f.
230 Courcelle-Seneuil (1868), S. 60.

Im Prinzip vertritt *Courcelle-Seneuil* einen **autoritären Führungsstil** des Unternehmers: „Der Hauptberuf des Geschäftsherrn ist die Berechnung, die Anordnung und die Überwachung des Ganzen, er ist die treibende Kraft in allen Zweigen des Geschäfts, sein Beruf ist mit einem Wort die Oberleitung."[231] Wenn er überhaupt Aufgaben delegieren muss, so müsse mit großer Sorgfalt bestimmt werden „was er sich zur eigenen Erledigung vorbehalten und was er anderen übertragen will."[232]

Im zweiten Teil behandelt *Courcelle-Seneuil* zunächst den Tauschverkehr und seine Gesetze (Angebot und Nachfrage) sowie den Warenabsatz. Seine diesbezüglichen volkswirtschaftlichen Ausführungen spiegeln die „klassischen Ideen" der damaligen Zeit wider. So erweist sich *Courcelle-Seneuil* als Anhänger des **Sayschen Theorems**, wenn er behauptet: „Alle Waaren, welche auf den Markt kommen, sorgen gegenseitig selbst für ihren Absatz [...]. Dies ist eine Wahrheit, bei welcher wir uns [...] gar nicht weiter aufzuhalten brauchen."[233] Doch damit lag er falsch. Seit den Erkenntnissen von *Keynes* hat diese vermeintlich unumstößliche Wahrheit, „die bis auf den heutigen Tag den Kern marktwirtschaftlichen Denkens bildet"[234], massive Risse bekommen.

Nach den Abschnitten zu Handelskrisen und zur Spekulation folgen zwei Abschnitte zum internen (Kostenrechnung) und externen Rechnungswesen (Buchführung). Dabei befasst sich der Autor z. B auch mit den fixen Kosten und der Fixkostendegression, Themen, mit denen sich später in der „modernen" Betriebswirtschaftslehre *Eugen Schmalenbach* intensiv auseinandersetzen wird.[235]

Im dritten Teil des Buches werden dann die allgemeinen betriebswirtschaftlichen Erkenntnisse auf die speziellen Anwendungsgebiete des Geschäftsbetriebes in den Branchen Handel, Produktion und Landwirtschaft übertragen. Gravierende Mängel weist der Abschnitt über den Großhandel auf. So fällt schon die Begriffsbestimmung des Großhandels von *Courcelle-Seneuil* weit hinter den Stand zurück, der bereits mit *Ludovici, Leuchs* oder *Buse* erreicht wurde, wenn er schreibt: „Unter Großhandel im eigentlichen Sinne versteht man diejenige Thätigkeit, welche sich mit dem Umtausch der Erzeugnisse des einen Volks gegen diejenigen eines andern befasst: den Einfuhr- und

231 Courcelle-Seneuil (1868), S. 33.
232 Courcelle-Seneuil (1868), S. 32.
233 Courcelle-Seneuil (1868), S. 160.
234 H.-J. Bontrup: Volkswirtschaftslehre, 2. Aufl., München/Wien 2004, S. 599.
235 Vgl. Courcelle-Seneuil (1868), S. 208ff.

Ausfuhrhandel."[236] Hier findet eine Beschränkung auf den Außenhandel statt, ausgeklammert wird die Existenz des Binnengroßhandels. Wird dieser doch mal erwähnt, behauptet der Verfasser, dass dieser sich fast ausschließlich auf landwirtschaftliche Produkte beschränke und im gewerblichen Bereich kaum existiere.[237] Damit wird die tatsächliche historische Entwicklung des Handels völlig ignoriert. Denn bereits im Merkantilismus vollzog sich eine Differenzierung des Handels „sowohl in vertikaler als auch in horizontaler Richtung", nämlich vertikal in Groß- und Kleinhandel und horizontal in Branchen.[238] Als das Werk von *Courcelle-Seneuil* 1868 in der Phase des Hochkapitalismus erschien, hatten der Großhandel sich bereits spezialisiert „nach den Rohstoffen (z. B. Metallhändler, Lederhändler, Holz-, Kohlenhändler) oder nach den Halbfabrikaten (z. B. Glas-, Tuch-, Papierhändler) oder nach den Fertigfabrikaten."[239] Dasselbe Phänomen beschreibt *Kulischer* aus der Perspektive des Einzelhandels. Dieser sei ab dem 19. Jahrhundert nicht mehr in der Lage gewesen, seine Waren direkt vom Fabrikanten zu beziehen. „Endlos wäre die Zahl der Fabriken, die er für seine in die verschiedensten Produktionszweige gehörenden Artikel aufzusuchen hätte. Deshalb entstand seit den sechziger Jahren der Großsortimenter, der sich zwischen beide Parteien als Mittelglied einschob."[240] In seinen Ausführungen zum Industriebetrieb weist *Courcelle-Seneuil* eigentlich zu Recht darauf hin, dass dieser „auf den möglichen Absatz Rücksicht nehmen" müsse. Diese Erkenntnis steht jedoch im Widerspruch zu seinen vorherigen Ausführungen, wonach alle angebotenen Waren selbst für ihren Absatz sorgten.

Der abschließende vierte Teil, der **ideologisch** stark **liberalistisch** geprägt ist, soll dem Geschäftsmann eine **„richtige"** Einstellung zu seinem Beruf und zum Wettbewerb vermitteln. Hier werden u. a. die Vorteile und die Bedeutung der Konkurrenz hervorgehoben und der Geschäftsmann, insbesondere sein „Geschäftsgeist" sehr stark idealisiert:

> „Der erste Grundsatz des Geschäftsgeistes ist: sich nur auf sich selbst zu verlassen und auch in den schwierigsten Verhältnissen keine Hilfe von Außen her zu erwarten. Wohin sollte es führen, wenn man von der Vorsehung, von der

236 Courcelle-Seneuil (1868), S. 329.

237 Vgl. Courcelle-Seneuil (1868), S. 331.

238 Vgl. J. Löffelholz: „Handelsgeschichte", in Handwörterbuch der Betriebswirtschaft, Bd. 2, Stuttgart 1958, Sp. 2561.

239 Vgl. Löffelholz (1958), Sp. 2563.

240 J. Kulischer: Allgemeine Wirtschaftsgeschichte des Mittelalters und der Neuzeit, Bd. 2, 4. Aufl., München/Wien 1971, S. 513.

Gesetzgebung oder von Beamten erwarten wollte, daß sie die bei jedem Schritte im Geschäftsleben vorkommenden Schwierigkeiten beseitigen, das Verhältnis zu den Arbeitern ordnen und stets dafür sorgen, daß die Preise heute nicht zu hoch und morgen nicht zu tief stehen, daß je nach Bedürfnis bald mehr Absatz und bald mehr Arbeitskräfte zu haben seien? Wohin sollte dies alles führen? – Dahin, daß es bald kein selbständiges Geschäft mehr gäbe, sondern Bestechungen und Begünstigungen einreißen und daß die Unfähigkeit, die Trägheit, die Gleichgültigkeit, mit Einem Wort die dem Geschäftsgeist widersprechendsten Untugenden geradezu aufgemuntert würden. [...]
Der Geschäftsgeist bewegt und belebt mehr oder weniger Alle, welche in Handel, Gewerben oder Landwirthschaft ihre Dienste in irgend welcher Weise dem gemeinsamen Besten widmen. Und wollte Gott, er wäre der einzige Geist, welcher sie beherrscht! Der Geschäftsgeist ist ein Geist des Friedens und der Arbeit, der Sparsamkeit, der Unabhängigkeit, der Mäßigung und der Klarheit, ein Geist der Versöhnlichkeit, der Duldung und der Aufklärung, welcher gegen alle Schwierigkeiten, gegen alle Störungen das richtige Mittel findet in selbstthätigem freiem Schaffen [...]; er ist mit Einem Wort der Geist des Fortschritts selbst, welcher nur ein Gebot kennt und anerkennt, und dieses Gebot heißt: ‚Mensch, hilf dir selbst!'"[241]

*Weber* kommt zu dem Befund, dass *Courcelle-Seneuil*s Ausführungen und Ergebnisse vielfach zu allgemein und auch nicht von der Brauchbarkeit seien wie später diejenigen von *Emminghaus*.[242]

### 4.2.2 Die „Allgemeine Gewerkslehre" (Arwed Emminghaus)

*Emminghaus*[243] studierte Nationalökonomie und Rechtswissenschaften in Jena. Nach Promotion im Jahre 1855 war er drei Jahre im Finanzministerium von Sachsen-Weimar-Eisenach in Weimar tätig. Anschließend leitete er von 1858–1861 in Bern das Schweizer Geschäft der *Dresdner Feuerversicherungsgesellschaft*, wo er mit dem Aufbau und der Organisation des Versicherungsgeschäftes in der Schweiz beauftragt war. Ab 1861 war er Redakteur des *Bremer Handelsblatts*, einer Wochenschrift für Handel, Volkswirtschaft und Statistik. Diese Stellung hat er 1865 aufgegeben, um einem Ruf nach Karlsruhe zu folgen,

241 Courcelle-Seneuil (1868), S. 541/545

242 Vgl. Weber (1914), S. 133.

243 Zum Lebenslauf von Emminghaus vgl. die Stichwortbeiträge von A. Schuricht in: Neue Deutsche Biographie, Bd. 4, Berlin 1959, S. 485 sowie von E. Sundhoff im Handwörterbuch der Betriebswirtschaftslehre, Bd. I, 3. Aufl., Stuttgart 1956, Sp. 1629/30.

wo er ein Jahr später eine Professur für Nationalökonomie am Polytechnikum (der späteren Technischen Hochschule) übernahm. Hier verfasste er auch seine „Allgemeine Gewerkslehre“ (1868), die als Lehrbuch für seine Kurse diente. Von 1873–1903 war *Emminghaus* vorsitzender Direktor der *Gothaer Lebensversicherungsbank.* Neben seiner praktischen Tätigkeit auf dem Gebiet des Versicherungswesens (Beirat, Gutachter), bemühte er sich auch um die wissenschaftliche Durchleuchtung der Probleme der Lebensversicherung. Zudem war er auf sozialpolitischem Gebiet sehr umtriebig und setzte dort seine innovativen Ideen um. So war *Emminghaus* nicht nur der Gründer der *Deutschen Gesellschaft zur Rettung Schiffbrüchiger*; in seiner Heimat Gotha förderte er die Einführung des *Elberfelder Systems* für Armenpflege und war Mitbegründer der *Gesellschaft für Volksbildung* sowie des *Vereins zur Wohnungshilfe*, einem Vorläufer der Wohnungsgenossenschaften. Außerdem machte er sich stark für die *Gründung des Verbands deutscher Lebensversicherer* und des *Deutschen Vereins für Versicherungswissenschaft.*

Abb. 4.2: Arwed Emminghaus. | [21]

*Emminghaus* hat eine Reihe von wirtschaftswissenschaftlichen Schriften verfasst, die sich teils mit gesamtwirtschaftlichen und teils mit einzelwirtschaftlichen Fragestellungen befassen. Beispielhaft seien hier nur die folgenden erwähnt: „Die Schweizerische Volkswirtschaft“, 2 Bände (1860/61), „Lehrbuch der allgemeinen Landwirtschaft“ (1863), sein betriebswirtschaftliches Hauptwerk „Allgemeine Gewerkslehre“ (1868) sowie „Das Armenwesen und die Armengesetzgebung in europäischen Staaten“ (1870).

Zu Beginn seiner **„Allgemeinen Gewerkslehre“** stellt *Emminghaus* seine Systematik der Wirtschaftswissenschaft vor (→ Abb. 4.3). Danach teile sich die *Allgemeine Wirtschaftslehre* in eine *Privatwirtschaftslehre* und in eine *Staatswirtschaftslehre.* Die *Privatwirtschaftslehre* umfasse die *Allgemeine Hauswirtschaftslehre* sowie die *Allgemeine Gewerbslehre.* Letztere stelle „ein System von Betriebsregeln“ dar, „welche durch die Gesetze des Wirtschaftslebens zu begründen sind“, ist also das, was heute als *Allgemeine Betriebswirtschaftslehre* bezeichnet wird. Zur *Allgemeinen Gewerbslehre* zählt Emminghaus neben der *Allgemeinen Landwirtschafts-, Forstwirtschafts-, Bergbau- und Handelslehre* die *Allgemeine Gewerkslehre.* Letztere könne man als eine Wirtschaftslehre von Produktionsbetrieben

(Industrie und Handwerk) bezeichnen. Welche Stellung die *Allgemeine Gewerkslehre* in dem **System der Wirtschaftswissenschaften** einnimmt, stellt *Emminghaus* graphisch dar:

**Grundwissenschaft.**
Allgemeine Wirthschaftslehre
(Volkswirthschaftslehre, National- oder politische Oeconomie.)
**Abgeleitete Wissenschaften.**
Angewandte Allgemeine Wirthschaftslehren
nämlich:
Privatwirthschaftslehren. Staatswirthschaftslehre (Finanzwissenschaft.)
Allgem. Hauswirthsch.-Lehre Allgem. Gewerbslehren

a. Allgemeine Landwirthschaftslehre,
b. „ Forstwirthschaftslehre,
c. „ Bergbau-Lehre,
d. „ Gewerkslehre,
e. „ Handelslehre
u. s. w.

Abb. 4.3: Die Allgemeine Gewerkslehre im Rahmen der Wirtschaftswissenschaften. | [22]

„Eine allgemeine Gewerbslehre“, stellt *Emminghaus* fest, „wird sich zu verbreiten haben:

1. über das Wesen, die wirtschaftliche Bedeutung und die Zwecke des betreffenden Gewerbes [...];
2. über das Wesen, die Bedeutung, die Erwerbung und Anwendung der Gewerbsmittel, also der Arbeit und des Kapitals [...];
3. über das Wesen, die Bedeutung und die Benutzungsart der [...] sich darbietenden unmittelbaren oder mittelbaren Hilfsmittel;
4. über die [...] Betriebsmethoden und Betriebseinrichtungen;
5. über die Mittel zur Prüfung der Betriebsresultate und die zweckmäßigste Anwendungsart dieser Mittel.“

Entsprechend diesen Untersuchungsschwerpunkten gliedert *Emminghaus* auch den **Inhalt** seines Buches, welches aus **sechs Teilen** besteht:

1. Einleitung
   (z. B. Begriff, Arten, Stellung der Gewerke, Zweck des Gewerksbetriebs, Mittel zur Gewinnsteigerung)
2. Die gewerkliche Arbeit
   (z. B. personalwirtschaftliche Inhalte wie Entlohnungsarten, Lohnhöhe, Arbeitsvertrag, Beschäftigung von Frauen und Jugendlichen, Gesundheit und Sicherheit, umfangreiche Fürsorge des Unternehmers, Verhältnis des Unternehmers zu den Managern)
3. Das gewerkliche Kapital
   (z. B. „stehendes und umlaufendes" Kapital, Kapitalbedarfsermittlung, Grund und Boden, Gebäude, Roh- und Hilfsstofe, Fragen zur Investition und Finanzierung)
4. Die Hülsmittel der Gewerke und deren Benutzung
   (z. B. Hilfsmittel zur Aus- und Fortbildung, Gewerbevereine und -kammern, Märkte, Messen und Ausstellungen sowie Fragen zum Transport, zur Versicherung und zur Reklame)
5. Die Wahl der gewerklichen Betriebsart und Betriebs-Einrichtung
   (z. B. Merkmale der Betriebsformen, Fragen des Managements und der Unternehmerpersönlichkeit)
6. Die gewerkliche Buchführung
   (z. B. Aufgaben und Zweck der Buchführung sowie Merkmale der einfachen und doppelten Buchführung).

Das Werk von *Emminghaus* fußt auf dem Grundgedanken des privatwirtschaftlichen Erwerbsprinzips. Der Zweck der unternehmerischen Tätigkeit liege in der **Gewinnmaximierung**.[244] Zwar betrachtet er das Gewinnstreben als das oberste Unternehmensziel – allerdings nicht so dogmatisch und ideologisch überhöht wie dies bei *Courcelle-Seneuil* der Fall ist. Eine Erhöhung des Gewinns lasse sich, wie *Emminghaus* im ersten Teil darlegt, auf **fünf verschiedenen Wegen** erreichen, nämlich „indem man

1. den Rohertrag vergrößert und die Auslagen vermindert;
2. den Rohertrag vergrößert, während die Auslagen gleichbleiben;
3. den Rohertrag und die Auslagen vergrößert, aber den Rohertrag in stärkerem Verhältnisse;
4. den Rohertrag erhält, aber die Auslagen vermindert;

244 Vgl. Emminghaus (1868), S. 28ff.

5. den Rohertrag und die Auslagen vermindert, aber die letzteren in stärkerem Verhältnisse."[245]

In den beiden folgenden Teilen des Buches, die sich mit der gewerklichen Arbeit und dem gewerklichen Kapital (Werkstoffe, Sachmittel, Geld) befassen, zeigt *Emminghaus*, wie durch die Kombination der Produktionsfaktoren das Unternehmensziel verwirklicht werden könne.[246] So werden z. B. im Zusammenhang mit dem Faktor Arbeit sehr weitreichende Überlegungen angestellt, welche die **soziale Frage** betreffen und somit den Bereich der Volkswirtschaftslehre bzw. der Politik streifen. Deutlich wird eine fortschrittliche und soziale Grundeinstellung des Autors, wenn er z. B. die Koalitionsfreiheit von Arbeitgebern und Arbeitnehmern fordert oder sich für einen 8-Stunden-Tag stark macht. *Bardmann* deutet dies sogar dahingehend, dass *Emminghaus* die Sozialpolitik als „ein Mittel zur Steigerung der Effizienz" begreife.[247]

Vor dem Hintergrund der von *Emminghaus* genannten dritten Möglichkeit, wie der Gewinn des Unternehmens erhöht werden könne (siehe oben), erscheint es auch nicht widersprüchlich, wenn er die Erfolgsbeteiligung von Arbeitern am Gewinn diskutiert oder dazu rät, „einem Anlass zur Löhnerhöhung Folge zu leisten, sobald man ihn bemerkt, als sich erst durch den Eintritt der üblen Folgen einer ungünstigen Konkurrenz dazu nöthigen zu lassen. Eine rechtzeitige freiwillige Lohnerhöhung ist für beide Teile vorteilhafter, als eine verspätete nothgedrungene."[248] Interessant ist auch die fünfte Möglichkeit der Gewinnerhöhung, die praktisch auf einer Schrumpfung und nicht auf einem Wachstum des Unternehmens beruht.

Probleme, die den **absatzwirtschaftlichen Bereich** (Verkauf) betreffen, behandelt *Emminghaus* im 22. Kapitel („Das Geld als gewerkliches Kapital"). Beim Verkauf unterscheidet er zwischen dem Verkauf auf Bestellung und dem Marktverkauf. Behandelt werden Fragen u. a. der **Preisgestaltung**, der **Konkurrenz**, der **Produktqualität** und der **Reklame**. Ausgangspunkt der Preisgestaltung ist die Kalkulation. Der Unternehmer müsse „den Preis so feststellen, dass er für sämtliche baare Aufwände, sowie für den Ab-

---

245 Emminghaus (1868), S. 32.

246 Klein-Blenkers (1994, S. 118) hebt hervor, dass diese beiden Teile sehr ausführlich seien und auch in die Tiefe gehen.

247 M. Bardmann: Grundlagen der Allgemeinen Betriebswirtschaftslehre, 3. Aufl., Wiesbaden 2019, S. 57.

248 Emminghaus (1868), S. 51.

nutz der entstehenden Kapitalien entschädigt wird, und ausserdem einen angemessenen Reingewinn bezieht." Nur ausnahmsweise dürfe auf einen angemessenen Überschuss verzichtet werden, „namentlich bei jungen Unternehmungen, welche, die Konkurrenz unterbietend, Kundschaft gewinnen wollen, und darauf rechnen, dass die feste Kundschaft, mit Rücksicht auf die gute Beschaffenheit des Erzeugnisses, fest bleiben werde, auch wenn später höhere Preise berechnet werden würden."[249] Ausnahmsweise dürfe der Unternehmer „zu Reklamezwecken" die Konkurrenz auf Kosten seines ganzen Reingewinns unterbieten. Gewerktreibende, so *Emminghaus* „haben in der Regel mit mehrfacher oder vielfacher Konkurrenz zu kämpfen. „Die wichtigsten Waffen in diesem Kampf" seien „genaueste Kalkulation; eingehendste Sach- und Geschäfts-Kenntnis; strengste Solidität." „Unter keinen Umständen mag man sich verleiten lassen, an der Qualität des Erzeugnisses, anstatt am Preise, zu verdienen."[250] Ein Mittel zur Sicherstellung des Verkaufs sei u. a. die **Marktforschung**: „die genaue und sorgfältige Erforschung der Natur und Stärke des Marktbedarfes". Was den Verkauf selbst anbelangt, so sei die oberste Regel die, „die Konkurrenz nicht lediglich im Preise, sondern durch die Qualität der Waare zu bekämpfen, d. h. dadurch, dass man womöglich den Geschmack und Bedarf der Abnehmer richtiger zu treffen sucht, als die Konkurrenten, und dass man das Versprochene immer vollkommen so leistet, wie man es versprochen hat."

Die Themen Reklame, Messen und Ausstellungen, die heute zur **Kommunikationspolitik** im Rahmen des Marketings gezählt werden, behandelt *Emminghaus* nicht im Zusammenhang mit dem Verkauf, sondern im 24. Kapitel, das sich mit den „unmittelbaren Hülsmitteln der Gewerke" befasst. Das „Gedeihen der Unternehmung" hänge, wie *Emminghaus* feststellt, oft „von der verständigen Benutzung der Hülfsmittel der Reklame ab." Zur Reklame, „die eine Kunst ist, die gelernt sein will", führt er aus: „Das erste Erfordernis einer wirksamen Reklame ist, dass sie auf Menschenkenntnis beruhe, dass sie Eindruck mache. Ein gutes Inserat ist stets ein psychologisches Meisterstück. Man muss seinen künftigen Kundenkreis kennen und ihn zu behandeln wissen."[251] *Emminghaus* betont, dass das Produkt und der Werbeträger bzw. die Werbegestaltung zueinander passen müssen. Auch

249 Emminghaus (1868), S. 251f.
250 Emminghaus (1868), S. 252.
251 Emminghaus (1868), S. 286.

weist er auf das Problem der **psychologischen Werbewirkung** und der Werbekosten hin:

> „Man kann Unsummen auf Inseratgebühren verwenden und keinen einzigen Kunden gewinnen, und ein einziges geschickt gefasstes Inserat kann Hunderte von Kunden anziehen. Es ist nicht zu läugnen, dass in der Regel auch die geschicktest gefasste Anzeige erst bei konsequenter, unter Umständen vielmaliger, Wiederholung Erfolg hat. Man muss sich, wenn man nicht Gefahr laufen will, die ganzen, bereits aufgewandten, Kosten einzubüssen, die Mühe der Wiederholung nicht verdriessen lassen."[252]

Mit dem Hinweis auf den so wichtigen Werbegrundsatz der Wahrheit enden die Ausführungen zur Reklame: „Vor Grosssprecherei, vor übertriebener Anpreisung [...] sollte man sich ernstlich hüten. Vor Allem gefährlich ist es, mehr zu versprechen, als man zu leisten vermag. Man verdirbt sich dadurch den Kredit unter Umständen für alle Zeit."[253]

Nach *Sundhoff* komme *Emminghaus* nicht nur „das Verdienst zu, nachdrücklich auf die Notwendigkeit des weiteren Ausbaus einer den Zeitverhältnissen gerecht werdenden Einzelwirtschaftslehre hingewiesen zu haben." Mit seiner „Allgemeinen Gewerkslehre" habe er eine Zusammenfassung von Allgemeiner Betriebswirtschaftslehre und Industriebetriebslehre dargelegt, die den modernen Erfordernissen Rechnung trägt und erfolgreich die wissenschaftliche Stagnation seiner Zeit überwindet.[254]

*Schneider* geht sogar noch einen Schritt weiter, wenn er zu dem Befund kommt, dass „die Gewerkslehre von Emminghaus den allgemeinen Betriebswirtschaftslehren aus der akademischen Betriebswirtschaftslehre über 50 Jahre später, insbesondere den Büchern von Schär, Nicklisch, Leitner, in der Sorgfalt der Gedankenführung überlegen" erscheint.[255]

Warum das Werk von *Emminghaus* dann „nicht unmittelbar zur Grundlage eines neuen Faches wurde", führt *Brockhoff* darauf zurück, dass

- *Emminghaus* nur wenige Jahre Hochschullehrer war und kaum Einfluss ausüben konnte,
- sein Werk der Zeit voraus war und wohl nicht recht verstanden wurde,

252 Emminghaus (1868), S. 286.
253 Emminghaus (1868), S. 286.
254 Sundhoff (1979), S. 251.
255 Schneider (2001), S. 188.

- die fachliche Institutionalisierung fehlte (und somit auch die Auseinandersetzung mit Fachkollegen),
- der Titel nicht die Breite und Tiefe des Inhalts signalisierte,
- das Werk wenig bekannt geworden und schnell in Vergessenheit geraten ist,
- für die ab 1898 gegründeten Handelshochschulen die Darstellung zu anspruchsvoll gewesen sei und sie wegen des Gewinnstrebens als Unternehmensziel ideologische Vorbehalte bei einigen Hochschullehrern ausgelöst habe, wie z. B. bei *Schär*.[256]

Insgesamt gesehen kann der Auffassung von *Klein-Blenkers* zugestimmt werden, dass man *Emminghaus* als **„ersten Vertreter der neuen BWL“**[257] bezeichnen könne. Darüber hinaus kann seine „Allgemeine Gewerkslehre“ als **erste Industriebetriebslehre** gesehen werden. Schon 1914 wies *Weber* auf den sehr großen Wert dieser Schrift für die Entwicklung der Betriebswirtschaftslehre als Wissenschaft hin.[258]

### 4.2.3 Die „Handelsbetriebslehre“ (Arnold Lindwurm)

„Ich wollte eine Wissenschaft lehren, welche noch nicht geschrieben war, eine Carriere ergreifen, welche noch nicht existierte, und mich für ein Fach ausbilden, in dem nirgend in eingehender, gründlicher Weise gelehrt wurde“[259], fasste der 37-Jährige *Arnold Lindwurm* seinen bisherigen Lebensweg zusammen. Als Kind erhielt er eine ausgezeichnete und vielseitige Erziehung in Form des Privatunterrichts. Im Alter von 14 Jahren begann er eine kaufmännische Lehre in einem Bremer Handelshaus. Anschließend war er zunächst noch zwei Jahre als kaufmännischer Angestellter in Bremen tätig gewesen, bevor er in die Welt hinauszog und als Dolmetscher auf Handelsschiffen sowie als Korrespondent in verschiedenen europäischen Handelshäusern sein Geld verdiente. Dabei gelangte er wohl zu der Einsicht, dass ein Kaufmann über eine fundierte, wenn nicht gar akademische Ausbildung verfügen sollte. So schrieb er sich im Sommer 1861 an der Berliner

256 Vgl. Brockhoff (2017), S. 160f.

257 F. Klein Blenkers/M. Reiß: Geschichte der Betriebswirtschaftslehren, in: Handwörterbuch der Betriebswirtschaftslehre, Bd. 1, 5. Aufl., Stuttgart 1993, Sp. 1421.

258 Vgl. Weber (1914), S. 128.

259 Lindwurm, 1870, zit. n. K. F. Pott: Arnold Lindwurm – oder: Wer zu früh kommt, der steht vor verschlossenen Türen. In: Berufsbiographien von Handelsschullehrern des 19. Jahrhunderts, hrsg. von K. F. Pott, 2. Aufl., Detmold 2017, S. 267–296.

*Friedrich-Wilhelm-Universität* ein, wo er zunächst Philosophie und später Staatswissenschaften studierte. 1863 ging er nach Jena, um dort mit einer Arbeit über „Das Geld, volkswirtschaftlich kein umlaufendes, sondern ein stehendes Capital" zu promovieren. Seine dort noch im selben Jahr eingereichte Habilitationsschrift „Über den Begriff des Wertes" wurde wegen formaler und inhaltlicher Mängel abgelehnt. Ebenso scheiterten seine Bemühungen, in Jena eine Handelsschule in Kooperation mit der Universität zu gründen. Von 1863 bis 1865 unterrichtete *Lindwurm* als Lehrer an der Handelsschule der Polytechnischen Gesellschaft in Frankfurt am Main. Anschließend war er in Bremen Mitredakteur der *Weser-Zeitung* und Sekretär der dortigen Handelskammer. 1866 veröffentlichte er seine „Staats- und Privatwirtschaftslehre", in der er als Erster versucht, die Nationalökonomie von der Privatwirtschaftslehre zu trennen, die Begriffe „Betriebslehre" und „Handelsbetriebslehre" verwendet sowie die Sinnkriterien „Wert" und „Preis" als die Grundlagen einer wissenschaftlichen Handelsbetriebslehre betrachtet.[260] Dieses Buch war sozusagen die Vorarbeit für sein betriebswirtschaftliches Hauptwerk mit dem Titel „Handelsbetriebslehre und die Entwicklung des Welthandels" (1869). Beide stehen in engem Zusammenhang, denn sie verfolgen das gemeinsame Ziel, den Stand der Betriebswirtschaftslehre zu verbessern, sie wissenschaftlich voranzubringen. Dazu musste *Lindwurm*, wie er im Vorwort seiner „Handelsbetriebslehre" schreibt, „nach zwei Seiten hin vorgehen": „Einmal mußte ich den Nachweis führen, daß der Anspruch der Volkswirthschaftslehre, allein etwas Wissenschaftliches zu sein, ein ungerechtfertigter sei; zweitens mußte ich das wissenschaftliche Element, welches aus den verwandten Wissensgebieten für die Handelswissenschaft fruchtbar zu machen war, in diese hineintragen und mit den besonderen Lehren in begründeten Zusammenhang bringen. Das erstere habe ich in meinen [...] *Grundzügen der Staats- und Privatwirthschaftslehre* gethan, indem ich gezeigt, daß die Ungetheiltheit des Gebietes der Volkswirtschaftslehre eine eingebildete ist, und deshalb das System der Volkswirthschaft notwendig ein verkehrtes sein muß; das letztere habe ich in dem [...] vorliegenden Buche unternommen, indem ich meine eigenen praktischen Anschauungen mit den allgemeinen wirthschaftswissenschaftlichen Erkenntnissen verknüpft habe."[261]

260 Vgl. F. Leitner: Wirtschaftslehre der Unternehmung, 5. Aufl., Berlin/Leipzig 1926, S. 21.
261 Lindwurm (1869), S. VI.

Als *Lindwurms* „Handelsbetriebslehre“ erschien, war er als Lehrer an einer privaten „Höheren Handelsschule“ in Hildesheim tätig (1868–1870). Anschließend zog er nach Bonn, wo er eine „Tauschwirtschaftliche Akademie“[262] errichtete. Als auch dieser Versuch drei Jahre später scheiterte, zog es ihn wiederum in die Welt hinaus und er verdingte sich fortan als Wanderlehrer für die *Gesellschaft für Verbreitung von Volksbildung.*

*Lindwurms* betriebswirtschaftliches Werk **„Handelsbetriebslehre und die Entwicklung des Welthandels“** besteht aus zwei Teilen: Es beginnt mit einer 160 Seiten umfassenden geschichtlichen Darstellung des Welthandels, der sich dann die eigentliche, 240 Seiten starke Handelsbetriebslehre anschließt. Den geschichtlichen Teil betrachtet *Weber* in seiner Besprechung als „überflüssig“. *Lindwurm* begründet jedoch im Vorwort recht überzeugend, warum er diesen Teil für zweckmäßig hält. Dort führt er auf, dass er einerseits die auf abstrakttheoretischem Wege gewonnenen Erkenntnisse anhand konkreter geschichtlicher Vorgänge überprüfen möchte; andererseits verfolge er einen didaktischen Zweck:

> „Ich habe der Handelsbetriebslehre eine Darstellung der Entwicklung des Welthandels vorausgeschickt, [...] weil ich dies für die Lehrzwecke des Buches förderlich hielt; [...]. Mir lag [...] daran, meinen Schülern [...] einen Nachweis der Ursachen zu geben, deren Wirksamkeit die Zustände der Gegenwart auf dem Gebiete des Welthandels zuzuschreiben sind [...].“ Zudem habe sich gezeigt, „dass meine geschichtlichen Untersuchungen genau zu dem Resultate geführt haben, wohin ich, auf rein philosophischem Wege, schon in meinen [...] *Grundzügen* gelangt war.“[263]

Den **Inhalt** seiner Handelsbetriebslehre teilt *Lindwurm* in 13 Kapitel: Die ersten Kapitel behandeln den „Handelsgewinn im Allgemeinen“ und den „Geschäftsgewinn insbesondere“. Es folgt ein recht merkwürdiges Kapitel zur „Bereicherung“, das moralische Belehrungen zur Sparsamkeit und zum Lebensglück enthält. Dem liberalen Zeitgeist entsprechend bildet (ebenso wie bei *Courcelle-Seneuil* und *Emminghaus*) auch bei *Lindwurm* das unternehmerische Ziel der Gewinnmaximierung den Ausgangspunkt der Überlegungen. Grundlage des Gewinns ist bei *Lindwurm* das Wertverhältnis. Die Wertschätzung beruhe auf subjektiven und objektiven Faktoren. Der

262 Dieser eigentümliche Name rührt daher, dass dort ausschließlich die spezielle Betriebswirtschaftslehre des Handels gelehrt wurde.

263 Lindwurm (1869), S. VIII.

Wert entstehe durch ein subjektives Urteil, eine persönliche Schätzung und zugleich „durch die Vergleichung mit einem anderen Werthe“. Demgemäß definiert *Lindwurm* den Begriff Wert „als das Ergebnis der Schätzung des Verhältnisses, worin ein Gegenstand im Vergleiche mit anderen zum Menschen steht.“[264] Der Handelsgewinn entspringe zwei Quellen: Die erste sei das regelmäßige, laufende Geschäft, dessen Leistungskomponente die berechnete Ortsveränderung der Waren ist. Die zweite Quelle stelle das unregelmäßige Geschäft (Spekulationsgeschäft) dar, dessen Leistungskomponente die „Veränderung der Warenpreise in der Zeit“ ist.[265] Die weiteren Kapitel widmen sich den „privatwirthschaftlichen Hülfsmitteln des Handels“, wo Finanzierungs- und Zahlungsmöglichkeiten behandelt werden, einer Warenlehre, in der der nach Warenarten differenziert wird, der Geschäftsführung, dem Außenhandel, dem Binnenhandel sowie schließlich einer Reihe branchenspezifischer Handelsfragen (Spedition, Bank, Buchhandel).

In *Webers* Literaturgeschichte erfährt *Lindwurm* eine überwiegend negative **Würdigung**. So werde dieser seiner eigentlich richtigen Kritik an der Situation der Betriebswirtschaftslehre selbst nicht gerecht. Sein Buch kranke an einer nicht einwandfreien (volkswirtschaftlichen) Werttheorie. Überhaupt seien „Lindwurms oft dilettantenhaft anmutende Ausführungen wissenschaftlich unzulänglich“ geblieben. Ihren geschichtlichen Ruf habe das Buch dadurch erhalten, dass *Lindwurm* als der **Schöpfer** des Begriffes **„Handelsbetriebslehre“** gelten kann und sich die Verwendung dieses Wortes in der Betriebswirtschaftslehre durchgesetzt hat.[266] *Alfred Isaac* kritisiert an *Lindwurm*, dass dieser durch seine vielseitigen Reflexionen und moralischen Betrachtungen „den einheitlichen Faden des Wirtschaftswissenschaftlers“ verliere. Hingegen zeige *Emminghaus* eine „Grundanschauung, wie man sie heute gereifter kaum wünschen könnte.“[267] Den unmittelbaren Einfluss *Lindwurms* auf die Entwicklung der Betriebswirtschaftslehre schätzt *Sundhoff* als gering ein: „Die Allgemeine Betriebswirtschaftslehre verdankt ihm kaum etwas und die Besondere des Handels nicht eben viel.“ Indirekt habe *Lindwurm* durchaus einen positiven Einfluss gehabt, „indem er

264 Vgl. Lindwurm (1869), S. 166f.
265 Vgl. Lindwurm (1869), S. 173ff.
266 Vgl. Weber (1914), S. 126f.
267 A. Isaac: Die Entwicklung der wissenschaftlichen Betriebswirtschaftslehre in Deutschland seit 1898, Berlin 1923, S. 44.

die von ihm vorgefundene Situation des Faches einer realistischen Analyse und einer sehr scharfen Kritik unterzog."[268]

*Johann Friedrich Schär* kritisiert im Vorwort seiner „Allgemeinen Handelsbetriebslehre", die etwa 40 Jahre später den Auftakt zur nachfolgenden Epoche der Betriebswirtschaftslehre bilden wird, dass weder *Emminghaus*, noch *Lindwurm*, ebenso wenig *Courcelle-Seneuil* für ihn eine brauchbare Grundlage bieten würden, „schon aus dem Grunde nicht, weil alle diese Werke nichts anderes sein wollen, als eine Anleitung zum Profitmachen." Nach *Schärs* Auffassung könne es unmöglich Aufgabe der handelswissenschaflichen Lehre sein, „das Gewinnprinzip bzw. die Profitmacherei zum Ausgangspunkt einer wissenschaftlichen Darstellung zu erheben."[269] Doch die herrschende Meinung scheint den drei Autoren insgesamt positiv gegenüberzustehen. So konstatiert *Sundhoff*: „Durch diese drei Vorboten der modernen Betriebswirtschaftslehre war die für ihren weiteren Ausbau wesentliche wissenschaftstheoretische Diskussion in Gang gekommen."[270] *Bellinger* hebt hervor, dass mit den Werken der drei Autoren „die wichtigsten Wirtschaftszweiglehren für die damalige Zeit voll ausreichend ausgebaut" waren.[271] Positiv werden sie auch von *Seÿffert* gewürdigt: „Wir wären heute erheblich weiter, wenn die Einwände eines so kritischen Kopfes wie *Arnold Lindwurm*, die durchaus originelle, tiefschürfende Industriebetriebslehre (Gewerkslehre) von *Arwed Emminghaus* (1868) und die klare, in Anlage und Ausführung bringende Theorie und Praxis des Geschäftsbetriebes von *J. G. Courcelle-Seneuil* (1855, deutsche Übersetzung von *G. A. Eberbach* 1868) beachtet worden wären. [...] Und doch kommt in der Zeit des Niedergangs der Gedanke zur Reife, der die Betriebswirtschaftslehre herausführt aus der Verflachung und ihr zu einer zweiten Blütezeit verhilft: die Handelshochschulidee."[272]

## 4.3 Der Ruf nach Handelshochschulen wird lauter

Die Gründung von handelswissenschaftlichen Hochschulen erfolgte maßgeblich auf Druck von **zwei Seiten**: einerseits aus dem Bildungsbereich bzw.

268 Sundhoff (1979), S. 252.
269 J. F. Schär: Allgemeine Handelsbetriebslehre, 3. Aufl., Leipzig 1918, S. V.
270 Sundhoff (1979), S. 253.
271 Bellinger (1967), S. 48.
272 Seÿffert (1971), S. 43f.

dem Berufsschulwesen über den *Deutschen Verband für das Kaufmännische Unterrichtswesen (D.V.f.d.K.U.)*; andererseits aus der Wirtschaft über die *Handels- und Gewerbekammer.* Beide Verbände veröffentlichten im Jahr 1897 jeweils eine Denkschrift, in der sie die Gründung von Handelshochschulen fordern, und die dann auch den entscheidenden Durchbruch brachten.

Die Denkschrift aus dem **Berufsschulwesen** verfasste *Viktor Böhmert,* der sich auf eine Umfrage stützt, die vom *Deutschen Verband für das Kaufmännische Unterrichtswesen* durchgeführt wurde. *Böhmert* fordert nicht nur eine Gründung von Handelshochschulen, sondern auch eine Handelsbetriebslehre sowie eine Handelsmorallehre (das heutige Fach Wirtschaftsethik) als akademisches Fach.[273] Diese sollten begründet werden auf der Basis von *Emminghaus* und insbesondere des „engagiert um eine akademische Ausbildung von Kaufleuten kämpfenden Arnold Lindwurm", der nicht nur eine strikte Trennung von Volkswirtschaftslehre und Betriebswirtschaftslehre forderte, sondern zudem die „Notwendigkeit der ethischen Begründung der Wirtschaftslehren" betonte.[274]

Dass einer der entscheidenden Anstöße aus den kaufmännischen Fortbildungsschulen (Berufsschulen) kam, erklärt sich dadurch, dass mit der Einführung der Berufsschulpflicht für kaufmännische Lehrlinge auch der Bedarf an qualifizierten Handelslehrern stark angestiegen ist: „Seit 1890 etwa wuchs das kaufmännische Fortbildungsschulwesen an Umfang und Bedeutung durch die ausgedehnte Einführung des Schulzwanges für die Handlungslehrlinge [...]. Damit war jedoch die Frage der Handelslehrerbeschaffung und -Ausbildung brennend geworden, eine Frage, die offenbar nur durch die Schaffung eines akademischen Bildungsganges befriedigend gelöst werden konnte."[275] Dem *D.V.f.d.K.U.* lag also daran, qualifizierte Lehrkräfte (die künftigen Diplom-Handelslehrer) auszubilden, die für den kaufmännischen Berufsschulunterricht dringend benötigt wurden. Bis 1898 war „von einem bestimmten, planmäßigen Bildungsgange [...] für diese Lehrer nicht die Rede, und man mußte oft froh sein, wenn Kaufleute, denen oft die pädagogische Befähigung abging, oder Volksschullehrer, denen wiederum jede Einsicht in das kaufmännische Getriebe fehlte, sich zur Übernahme von Unterricht an kaufmännischen Schulen bereit finden ließen. Bei dem Aufschwung, in dem sich aber damals das kaufmännische Fortbil-

273 Vgl. Weber (1914), S. 136.
274 Vgl. Schneider (2001), S. 187.
275 Weber (1914), S. 135.

dungsschulwesen befand, und bei der Stellung, die es einnahm, war die Sorge für eine bessere und planmäßigere Ausbildung von Handelslehrern unerläßlich. Die Errichtung von Handels-Hochschulen, aus denen fachlich gut vorgebildete Handelslehrer in ausreichender Zahl hervorgehen konnten, war demnach ein wirkliches Bedürfnis."[276]

Der andere Anstoß ging etwa zeitgleich bezeichnenderweise von der Kaufmannschaft aus – die sich ja mehr als hundert Jahre erfolgreich gegen eine Hochschulausbildung von Kaufleuten ausgesprochen hatte. Die Forderung aus der **Wirtschaft** wurde vertreten in der Denkschrift des Lehrers (!) *Hermann Raydt* (Direktor der Öffentlichen Handelslehranstalt zu Leipzig), der diese im Auftrag der Handelskammer Leipzig verfasste. Auch er beklagt zwar, dass „an tüchtigen Handelslehrern ein großer Mangel herrscht" und befürchtet, das ein „noch stärkerer Mangel eintreten" werde, „wenn das kaufmännische Fortbildungsschulwesen und die eigentlichen Handelsschulen eine größere Ausdehnung [...] bekommen."[277] Jedoch haben die aus der Wirtschaft kommenden Forderungen ihre Ursache in der ökonomischen Entwicklungsphase des Spätkapitalismus: einerseits in gesamtwirtschaftlicher Hinsicht (Industrialisierung, Arbeitsteilung), andererseits in betriebswirtschaftlicher Hinsicht (Unternehmensgröße, betriebliche Organisation, Management). Diese Folgen wirtschaftlicher Entwicklung stellten gegen Ende des 19. Jahrhunderts das Management der Großunternehmen vor komplexe Aufgaben, die „eine erweiterte und vertiefte Bildung des Kaufmanns" sowie „eine Fülle von Unternehmergeist und Organisationstalent verlangten."[278] Dieses Hauptargument, dass die Leitung von Großunternehmen eine betriebswirtschaftliche Ausbildung auf akademischem Niveau erfordere, bringt auch *Raydt* ansatzweise vor, wenn er darauf hinweist, dass „man doch in unserem Handelsstande selber das Gefühl hat, dass seine heutige Ausbildung mit den wachsenden Verkehrsverhältnissen, dem Fortschreiten der industriellen Technik, der immer mehr zunehmenden Bedeutung der socialpolitischen Verhältnisse und dem immer schwieriger werdenden Kampfe um das Dasein nicht gleichen Schritt hält."[279] Bemerkenswert ist ein weiterer Aspekt, den *Raydt* anführt und der weder etwas mit Bildung noch mit Wirtschaft zu tun hat: „In noch stärkerem Maße empfindet man es im deutschen Handelsstande

276 B. Penndorf: Kaufmännisches Bildungswesen. In: Handwörterbuch des Kaufmanns, Bd. III, hrsg. von K. Bott, Hamburg/Berlin 1927, S. 282.

277 H. Raydt: Zur Begründung einer Handels-Hochschule in Leipzig, Leipzig 1897, S. 5.

278 Penndorf (1927), S. 282.

279 Raydt (1897), S. 3.

schmerzlich, dass bei der Leitung unseres Staatslebens, im Reiche wie in den einzelnen deutschen Staaten, der Einfluss des Kaufmanns ein zu geringer ist." Diesem Mangel hoffe man „am besten durch eine noch gediegenere Ausbildung und Erziehung unserer jungen Kaufleute für die Zukunft abhelfen zu können."[280] Noch deutlicher bringt dies *Penndorf* auf den Punkt, wenn er schreibt, dass „eine akademische Bildung für die führende Schicht, die Elite, erwünscht ist, damit sie in der Lage ist, leitende Stellen, verantwortungsvolle Posten einzunehmen und richtig auszufüllen."[281] Dies legt die Vermutung nahe, dass es den Kaufleuten bei der Gründung der Handelshochschulen auch um politische **Macht** und (ideologische) **Einflussnahme** im Staat ging. Der japanische Forscher *Masaya Okada* vertritt die Auffassung, dass die Entstehung der Betriebswirtschaftslehre das Resultat aus dem Klassenkampf zwischen kapitalistischem Rhein-Bürgertum und dem die volkswirtschaftlichen Lehrstühle beherrschenden Katheder-Sozialismus sei. Der Zusammenhang zwischen der mit politischer Einflussnahme begründeten Forderung, Handelshochschulen zu gründen, um die Elite der Kaufleute auszubilden und ihnen den Zugang zu wichtigen Posten zu ermöglichen und dem Hinweis *Okadas* auf einen ideologischen Kampf zwischen **Katheder-Sozialismus** und **Profitlehre** ist evident – auch wenn nach *Schneiders* Auffassung diese soziologische Erklärung zu stark vereinfache.[282]

Die Denkschriften von *Viktor Böhmert* und *Hermann Raydt* führten in Leipzig zur Gründung der ersten Handels-Hochschule (1898), der in kurzer Zeit weitere folgten.

## ➲ Zusammenfassung

- Bis zum Ende des **18. Jahrhunderts** nimmt die Handlungswissenschaft eine sehr vielversprechende **Entwicklung**. Diese reißt dann zu Beginn des 19. Jahrhunderts plötzlich ab. Autoren wie *Ludovici*, *Leuchs* und *Buse* sowie deren Werke geraten in Vergessenheit.
- In wissenschaftlicher Hinsicht bringt das **19. Jahrhundert** für die Handelswissenschaft (wie die BWL damals genannt wurde) **Stagnation**, **Rückschritt**, **Verfall**, **Niedergang**. Die Gründe hierfür sind nicht eindeutig bzw. vollständig geklärt. Häufig genannte Gründe:

280 Ebd.

281 Penndorf (1927), S. 282.

282 Vgl. Schneider (2001), S. 189.

  - die ablehnende Haltung der kaufmännischen Praxis,
  - die Umgestaltung des Handelsschulwesens und
  - die Entwicklung der Kameralwissenschaften zur Volkswirtschaftslehre.

    Die Vertreter der **VWL** betrachten die Einzelwirtschaftslehre abschätzig als eine Sammlung von Regeln ohne besonderen theoretischen Gehalt. Auch dies wirkt sich hemmend auf die Beschäftigung mit betriebswirtschaftlichen Fragestellungen aus.
- Erst im **letzten Drittel des 19. Jahrhunderts** erscheinen in Deutschland wieder betriebswirtschaftliche Arbeiten, die ein halbwegs ansprechendes Niveau erreichen:
  - *J. G. Courcelle-Seneuil:*
    „Theorie und Praxis des Geschäftsbetriebs in Ackerbau, Gewerbe und Handel" (1868),
  - *Emminghaus:*
    „Allgemeine Gewerkslehre" (1868) und
  - *Lindwurm:*
    „Handelsbetriebslehre und die Entwicklung des Welthandels" (1869).
- Durch die Arbeiten dieser „drei Vorboten der modernen Betriebswirtschaftslehre" (*Sundhoff*) wird der **Grundstein für die Wirtschaftszweiglehren** gelegt. Das Werk von *Emminghaus* stellt die erste Industriebetriebslehre dar.
- Am **Ende des 19. Jahrhunderts** wird sowohl aus dem Bildungsbereich als auch aus der Wirtschaft die Forderung laut, **handelswissenschaftliche Hochschulen** zu gründen. Zum einen steigt mit der Einführung der Berufsschulpflicht für kaufmännische Lehrlinge auch der Bedarf an qualifizierten Handelslehrern. Zum anderen stellt die Industrialisierung das Management der Großunternehmen vor komplexe Aufgaben, die eine erweiterte und vertiefte Bildung des Kaufmanns erfordern.

# 5 Aufbauzeit der neueren Betriebswirtschaftslehre (1898–1909)

Die vierte Entwicklungsstufe nennt *Seÿffert* die „Aufbauzeit der neueren Betriebswirtschaftslehre". Diese lässt er mit der Gründung der ersten Handelshochschule im Jahr 1898 beginnen, auf die sodann in kurzen Abständen weitere im gesamten deutschsprachigen Gebiet folgen.[283] Wie noch gezeigt wird, kann die Handelshochschule in Leipzig durchaus als die **Wiege der BWL** betrachtet werden – zumindest in personeller Hinsicht. Das Ende der Aufbauphase legt *Seÿffert* in das Jahr 1909, also kurz bevor 1910 das Werk von *Josef Hellauer* veröffentlicht wurde, das als erste Gesamtdarstellung gilt, in der die Betriebswirtschaftslehre als ein geschlossenes System dargestellt wird.[284] Demnach umfasst diese vierte Entwicklungsstufe einen relativ kurzen Zeitraum von 12 Jahren. In dieser recht kurzen Epoche wurden sieben Handelshochschulen gegründet, die Hochschullehrer professionalisierten sich, die Zahl der Studenten stieg rasant an und die ersten betriebswirtschaftlichen Fachzeitschriften wurden gegründet. Der Übergang zur nachfolgenden Entwicklungsstufe, die durch Systematisierungsbestrebungen und dem Erscheinen der ersten Gesamtdarstellungen gekennzeichnet ist, wurde begleitet von Streitigkeiten innerhalb der Fachdisziplin, bei denen es zunächst um die wissenschaftliche Arbeitsweise bzw. methodische Ausrichtung in der Betriebswirtschaftslehre ging (Werturteilsstreit ab 1909 in der VWL, ab 1912 in der BWL). Letztlich kam es – auch als Folge des Werturteilsstreits – sogar zum Streit über den Namen der jungen Fachdisziplin, insbesondere zwischen den Verfechtern der *Privatwirtschaftslehre* und denen der *Betriebswirtschaftslehre.*

---

283 Um den Rahmen nicht zu sprengen, wird im Folgenden nur exemplarisch auf die erste dieser Hochschulen (Handelshochschule Leipzig) eingegangen. Eine Darstellung aller Handelshochschulen in der Aufbauphase liefert die 2004 veröffentlichte Dissertation von Gunther H. Zander: Gründung der Handelshochschulen im deutschen Kaiserreich (1898–1919). Diese ist online verfügbar: https://kups.ub.uni-koeln.de/1573/, https://kups.ub.uni-koeln.de/1573/

284 Vgl. F. Klein-Blenkers: Die Entwicklung der Betriebswirtschaftslehre bis 1955. In: Aufsätze zur Geschichte der Betriebswirtschaftslehre, hrsg. von F. Klein-Blenkers, Köln 1994, S. 33.

## 5.1 Die erste Handelshochschule in Leipzig

Mit der Gründung neuer Handelshochschulen sowie der Errichtung von Lehrstühlen an bereits existierenden Hochschulen (→ Tab. 5.1) beginnt die Institutionalisierung der modernen Betriebswirtschaftslehre. Eine besondere historische Bedeutung nimmt dabei die erste Handelshochschule ein, die 1898 in Leipzig gegründet wurde. Denn aus dieser sind „fast sämtliche Pioniere der Betriebswirtschaftslehre" hervorgegangen, „die dann – allerdings nicht in Leipzig – den Durchbruch von der ‚Handelstechnik' zur wissenschaftlichen Betriebswirtschaftslehre bewerkstelligten."[285]

| Gründung von Handelshochschulen | |
|---|---|
| **Jahr** | **Ort** |
| 1898 | Leipzig, Wien |
| 1901 | Köln, Frankfurt am Main |
| 1903 | Aachen |
| 1906 | Berlin |
| 1907 | Mannheim |
| 1910 | München |
| 1911 | St. Gallen (bereits 1898 als Höhere Schule für Handel, Verkehr und Verwaltung) |
| 1915 | Königsberg |
| 1919 | Nürnberg |

Tab. 5.1: Die Gründung der ersten Handelshochschulen.

285 H. Franz/A. Kieser: Die Frühphase der Betriebswirtschaftslehre an Hochschulen (1898–1932), Stuttgart 2002, S. 65.

Abb. 5.1: Sitz der HH Leipzig in der Schulstraße 1 von 1902 bis 1910. | [23]

Mit der Eröffnung der Handelshochschule Leipzig im Jahre 1898 wurde auf Vorschlag des Nationalökonomen *Karl Bücher* dort *Richard Lambert* (1846–1912) mit der ersten Dozentur für Handelswissenschaften betraut.[286] Er war zuvor als Oberlehrer an der Handelsschule tätig und steht beispielhaft für die erste Generation der Lehrer an den Handelshochschulen. Denn hauptberufliche Professoren für Betriebswirtschaftslehre gab es in den Anfangsjahren noch nicht. Da es das Fach BWL noch nicht gab, konnten die Stammväter dieser erst noch zu gründenden Disziplin nicht den üblichen akademischen Weg über Promotion und Habilitation beschreiten. Neben diesen erstmals berufenen Professoren wirkte an den Handelshochschulen eine stetig wachsende Zahl an Lehrbeauftragten und Assistenten an der Lehre mit. Speziell für Leipzig wird berichtet, dass noch erschwerend hinzukam, „daß alle Dozenten für die ‚Handelswissenschaften' im Nebenamt wirkten, daß sie mit Unterrichtstätigkeit nicht unter 18 Stunden die Woche und dementsprechenden Korrekturen und Beratungssitzungen belastet waren, die zu einer

286 Vgl. B. Rogowsky: Lambert, Richard. In: Handwörterbuch der Betriebswirtschaft, Bd. III., 3. Aufl., Stuttgart 1960, Sp. 3680f.

wissenschaftlichen Vertiefung des Gebietes, zu einer eingehenden Forschung keine Zeit gelassen haben."[287] Doch gerade eine gute Lehre spielte in dieser Aufbauphase der Fachdisziplin eine wichtige Rolle. Und vielleicht war sie zunächst sogar wichtiger als die Publikation von Forschungsergebnissen. Denn durch die Lehre und den intensiven Austausch mit den Studenten konnten betriebswirtschaftliche Ideen, Konzepte und Erkenntnisse weitergegeben, diskutiert und in Wissenschaft und Praxis weiterverbreitet werden. So hat der bereits erwähnte *Lambert*, der stets in engem Kontakt mit der Praxis stand und daraus wertvolle Anregungen für seine Lehre empfing, so gut wie nichts publiziert. Doch viele seiner Schüler sollten künftig herausragende Hochschullehrer für Betriebswirtschaftslehre werden. Zu diesen zählen *Eugen Schmalenbach, Hermann Großmann, Balduin Penndorf, Heinrich Nicklisch, Fritz Schmidt, Willi Prion, Bruno Pfeiffer, Ernst Pape, Friedrich Leitner* und *[Curt] Felix Werner*.[288] Sie konnten in ihrem Studium durch *Lambert* „ganz wesentliche Anregungen für die eigenen wissenschaftlichen Arbeiten gewinnen."[289] Rückblickend würdigt *Felix Werner*, der 1902 sein Handelslehrer-Diplom bei *Lambert* erworben hatte und später Professor in Königsberg und München wurde, diesen als einen „vielseitig erfahrenen, wissenschaftlich und praktisch gebildeten Lehrer"; „und was er erforschte, das gab er seinen Studierenden in klarer, höchst verständlicher Form. Er war der Pionier der neueren betriebswirtschaftlichen Forschung und Lehre."[290]

„Die Handelshochschulen waren nur eine Form, der Inhalt mußte noch hineingetragen werden."[291] Doch die betriebswirtschaftlichen **Lehrinhalte** hatten anfangs nur sehr wenig Gemeinsames mit den heutigen. In den ersten zehn Jahren ihres Bestehens wurde an den Hochschulen „praktisch nichts gelehrt, was heute zur Betriebswirtschaftslehre gezählt werden könnte."[292] So enthielt in Leipzig der viersemestrige Vorlesungsplan 17 Stunden Volkswirtschaftslehre, 13 Stunden Recht, 12 Stunden Warenkunde, 32 Stunden Fremdsprachen, 6 Stunden kaufmännisches Rechnen, 6 Stunden Buchhal-

287 F. Werner: Die Betriebswirtschaftslehre und die Handelshochschulen. In: Zur Entwicklung der Betriebswirtschaftslehre – Festschrift für Robert Stern, Berlin/Wien/Leipzig 1925, S. 21.

288 Vgl. Klein-Blenkers: Gesamtübersicht über die Hochschullehrer der Betriebswirtschaft in der Zeit von 1898–1955, 2. Aufl., Köln 1992, S. 100.

289 Klein-Blenkers (1994), S. 34.

290 Werner (1925), S. 23.

291 A. Isaac: Die Entwicklung der wissenschaftlichen Betriebswirtschaftslehre in Deutschland seit 1898, Berlin 1923, S. 43.

292 Schneider (2001), S. 192.

tung und deutsche Korrespondenz.[293] Sowohl für die angehenden Diplom-Kaufleute als auch die Diplom-Handelslehrer waren folgende obligatorische Prüfungsfächer vorgesehen:

- Höheres kaufmännisches Rechnen,
- Buchhaltung,
- Deutsche Handelskorrespondenz und Kontorarbeiten,
- Volkswirtschaftslehre, Finanzwissenschaft und Grundzüge der Handelsgeschichte,
- Handels- und Wechselrecht und
- Grundzüge der Wirtschaftsgeographie.[294]

Den Kern des betriebswirtschaftlichen Studiums bildeten in den Anfangsjahren die sogenannten Kontorwissenschaften. Unter dieser Bezeichnung fasste man die Lehrinhalte des kaufmännischen Schrift- und Zahlungsverkehrs, der Buchführung, des kaufmännischen Rechnens sowie des Vertragsrechts zusammen.[295] An der Leipziger Handelshochschule wurde die Lehre der kontorwissenschaftlichen Fächer von *Robert Stern* übernommen.

Abb. 5.2: Robert Stern. | [24]

*Robert Stern* (1855–1930) war nach praktischer Tätigkeit in verschiedenen Wirtschaftsbranchen (Bank, Handel, Industrie) und anschließender Lehramtsprüfung ab 1881 in Wien als Lehrer an Handelsschulen, den heutigen kaufmännischen Berufsschulen, tätig.

1899 wurde er in Leipzig Oberlehrer an der Handelslehranstalt und zugleich Dozent für Handelstechnik an der Handelshochschule. Im Gebäude der Schule bot er ergänzend zu seinen Hochschulvorlesungen praktische Übungen zu den Kontorwissenschaften an. Diese wurden im Rahmen eines sogenannten „Musterkontors“ durchgeführt, „wobei Geschäftsvorfälle unter Besprechung der zugrunde liegenden betriebswirtschaftlichen Über-

293 Schneider (2002), S. 52.

294 Vgl. G. H. Zander: Gründung der Handelshochschulen im deutschen Kaiserreich (1898–1919), S. 85.

295 Vgl. z. B. Carl G. Odermann: Lehrbuch der Kontorwissenschaft, 9. Aufl., Leipzig 1889, S. 2.

legungen gemeinsam aber mit verteilten Rollen bearbeitet wurden."[296] Aus wirtschaftspädagogischer Sicht mag das **Musterkontor** zwar für die Schule eine fortschrittliche Unterrichtsmethode dargestellt haben; für die Lehre an einer Hochschule war sie allerdings umstritten und rief Kritik hervor: „Daß das hier geübte Verfahren, die Praxis nachzuahmen, zu einer Routine der Behandlung mannigfacher Geschäftsfälle, [...] zu einem leeren Abbild des praktischen Verfahrens, der Technik der Praxis führen mußte, was wieder alle diejenigen Studierenden, die schon jahrelange praktische Tätigkeit hinter sich hatten, als verlorene Studienzeit erkannten, das wollte man in Leipzig nicht erkennen und hielt daran auch noch fest, als Stern selbst einsah, daß er mit seinem Musterkontor auf verlorenem Posten stand."[297] Eine weitere für damalige Verhältnisse überaus fortschrittliche Lehrmethode, derer sich *Stern* bediente, stellten seine **Exkursionen** in die Wirtschaftspraxis dar, die er ab 1901 organisierte. Zusammen mit seinen Studenten unternahm er Studienreisen nach Berlin, Bremen, Hamburg, Amsterdam, Rotterdam und London. Seine letzte Studienreise vor Beginn des Ersten Weltkrieges führte nach Magdeburg, Berlin, Prag, Wien und Budapest. Zurück in Leipzig mussten die Studenten in abendlichen Veranstaltungen vor der gesamten Studentenschaft über ihre gewonnenen Erkenntnisse aus diesen Betriebserkundungen referieren.[298]

Vor welchen organisatorischen Problemen *Stern* mit seinem Musterkontor gestanden haben muss, lässt sich erahnen, wenn man die Entwicklung der **Studentenzahlen** in den Anfangsjahren der Leipziger Hochschule betrachtet (⟶ Tab. 5.2). Hatte man kurz vor der Aufnahme des Lehrbetriebs mit nur etwa 50 Studenten gerechnet, immatrikulierten sich tatsächlich im SS 1898 mit 97 Studenten fast doppelt so viele. Im WS 1898/99 waren dann schon 139 Studenten eingeschrieben. In der Folge konnte die Hochschule kontinuierlich steigende Studentenzahlen registrieren. Im Jahr 1906 wurde mit 565 Studenten der Höhepunkt vor dem Ersten Weltkrieg erreicht. Einen spürbaren Einbruch der Studentenzahlen gab es erst nach Ausbruch des Krieges.[299] Dieser wirkte sich erheblich auf den Lehrbetrieb aus. Denn es

296 R. Seÿffert: Über Begriff, Aufgaben und Entwicklung der Betriebswirtschaftslehre, 6. Aufl., Stuttgart 1971, S. 45.

297 Werner (1925), S. 21.

298 Vgl. H. Göschel: Die Handelshochschule in Leipzig, Leipzig 2008, S. 80.

299 Vgl. H. Franz: Zwischen Markt und Profession – Betriebswirte in Deutschland im Spannungsfeld von Bildungs- und Wirtschaftsbürgertum (1900–1945), Göttingen 1998, S. 58.

wurden nicht nur viele Studenten zum Kriegsdienst einberufen, sondern auch etliche der Dozenten. Dadurch kam es zu Lücken im Unterrichtsplan und zu vielen Ausfällen in der Lehre. Auch die Forschung kam fast völlig zum Erliegen.[300] Diese Entwicklung in Leipzig steht repräsentativ für die Entwicklung der Handelshochschulen in Deutschland.

| Sommersemester | Studenten | Sommersemester | Studenten |
|---|---|---|---|
| 1898 | 97 | 1907 | 548 |
| 1899 | 194 | 1908 | 530 |
| 1900 | 262 | 1909 | 497 |
| 1901 | 335 | 1910 | 484 |
| 1902 | 349 | 1911 | 497 |
| 1903 | 393 | 1912 | 507 |
| 1904 | 438 | 1913 | 503 |
| 1905 | 558 | 1914 | 512 |
| 1906 | 565 | 1915 | 259 |

Tab. 5.2: Studentenzahlen an der Handelshochschule Leipzig

Die Handelshochschulen hatten gleich zu Beginn einen überraschend großen Erfolg. Bereits im Jahre 1910 studierten an den Handelshochschulen Leipzig, Köln, Frankfurt am Main und Mannheim insgesamt 1.744 Studenten. Zum Vergleich: Im Studiengang Volkswirtschaftslehre standen ihnen im gesamten Deutschen Reich 1.322 Studenten gegenüber. Erst ab 1920 wurde die Volkswirtschaftslehre unter den Studenten wieder beliebter.[301] Wie sich in Deutschland insgesamt die Studentenzahlen in den ersten 25 Jahren des Bestehens der Handelshochschulen (1898–1923) entwickelt haben, zeigt Tabelle 5.3.[302] Daraus lässt sich der kontinuierliche Anstieg der Studentenzahlen ablesen, der lediglich durch den Ersten Weltkrieg unterbrochen wird.

300 Vgl. Göschel (2008), S. 80.

301 Vgl. D. Schneider: Die ersten Handelshochschulen. In: Entwicklungen der Betriebswirtschaftslehre, Stuttgart 2002, S. 52.

302 Vgl. A. Pfeiff: Die Entstehung und Entwicklung der Handelshochschulen in Deutschland, Frankfurt am Main, 2009, S. 503ff. Zahlen für die Kriegsjahre (1915–1918) liegen nicht vor.

Doch schon 1919 haben sich die Vorkriegszahlen fast verdoppelt. Bis zum SS 1923 wuchs dann die Zahl der Studenten sogar noch schneller an und erreichte mit 13550 Studenten einen Höhepunkt.

| Sommersemester | Studenten |
|---|---|
| 1898 | 97 |
| 1899 | 194 |
| 1900 | 262 |
| 1901 | 421 |
| 1902 | 553 |
| 1903 | 744 |
| 1904 | 829 |
| 1905 | 993 |
| 1906 | 1.068 |
| 1907 | 1.334 |
| 1908 | 1.552 |
| 1909 | 1.688 |
| 1910 | 1.644 |

| Sommersemester | Studenten |
|---|---|
| 1911 | 1.968 |
| 1912 | 2.107 |
| 1913 | 2.298 |
| 1914 | 2.691 |
| 1915 | ? |
| 1916 | ? |
| 1917 | ? |
| 1918 | ? |
| 1919 | 5.166 |
| 1920 | 7.030 |
| 1921 | 7.942 |
| 1922 | 9.494 |
| 1923 | 13.550 |

Tab. 5.3: Studierende an deutschen Handelshochschulen 1898–1923

Zwar waren die Handelshochschulen ihrem Wesen nach von Anfang an öffentliche wissenschaftliche Hochschulen, „da sie der Forschung und wissenschaftlichen Lehre in gegenseitiger Durchdringung gewidmet waren und sie den ordentlichen Studierenden bei grundsätzlicher Lehr- und Lernfreiheit eine wissenschaftliche Grundausbildung vermittelten."[303] In institutioneller Hinsicht gewannen sie ihren **Hochschulcharakter** jedoch erst Schritt für Schritt: Wichtige Stationen waren die Verleihung der Rektoratsverfassung (z. B. Leipzig 1923), das Abitur als Zulassungsvoraussetzung für das Studium und das Promotionsrecht. Bedeutsam war auch die erste Studienreform, die

303 W. Busse von Colbe: Wirtschaftshochschulen und wirtschafts- und sozialwissenschaftliche Fakultäten. In: Handwörterbuch der Betriebswirtschaft, Bd. 4, hrsg. von H. Seischab u. K. Schwantag, 3. Aufl., Stuttgart: Poeschel 1962, Sp. 6395.

Ende 1924 in Preußen durchgeführt wurde: Die Regelstudienzeit für die Diplome der Hochschulen (Diplom-Kaufmann und Diplom-Handelslehrer) wurde von vier auf sechs Semester erhöht. Für die Zulassung zu diesen Studiengängen wurde das Abitur gefordert. Praktische Kaufleute konnten mit der Obersekundareife und einer abgeschlossenen Lehre, die auf die Studienzeit angerechnet wurde, eine spezielle Prüfung schon nach vier Semestern ablegen. Zudem konnte diese Gruppe auch nachträglich das Abitur zum Zwecke des Weiterstudiums erwerben. Abweichende Regelungen gab es insbesondere in Süddeutschland. Während die wirtschaftswissenschaftlichen Fakultäten an den Universitäten schon früh das Promotionsrecht besaßen, mussten die Handelshochschulen noch Ende der 1920er-Jahre darum kämpfen.[304] So wurde z. B. der Handelshochschule Leipzig erst am 13. Mai 1930 das Promotionsrecht verliehen (*Doktor der Wirtschaftswissenschaften* (Dr. rer. oec.)).“[305] Ein Jahr später wurde die „Handelshochschule“ umgewandelt die „Wirtschaftshochschule“.[306] Auch die anderen Handelshochschulen machten eine ähnliche **Entwicklung** durch. So ging z. B. aus der 1901 gegründeten Handelshochschule in Köln 1919 die *Universität zu Köln* mit einer Wirtschafts- und Sozialwissenschaftlichen Fakultät hervor. Die *Akademie für Social- und Handelswissenschaft* in Frankfurt am Main ging als Wirtschafts- und Sozialwissenschaftliche Fakultät in der neuen *Johann Wolfgang Goethe-Universität* auf. Die *Handelshochschule Nürnberg*, die 1920 ihren Lehrbetrieb aufgenommen hatte, wurde 1961 mit der *Universität Erlangen* vereinigt und ist dort seither eine Fakultät. Die 1889 in St. Gallen eröffnete *Handelshochschule für Verkehr, Handel und Verwaltung* erhielt 1911 den Namen *Handelshochschule*, 1962 wurde sie in die *Hochschule St. Gallen für Wirtschafts- und Sozialwissenschaften* umgewandelt. Aus der österreichischen *Export-Akademie des k. u. k. österreichischen Handelsmuseums* in Wien wurde 1919 die *Hochschule für Welthandel*. Diesen Namen trug sie bis 1975, seitdem heiß sie *Wirtschaftsuniversität Wien* (WU).

---

304 Vgl. B. Penndorf: Kaufmännisches Bildungswesen. In: Handwörterbuch des Kaufmanns, Bd. III, hrsg. von K. Bott, Hamburg/Berlin 1927, S. 282.

305 Vgl. Zander (2004), S. 88f.

306 Im Oktober 1992 knüpfte man an die alte Tradition der „Handelshochschule“ an und gründete eine private Hochschule mit eben diesem Namen. 1999 wurde sie umbenannt in *HHL Leipzig Graduate School of Management*.

## 5.2 Die Stammväter der Hochschullehrer

Eine wichtige Rolle in der Aufbauphase der Betriebswirtschaftslehre als wissenschaftliche Disziplin spielte die Professionalisierung des akademischen Lehrkörpers. Die nach den Hochschulgründungen neu geschaffenen Professorenstellen ermöglichten die hauptberufliche Forschung und Lehre, was auch zum beschleunigten Aufstieg der Betriebswirtschaftslehre beitrug.

Bei der Gründung der Handelshochschulen um die Jahrhundertwende stellte es generell ein Problem dar, „dass für die kaufmännischen Unterrichtsfächer [...] nur in Ausnahmefällen Handelswissenschaftler berufen werden konnten. In Deutschland war das Fach an Hochschulen praktisch nicht vertreten. Vielmehr handelte es sich entweder um Lehrpersonal aus dem Bereich der Handelsschulen oder um Praktiker."[307] So gestaltete es sich z. B. auch an der Handelshochschule in Leipzig „besonders schwer [...], geeignete Lehrkräfte für die eigentlichen Handelsfächer wie Buchhaltung, kaufmännische Arithmetik und kaufmännische Korrespondenz in deutscher und ausländischer Sprache zu finden. Hierfür wurde auf Lehrer der Öffentlichen Handelslehranstalt zurückgegriffen, während für die volkswirtschaftlichen, juristischen und sonstigen Vorlesungen Lehrkräfte von der Universität bereitgestellt wurden."[308]

Mit der ersten Dozentur für Handelswissenschaften an der Leipziger Handelshochschule wurde *Richard Lambert* (1846–1926) betraut.[309] Der erste und einzige festangestellte Vertreter des Lehrkörpers war *Robert Stern* bis 1916.[310] Erst in diesem Jahr wurde der erste handelswissenschaftliche Lehrstuhl errichtet und mit *Hermann Großmann* besetzt.

---

307 Zander (2004), S. 43.

308 Zander (2004), S. 87. Vgl. auch Franz (1998), S. 65.

309 Zur Gründung der Handelshochschule Leipzig und zur Bedeutung Richard Lamberts als Stammvater der deutschen Betriebswirtschaftslehre siehe meinen Aufsatz: L. Wächter: 125 Jahre Handelshochschule – Die Wiege der BWL, in: WiSt, 52. Jg., Heft 11/2023, S. 55–59.

310 Vgl. Sächs. Wirtschaftsarchiv (Hrsg.): Die öffentliche Handelslehranstalt zu Leipzig 1831–1950, Festschrift zum 170. Jahrestag ihrer Gründung, Leipzig 2001, S. 59.

Abb. 5.3: Richard Lambert. | [25]

*Lambert* zog es drei Jahre später nach Frankfurt am Main, wo er bei Gründung der *Akademie für Handels- und Sozialwissenschaften* im Jahre **1901** mit dem neuen **Ordinariat** für Handelswissenschaften betraut worden ist, das er bis 1912 inne hatte.[311] *Werner* bezeichnet ihn daher auch zu Recht als den **„Pionier der neueren betriebswirtschaftlichen Forschung und Lehre“**[312]. Auf den ersten „echten“ BWL-Lehrstuhl an einer Universität im deutschsprachigen Raum wurde 1903 *Johann Friedrich Schär* in Zürich berufen. Er hatte sich – ebenso wie *Lambert* – weder promoviert noch habilitiert. Dass trotzdem regelmäßig *Schär* in der Literatur als erster Lehrstuhlinhaber genannt wird, obwohl *Lambert* bereits zwei Jahre zuvor (1901) Ordinarius für Handelswissenschaften in Frankfurt am Main geworden ist, lässt sich lediglich damit rechtfertigen, dass die Handelshochschule in Frankfurt am Main eben keine „echte“ Universität war. Dass dies als Manko empfunden wurde, zeigt sich auch daran, dass sich viele Betriebswirte vehement darum bemühten, „weg von den Handelshochschulen, hin zu den Universitäten zu kommen – um so Teil der bisweilen fast mythisch verklärten deutschen Wissenschaft zu werden.“[313] *Eugen Schmalenbach* sah diese Entwicklung im Rückblick äußerst kritisch und kritisierte an den jungen Fachkollegen, dass sie viel zu sehr darauf sähen, „daß sie gegenüber den Nationalökonomen als gebildete Wissenschaftler“ dastünden und dabei „nicht genug auf die Sache“ sähen. *Schmalenbachs* Erfolge und die der Betriebswirtschaftslehre seien hingegen darauf zurückzuführen, dass sie „sich nie darum bekümmert hätten, was andere Wissenschaften dazu“ sagten.[314]

Da viele Karrieren der ersten Betriebswirtschaftler an der Leipziger Handelshochschule ihren Anfang nahmen, wird sie zuweilen auch als „Wiege der deutschen Betriebswirtschaftslehre“ bezeichnet. Im Zeitraum 1898–1955 war von allen 142 Hochschullehrern mit einer Professur für

---

311 Vgl. Stichwort „Lambert“ in: Handwörterbuch der Betriebswirtschaft, Bd. 3, Stuttgart 1927, Sp. 1042.

312 Werner (1925), S. 23.

313 P. Mantel: Betriebswirtschaftslehre und Nationalsozialismus, Wiesbaden 2009, S. 559.

314 Schmalenbach an Willy Minz am 24.9.1937; zit. n. Mantel (2009), S. 229.

Betriebswirtschaftslehre im deutschsprachigen Raum fast jeder Vierte ein ehemaliger Student an der Leipziger Handelshochschule. Unter diesen finden sich so berühmte Namen wie *Eugen Schmalenbach*, *Heinrich Nicklisch*, *Willi Prion* und *Fritz Schmidt*; und nicht wenige gehörten später auch selbst dem Leipziger Lehrkörper an (z. B. *Balduin Penndorf*, *Arthur Lisowsky*, *Hermann Großmann* und *Ernst Pape*).[315]

Jene Hochschullehrer, die das Fach an den Handelshochschulen bzw. an den Universitäten aufbauten, können als die **Stammväter** gelten und bilden die erste Generation der Betriebswirte. Denn sie hatten keine betriebswirtschaftlichen Lehrer bzw. betriebswirtschaftlichen Betreuer der Dissertation und Habilitation gehabt. Falls sie sich überhaupt promoviert oder habilitiert hatten, geschah das zumeist auf anderen Gebieten als der Betriebswirtschaftslehre (die ja eben noch nicht existierte), wie z. B. der Volkswirtschaft, der Rechtswissenschaft oder der Geschichte. Häufig waren die Stammväter auch „Quereinsteiger" (z. B. Lehrer von Handelsschulen, Kaufleute aus der Praxis oder Volkswirte[316]).

Zu dieser **ersten Generation** der Betriebswirte gehören:

- *Josef Hellauer*
  (1898 ordentl. Prof. an der Exportakademie Wien),
- *Richard Lambert*
  (1901 ordentl. Prof. für Handelswissenschaften an der HH Frankfurt am Main),
- *Johann Friedrich Schär*
  (1903 ordentl. Prof. für Handelswissenschaften an der Uni Zürich),
- *Friedrich Leitner*
  (1908 ordentl. Prof. an der HH/WH Berlin),
- *Anton Schmid*
  (1908 ordentl. Prof. an der Exportakademie Wien) und
- *Robert Stern*
  (1898/99 Handelsschullehrer und Dozent, 1912 Prof. und Hofrat an der HH Leipzig).

315 Vgl. Göschel (2008), S. 79, 252 sowie Klein-Blenkers (1992).

316 So bezieht Klein-Blenkers (1992, S. 41) die Nationalökonomen *Emminghaus* und *Ehrenberg* in seine Gesamtdarstellung der Hochschullehrer der Betriebswirtschaft mit ein, da sie „in starkem Umfang betriebswirtschaftlich arbeiteten".

Auch wenn sie in der Literatur zumeist fälschlicherweise zur zweiten Generation gerechnet werden, so müssen *Wilhelm Rieger* (1919 ordentl. Professor an der HH Nürnberg) und *Walter Le Coutre* (1921 ordentl. Professor an der HH Königsberg) auch noch zur ersten Generation der Betriebswirte gezählt werden, da sie sich noch bei Nationalökonomen mit volkswirtschaftlichen Themen promoviert und habilitiert haben. Aufgrund der Lehrer-Schüler-Beziehungen muss das berühmte „Dreigestirn" der BWL, nämlich *Schmalenbach, Nicklisch* und *Schmidt* zur zweiten Generation gezählt werden, da sie alle von *Richard Lambert* in Leipzig betreut worden sind.[317]

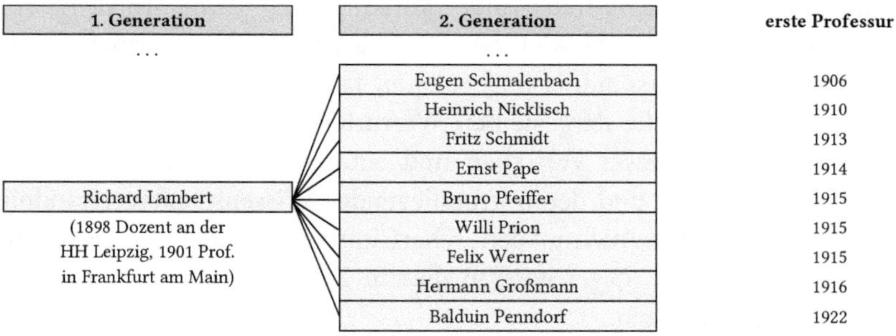


Abb. 5.4: Die zweite Generation der Betriebswirte, Schüler von Richard Lambert. | [26]

Neben dem Bestreben der ersten Generation, das Fach hochschulpädagogisch auszugestalten, erforschten die Vertreter der zweiten Generationen die neue Wissenschaftsdisziplin überwiegend deskriptiv und widmeten sich Detailfragen. In diesem Zusammenhang nahmen die betriebswirtschaftlichen Fachzeitschriften, die zu Beginn des 20. Jahrhunderts gegründet wurden, eine wichtige Funktion ein. Deren Herausgeber, allesamt Betriebswirte der zweiten Generation, trugen damit wesentlich zum Aufbau der BWL bei. Die wichtigsten betriebswirtschaftlichen Fachzeitschriften sind die von *Schmalenbach* gegründete „Zeitschrift für handelswissenschaftliche Forschung (ZfhF)", die von *Heinrich Nicklisch* herausgegebene „Zeitschrift für Handelswissenschaft und Handelspraxis (ZfHH)" sowie die später von *Fritz Schmidt* gegründete „Zeitschrift für Betriebswirtschaft (ZfB)". Diese drei Herausgeber bilden auch in wissenschaftstheoretischer Hinsicht das

317 Vgl. Klein-Blenkers (1992), S. 100.

„große betriebswirtschaftliche Dreigestirn“ (*Gutenberg*), das in den folgenden Jahrzehnten das Fach maßgeblich prägen wird.

## 5.3 Das „große betriebswirtschaftliche Dreigestirn“

*Eugen Schmalenbach*, *Heinrich Nicklisch* und *Fritz Schmidt* sind die prägenden Charaktere und herausragenden Persönlichkeiten der sich im Aufbau befindenden Betriebswirtschaftslehre. Ihre Bedeutung liegt vor allem darin, dass sie die verschiedenen Wissenschaftsprogramme repräsentieren, die in der Aufbauphase des Fachs miteinander konkurrierten: *Schmalenbach* steht für eine empirisch-realistische Methode, *Nicklisch* vertritt ein normativ-wertendes Wissenschaftsverständnis und *Schmidt* favorisiert die reine Theorie. Um den an späterer Stelle dargestellten Werturteilsstreit und den Streit um die Fachbezeichnung besser verstehen und einordnen zu können, werden diese drei Betriebswirte und deren grundlegendes Wissenschaftsverständnis zunächst kurz vorgestellt. Auch auf den „scharfsinnigen Kritiker“ und „zornigen Außenseiter“[318] *Wilhelm Rieger* wird in diesem Zusammenhang an späterer Stelle noch einzugehen sein.

### 5.3.1 Eugen Schmalenbach

*Schmalenbach* wurde am 20.08.1873 in Halver (Westfalen) als Sohn eines Türschlossfabrikanten geboren. Wegen finanzieller Probleme seines Vaters musste er vorzeitig das Gymnasium verlassen und absolvierte anschließend eine technische und eine kaufmännische Ausbildung. 1891 trat der junge Eugen in die väterliche Fabrik ein und war dort für die Buchführung verantwortlich. Dabei stieß er auf praktische Probleme, die ihn veranlassten, sich mit betriebswirtschaftlichen Fragen auseinanderzusetzen. Antworten erhoffte er sich an der neu gegründeten Handelshochschule in Leipzig, an der er sich 1898 immatrikulierte. Nach dem Studium, welches er mit dem Diplom abgeschlossen hatte, ging er zurück in die Heimat, um bei der Remscheider *Deutsche Metall-Industriellen-Zeitung* als Redakteur zu arbeiten. In dieser Zeitschrift hatte er schon 1899, also noch als Student, ohne Wissen seines Professors *Lambert* den Aufsatz „Buchführung und Kalkulation im Fabrikgeschäft“ publiziert. In diesem anonym erschienenen Beitrag, der

---

318 Schneider (2001), S. 211, 215.

auch in *Lamberts* Seminar diskutiert wurde, machte *Schmalenbach* sich stark für die Ausgliederung der Fixkosten aus Kalkulation und Preispolitik.

1901 wurde *Schmalenbach* Assistent von *Bücher* in Leipzig. Auf dessen Anregung wechselte er an die Handelshochschule in Köln, wo er sich 1903 mit einer Arbeit über Verrechnungspreise in Großbetrieben habilitierte, als Dozent lehrte und drei Jahre später eine Professur erhielt. Im selben Jahr (1906) rief *Schmalenbach* die Zeitschrift für handelswissenschaftliche Forschung (ZfhF) ins Leben. In den ersten Jahren ihres Bestehens war die Zeitschrift fast eine „Ein-Mann-Zeitschrift", denn mehr als die Hälfte der Beiträge verfasste *Schmalenbach* selbst. Auch seine bedeutende Streitschrift „Die Privatwirtschaftslehre als Kunstlehre", die den Methodenstreit in der Betriebswirtschaftslehre forcierte, wurde in der ZfhF veröffentlicht.[319]

Abb. 5.5: Eugen Schmalenbach. | [27]

Abb. 5.6: Hörsaal der Handelshochschule Köln. | [28]

319 E. Schmalenbach: Die Privatwirtschaftslehre als Kunstlehre, in: Zeitschrift für betriebswirtschaftliche Forschung, 6. Jg., 1911/12, S. 304–316.

Als die Kölner Handelshochschule in eine Universität umgewandelt wurde, wurde *Schmalenbach* zum ordentlichen Professor der Betriebswirtschaftslehre ernannt und blieb seiner Universität ein Leben lang treu. Als Nazi-Gegner, zudem verheiratet mit einer jüdischen Frau, war er „mit weitem Abstand das prominenteste Opfer des Dritten Reichs unter den Betriebswirten."[320] Dies führte dazu, dass er sich 1933 aus der Wissenschaft zurückzog. Während der Nazi-Diktatur musste er sich mit seiner Frau verstecken und fand Unterschlupf bei ehemaligen Schülern. 1945 wirkte *Schmalenbach* an der Wiedererrichtung der Kölner Universität mit und hielt dort bis 1947 Vorlesungen. Er starb am 20.02.1955 in Köln.

In methodologischer Hinsicht versteht *Schmalenbach* die Betriebswirtschaftslehre als eine **Kunstlehre**. In inhaltlicher Hinsicht ist seine Auffassung von der Betriebswirtschaftslehre geprägt von der Idee der Wirtschaftlichkeit.[321] Eine programmatische Erklärung zur *Kunstlehre* findet sich im Jahresbericht der Kölner Handelshochschule (1912). Darin erklärt *Schmalenbach*:

> „Die Cölner Privatwirtschaftslehrer pflegen ihr Fach als Kunstlehre. Sie stellen ihre Lehr- und Forschungstätigkeit in den Dienst der Praxis. ... Der Praktiker soll in Zukunft im Stande sein, ... auf Grund des Standes der Wissenschaft bestimmte Verfahren als ... am geeignetsten anzugeben. Mit einer philosophischen Betrachtungsweise ... kann er wenig anfangen, ... sie kann dieses Problem nicht rationell lösen. Daß die Kunstlehre die Theorie nicht entbehren kann, ist selbstverständlich, aber ihre Theorie ist keine Spekulation, sondern abgeleitete Praxis."[322]

Diese methodologische Auffassung von *Schmalenbach* hängt eng damit zusammen, wie er die Betriebswirtschaftslehre inhaltlich versteht. Eine nicht als Kunstlehre konzipierte Disziplin würde nach seiner Auffassung der Erfüllung des zentralen Anliegens im Wege stehen, „in welcher Weise ein wirtschaftlicher Erfolg mit möglichst geringer Aufwendung wirtschaftlicher Werte erreicht wird."[323]

*Schmalenbachs* inhaltliche Leitmaxime ist die **Wirtschaftlichkeit** im Sinne einer möglichst sparsamen Mittelverwendung: „Die Frage lautet

---

320 P. Mantel (2009), S. 392.

321 Vgl. hierzu G. Schanz: Eine kurze Geschichte der Betriebswirtschaftslehre, Konstanz/München 2014, S. 30ff.

322 Schmalenbach, zitiert nach W. Cordes (1984), S. 58.

323 Vgl. Schanz (2014), S. 33.

nicht: Wie verdiene ich am meisten?, sondern: Wie fabriziere ich diesen Gegenstand mit der größten Ökonomie?"[324] Während die erste Frage das Unternehmen als Kapitaleinheit begreift, als Veranstaltung eines gewinnorientierten Unternehmers, liegt der zweiten Frage die Auffassung zugrunde, dass der Betrieb im Sinne einer technischen Einheit Bestandteil der Gesamtwirtschaft ist. Wie *Schmalenbach* betont, interessiere ihn „die Fabrik als Fabrik", d. h. der Betrieb als solches, „und nicht als Veranstaltung eines Unternehmers."[325] War früher der Betrieb der Kapitalverwertung untergeordnet und der kaufmännische Gesichtspunkt dominierte den technischen, löst *Schmalenbach* nun den Betrieb vom Unternehmer und vom Unternehmen. „Neben den technischen tritt der *wirtschaftliche* Betrieb."[326] Konsequenterweise spricht *Schmalenbach* nicht mehr von der (profitorientierten) „Privatwirtschaftslehre", sondern von **Betriebswirtschaftslehre**. Fortan gilt er als Namensgeber des Fachs. Zugleich wurde in der BWL ein jahrzehntelanger Methodenstreit ausgelöst, der mit *Schmalenbach* seinen Anfang nahm.[327] In diesen Streit war auch sein Kollege und ehemaliger Kommilitone *Nicklisch* involviert.

## 5.3.2 Heinrich Nicklisch

*Nicklisch* schloss 1901 sein Studium an der Handelshochschule Leipzig als Diplom-Handelslehrer ab und promovierte ein Jahr später an der Universität Tübingen über „Handelsbilanz und Wirtschaftsbilanz". Danach arbeitete er bis 1906 bei der *Magdeburger Privatbank*. 1907 wurde *Nicklisch* Dozent an der Handelshochschule Leipzig. Ab 1908 war er Herausgeber der „Zeitschrift für Handelswissenschaft und Handelspraxis (ZfHH)". 1910 wurde *Nicklisch* Professor an der Hochschule Mannheim und gründete dort das *Betriebswissenschaftliche Institut für Forschungen auf dem Gebiete des Betriebslebens.* Von 1911–1914 war er dort Prorektor, anschließend bis 1918 Rektor. Von 1921 bis 1945 lehrte er an der Wirtschaftshochschule in Berlin, wo er über viele Jahre hinweg die Leitung des *Kreditwirtschaftlichen Seminars* innehatte und durch seine bankwirtschaftliche Vortragsreihe die Berliner Bankpraxis mit der Wissenschaft eng verband. Im Dritten Reich versuchte *Nicklisch* seine

324 Schmalenbach, zitiert nach W. Cordes (1984), S. 283.
325 Schmalenbach, zitiert nach S. Hundt: Zur Theoriegeschichte der Betriebswirtschaftslehre, Köln 1977, S. 49.
326 Hundt (1977), S. 49.
327 Vgl. Hundt (1977), S. 50

ethisch-normative, gemeinwirtschaftliche Betriebswirtschaftslehre unter nationalsozialistischen Vorzeichen zu etablieren und sich als „nationalsozialistischer Muster-Betriebswirt“ zu profilieren.[328] 1945 wurde er aus dem Dienst entlassen, wogegen er sich jedoch heftig wehrte.

> *Heinrich Nicklisch* (1876–1946) vertritt einen ethisch-normativen Ansatz. Aufgabe der BWL sei es, aus ethischen Grundwerten Normen für wirtschaftliches Handeln abzuleiten und in der Wirtschaftspraxis umzusetzen. Eine herausragende Bedeutung in seiner Lehre hat die Idee der Betriebsgemeinschaft. Das Gewinnstreben sieht *Nicklisch* kritisch.

Abb. 5.7: Heinrich Nicklisch. | [29]

*Nicklisch*, der neben *Johann Friedrich Schär* (und später *Wilhelm Kalveram*) als der wichtigste Vertreter der normativen Betriebswirtschaftslehre gilt, betrachtet die Betriebswirtschaftslehre als eine Disziplin der Sozialwissenschaften. Sein ganzes Werk ist geprägt von der Idee der Betriebsgemeinschaft: „Das Wort Betriebsgemeinschaft bedeutet, daß Menschen, einheitlich verbunden, das Leben des Betriebes leisten und daß der Mensch auf diese Weise aus dem Betriebsmechanismus einen Organismus macht. Die Menschen stehen mit ihren Rechten und Pflichten in ihm, und das Wohlergehen des Betriebes und ihr eigenes hängt davon ab, daß diese erfüllt werden.“[329] Kapitalisten und Arbeiter sind demnach Teil eines Ganzen. Das Postulat der Gewinnmaximierung lehnt *Nicklisch* ab. Denn habe der Mensch erst dieses „Mittel der Machtentfaltung“ erkannt, werde dieser versuchen, „mit krampfender Energie Geldwert anzuhäufen, gleichgültig ob er seinen Weg mit Leichen besät oder nicht.“[330]. An diesem Beispiel wird seine **ethisch-normative** Denkrichtung deutlich, wonach Wirtschaftlichkeit immer „anständig“ zu sein habe.

328 Vgl. Mantel (2009), S. 56 f.

329 H. Nicklisch: Die Betriebswirtschaft, 7. Aufl., Stuttgart 1932, S. 296

330 Nicklisch (1932), S. 6.

*Nicklischs* Forschungsansatz ist **intuitiv und wertbezogen**. Diesen Ansatz verteidigt er gegen empirische und wertfreie Forschungsverfahren: „Für die Betriebswirtschaft wie für die Betriebswirtschaftslehre muß das herrschende Forschungsverfahren das der Intuition sein [...] vom Reich der Zwecksetzungen kann es keine wertfreie Wissenschaft geben, deshalb auch nicht von der Betriebswirtschaft."[331] Das von *Nicklisch* konzipierte betriebswirtschaftliche System, welches geistig-philosophisch fundiert ist, fußt auf dem Prinzip der **Wirtschaftlichkeit**, nicht auf dem der Rentabilität.[332] Nach *Löffelholz* sah *Nicklisch* „im Betrieb ein geistiges Gebilde, das als Ganzheit nicht von seinen ethischen Bedingungen gelöst betrachtet werden kann. So mündet sein System in einer Ordnung des Betriebslebens, in der der gemeinschaftzerstörende Gegensatz zwischen Arbeit und Kapital aufgehoben ist."[333] Insbesondere seine Überlegungen zur betrieblichen Mitbestimmung, zum Problem des **gerechten Lohns**, zur Gestaltung eines **optimalen Arbeitstages** sowie zur Gewinnbeteiligung von Arbeitnehmern betreffen Themen, die auch heute (wieder) aktuell sind.

### 5.3.3 Fritz Schmidt

Nach Realschule und kaufmännischer Ausbildung war *Fritz Schmidt* (1882–1950) im Großhandel und in der Industrie tätig, u. a. in New York und Buenos Aires. Von 1906 bis 1909 studierte er an der Handelshochschule Leipzig und Besançon (Frankreich) und ergriff nach dem Abschluss den Beruf des Handelslehrers. Nachdem er zwei Jahre in Dortmund unterrichtet hatte, wurde er 1911 als Dozent an die zehn Jahre zuvor gegründete *Akademie für Sozial- und Handelswissenschaften* in Frankfurt am Main berufen, wo er sich ein Jahr später mit einer Arbeit über *Die Liquidation und Prolongation im Effektenhandel* habilitierte und 1913 zum ordentlichen Professor ernannt wurde. 1914 wechselte *Schmidt* an die neu gegründete *Johann-Wolfgang-Goethe-Universität*, an der er sein Leben lang lehrte und „eine der prägenden Persönlichkeiten des Faches"[334] war. *Schmidt* war Begründer und Herausge-

331 Nicklisch (1932), S. S. 28/29.
332 Vgl. J. Löffelholz: Repetitorium der Betriebswirtschaftslehre, 6. Aufl., Wiesbaden 1980, S. 902 u. 904.
333 J. Löffelholz: Repetitorium der Betriebswirtschaftslehre, 6. Aufl., Wiesbaden 1980, S. 903.
334 Mantel (2009), S. 90.

ber der „Zeitschrift für Betriebswirtschaft (ZfB)". 1932 wurde ihm von der Wirtschaftshochschule Mannheim die Ehrendoktorwürde verliehen.

In seinen ersten Werken widmete *Schmidt* sich dem Bank- und Börsenwesen und erforschte den Zahlungsverkehr. Als es nach dem Ersten Weltkrieg zu einer massiven Geldentwertung durch Hyperinflation kam, gelangte er „im Frühjahr 1921 [...] zu grundsätzlich neuen Anschauungen über die Bilanzbewertung, weil mir die große Wertverschiebung der Inflation die Möglichkeit zu bieten schien, die Einflüsse jeder Art von Wertverschiebung zwischen Ein- und Ausgang der Kostenwerte klarer herauszuarbeiten." Ihm sei deutlich geworden, „daß die alten Bilanzanschauungen, die den Grundsatz Mark gleich Mark vertraten, falsch sein mussten."[335] Aufbauend auf dieser Erkenntnis entwickelte er eine „organische Bilanzlehre", die er schließlich zu einer organischen Theorie der Betriebswirtschaft ausbaute.

Abb. 5.8: Fritz Schmidt. | [30]

*Schmidt* zählt zu den Vertretern der **empirisch-realistischen** Betriebswirtschaftslehre und sieht in ihr eine theoretische Wissenschaft. Jede Forschereinstellung, die ethisch, philosophisch oder technisch beeinflusst wird, lehnte er ab.[336] Im Gegensatz zu anderen Fachkollegen, die den Betrieb als selbständiges Gebilde auffassen, betrachtet *Schmidt* den Betrieb als **„Glied der Marktwirtschaft"** und bezieht volkswirtschaftliche Aspekte (z. B. Konjunktur und Inflation) in seine Lehre ein.

> „Die Unternehmung arbeitet nicht im luftleeren Raum, sie ist vielmehr eingespannt in das Netz der Marktwirtschaft. Aus der Marktwirtschaft empfängt die [...] Unternehmung ihre Werte, an sie führt sie diese zu anderen Zeiten und in anderen Formen wieder ab."

Zwischen den einzelnen Organen (Betrieben) und dem Gesamtorganismus (Volkswirtschaft) bestehen nach seiner Auffassung Wechselwirkungen: Der Marktwert, der sich in der Gesamtwirtschaft bildet, beeinflusst durch seine Schwankungen auch die Vermögenswerte und den Erfolg des Un-

335 F. Schmidt: Organische Bilanz, in: Handwörterbuch des Kaufmanns, Bd. IV, hrsg. von K. Bott, Hamburg 1927, S. 195.

336 Vgl. Isaac (1923), S. 36.

ternehmens. Umgekehrt ist die Volkswirtschaft von dem Verhalten der Unternehmen abhängig. *Schmidt* bezieht somit Verhaltensweisen der Marktteilnehmer in die Analyse mit ein. Jene Faktoren, auf die *Schmidt* den Konjukturverlauf zurückführt, ähneln den drei grundlegenden psychologischen Faktoren, die *J. M. Keynes* fast 15 Jahre später in seiner **„General Theory"** nennen wird (Liquiditätsvorsorge, Investitionsneigung, Hang zur Konsumtion).[337]

Ausgehend von seiner dynamisch-organischen Betrachtungsweise entwickelte *Schmidt* ein **Kreislaufmodell**, das er bereits 1923 in die betriebswirtschaftliche Theorie einführte. Er glaubte, „daß die Erkenntnis des Kreislaufs noch etwas weiter führt als die des freien Marktes." So versucht er dann auch „aus den Tatsachen des Kreislaufs allgemeingültige Grundsätze des Betriebsgeschehens und der Betriebsführung abzuleiten."[338] Wie *Löffelholz* konstatiert, habe *Schmidt* „durch die Einbeziehung der Theorie der Marktwirtschaft in die Betriebswirtschaftslehre [...] viele neue Zusammenhänge zwischen Betrieb und Markt aufgedeckt und die Entwicklung der Betriebswirtschaftslehre stark beeinflußt."[339]

*Schmalenbach*, *Nicklisch* und *Schmidt* sind jene Wissenschaftler, die erstmals „den Mut und den notwendigen Weitblick" hatten, die Herausgabe betriebswirtschaftlicher Fachzeitschriften zu wagen, um so „Bausteine zusammenzutragen für ein Gebiet, das man seinem Umfang nach wohl schon umreißen, aber seinem Inhalt nach im einzelnen noch nicht kennen konnte."[340]

## 5.4 Betriebswirtschaftliche Fachzeitschriften

Die Fachzeitschrift hat eine lange **Tradition**, die bis ins späte 17. Jahrhundert zurückreicht. War sie anfangs noch als universelles wissenschaftliches Organ konzipiert, begann ab dem 18. Jahrhundert mit zunehmender Spezialisierung der Wissenschaften eine Differenzierung in verschiedene Zeitschriftentypen.

Die erste handelswissenschaftliche bzw. kaufmännische Fachzeitschrift war wohl das in Brüssel ab 1759 erschienene „Journal de Commerce" (→

337 Vgl. Löffelholz (1980), S. 909.
338 Schmidt, zit. nach Löffelholz, S. 909f.
339 Löffelholz (1980), S. 911.
340 K. Schmaltz: Betriebswirtschaftliche Zeitschriften in Deutschland, in: Handwörterbuch der Betriebswirtschaft, Bd. 5, Stuttgart 1928, Sp. 1283.

Abb. 5.9). Als älteste deutsche Fachzeitschrift gilt die erstmals 1766 in Breslau herausgegebene Wochenschrift „Der Kaufmann" von *Johann Christian Sinapius.* Eine weitere Wochenschrift erschien ab 1770 in Leipzig mit dem Titel „Der Kaufmann oder Beyträge zur Aufnahme der Handlung und Seefahrt". Ab 1780 gab *L. V. Seehusen* in Hamburg die Vierteljahresschrift „Journal für Kaufleute" heraus. Die zahlreichen kaufmännischen Fachzeitschriften, die im 18. Jahrhundert publiziert worden sind, konnten sich jedoch nicht auf Dauer etablieren; viele mussten schon nach kurzer Zeit ihr Erscheinen einstellen.[341]

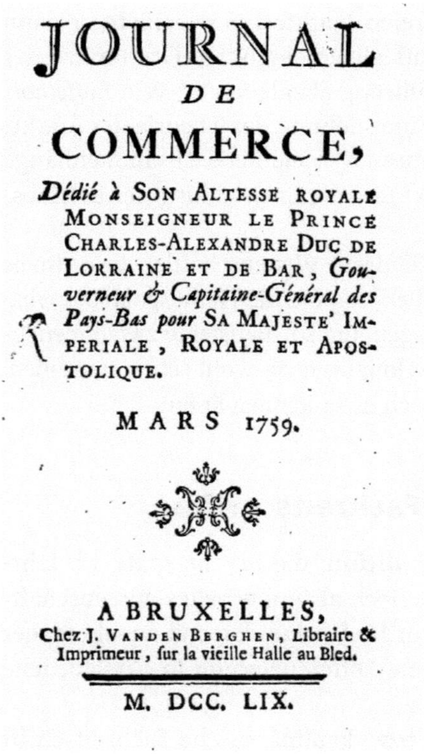

JOURNAL
DE
COMMERCE,
*Dédié à* Son Altesse royale Monseigneur le Prince Charles-Alexandre Duc de Lorraine et de Bar, *Gouverneur & Capitaine-Général des Pays-Bas pour* Sa Majeste' Imperiale, Royale et Apostolique.

MARS 1759.

A BRUXELLES,
Chez J. Vanden Berghen, Libraire & Imprimeur, sur la vieille Halle au Bled.

M. DCC. LIX.

Abb. 5.9: Titelblatt der ersten kaufmännischen Fachzeitschrift „Journal de Commerce" (Brüssel 1759). | [31]

Gerade beim Aufbau einer Wissenschaftsdisziplin haben Fachzeitschriften eine wichtige **Funktion.** *Brockhoff* sieht in ihnen auch ein Indiz für die Institutionalisierung der Disziplin.[342] Durch Fachzeitschriften lassen sich rasch neue Erkenntnisse mitteilen und es kann ein wissenschaftlicher Austausch stattfinden. Auch kann die einsetzende wissenschaftliche Entwicklung kritisiert und gelenkt werden. „Im Unterschied zu Fachbüchern erlauben betriebswirtschaftliche Fachzeitschriften eine zeitnahe und regelmäßige Informationsbereitstellung sowie die gezielte Deckung eines aktuellen Informationsbedarfs. Der grundsätzlich geringe Zeitverzug bei der Veröffentlichung relevanter Informationen und die weitgehende Verfügbarkeit und Zugänglichkeit betriebswirtschaftlicher Fachzeit-

341 Vgl. Weber (1914), S. 105 u. 107.
342 Vgl. Brockhoff (2017), S. 167.

schriften machen sie zu einem wichtigen Instrument des betriebswirtschaftlichen Fortschritts: betriebswirtschaftliche Forschungsergebnisse können ausgetauscht und Problemstellungen öffentlich diskutiert werden, die Diffusion theoretischer Erkenntnisse in die betriebliche Praxis wird beschleunigt und das Bewußtsein um neue Anforderungen an Forschung und Praxis durch das Aufzeigen aktueller Entwicklungen und veränderter Rahmenbedingungen im betriebswirtschaftlichen Umfeld (technologischer und sozialer Fortschritt, Gesetzgebung und Rechtssprechung) gefördert."[343]

**1906** gab *Eugen Schmalenbach* die erste Ausgabe seiner **Zeitschrift für handelswissenschaftliche Forschung (ZfhF)** heraus, die später umbenannt wird in „Zeitschrift für betriebswirtschaftliche Forschung (zfbf)". Dazu bemerkte er im Jahr 1931 rückblickend: „Was die Zeitschrift sollte, war klar vorgezeichnet, dazu brauchte es keiner großen Überlegung. Sie sollte den Baustein liefern für die Entwicklung des Faches zur Wissenschaft. Zu einer Wissenschaft natürlich, wie ich sie verstand. Eine Betriebswirtschaftslehre nach meinem Sinne musste letzten Endes, unmittelbar oder mittelbar, dem praktischen Betrieb dienen."[344]

Dieses Verständnis kommt auch in der **Gliederung** der ZfhF zum Ausdruck. *Schmalenbach* hat darin eine Gliederung in eine Betriebslehre und in eine Verkehrslehre und sodann in eine allgemeine und in eine spezielle Betriebslehre vorgenommen. Dass er diese Lehren als Techniken bezeichnet, lässt erkennen, dass er diese nicht zu einer reinen, theoretischen Wissenschaft, sondern zu einer angewandten, einer praktischen Wissenschaft ausbauen wollte, d. h. zu einer Kunstlehre.[345] Die Entwicklung einer betriebswirtschaftlichen Kunstlehre entsprach auch dem ursprünglichen Auftrag der Handelshochschulen, deren wissenschaftliches Ziel darin bestand, „die wissenschaftlichen Erscheinungen bei ihrem Entstehen in den Betrieben zu erforschen und für Unternehmer eine Lehre erfolgreichen Wirtschaftens zu entwickeln."[346] Dazu bedient *Schmalenbach* sich eines **induktiven** Vorgehens, welches auch der Zeitschrift zugrunde liegt: Das Fachgebiet soll mittels Einzeldarstellungen erschlossen werden, die zunächst nur die in der Praxis angewandten Verfahren schildern, um dann später daraus grund-

343 H. Maltry: Betriebswirtschaftliche Zeitschriften, in: Handwörterbuch der Betriebswirtschaft, Bd. 3, 5. Aufl., Stuttgart 1993, Sp. 4786.

344 Schmalenbach 1931 in Zfhf, zit. n. Karl Hax: 50 Jahre Zeitschrift für Handelswissenschaftliche Forschung, in ZfhF, Nf, 8. Jg. 1956, S. 1–6.

345 Vgl. K. Schwantag: Betriebswirtschaftslehre, in HDSW, Bd. 2, Stuttgart et al., 1959, S. 116.

346 Bellinger (1967), S. 52.

sätzliche Abhandlungen zu bilden.[347] „Das damalige Vorgehen war ganz an den konkreten Erfordernissen der Praxis ausgerichtet. Um beweiskräftige Ergebnisse vorlegen zu können, mussten die Betriebswirte sich zunächst auf Erscheinungen beschränken, bei denen sie messen, unterscheiden und vergleichen konnten."[348] Als besonders zweckdienlich erwiesen sich hierfür betriebliche Vorgänge, die dokumentiert sind, wie z. B. im Rechnungswesen. Somit war es möglich, die in Form von Kunstlehren entwickelten Sätze empirisch auf Richtigkeit nachzuprüfen. Ausgehend von den Tatsachen des einzelnen Betriebes erfolgten Vergleiche mit ähnlichen Betrieben und eine Ausweitung auf ganze Betriebsgruppen und Branchen. Die betriebswirtschaftliche Forschung erfolgte also vom Besonderen zum Allgemeinen. So wurde aus der Empirie eine Theorie, die schließlich die Basis bilden konnte für eine „Allgemeine Betriebswirtschaftslehre".

Die **Themenschwerpunkte** der ZfhF waren die Finanzierung, die Buchführung, die Kostenrechnung und die (kritische) Bilanzanalyse. Auch *Schmalenbachs* erste grundlegende Werke, die „Dynamische Bilanz" und die „Kostenrechnung" sind in der ZfhF erstmals erschienen (1919 und 1920, später als erste Auflage bezeichnet).[349] Ihren besonderen Charakter erhielt die Zeitschrift durch die Rubrik „Mitteilungen" und die von *Schmalenbach* verfassten Buchbesprechungen. In seinen fast 300 Rezensionen „entzündete sich Schmalenbachs Temperament, im positiven wie im negativen Sinne. In manchen Buchbesprechungen ergießt sich ein wahrer Funkenregen von Ironie, Sarkasmus, zuweilen auch Spott über den Autor."[350]

Die zweite betriebswirtschaftliche Fachzeitschrift wurde **1908** gegründet: Im April traten *Hermann Rehm, Robert Stern, Georg Obst* und *Heinrich Nicklisch* mit ihrer **Zeitschrift für Handelswissenschaft und Handelspraxis (ZfHH)** erstmals an die Öffentlichkeit (→ Abb. 5.10). Mit dieser setzten der Verleger *Poeschel* und der Herausgeber *Obst* eines ihrer Hauptanliegen in die Tat um: Eine betriebswirtschaftliche Fachzeitschrift hielten sie „in höchstem Maße geeignet [...], das selbständige Denken des Praktikers anzuregen und ihm sowohl auf seinem Spezialgebiet, als auch in den Nebengebieten kräftig zu fördern."[351]

---

347 Vgl. Schwantag (1959), S. 116.

348 Bellinger (1967), S. 52.

349 Vgl. W. Cordes: Eugen Schmalenbach, Stuttgart 1984, S. 48f.

350 Cordes (1984), S. 49.

351 Poeschel (ca. 1911), zit. n. R. Riese: Am Strom der Zeit – Carl Ernst Poeschel und sein Verlag für kaufmännische Fachliteratur in Leipzig 1902 bis 1919, in: Gaugler/Köhler (Hrsg.): Entwicklungen der Betriebswirtschaftslehre, Stuttgart 2002, S. 23.

ZEITSCHRIFT FÜR HANDELS-WISSENSCHAFT & HANDELSPRAXIS

HERAUSGEBER: DR. H. REHM, PROF. AN DER UNIVERSITÄT STRASSBURG i. E.; PROF. ROB. STERN, DOZENT AN DER HANDELSHOCHSCHULE LEIPZIG; DR. GEORG OBST, DOZENT AN DER HANDELSHOCHSCHULE BERLIN; DR. H. NICKLISCH, DOZENT AN DER HANDELSHOCHSCHULE LEIPZIG

HEFT 6 LEIPZIG · SEPTEMBER 1908 1. JAHRG.

Abb. 5.10: Titelkopf der „Zeitschrift für Handelswissenschaft und Handelspraxis" (Heft 6, 1908). | [32]

Wie *Issac* fünfzehn Jahre nach dem Erscheinen der ersten Ausgabe feststellt, habe die *ZfHH* „das gesamte betriebswirtschaftliche Gebiet berücksichtigt und besonders in den Jahren bis zum Kriege wertvolles Material über den Warenverkehr gesammelt. Daneben hat sie stets ihr Augenmerk sowohl auf buchhaltungspraktische als auch buchhaltungstheoretische Arbeiten gelenkt, ebenso Aufsätze juristischer Art aus dem Gebiete des Wirtschaftslebens mitberücksichtigt. Sie hat des öfteren Preisausschreiben veranstaltet, aus denen manch wertvolle Arbeit hervorgegangen ist. Nach dem Kriege stellten sich die Herausgeber mehr auf die Sammlung kürzerer Arbeiten über Tagesfragen ein, ohne dabei wissenschaftliche Abhandlungen zu vernachlässigen. Als besonderes Verdienst der Zeitschrift ist die Pflege des Werbewesens, dem u. a. 1919 ein Sonderheft gewidmet wurde, hervorzuheben."[352]

Die *ZfhF* und die *ZfHH* „waren bis in die zwanziger Jahre hinein die bedeutendsten Fachzeitschriften und leisteten der Entwicklung der Betriebswirtschaftslehre großen Vorschub."[353]

352 Isaac (1923), S. 51.

353 M. Lingenfelder/P. Loevenich: Medien und Fachverlage in der Betriebswirtschaftslehre, in: M. Lingenfelder (Hrsg.): 100 Jahre Betriebswirtschaftslehre in Deutschland, München 1999, S. 236.

Abb. 5.11: Werbeanzeige des Verlags G. A. Gloeckner für die „Betriebswirtschaftliche Rundschau“ | [33]

Ab **1924** erscheinen dann wieder zwei Fachzeitschriften, die für die weitere Entwicklung der betriebswirtschaftlichen Zeitschriften richtungsweisend werden sollen:

Die von *Fritz Schmidt* gegründete **Zeitschrift für Betriebswirtschaft** sowie die im Auftrag der Frankfurter *Gesellschaft für wirtschaftliche Ausbildung* (ab 1925 *Gesellschaft für Betriebsforschung*) herausgegebene **Betriebswirtschaftliche Rundschau** (→ Abb. 5.11). „Mit diesen beiden Zeitschriften zeigten sich zum erstenmal zwei neue Tendenzen, die sich in den folgenden Jahren in der Gründung neuer Zeitschriften und auch in der allmählichen inhaltlichen Umgestaltung der alten Zeitschriften immer stärker auswirkten, nämlich 1. die Tendenz einer stärkeren Hervorhebung der theoretischen Probleme und 2. die Tendenz zur Spezialisierung."[354] In der „Zeitschrift für Betriebswirtschaft" wurde (vor allem in den ersten Jahren) die Theorie besonders betont. Die „Betriebswirtschaftliche Rundschau" spezialisierte sich auf die Industriebetriebslehre und berücksichtigte daher auch arbeitstechnische Themen. *Arthur Heber* (1884–1946), der die „Rundschau" als Schriftleiter verantwortete, lehrte ab 1924 an der TH Darmstadt, habilitierte sich dort 1925 und wurde ein Jahr später Professor für Betriebswirtschaftslehre.[355] In wissenschaftstheoretischer Hinsicht betrachtete er sich als unabhängig: „An irgendeine der Schulmeinungen, die zum Nachteil des Faches gerade in Deutschland eine große Rolle spielen", fühle er sich nicht gebunden. Er gehe seinen „eigenen Weg, verhehle aber nicht", dass er in seiner „wissenschaftlichen Einstellung der von Schmalenbach und Walb vertretenen Richtung am nächsten stehe."[356]

## 5.5 Der Werturteilsstreit

Der Übergang von der Aufbauphase zur Phase des weiteren Ausbaus der Betriebswirtschaftslehre (etwa 1909–1912) verläuft nicht ohne Konflikte. Er erfolgt zunächst im Schatten des sogenannten Werturteilsstreits, bei dem um die „richtige" wissenschaftliche **Methode** bzw. Arbeitsweise gerungen wird. Kurz darauf wird auch darüber gestritten, welchen Namen die junge

354 K. Schmaltz: Betriebswirtschaftliche Zeitschriften in Deutschland, in: Handwörterbuch der Betriebswirtschaft, Bd. 5, Stuttgart 1928, Sp. 1283 f.

355 Vgl. Klein-Blenkers (1992), S. 190–191.

356 Heber in seinem Bewerbungsschreiben um eine Professur in Bern vom 15.4.1928, zit. nach Mantel (2009), S. 716.

Wissenschaftsdisziplin tragen soll. Der Streit um die Privatwirtschaftslehre als Wissenschaft (1912) nehme nach *Schneider* eine „Schlüsselstellung“ ein: „Dieser Streit entsteht als Nachwehe zum Werturteilsstreit drei Jahre zuvor in der Volkswirtschaftslehre.“[357]

Der Werturteilsstreit wurde ab **1909** zunächst in der **Volkswirtschaftslehre** ausgetragen. Dabei wurde heftig darüber gestritten, ob es wissenschaftlich legitim sei, aus Erkenntnissen über ökonomische Ursache-Wirkungsbeziehungen Handlungsempfehlungen (Werturteile) abzuleiten. Der Soziologe *Max Weber* (1864–1920), der diese Diskussion angestoßen hatte, sprach sich dagegen aus und forderte eine wertfreie Wissenschaft. Sein Widersacher, der Nationalökonom und Hauptvertreter der Historischen Schule *Gustav Schmoller* (1838–1917), wollte hingegen die Volkswirtschaftslehre als „große moralisch-politische Wissenschaft“ verstanden wissen. Nach seiner Auffassung ließen sich aus Einsichten in Kausalzusammenhänge sehr wohl Normen des Handelns ableiten. *Schmoller* propagierte eine ethisch-normative Wirtschaftswissenschaft, die auf induktivem Wege zu Erkenntnissen führen solle.[358] *Schmollers* heftigster Widersacher in der Volkswirtschaftslehre war *Carl Menger*, der Begründer und Protagonist der Österreichischen Schule, mit dem *Schmoller* schon seit den 1880er-Jahren eine heftige Auseinandersetzung zur Frage der Forschungsmethoden in der Nationalökonomie führte. *Menger* strebte eine theoretische, analytische Wirtschaftswissenschaft an, die auf deduktivem Wege Erklärungen liefern sollte. Im Mittelpunkt seiner theoretischen Volkswirtschaftslehre steht eine Wert- und Preistheorie, die auf subjektivistischen bzw. psychologischen Faktoren basiert. Eine ethisch-normative Auffassung, wie sie von *Schmoller* und anderen Anhängern der Historischen Schule vertreten wurde, lehnte er ab.

Im Jahre **1912** weitete sich der Werturteilsstreit auf die **BWL** aus. Ein besonderer Streitpunkt war das Theorie-Praxis-Verhältnis. Es kam zu einem Richtungs- und Methodenstreit, in dessen Verlauf die unterschiedlichsten Auffassungen aufeinanderprallten: Soll die Betriebswirtschaftslehre empirisch-realistisch, normativ-ethisch oder rein theoretisch ausgerichtet sein? Zwei Betriebswirte stachen mit ihren gegensätzlichen Auffassungen besonders hervor: einerseits der empirisch-realistisch arbeitende *Eugen Schmalenbach*, nach dessen Auffassung die BWL anwendungsbezogen, d. h.

357 Schneider (2001), S. 196.
358 Vgl. Bardmann (2014), S. 57f.

eine *Kunstlehre* sein solle; andererseits *Wilhelm Rieger*, der sich für eine ausschließlich theoretisch ausgerichtete und von ihm so genannte **Privatwirtschaftslehre** stark machte.

1912 wendet sich *Eugen Schmalenbach* in dem Aufsatz „Die Privatwirtschaftslehre als Kunstlehre" gegen die beiden Nationalökonomen *Moritz Weyermann* und *Hans Schönitz*. Sie vertreten die die These, dass die Privatwirtschaftslehre, die sich mit der systematischen Erforschung der empirischen betrieblichen Probleme befasse, nur dann einen Anspruch erheben könne, eine Wissenschaft zu sein, wenn sie keine Anleitungen und Rezepte für das praktische Handeln entwickele. Andernfalls sei sie eine bloße **Kunstlehre**. Dies veranlasste *Schmalenbach*, sich mit der Frage auseinanderzusetzen, was eigentlich der Unterschied ist zwischen Wissenschaft und Kunstlehre. In einem Brief an seinen Bruder Hermann, der sich gerade als Philosoph habilitierte, fragt er: „Was ist eine Wissenschaft?" Und fährt fort:

> „Ein Fach, das Verfahrensregeln gibt, ist keine. Aber ist es nun eine, wenn wir durch wissenschaftliche Arbeit gewonnene Erkenntnisse einfach der Verfahrensregeln entkleiden? Beispiel: Ich sage auf Grund wissenschaftlicher Untersuchung: Wer die Finger an glühendes Eisen hält, verbrennt sich die Finger. Das ist Wissenschaft? Oder ich sage noch dazu: Also halte, wenn Du dir die Finger nicht verbrennen willst, sie nicht an glühendes Eisen. Das ist Kunstlehre? Das wäre doch ein bloßer Komment."[359]

Letzten Endes gelangt *Schmalenbach* zu der Auffassung, die Wissenschaft sei philosophisch, die Kunstlehre hingegen technologisch orientiert. Das bedeute für ihn aber nicht, dass die Kunstlehre ihre Erkenntnisse und die daraus abgeleiteten Verfahrensregeln nicht durch wissenschaftliche Arbeit gewinnen könne. „Das Geben oder Nicht-Geben von Verfahrensregeln kann für den wissenschaftlichen Gehalt eines Faches nichts ausmachen", stellt *Schmalenbach* fest. Einen völlig entgegengesetzten Standpunkt vertrat *Wilhelm Rieger*: Eine Betriebswirtschaftslehre, die „Anleitungen und Rezepte zum praktischen Handeln" (wertende Urteile, Empfehlungen oder gar Vorschriften) gibt, lehnte er kategorisch ab.

*Wilhelm Rieger* (1878–1971) studierte nach Abitur und Banklehre an der Universität Straßburg Rechts- und Staatswissenschaften (1914–1916) und anschließend Nationalökonomie bei *G. F. Knapp*. Bei ihm promovierte er

359 Schmalenbach, zitiert nach W. Cordes (1984), S. 57.

sich im November 1918 mit einer Arbeit über „Die Gründe für den Übergang zur Goldwährung in Deutschland“. Nach kurzer Lehrtätigkeit an der Handelshochschule Mannheim hat *Rieger* ab 1919 als Professor in Nürnberg gewirkt. Von 1928–1947 hatte er den Lehrstuhl für Privatwirtschaftslehre in Tübingen. Daneben lehrte er auch noch mit einem Lehrauftrag ein Jahr an der TH Stuttgart. Seine Berufungen nach Köln (1936) und Straßburg (1941) wurden wegen seiner Kritik am Nazi-Regime abgelehnt.

Abb. 5.12: Wilhelm Rieger. | [34]

Als *Rieger* der Auffassung *Schmalenbachs* sein Konzept der Privatwirtschaftslehre gegenüberstellte, wurde eine Kontroverse ausgelöst, die auch als zweiter Methodenstreit in die Geschichte der Betriebswirtschaftslehre eingegangen ist. *Rieger* als starker Verfechter einer **analytisch-deduktiven** Methode bezieht einen rein theoretischen Standpunkt, losgelöst vom realen Wirtschaften. Nach seinem Verständnis sei es nicht Aufgabe der Wirtschaftslehre, Aussagen darüber zu treffen, wie die Einzelwirtschaft *sein soll*, sondern ihr *Sein* zu analysieren: „Die Privatwirtschaftslehre enthält sich [...] jedes direkten Eingriffes in das Leben; ihre Aufgabe ist das Forschen und Lehren als Ding an sich.“[360]

Das Untersuchungsobjekt ist bei *Rieger* nicht der Betrieb schlechthin, sondern die kapitalistische Unternehmung als die dominierende Erscheinungsform des Betriebes in der Marktwirtschaft. Als wesentlichen Untersuchungsaspekt betrachtet er das **Rentabilitätsprinzip**.[361] Damit erhebt er das kapitalistische Gewinnprinzip zur Grundidee der Privatwirtschaftslehre:

> „Wenn nun in der Unternehmung nach Gewinn gestrebt wird, so muß die Privatwirtschaftslehre dies sagen, sie ginge ja sonst am Leben vorbei, und zwar in einem grundlegenden Punkte. Denn um des Ertrages willen – so behaupten wir – werden die Unternehmungen gegründet, und nach dem Ertrag müssen sie in ihrer Führung ausgerichtet werden, wenn anders sie bestehen wollen.“[362]

360 W. Rieger: Einführung in die Privatwirtschaftslehre, S. 81.

361 Vgl. Schneider (2001), S. 201.

362 W. Rieger: Einführung in die Privatwirtschaftslehre, Nürnberg 1928, S. 72.

Vor diesem Hintergrund ist dann auch zu verstehen, warum *Rieger* den Namen **Privatwirtschaftslehre** der Bezeichnung **Betriebswirtschaftslehre** (mit der *Schmalenbach* die Wirtschaftlichkeit in den Vordergrund rücken will) vorzieht. Über sein Buch, das „Privatwirtschaftslehre" im Titel trägt, sagt *Rieger*: „Es handelt ja nicht von den Betrieben oder von der Wirtschaft der Betriebe, sondern Gegenstand seiner Untersuchungen sind ausschließlich die privaten Erwerbswirtschaften, insbesondere die Unternehmung, die man allenfalls als eine besondere Art von Betrieb, nämlich als erwerbsorientierten Betrieb, bezeichnen kann."[363]

Die Bezeichnung „Privatwirtschaftslehre", an der *Rieger* zeitlebens festhielt, war es auch, welche die junge Wissenschaft als **Profitlehre** verdächtig machte. Und genau dem wollte *Schmalenbach* entgegenwirken. Denn im Gegensatz zum Rentabilitätsprinzip *Riegers* erhob *Schmalenbach* das Wirtschaftlichkeitsprinzip zur Maxime, welches er im Sinne einer „gemeinwirtschaftlichen Produktivität" verstand. Da *Schmalenbach* nicht wollte, dass die junge Betriebswirtschaftslehre auf das Gewinnstreben reduziert wird, lehnte er auch die Fachbezeichnung „Privatwirtschaftslehre" ab.

## 5.6 Der Streit um die Fachbezeichnung

Obwohl der Begriff **Betriebswirthschaft** erstmals bereits **1835** von dem in Heidelberg lehrenden Kameralisten *Eduard Baumstark* (1807– 1889)[364] verwendet worden ist, sollte es noch fast ein Jahrhundert dauern, bis sich „Betriebswirtschaftslehre" als Fachbezeichnung endgültig durchsetzt. Noch das gesamte 19. Jahrhundert hindurch und bis Ende der 1920er-Jahre kursierten parallel unterschiedliche Bezeichnungen für das Fach: *Handelswissenschaften, Einzelwirtschaftslehre, Handelsbetriebslehre, Privatwirtschaftslehre, Wirtschaftliche Betriebslehre, Betriebswissenschaft, Betriebswirtschaftslehre.* Im Jahre 1923 stellte *Issac* diesbezüglich fest, dass schon bei der Gründung der Handelshochschulen die aus früheren Zeiten übernommene Bezeichnung *Handelswissenschaften* „viel zu eng" gewesen sei und schildert die weitere **Entwicklung** der Fachbezeichnung:

> „In den Zeiten, da es noch keine Industrie gab, war der Kaufmann, der Handelsmann, der Haupttypus des Wirtschafters, der Handelsbetrieb der Haupttypus

363 Rieger (1928), S.

364 Vgl. E. Baumstark: Kameralistische Encyclopädie, Heidelberg/Leipzig 1835, S. 155.

der Unternehmung. Als man jedoch [...] zur Gründung von Handelshochschulen überging, war die industrielle Entwicklung bereits derart vorgeschritten, daß man mit dem Begriff *Handelswissenschaften* oder *Handelstechnik*, wie man das Fach in Köln anfänglich nannte, die große Gruppe der Industrieprobleme auch nicht im entferntesten andeutete. Die später von Nicklisch in Leipzig eingeführte Bezeichnung *Handelsbetriebslehre* änderte nur den Namen, aber nicht den Sinn. Wesentlich dem Inhalt näherkommend war die *Privatwirtschaftslehre*. Diese Fachbezeichnung wollte jedoch auch keine rechte Befriedigung aufkommen lassen, weil es ja für die Forschung vom Standpunkt der Unternehmung gleichgültig erscheint, ob es ein privates oder öffentliches Unternehmen ist. Deshalb hat man auch die [...] Bezeichnung *Einzelwirtschaftslehre* vorgezogen, bis man in der *Betriebswirtschaftslehre* eine befriedigende Fachbezeichnung gefunden zu haben glaubte. Zurzeit sind die Bezeichnungen allerdings noch nicht ganz einheitlich: Die Bezeichnung *Betriebswirtschaftslehre* wenden folgende Hochschulen an: Frankfurt am Main, Köln, Königsberg, Leipzig, Berlin. Mannheim hält an der Bezeichnung *Kaufmännische Einzelwirtschaftslehre* fest, Nürnberg an der *Privatwirtschaftslehre*."[365]

Dass sich die Mehrzahl der Hochschullehrer ab 1919 für den Namen „Betriebswirtschaftslehre" entschied, geschah nicht nur, um „dem Vorwurf einer ‚Profitlehre' zu entgehen", sondern wohl „auch in der Absicht, in der damals regierten Weimarer Republik politisch gehört zu werden."[366] Dass dies *Schmalenbach* in besonderer Weise gelungen ist, wird daran deutlich, dass er zahlreiche wichtige Funktionen innehatte. So wurde er 1919 als „Betriebswirtschaftler" in den vorläufigen *Reichswirtschaftsrat* berufen.[367] Später wurde er Mitglied des *Verwaltungsrates der Deutschen Reichsbahn* (1924), Obmann des Fachausschusses für Rechnungswesen beim *Reichskuratorium für Wirtschaftlichkeit* sowie Vorsitzender des *Verbandes der Hochschullehrer für Betriebswirtschaft* (1921–1931). Ob ihm das auch als „Privatwirtschaftler" gelungen wäre, ist fraglich, denn „der Name Betriebswirtschaftslehre", bemerkt *Brockhoff*, „eröffnete leichter als ‚Privatwirtschaftslehre' den Zugang zur Politikberatung."[368]

365 Isaac (1923), S. 37.

366 D. Schneider: Prägende Persönlichkeiten in der Gründungsphase des VHB 1921–1933, in: Der Verband der Hochschullehrer für Betriebswirtschaft, hrsg. vom VHB, Wiesbaden: 2012, S. 38

367 Vgl. Schneider (2001), S. 200 und Brockhoff (2017), S. 171.

368 Brockhoff (2017), S. 177.

Dass der Name „Privatwirtschaftslehre“ auch unter den meisten Betriebswirten nicht besonders angesehen war, zeigte sich auch im *Verband der Hochschullehrer für Betriebswirtschaft*. *Rieger* war während seiner gesamten akademischen Karriere kein Mitglied in diesem Verband. Die Differenzen mit *Schmalenbach* und die Ablehnung von *Riegers* Aufnahmeantrag in den 1920er-Jahren, weil er sich als Privatwirtschaftler und nicht als Betriebswirtschaftler beworben hatte, führten dazu, dass er nicht in den Verband aufgenommen wurde. Erst zehn Jahre nach seiner Emeritierung, im Jahr 1957, trat er in den VHB ein, als ihm nach dem Tode *Schmalenbachs* die Ehrenmitgliedschaft angeboten wurde.

## ➲ Zusammenfassung

- Zwischen 1898 (HH Leipzig) und 1919 (HH Nürnberg) werden im deutschsprachigen Raum **11 Handelshochschulen** (HH) gegründet.
- Die Zahl der **Studenten** nimmt rasch zu: 1898 immatrikulieren sich die ersten 57 Studenten an der HH Leipzig. Im Sommersemester 1914 schreiben sich mehr als 500 Studenten an den HH ein; insgesamt studieren zu dieser Zeit fast 3.000 Studenten an deutschen HH.
- Akademische Grade sind zunächst **Diplom-Handelslehrer** und **Diplom-Kaufmann**.
- Erst in den 1920er-Jahren erhalten die HH das **Promotionsrecht**.
- Im Laufe der Zeit werden die meisten HH umgewandelt zu **Universitäten** bzw. gehen in den wirtschaftswissenschaftlichen Fakultäten an bereits bestehenden Universitäten auf.
- Die **ersten Hochschulprofessoren** für BWL sind *Josef Hellauer* (Exportakademie Wien 1898), *Richard Lambert* (*Akademie für Handels- und Sozialwissenschaften* in Frankfurt am Main 1901), *Johann Friedrich Schär* (Universität Zürich 1903).
- *Eugen Schmalenbach*, *Heinrich Nicklisch* und *Fritz Schmidt* gelten als die herausragenden **Wegbereiter der BWL**. Sie haben ein unterschiedliches Forschungsverständnis:
  - *Schmalenbach* steht für eine **empirisch-realistische** Methode. Die Betriebswirtschaftslehre versteht er als „Kunstlehre“, als praxisorientierte Wissenschaft. Leitmaxime ist die **Wirtschaftlichkeit**. Folgerichtig lehnt er den Begriff der (profitorientierten) „Privatwirtschaftslehre“ ab und nennt das Fach **„Betriebswirtschaftslehre“**.

- *Nicklisch* ist einer der wichtigsten Vertreter der **ethisch-normativen** Betriebswirtschaftslehre. Er betrachtet die Betriebswirtschaftslehre als eine Disziplin der Sozialwissenschaften. Sein Werk ist geprägt von der Idee der **„Betriebsgemeinschaft"**.
- *Schmidt* zählt zu den Vertretern der **empirisch-realistischen** Betriebswirtschaftslehre. Er begreift sie als eine rein theoretische Wissenschaft. Jede Forschereinstellung, die ethisch, philosophisch oder technisch beeinflusst wird, lehnte er ab. Den Betrieb betrachtet er als „Glied der Marktwirtschaft" und bezieht volkswirtschaftliche Aspekte (z. B. Konjunktur und Inflation) in seine Lehre ein.

- Beim Aufbau der Betriebswirtschaftslehre zur Wissenschaftsdisziplin haben **Fachzeitschriften** eine wichtige Funktion: Durch diese lassen sich rasch neue Erkenntnisse mitteilen und es kann ein wissenschaftlicher Austausch stattfinden.
  - **1906** gibt *Schmalenbach* die erste Ausgabe seiner „Zeitschrift für handelswissenschaftliche Forschung (ZfhF)" heraus.
  - **1908** gründet *Nicklisch* die „Zeitschrift für Handelswissenschaft und Handelspraxis (ZfHH)".
  - **1924/1925** erscheinen die von *Schmidt* gegründete „Zeitschrift für Betriebswirtschaft" sowie die im Auftrag der *Gesellschaft für Betriebsforschung* herausgegebene „Betriebswirtschaftliche Rundschau".
  - **1912** kommt es zum **Werturteilsstreit** in der BWL. In diesem Richtungs- und Methodenstreit geht es um die Frage, ob die BWL empirisch-realistisch, normativ-ethisch oder rein theoretisch ausgerichtet sein soll.
  - Ab **1919** setzt sich der Name **Betriebswirtschaftslehre** gegen konkurrierende Fachbezeichnungen (z. B. Handelswissenschaften, Einzelwirtschaftslehre, Handelsbetriebslehre, Privatwirtschaftslehre, Betriebswissenschaft) durch.

# 6 Erste Systematisierungsversuche und Gesamtdarstellungen

Nur wenige Jahre nach der Gründung der ersten Handelshochschulen (ab 1898) und betriebswirtschaftlichen Fachzeitschriften (1906 und 1908) und etwa zeitgleich zum Werturteilsstreit (ab 1909/12) erscheinen in kurzer Folge die ersten Gesamtdarstellungen der BWL:

- *Josef Hellauer:*
  „System der Welthandelslehre" (1910),
- *Johann Friedrich Schär:*
  „Allgemeine Handelsbetriebslehre" (1911) und
- *Heinrich Nicklisch:*
  „Allgemeine kaufmännische Betriebslehre als Privatwirtschaftslehre des Handels (und der Industrie)" (1912).

Nach Auffassung von *Schneider* ordneten *Hellauer*, *Schär* und *Nicklisch* den Rest, der als Handelswissenschaften übrig geblieben ist: *Schär* „folgt im Aufbau seines Buches dem führenden Lehrbuch der Handlungswissenschaft des 17. Jahrhunderts (Savary)". *Hellauer* „nimmt in der Breite, mit der er einzelwirtschaftliche und volkswirtschaftliche (internationale) Handelskunde sammelt, das Konzept des reichlich hundert Jahre zuvor erschienenen ‚System des Handels' von *Leuchs* wieder auf." Erst die Allgemeine Betriebswirtschaftslehre von *Nicklisch* reiche „über den Rahmen der Handelskunde hinaus."[369]

## 6.1 „System der Welthandelslehre" (1910) (Josef Hellauer)

*Josef Hellauer* (1871–1956) war von 1892 bis 1894 als Assistent an der Wiener Handelsakademie tätig. Es folgten Lehrtätigkeiten an den Handelsakademien in Linz a. D. (1894 bis 1897) und Brünn (1897 bis 1898). 1898 promovierte *Hellauer* sich an der Universität Greifswald bei dem Handelswissenschaftler

369 Vgl. D. Schneider: Betriebswirtschaftslehre, Bd. 4, Geschichte und Methoden der Wirtschaftswissenschaft, München 2001, S. 193f.

*R. Sonndorfer* (1839–1910) mit einer Dissertation mit dem Titel „Der Wucher – ein aktives Kreditverbrechen". Nach seiner Promotion wurde *Hellauer* im Alter von 27 Jahren in Wien an die neugegründete Exportakademie und gleichzeitig an die Konsular-Akademie berufen. An beiden Akademien lehrte er bis zum Jahre 1912 Welthandelslehre.

**Welthandelslehre** war im damaligen Österreich ein programmatischer Begriff. „Die Habsburger Monarchie betrachtete neiderfüllt den Aufstieg, den das Deutsche Reich mit Hilfe von Handelsniederlassungen und dem Aufbau einer Flotte genommen hatte. Dieses erkannte Defizit begünstigte die Gründung neuer Ausbildungsstätten."[370]. Zur Herausbildung einer Welthandelslehre und zu deren Bedeutung für die Betriebswirtschaftslehre führt *Löffelholz* aus: „Die Organisation des internationalen Wirtschaftsverkehrs, des Zahlungs- und Kredit-, Nachrichten- und Güterverkehrs steht im Mittelpunkt des Interesses. Der Export- und Importbetrieb, die überseeische Transportunternehmung, die Überseebank werden zu komplizierten Organismen ausgestaltet und entwickeln neue betriebliche Formen und verkehrswirtschaftliche Institutionen. Der imperialistische Liberalismus beherrscht das Leben der Betriebswirtschaft. Hochschulen und Akademien für Welthandel wurden gegründet, Lehrbücher und Kompendien der ‚Welthandelslehre' und ähnliche imperialistische Handelskunden beherrschen unsere Wissenschaft."[371]

> „Als Methode hat die Welthandelslehre, die eine Wirtschaftswissenschaft ist, im allgemeinen die in der Volkswirtschaftslehre geübte zu verwenden. Es ist zuerst möglichst viel Tatsachenmaterial zu sammeln. [...] Das erlangte Material muß [...] sorgfältig gesichtet und überprüft werden. Auf Grund entsprechender Gruppierung und Vergleichung sind dann die Gleichmäßigkeiten und das Typische in den Tatsachen und Vorgängen festzustellen, ihr Wesen sowie ihre Ursachen und Wirkungen klarzulegen, die in ihnen bestehenden Entwicklungstendenzen zu erforschen und Entwicklungsmöglichkeiten aufzuzeigen."[372]

370 G. Strejcek: Der Erforscher des Welthandels, in: Wiener Zeitung, 03. 12. 2016.

371 J. Löffelholz: Geschichte der Betriebswirtschaft und der Betriebswirtschaftslehre, Stuttgart 1935, S. 108.

372 J. Hellauer: System der Welthandelslehre, 3.–8. Aufl., Berlin 1920, S. 9.

Abb. 6.1: Josef Hellauer. | [35]

In diese Zeit fällt die wissenschaftliche Tätigkeit *Hellauers*, der zu Beginn des 20. Jahrhunderts sämtliche Facetten des Handels erforschte. Ausgangspunkt seiner Studien waren englische Verträge und Versicherungen im Seehandel. Seine Erkenntnisse verarbeitete er in seinem 1910 erstmals erschienenen Hauptwerk **„System der Welthandelslehre“**, das rasch große Verbreitung fand und für Jahrzehnte zu einem der bedeutendsten Lehrbücher zum Handel avancierte. Er widmete sich darin vornehmlich der Betriebswirtschaftslehre des Handels, des Waren- sowie des Güterverkehrs. Sein besonderes Verdienst liegt darin, als Erster den Außenhandel systematisch vom betriebswirtschaftlichen Standpunkt aus behandelt zu haben.

Wie *Hellauer* im Vorwort zur ersten Auflage schreibt, möchte er mit dem Werk die Welthandelslehre „als Wissenschaft und Hochschuldisziplin in ihren Grenzen abstecken und systematisch aufbauen.“ Das Buch solle als Lehr- und Handbuch für den kommerziellen Hochschulunterricht dienen, vor allem auch für *Hellauers* Lehrveranstaltungen an den Wiener Akademien. Er weist darauf hin, dass ihm beim Verfassen des Buches nur sehr wenig einschlägige Literatur zur Verfügung gestanden habe und er weitgehend auf Originalinformationen habe zurückgreifen müssen. Dieses schriftliche Material aus der kaufmännischen Praxis betrachtet er sogar als „die wichtigste Quelle für die Welthandelslehre“[373]. Hierzu zählt er insbesondere Korrespondenzen, Preisverzeichnisse, Rechnungen und Verträge. Aus dieser Materialquelle schöpften, wie *Marscheider* feststellt, die systematischen, vertiefenden Untersuchungen *Hellauers*.[374] Nach *Bellinger* habe *Hellauer* alle wichtigen Fakten in lückenloser Kleinarbeit gesammelt und diese zu einem System zusammengeführt, das die Entwicklungsbedingungen und die Organisation des Handels ausreichend und vollständig beschrieben und erklärt habe.[375] „Hellauers Ziel war es, die Organisation des Handels

373 J. Hellauer: System der Welthandelslehre, 3.–8. Aufl., Berlin 1920, S. 25.
374 Vgl. D. Marscheider: Die Erkenntnisse auf dem Gebiet des Vertriebes in der deutschsprachigen Literatur von 1868 bis 1914, Berlin 1967, S. 125.
375 Vgl. B. Bellinger: Die Betriebswirtschaftslehre der neueren Zeit, Darmstadt 1988, S. 21.

und den Kaufvertrag als Teile einer umfassenden Welthandelslehre zu analysieren und zu systematisieren."[376] Diese **induktive Vorgehensweise** (das Sammeln, Auswerten und Systematisieren von Tatsachenmaterial) ist die typische wissenschaftliche Arbeitsweise in der Anfangsphase der Betriebswirtschaftslehre. Zugleich steht *Hellauers* wissenschaftliche Arbeit repräsentativ für die (österreichische) **Verkehrslehre**. Diese versucht, die Außen- bzw. die Marktbeziehungen der Handelsbetriebe darzustellen, insbesondere die mit Kauf und Verkauf zusammenhängenden Fragen. „Charakteristisch für die Verkehrslehre ist eine Beschreibung der Institutionen und der rechtlichen Seite des Handels, besonders auch der Handelsusancen."[377]

In der Einleitung definiert *Hellauer* grundlegende **Begriffe**. Unter **Handel** (im engeren Sinne) versteht er „jene aus Kauf und Verkauf [...] sich zusammensetzende wirtschaftliche Tätigkeit, durch die der Austausch von Gütern zwischen Produzent und Konsument bewirkt wird, die aber unmittelbar darauf gerichtet ist, die Tauschobjekte aus der Hand jener, bei denen sie geringeren Wert haben, in die Hand jener zu bringen, die sie [...] höher schätzen, um an einem Teile dieser Wertdifferenz einen Gewinn zu finden."[378] Der Handel lasse sich nach verschiedenen Gesichtspunkten einteilen, nämlich nach den Objekten (Warenhandel, Geldhandel), den Handeltreibenden (Großhandel, Einzelhandel, Produzentenhandel), der Ortsansässigkeit (nationalem Handel und internationalem Handel) und dementsprechend nach Binnenhandel und Außenhandel (Exporthandel, Importhandel, Zwischenhandel). Ferner unterscheidet *Hellauer* zwischen internationalem Handel und Welthandel. Der Unterschied lasse sich schon daran erkennen, „daß man zwar vom internationalen Handel eines Landes, jedoch nur von dessen Anteil am Welthandel zu sprechen vermag." Dementsprechend ist der **Welthandel** nach *Hellauers* Auffassung „der Inbegriff des internationalen Handels der gesamten Erdoberfläche."[379] Die **Welthandelslehre** betrachtet er als „eine Lehre vom Warenhandel mit besonderer Berücksichtigung des internationalen Handelsverkehrs." Diese will er als eine Betriebswirtschaftslehre verstanden wissen, nicht als Bestandteil der Volkswirtschaftslehre: „Die Welthandelslehre [...] widmet ihr Interesse nicht dem Handel als einer volkswirtschaftlichen Funktion, sondern als einer

376 B. Bellinger: Geschichte der Betriebswirtschaftslehre, Stuttgart, 1967, S. 52.
377 E. Leitherer: Geschichte der handels- und absatzwirtschaftlichen Literatur, Köln und Opladen 1961, S. 97.
378 Hellauer (1920), S. 2.
379 Hellauer (1920), S. 4.

privatwirtschaftlichen Tätigkeit von Wirtschaftseinheiten. Unter welchen Bedingungen, in welcher Art und Weise, mit welchen Wirkungen für den Handeltreibenden und den Handel selbst diese Tätigkeit vor sich geht, das ist, was die Welthandelslehre zur wissenschaftlichen Darstellung bringen will."[380] Diese Ausführungen wecken noch die Erwartung, dass Hellauer tatsächlich betriebswirtschaftliche Fragestellungen in das Zentrum seiner Arbeit stellen will. Merkwürdigerweise ist er jedoch davon überzeugt, dass dazu hauptsächlich der dem Warenhandel zugrunde liegende „Abschluß des Tauschvertrages" untersucht und „in allen seinen wesentlichen Einzelheiten" erfasst werden müsse.[381] So verwundert es auch nicht, dass die Lehre vom Kaufvertrag von *Hellauer* ausführlich behandelt wird.

Den weiteren **Inhalt** seiner „Welthandelslehre" gliedert Hellauer in drei Abschnitte:

1. Zunächst behandelt er die „Entwicklungsbedingungen des internationalen Handels". Dieser Teil ist volkswirtschaftlich und juristisch gefärbt.
2. Im zweiten Abschnitt stellt er die „Organisation des Welthandels" dar, insbesondere des Exporthandels und Importhandels. Hier stehen absatzwirtschaftliche und vertriebstechnische Aspekte im Vordergrund.[382] Im Wesentlichen werden hier jene Aspekte behandelt, die sich nach heutigem Verständnis dem Vertriebsmanagement und/oder dem (internationalem) Marketing zuordnen lassen. *Hellauer* erläutert beispielsweise die Formen des Vertriebs, geht auf Vor- und Nachteile des direkten und indirekten Vertriebs ein, behandelt den persönlichen Verkauf und den Distanzverkauf. Weiterhin behandelt er die Arten, Entwicklungen und Funktionsweisen von Märkten, Auktionen, Ausschreibungen und Börsen.
3. Der letzte Abschnitt behandelt den „Geschäftsabschluß", d. h. den Kaufvertrag. Hier geht er zunächst auf den Abschluss und die Formen des Vertrages ein und erläutert Handelsbräuche und Mustervertragsbedingungen. Daran anschließend behandelt er die Vertragsinhalte bezüglich der Ware, die Erfüllungszeit, den Erfüllungsort, die Ablieferung und Gefahr bezüglich der Ware, den Preis der Ware und die Zahlungsbedingungen. Den Abschluss bilden einige besondere Arten

380 Hellauer (1920), S. 8f.
381 Vgl. Hellauer (1920), S. 9.
382 Auf die vertrieblichen Aspekte in Hellauers Werk konzentriert sich z. B. die Arbeit von Dieter Marscheider (1967).

von Kaufverträgen. Da *Hellauer* der Auffassung ist, dass der Handel als privatwirtschaftliche Tätigkeit hauptsächlich in der Formulierung von Rechtsakten bestehe, nimmt dieser Abschnitt den größten Raum ein, er umfasst etwa die Hälfte des Buches.

*Henzler* kommt zu folgender **Würdigung**: „Mit diesem Werk, dessen Bedeutung man nur ermessen kann, wenn man sich in die Zeit seines Erscheinens zurückversetzt und sich den damaligen Stand der Fachwissenschaft vergegenwärtigt, ist Hellauer zum Schöpfer der Verkehrslehre geworden."[383] So äußerte sich bereits *Weber* vier Jahre nach dem Erscheinen der Welthandelslehre: „Hellauers Werk stellt einen Höhepunkt in der Entwicklung der privatwirtschaftlich gerichteten Handelskunde dar [...]. Arbeiten dieser Art, noch dazu in so fleißiger Durchführung, sind für die wissenschaftliche Entwicklung der Handelsfächer ebenso notwendig wie förderlich. [...] Die in diesem Buche positiv geleistete Arbeit der Sammlung, Sichtung und Gliederung und systematischen Darstellung des Stoffes [...] ist sein großes Hauptverdienst."[384] *Koch* sieht in der „Welthandelslehre" „eine Vertriebslehre des Export- und Importhandels in einem allerdings weit gesteckten Rahmen."[385]Auch wenn *Hellauer* entgegen seinen eigenen Vorsätzen über weite Stellen zur Volkswirtschaftslehre tendiert, die den Wert seiner „Welthandelslehre" aus betriebswirtschaftlicher Sicht schmälern, so vermag diese Arbeit nach *Schäfers* Urteil „einer modernen Lehre von der Absatzwirtschaft im einzelnen viele wertvolle Anregungen und Materialien zu bieten."[386] In der Tradition *Hellauers* steht *Karl Oberparleiter* (1886–1968). Er hat 1922 bei *Hellauer* über „Das dokumentäre Akkreditiv" promoviert und entwickelte ab 1918 eine Funktionenlehre des Handels, die er später zu einer „Funktionen- und Risikenlehre des Welthandels" ausbaute.

383 Zitiert nach Löffelholz (1967), S. 783.

384 Weber (1914), S. 139.

385 W. Koch: Grundlagen und Technik des Vertriebs, Bd. I, S. 32, zitiert nach Marscheider (1967), S. 125.

386 E. Schäfer: Das Absatzwesen, S. 69, zitiert nach Marscheider (1967), S. 125.

## 6.2 „Allgemeine Handelsbetriebslehre“ (1911) (Johann Friedrich Schär)

*Johann Friedrich Schär* (1846–1924) war zunächst als Gymnasiallehrer tätig und unterrichtete die Fächer Mathematik, Physik und Chemie. 1870 wechselte er in den kaufmännischen Beruf. Als Unternehmer wirkte er als Gastwirt und Hotelier sowie zweimal als Gesellschafter. Er war Teilhaber einer Käseexporthandlung (*Schwarz und Schär*) und ab 1873 einer Kartonfabrik (*Harder und Schär*). Nachdem er über zehn Jahre als selbständiger Exportkaufmann tätig gewesen war, kehrte er wieder zurück in den Lehrberuf und lehrte von 1882 bis 1903 an der Höheren Handelsschule in Basel. Wie er in seinen Lebenserinnerungen schreibt, unterrichtete er dort „kaufmännisches Rechnen, Buchhaltung, Korrespondenz, Kontorarbeiten, Handelslehre, Handelsrecht und Volkswirtschaftslehre“. 1903 übernahm *Schär* den Lehrstuhl für Handelswissenschaften an der Universität Zürich – den ersten handelswissenschaftlichen Lehrstuhl an einer deutschsprachigen Universität. Bereits ein Jahr später wurde ihm der Ehrendoktor verliehen, und zwar „wegen der hervorragenden Verdienste um die Förderung der Handelswissenschaften und um die Entwicklung des Verbandes schweizerischer Konsumvereine“, wie es in der Begründung heißt. Im April 1906 folgte *Schär* dem Ruf auf einen Lehrstuhl für Handelswissenschaften an die gerade neugegründete Handelshochschule Berlin. Hier lehrte und forschte er auf dem Gebiet der Handelsbetriebslehre bis zu seiner Emeritierung im Jahr 1919. Als sein bedeutendstes Werk „Die Allgemeine Handelsbetriebslehre“ erstmals erschien, war Schär bereits 65 Jahre alt.

Abb. 6.2: Johann Friedrich Schär. | [36]

1911 erschien der erste Teil von *Schärs* **„Allgemeine Handelsbetriebslehre“**. Der zweite Band ist nie erschienen. „Doch ist schon der erste Band“, wie *Schär* im Vorwort zur ersten Auflage bemerkt, „ein in sich geschlossenes Ganze.“[387] Als *Schär* im Jahre 1903 auf den neugeschaffenen Lehrstuhl für Handelswissenschaften an der Universität Zürich berufen

387 Schär: Allgemeine Handelsbetriebslehre, 3. Aufl., Leipzig 1918, S. VII.

wurde, sah er die Zeit gekommen, die Handelsbetriebslehre loszulösen von den einzelnen handelswissenschaftlichen Disziplinen – die sind bis dahin unter der Bezeichnung „Kontorwissenschaft“ an den Handelshochschulen gelehrt worden – „und sie als eine selbständige wissenschaftliche Disziplin nach wissenschaftlicher Methode zu lehren“.[388] Wie *Schär* anmerkt, stelle sein Werk „das Ergebnis einer mehr als zehnjährigen, wiederholt erprobten und überprüften Arbeit“ dar. Was er während seiner mehr als vierzigjährigen Praxis in Schule und Kontor erfahren, erlebt, gelernt und gelehrt habe, sei in diesem Werk niedergelegt: „Es enthält die Quintessenz meines Lebens und meines Strebens.“[389]

Über den **Inhalt** der „Allgemeinen Handelsbetriebslehre“ heißt es im Vorwort: „Das Werk beschäftigt sich mit der Erforschung und kritischen Beurteilung des ganzen kaufmännischen Betriebs in seiner gesamten Organisation im Innern und seinen Beziehungen nach außen.“ Dabei geht *Schär*, wie er sagt, derart vor, „nach einer einleitenden Darstellung der Entwicklung und der Aufgabe der kaufmännischen Bildungsanstalten den Handelsbegriff derart zu entwickeln, daß aus ihm die allgemeinen Betriebsgrundsätze in logischer Folge abgeleitet werden können.“ Im weiteren Verlauf wolle er zeigen, „wie sich der Handelsbetrieb unter dem Einfluß der Entwicklungstendenzen des Wirtschaftslebens gestaltet.“ Dazu behandelt er abschließend den „Handelsbetrieb unter dem Einfluß des Kampfes zwischen Groß- und Kleinbetrieb, der Arbeitsteilung und Ausschaltung, der Konkurrenz, der Koalition, der Spekulation und der Konjunktur.“[390] Wenn *Schär* die inneren und die äußeren Beziehungen des Handelsbetriebes behandelt, so stehen dabei nicht Fragen des Kaufs und Verkaufs im Mittelpunkt des Interesses, sondern die Einbindung des Handelsbetriebs in die Gesamtwirtschaft. So gibt er, wie *Leitherer* feststellt, „gewissermaßen eine Darstellung der Wirtschaftsphänomene aus der Perspektive des Handels.“[391]

Die tragende Grundlage für *Schärs* gesamtes System, von dem im Folgenden nur einige bedeutende Schlaglichter vorgestellt werden sollen, ist seine eigentümliche Auffassung vom **Handel**. Über die Bedeutung und **Aufgabe** des Handels im Allgemeinen sagt *Schär*:

388 Vgl. ebd., S. V.

389 Ebd.

390 Ebd., S. VI f.

391 E. Leitherer: Geschichte der handels- und absatzwirtschaftlichen Literatur, Köln u. Opladen 1961, S. 100.

> „Der Handel ist nicht mehr die Summe von Praktiken und Kunstgriffen, sich auf Kosten anderer zu bereichern, sondern er ist zu einer volkswirtschaftlichen Funktion der Gesellschaft und der Staaten geworden. Nicht Reichtum sammeln, sondern Reichtum erzeugen ist seine heutige Aufgabe. Hat er doch die Endglieder der Weltwirtschaft auf die billigste, bequemste, schnellste und zuverlässigste Art zu verbinden, damit ihre Produktionskraft gemehrt, ihre Bedürfnisbefriedigung erhöht und ihre Kultur gefördert wird.“[392]

Der Handel stellt für *Schär* einen Teil im Organismus der Wirtschaft dar, der die Funktionen zu übernehmen habe, die räumliche, zeitliche und persönliche Trennung zwischen Produzent und Konsument zu überwinden, um so die wirtschaftliche Leistungsfähigkeit der verbundenen Glieder innerhalb der Gesamtwirtschaft zu stärken. Daraus folgt *Schärs* **Definition** von **Handel**, nämlich den „nach den Grundsätzen der Zweckmäßigkeit und Wirtschaftlichkeit organisierten Güteraustausch“.[393] Dieses volkswirtschaftliche Motiv (Wirtschaftlichkeit) und das privatwirtschaftliche Motiv (Gewinnstreben) schließen sich nach *Schär* nicht aus. Ganz im Gegenteil ist er sogar davon überzeugt, „daß es dem einzelnen Träger des Handels nur in dem Maße dauernd gelingen wird, den von ihm gesetzten privaten Zweck des Erwerbs zu erreichen, als er sich dem volkswirtschaftlichen Prinzip unterordnet bzw. im Wirtschaftsorganismus nützliche und notwendige Arbeit verrichtet.“[394]

Oberflächlich betrachtet herrscht ein **Konflikt** zwischen dem Gewinnprinzip, das der Händler verfolgt, und dem ökonomischen Prinzip, das dem Wohle der Gemeinschaft dient. Der Händler ist zwar auch bestrebt, die Kosten möglichst gering zu halten, aber eben nur aus dem Grund, um seinen Gewinn zu erhöhen. Allerdings kann er dies in den allermeisten Fällen (außer im Monopol) nicht tun. Denn die gesamtwirtschaftliche Entwicklung setzt ihm Grenzen. „Der einzelne Kaufmann steht unter dem Einfluß und unter der Macht der das Gesamtwirtschaftsleben beherrschenden Gesetze.“[395] Zu diesen Mächten, die den Handelsbetrieb zwingen, sein individuelles Profitstreben dem allgemeinen wirtschaftlichen Prinzip unterzuordnen, zählen nach *Schär* die Ausschaltungstendenz, die Arbeitsteilung und das Prinzip der Wirtschaftlichkeit im Zusammenwirken verschiedener Entwick-

392 Schär (1918), S. 4.
393 Ebd., S. 79 und auch S. 92.
394 Ebd., S. 94.
395 Ebd., S. 101.

lungstendenzen des Handels.[396] „Produzent und Konsument bedienen sich des Kaufmanns nur solange, als dieser den Austausch der Produkte billiger und wirtschaftlicher besorgt, wie es ohne seine Vermittlung geschehen könnte."[397] Ob der Handel in den Distributionsweg eingeschaltet oder ausgeschaltet wird, ist nach *Schär* davon anhängig, ob der Händler (gesamtwirtschaftlich) nützliche Dienste erbringt, d. h. die Leistung besser erbringen kann, als dies durch den Direktvertrieb des Herstellers geschehen würde.

Die Ausführungen *Schärs* zur Ausschaltung des Handels fanden unter der Bezeichnung **Schärsche Gesetz**[398] Eingang in die betriebswirtschaftliche Literatur. Nach *Tietz*[399] habe es eine explikative (erklärende, darstellende) und eine entscheidungsorientierte Komponente. Diese lauten bei Schär wie folgt:

1. „Selbständigkeit und Existenzmöglichkeit jedes Gliedes sind bedingt durch die Summe von nützlichen und notwendigen Diensten in der Güterzirkulation, die es leistet bzw. die von einem anderen Gliede nicht ebensogut und wirtschaftlich verrichtet werden können."[400]
   (= explikative Komponente)
2. „Wer ein Glied ausschalten will, muß erstens genau wissen, welche Dienste dieses Glied bisher geleistet hat, zweitens erwägen, ob er diese Dienste nunmehr ebensogut selbst ausführen kann, und drittens kalkulieren, ob der Vorteil aus der Ausschaltung größer oder kleiner ist als der Aufwand, um das ausgeschaltete Glied zu ersetzen."[401]
   (= entscheidungsorientierte Komponente)

Die mögliche Gestaltung des Absatzweges vom Produzenten bis zum Konsumenten durch Ein- und Ausschaltungen verschiedener Handelsstufen zeigt *Schär* anhand eines Schaubilds (→ Abb. 6.3).

396 Vgl. ebd., S. 102.
397 Ebd., S. 101.
398 Siehe hierzu auch meinen Aufsatz: L. Wächter: Das Schärsche Gesetz, in: WiSt, 50. Jg., Heft 10/2021, S. 41–43.
399 B. Tietz: Der Handelsbetrieb, 2. Aufl., München 1993, S. 20.
400 Schär (1918), S. 192.
401 Schär (1918), S. 205.

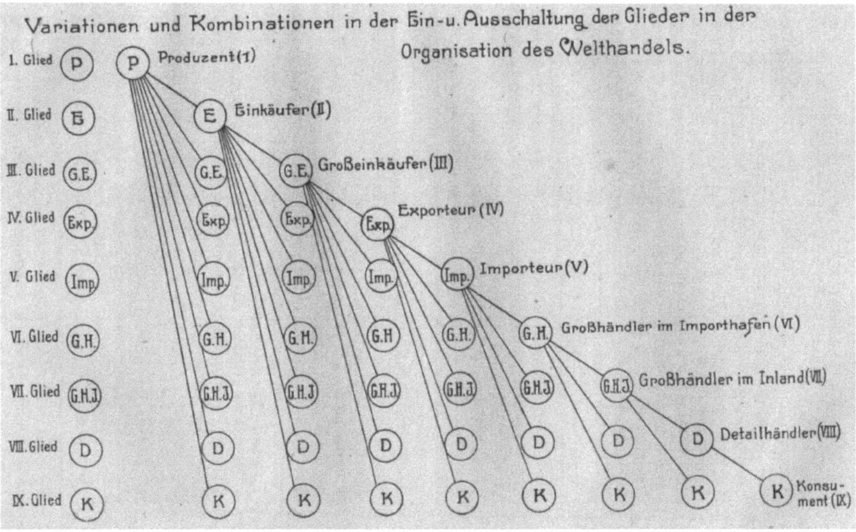


Abb. 6.3: Ein- und Ausschaltung der Glieder in die Organisation des Handels. | [37]

Der von *Schär* aufgestellte allgemeine Grundsatz, „daß der Handel den Güteraustausch mit dem geringsten Aufwand von Kosten zu besorgen habe“, führt ihn zu einer Untersuchung der **Handelskosten**. Denn diese beeinflussen den privatwirtschaftlichen Erfolg des Handelsunternehmens und liegen zudem auch im volkswirtschaftlichen Interesse. Inwiefern der privatwirtschaftliche Erfolg eines Handelsunternehmens von der Höhe der Kosten abhängt, veranschaulicht *Schär* anhand eines Beispiels nebst graphischer Darstellung (⟶ Abb. 6.4):

„Wir setzen voraus, daß drei konkurrierende Kaufleute der gleichen Branche, A., B., C., im allgemeinen mit gleichen Einkaufs- und Verkaufspreisen zu rechnen haben, weil diese durch die Konkurrenz nivelliert werden, oder wie bei Massenartikeln von den Produzenten festgelegt sind. Für alle drei ist somit der Unterschied zwischen beiden Preisen, der Bruttogewinn, gleich groß. Dieser zerfällt nun in zwei Teile. Der eine Teil wird durch die Betriebskosten gebildet, und der überschießende Rest ist der Handelsgewinn, der selbstverständlich um so kleiner wird, je größer der erste Teil, die Betriebskosten, ist; ja der Reingewinn kann ganz verschwinden, sogar in einen Verlust umschlagen, wenn die Kosten den ganzen Handelsbruttogewinn verschlingen oder ihn übersteigen. A. hat bei $k_1$-Kosten einen Reingewinn von $g_1$. B. erzielt keinen Reingewinn, da seine Kosten

$k_2$ gleich dem Bruttogewinn sind. C. arbeitet mit Verlust, weil seine Kosten $k_3$ den Bruttogewinn übersteigen."[402]

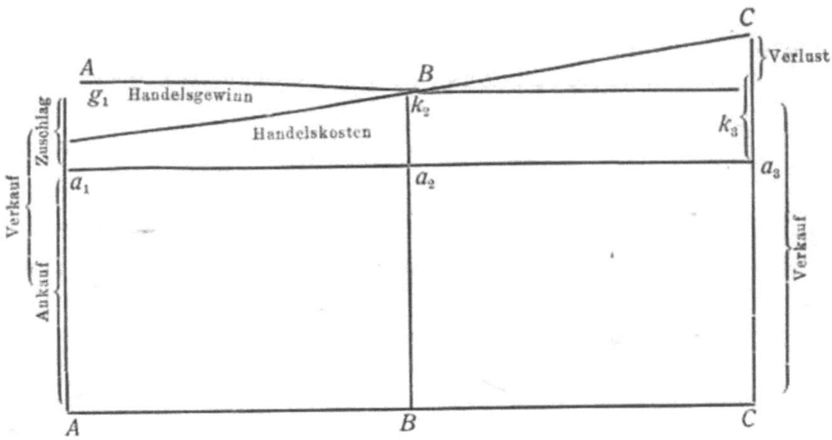


Abb. 6.4: Schärs Darstellung des Einflusses der Betriebskosten auf den Handelsgewinn. | [38]

Im weiteren Verlauf seiner Untersuchung nimmt *Schär* eine systematische Zusammenstellung der Handelsbetriebskosten vor. In dem relativ kurzen Kapitel über die Betriebskosten, das zum Ausgangspunkt einer ausgedehnten Literatur wurde, betrachtet *Schär* die Abhängigkeit der Kosten vom Beschäftigungsgrad.[403] Diesbezüglich unterscheidet er zwei Kostenarten, für die heute die Fachbegriffe **variable Kosten** und als **fixe Kosten** verwendet werden: Die „proportionalen Kosten" sind nach *Schär* „solche, die nach der Quantität der umgesetzten Ware bzw. der Umsatzgröße zu- oder abnehmen"; „nichtproportionale, mehr gleichbleibende Kosten", die er auch als „eiserne Kosten" bezeichnet, sind jene, „die die einzelne Umsatzeinheit um so höher belasten, auf je weniger solche Einheiten die ganze Summe verteilt wird."[404] Darauf aufbauend ist es *Schär* nun möglich, den von ihm so genannten **toten Punkt** zu berechnen, der heute unter den Bezeichnungen **Break-even-Point** oder auch „Gewinnschwelle" bekannt ist. Bei dieser Berechnung geht es um die „Bestimmung derjenigen Umsatzgröße, bei welcher der

402 Schär (1918), S. 163.
403 Vgl. Käfer (1946), S. 6.
404 Schär (1918), S. 166f.

Bruttogewinn aus dem Umsatz durch sämtliche Betriebsspesen aufgezehrt wird, so daß Gewinn und Verlust gleich Null ist und das Eigenkapital leer ausgeht."[405] Bemerkenswert ist, dass *Schär* zeitgleich mit dem deutschen Nationalökonomen *Karl Bücher* die Bedeutung der fixen und variablen Kosten erkannt hat, sodass die beiden als die Entdecker des Break-Even-Points gelten können. Während *Schär* von den Gesamtkosten ausging und eine Gleichung entwickelte, in der Erlöse und Kosten übereinstimmen, entwickelte *Bücher* eine ähnliche Formel für die Stückkosten, indem er noch durch die Absatzmenge x dividierte.

*Schärs* „Allgemeine Handelsbetriebslehre" war eine der ersten Gesamtdarstellungen des betriebswirtschaftlichen Wissens der damaligen Zeit und rief – insbesondere im Hinblick auf *Schärs* normative Methode – ganz unterschiedliche **Reaktionen** hervor. „Schärfsten Widerspruch" erhob *Weber* „gegen die Verwässerung der Privatwirtschaftslehre mit ethischen Werturteilen und gegen ihre bedingungslose Abhängigmachung von der Volkswirtschaftslehre." „Der Blick des Forschers" dürfe nach *Webers* Auffassung „keinesfalls durch ethische Werturteile und vorgefaßte Meinungen getrübt werden."[406] Und *Seÿffert* bezweifelte, dass dieses „eigenwillige System" Nachfolger finden werde. Doch es gab auch positive Beurteilungen. So stellte *Schönpflug* fest: „Schärs Handelsbetriebslehre ist in vieler Hinsicht ein geistvoller und in seiner ethischen Bedeutung nicht zu unterschätzender Versuch, der Einzelwirtschaftslehre eine logisch begründete Gestalt zu geben. ... Wenn es ihm auch nicht gelang, das hohe Ziel, das er sich setzte, zu erreichen; als einem Weiser neuer Pfade in unserer Wissenschaft wird ihm in der Methodengeschichte immer Anerkennung gezollt werden müssen. Er ist der Vater und Begründer der modernen normativen Einzelwirtschaftslehre. Seine Grundgedanken sind nicht vergessen, sondern wurden von seinen Nachfolgern wieder aufgenommen und in bedeutsamem Sinne weiterentwickelt."[407]

Den **Einfluss** *Schärs* auf nachfolgende Betriebswirtschafter verdeutlicht *Sundhoff* anhand folgender Beispiele[408]:

- *Schärs* Darstellung der Organisation des Handels wurde zur Grundlage für *Seÿfferts* Lehre von den Handelsketten.

405 Ebd., S. 167.
406 Weber (1916), S. 140 f.
407 F. Schönpflug: Betriebswirtschaftslehre, Stuttgart 1954, S. 122f.
408 Vgl. Sundhoff (1979), S. 187.

- *Schärs* Lehre von den Aufgaben und Risiken im Handel bildeten den Ausgangspunkt für *Oberparleiters* Lehre von den „Funktionen und Risiken des Warenhandels" sowie für nachfolgende Darstellungen zu den Funktionen des Handels (z. B. von *Lisowsky, Seÿffert, Buddeberg, C. W. Meyer, Behrens*[409]).
- „Schärs Gesetz" zur Ausschaltung bzw. Einschaltung von Handelsbetrieben in die Distributionskanäle hat den Anstoß gegeben zu weiterführenden Diskussionen, die im Zusammenhang stehen mit Fragen der zu erbringenden Leistungen sowie einer optimalen Zahl und Größe von Handelsbetrieben.
- *Schärs* Einteilung der Kosten in „proportionale" und „nichtproportionale" bzw. „eiserne Kosten" bildet die Vorstufe zu der später von *Schmalenbach* vorgenommenen Unterteilung in fixe, proportionale, degressive und progressive Kosten.[410]

## 6.3 „Allgemeine kaufmännische Betriebslehre als Privatwirtschaftslehre des Handels (und der Industrie)" (1912) (Heinrich Nicklisch)

*Heinrich Nicklisch* (1876–1946) gilt als einer der bedeutendsten Vertreter der normativen Betriebswirtschaftslehre. In seinem 1912 erschienenen Werk mit dem Titel „Allgemeine kaufmännische Betriebslehre als Privatwirtschaftslehre des Handels (und der Industrie)" entwickelt er ein in sich geschlossenes System der Betriebswirtschaft. Diesem liegt die essenzielle Frage nach dem Sinn des wirtschaftlichen Geschehens zugrunde. Diesen sieht *Nicklisch* in der Bewerkstelligung der Bedarfsdeckung, der Bedürfnisbefriedigung des Menschen. Das wirtschaftliche Geschehen vollziehe sich in jenen Einheiten der Wirtschaft, die *Nicklisch* als Betriebe bezeichnet. Dabei unterscheidet er zwischen ursprünglichen Betrieben (Haushalte) und abgeleiteten Betrieben (Unternehmungen), die in verschiedenen Arten in Erscheinung treten können (z. B. Handelshäuser, Fabriken, Landwirtschaften, Verwaltungen). Wirtschaftlich gesehen vollziehe sich das betriebliche Geschehen in allen Betrieben als ein Prozess, in dem durch den Einsatz von Arbeits- und Güterwerten neue Güter hervorgebracht werden, deren Wert den der eingesetzten

409 Vgl. B. Falk/J. Wolf: Handelsbetriebslehre, 11. Aufl., Landsberg/Lech 1992, S. 41–45.
410 Vgl. Sundhoff (1979), S. 189.

Werte übersteigen soll. Diese Betriebsleistung stellt jedoch nur eine Seite des Prozesses dar. Erst dieser Rücklauf des Wertes in Gegenwerten mache „den Wertumlauf als kontinuierlichen Prozess, als ununterbrochenen sich wiederholenden Gesamtvorgang möglich."[411]

Diesen **betrieblichen Wertkreislauf** betrachtet *Nicklisch* differenziert. Er unterscheidet zwischen Wertumlauf und Finanzumlauf sowie bei diesen wiederum zwischen innerem und äußerem Umlauf. Der äußere Wertumlauf ist dadurch gekennzeichnet, dass z. B. Arbeitswerte, Dienstleistungen, Vorprodukte, Roh-, Hilfs- und Betriebsstoffe in den Betrieb einfließen und als eigene Erzeugnisse wieder aus dem Betrieb hinausfließen. Der innere Wertumlauf entspricht dem Produktionsprozess, in dem durch den Einsatz der Produktionsfaktoren neue Werte geschaffen werden. Der äußere Finanzumlauf verbindet den Betrieb mit dem Kapitalmarkt. Es fließen Werte in den Betrieb hinein (z. B. Darlehen, Beteiligungskapital) und mit zeitlicher Verzögerung wieder hinaus (Zinsen, Dividenden). Der innere Finanzumlauf sorgt für die Liquidität zur Durchführung der Produktion. Die inneren und äußeren Wertumläufe bilden jeweils eine Einheit und bedingen sich wechselseitig.

Die Wertbeziehungen stellen in einer arbeitsteiligen Wirtschaft das verbindende Element dar zwischen den ursprünglichen Betrieben (Haushalte) und den abgeleiteten Betrieben (Unternehmen). Die **Wertbeziehungen** in der Wirtschaft lassen sich nach *Nicklisch* mit einem **Netz** vergleichen, das aus dem Umlauf von Leistungen sowie Einnahmen und Ausgaben besteht, und zwar zwischen den Haushalten und den Unternehmen sowie zwischen den Unternehmen (→ Abb. 6.5).[412]

---

411 H. Nicklisch: Die Betriebswirtschaft, 7. Aufl., Stuttgart 1932, S. 164. Die Grundzüge von Nicklischs Werk stellt Gerhard Völker in komprimierter Form dar: Heinrich Nicklisch – Grundzüge seiner Lehre, Stuttgart 1961. Einen kurzen, einführenden Überblick zu Nicklischs Lehre liefern z. B. Löffelholz (1980), S. 902–904 und Bardmann (2019), S. 68–70.

412 Vgl. Nicklisch (1932), S. 103 ff.

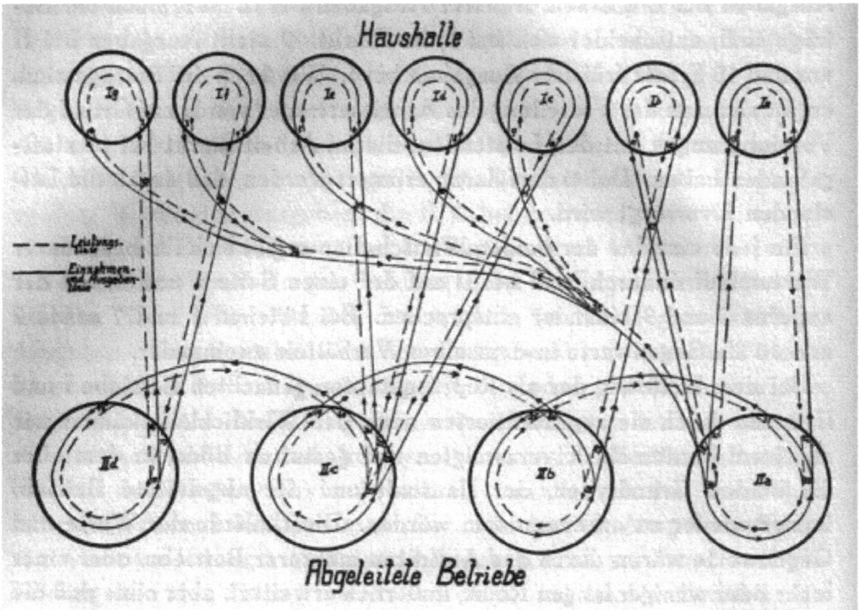


**Umlaufsbeispiele**

| | Leistungslinie | Einnahmen- und Ausgabenlinie |
|---|---|---|
| Ia | 13, 14, 32, 33, 34, 30, 13 | 13, 30, 34, 33, 32, 14, 13 |
| Ig | 1, 2, 37, 16, 18, 15, 20, 24, 19, 26, 28, 25, 31, 33, 34, 29, 35, 36, 37, 1 | 1, 37, 36, 35, 29, 34, 33, 31, 25, 28, 26, 19, 24, 20, 15, 18, 16, 37, 2, 1 |
| IId | 18, 15, 20, 24, 19, 26, 28, 25, 31, 33, 34, 29, 35, 36, 37, 1, 2, 37, 16, 18 und 36, 38, 3, 4, 38, 17, 18 | 18, 16, 37, 2, 1, 37, 36, 35, 29, 34, 33, 31, 25, 28, 26, 19, 24, 20, 15, 18 und 18, 17, 38, 4, 3, 38, 36, 35, 29, 34, 33, 31, 25, 28, 26, 19, 24, 20, 15, 18 |

Abb. 6.5: Das Netz der Wertbeziehungen in der Wirtschaft. | [39]

Weiterhin unterscheidet *Nicklisch* zwischen dem Ertragserzielungsprozess (Kombination von Arbeit, Vermögen und Kapital im Produktionsprozess) und dem Ertragsverteilungsprozess. Eine herausragende Bedeutung misst *Nicklisch* der **menschlichen Arbeit** bei, denn in dieser sieht er den eigentlich schöpferischen Produktionsfaktor. Daher setzt er sich ausführlich mit der Frage nach dem **„gerechten Lohn“** auseinander. Dieser ist „eine Größe der Ertragsverteilung […] bei der die richtige Bemessung im Verhältnis zu dem geleisteten Wert erfolgen muß.“[413] Vor diesem Hintergrund untersucht

413 Nicklisch, S. 267.

er die Größen, die den Lohn bestimmen und setzt sich kritisch mit den verschiedenen Lohnformen des Zeitlohns und des Leistungslohns auseinander. Auch befasst er sich mit der Gewinnbeteiligung der Arbeiter. Diese trennt er klar von der Kapitalbeteiligung und der Umsatzbeteiligung. Unter Gewinnbeteiligung versteht *Nicklisch* „Gewinnanteile auf Grund der Leistungen, die den Lohn ergänzen" und sich auf den verteilbaren Jahresgewinn des Betriebes beschränken.[414]

Da die Wertumläufe der Bedarfsdeckung dienten, müssten sie nach dem Prinzip der Wirtschaftlichkeit bestmöglich gestaltet werden. Die Wertumläufe durchzögen den gesamten Betrieb bis in die einzelnen Glieder hinein (Abteilungen, Büros, Werkstätten). Als kleinste Einheit, die in den Wertumlauf eingebunden ist, sieht *Nicklisch* den Menschen an seinem Arbeitsplatz. Zwar sei dieser als kleinste Organisationseinheit in eine Abhängigkeit eingebunden, jedoch ist er zugleich die Kraft, welche die Wertbewegung verursacht und in Gang hält. Nach *Nicklisch* ist ein Betrieb seinem Wesen nach eine **Betriebsgemeinschaft**; das bedeutet, „daß Menschen, einheitlich verbunden, das Leben des Betriebes leisten und daß der Mensch auf diese Weise aus dem Betriebsmechanismus einen Organismus macht. Die Menschen stehen mit ihren Rechten und Pflichten in ihm, und das Wohlergehen des Betriebes und ihr eigenes hängt davon ab, daß diese erfüllt werden."[415] Eine rein technische Betrachtungsweise des betrieblichen Geschehens lehnt *Nicklisch* ab, denn es folge nicht naturgesetzlichen Bedingungen, sondern vielmehr den menschlichen Zweckvorstellungen. Darum begreift *Nicklisch* den Betriebsprozess als einen durch und durch geistigen Vorgang. In dieser **geistig-philosophischen** Fundierung erkennt *Löffelholz* die Bedeutung und die Geschlossenheit des betriebswirtschaftlichen Systems *Nicklischs*. Dessen fundamentale Leit- und Grundideen bilden die Idee der Freiheit, die Idee der Pflicht, die Idee der Gemeinschaft.[416]

Auch wenn die Lehre von *Nicklisch* heftig umstritten war und ist, darf nicht vergessen werden, dass sie zur damaligen Zeit zur Anerkennung, Vertiefung und Verbreitung betriebswirtschaftlicher Forschung und Kenntnisse viel beigetragen hat. Wie *Kosiol* konstatiert, „hat Nicklisch ein System der normativen Betriebswirtschaftslehre geschaffen, das in seiner logischen Geschlossenheit und architektonischen Vollendung den bisher bedeutsams-

414 Nicklisch, S. 280.
415 Nicklisch, S. 296.
416 Vgl. Löffelholz (1980), S. 904.

ten Versuch dieser Art darstellt."[417] Zur **aktuellen Bedeutung** *Nicklischs* und der Frage, ob man sein Werk vor dem Hintergrund nationalsozialistischer Aussagen[418] noch lesen oder zitieren dürfe, konstatiert *Large*: „Ja, als kritischer Vertreter des Fachs darf man und sollte man. Nicklisch ist aus inhaltlicher und institutioneller Sicht einer der Gründungsväter der Betriebswirtschaftslehre. Alleine dafür gebührt ihm Respekt. Seine Lehre stellt einen wesentlichen Meilenstein in der Geschichte des Fachs dar. Insbesondere seine Überlegungen zur Mitbestimmung und zur Ertragsverteilung im Betrieb sind von ungebrochener Bedeutung und Aktualität. Allerdings erfordert das manifeste und latente Vorhandensein von nationalsozialistischem Gedankengut in seiner Lehre Wachsamkeit und kritische Distanz. Vor allem seine Aussagen zur Wesensgleichheit von Nationalsozialismus und Betriebswirtschaftslehre sowie sein Versuch einer Integration des Führerprinzips sind unter keinen Umständen akzeptabel und verlangen deutlichen Widerspruch."[419]

*Schneider* betont zwar, dass *Nicklisch* „wegen seiner idealisierenden und z. T. naiven Organisationssicht („Betriebsgemeinschaft") [...] keinen Einfluß mehr auf die heutige betriebswirtschaftliche Organisationslehre" habe, doch tat *Nicklisch* etwas, was heute wieder vermehrt von verschiedenen Seiten gefordert wird, nämlich den **Menschen in den Mittelpunkt** der Wirtschaft zu stellen.[420]

In einer Gesamtschau der drei Autoren gelangt *Seÿffert* zu folgendem Befund: „Hellauer entwickelt ein ausgebautes System der Welthandelslehre, in dem naturgemäß die Verkehrslehre ganz im Vordergrund steht. Schärs Handelsbetriebslehre umfaßt das gesamte Gebiet der Betriebswirtschaftslehre unter stärkerer Betonung der Handelsseite. Nicklisch behandelt die innerbetriebliche Organisation und die Struktur der Betriebe. Diese seitdem oft gewürdigten grundlegenden Veröffentlichungen brachten die Systema-

417 E. Kosiol: Wegbereiter der Betriebswirtschaftslehre, in: Bausteine der Betriebswirtschaftslehre, Bd. 1, hrsg. von E. Kosiol, Berlin 1973, S. 39.

418 Zur Rolle Nicklischs im Nationalsozialismus siehe Kapitel 8.

419 R. O. Large: Heinrich Nicklisch, in: VHB (Hrsg.): Der Verband der Hochschullehrer für Betriebswirtschaft, Wiesbaden 2012, S. 64.

420 Vgl. D. Schneider: Nicklisch, Heinrich, in: Neue Deutsche Biographie 19 (1999), S. 199–200. Online-Version: https://www.deutsche-biographie.de/pnd118734741.html#ndbcontent

tisierung des bisher Erarbeiteten und seine Vervollständigung und Auswertung zu in sich geschlossenen Lehren."[421]

## ➲ Zusammenfassung

- Zwischen 1910 und 1912 erscheinen drei betriebswirtschaftliche Werke, die eine **neue Epoche der BWL** einleiten:
    - *Josef Hellauer:* „System der Welthandelslehre" (1910),
    - *Johann Friedrich Schär:* „Allgemeine Handelsbetriebslehre" (1911) und
    - *Heinrich Nicklisch:* „Allgemeine kaufmännische Betriebslehre als Privatwirtschaftslehre des Handels (und der Industrie)" (1912).
- *Hellauer* (**1910**) entwickelt ein System der Welthandelslehre, in dem die betriebswirtschaftliche **Verkehrslehre** (die Außenbeziehungen, die Absatzwirtschaft des Betriebes) im Vordergrund steht. Die Organisation des internationalen Wirtschaftsverkehrs steht im Mittelpunkt des Interesses. Das Werk kann als eine betriebswirtschaftliche Vertriebslehre des Export- und Importhandels gesehen werden. *Hellauer*, der als Schöpfer der sog. Verkehrslehre gilt, leistet mit dieser wichtige Vorarbeiten für eine moderne Absatzlehre.
- *Schär* (**1911**) betrachtet in seiner Handelsbetriebslehre das gesamte Gebiet der BWL unter stärkerer Betonung der Handelsseite. Bei ihm steht die Einbindung des Handelsbetriebs in die **Gesamtwirtschaft** im Mittelpunkt des Interesses. Der Handel stellt für *Schär* einen Teil im Organismus der Wirtschaft dar, der die Funktionen zu übernehmen habe, die räumliche, zeitliche und persönliche Trennung zwischen Produzent und Konsument zu überwinden, um so die wirtschaftliche Leistungsfähigkeit der verbundenen Glieder innerhalb der Gesamtwirtschaft zu stärken. *Schär* ist ein Befürworter des Genossenschaftswesens.
- *Nicklisch* (**1912**) behandelt die innerbetriebliche Organisation und die Struktur der Betriebe. In seinem Werk entwickelt er ein in sich geschlossenes System der Betriebswirtschaft; diesem liegt die essenzielle

421 R. Seÿffert: Über Begriff, Aufgaben und Entwicklung der Betriebswirtschaftslehre, 6. Aufl., Stuttgart 1971, S. 47.

Frage nach dem Sinn des wirtschaftlichen Geschehens zugrunde. Dieses vollziehe sich in allen Betrieben als ein Prozess, in dem durch den Einsatz von Arbeits- und Güterwerten neue Güter hervorgebracht werden, deren Wert den der eingesetzten Werte übersteigen soll. Diese Betriebsleistung stellt jedoch nur eine Seite des Prozesses dar; erst der Rücklauf des Wertes in Gegenwerten mache den **Wertumlauf** als kontinuierlichen Prozess, als ununterbrochenen sich wiederholenden Gesamtvorgang möglich. Da die Wertumläufe der Bedarfsdeckung dienten, müssten sie nach dem Prinzip der Wirtschaftlichkeit bestmöglich gestaltet werden.

- *Schär* und *Nicklisch* gelten als die bedeutendsten Vertreter eines **ethisch-normativen Ansatzes** in der BWL. Dem Gewinnstreben stehen sie kritisch bis ablehnend gegenüber.

# 7 Ausbau und Konsolidierung der BWL (1912-1932)

Während *Seÿffert* in der Zeit von 1910/12 bis 1954 „eine in sich geschlossene, konsequente Entwicklung“[422] der BWL sieht und diese Epoche als „die Zeit des Ausbaues zur Betriebswirtschaftslehre und deren Instituierung als Hochschuldisziplin“ bezeichnet, soll hier auch die Auffassung von *Klein-Blenkers* berücksichtigt werden. Er modifiziert diese Epoche dahingehend, dass er die Zeit von 1910 bis 1932 als eine „Zeit der Konsolidierung“[423] betrachtet, deren Ende er in das Jahr 1932 legt. Dies begründet er einerseits mit dem 1928 erschienenen Werk von *Wilhelm Rieger*, das er noch dieser Epoche zugeordnet wissen möchte, sowie andererseits mit der nationalsozialistischen Herrschaft, die im Jahr 1933 ihren Anfang nahm. Daher wird diese Epoche hier zusammenfassend als „Zeit des Ausbaus“ (*Seÿffert*) und der „Konsolidierung“ (*Klein-Blenkers*) behandelt. Die Zeit des Nationalsozialismus wird im nächsten Kapitel behandelt.

Der Ausbau und die Konsolidierung der Betriebswirtschaftslehre lassen sich auf verschiedenen Gebieten feststellen, die im Folgenden beleuchtet werden. Diese Epoche ist vor allem gekennzeichnet durch

1. eine stetige Erhöhung der Anzahl der BWL-Professoren,
2. die Gründung mehrerer betriebswirtschaftlicher Verbände,
3. die Errichtung zahlreicher Forschungsinstitute und
4. das Erscheinen betriebswirtschaftlicher Nachschlage- und Sammelwerke (Lexika, Handwörterbücher).

## 7.1 Der Ausbau der Professorenschaft

Gab es im Jahr **1910** erst **10 Professoren** für Betriebswirtschaftslehre[424], so nennt *Isaac* in seiner im Frühjahr 1923 fertiggestellten Schrift zu diesem Zeitpunkt schon 17 hauptamtliche Professoren:

422 Seÿffert (1971), S. 54.

423 Vgl. Klein-Blenkers (1994)

424 Vgl. Schneider (2001), S. 237; Brockhoff (2017), S. 167.

„Zur Zeit verteilen sich die hauptamtlich betriebswirtschaftlich-wissenschaftlich tätigen Fachvertreter auf die folgenden Hochschulen:

Handelshochschule Berlin:

- Prof. Dr. Leitner,
- Prof. Dr. Nicklisch.

Universität Frankfurt a. M.:

- Prof. Dr. Hellauer,
- Prof. Dr. Pape,
- Prof. Dr. Schmidt,
- Dr. Auler,
- Dr. Kalveram.

Universität zu Köln:

- Prof. Dr. Prion,
- Prof. Dr. Schmalenbach,
- Dozent Harzmann,
- Dr. Beste,
- Dr. Geldmacher,
- Dr. Seÿffert.

Handelshochschule Königsberg:

- Prof. Dr. Le Coutre,
- Prof. Dr. Pfeifer.

Handelshochschule Leipzig:

- Prof. Dr. Großmann,,
- Prof. Dr. Kämpfe,
- Prof. Dr. Penndorf.

Handelshochschule Mannheim:

- Prof. Dr. Mahlberg,
- Prof. Dr. Sommerfeld,
- Dr. Grünholz,
- Dr. Lysinski.

H a n d e l s h o c h s c h u l e N ü r n b e r g:

- Prof. Dr. Findeisen,
- Prof. Dr. Rieger,
- Glück,
- Dr. ter Vehn.

U n i v e r s i t ä t T ü b i n g e n:

- Prof. Dr. Eisfeld."[425]

Berücksichtigt man in der Aufzählung noch den Frankfurter *Dr. Kalveram*, der sich schon 1922 habilitiert und noch im Jahre 1923 eine Professur erhalten hat, so gab es im Jahr **1923** tatsächlich **18 Professoren**. Ebenfalls bereits im Jahr 1922 hatten sich *Geldmacher*, *Seÿffert* und *Auler* habilitiert, die jedoch erst 1924 bzw. 1925 eine Professur erhielten. Der Nürnberger Betriebswirt *ter Vehn* wurde 1926 Professor in Schweden. Zu guter Letzt sei auch noch der Verfasser dieser Auflistung, *Alfred Isaac*, erwähnt, der sich 1926 in Frankfurt am Main habilitierte und dort zwei Jahre später zum ordentlichen Professor berufen wurde. Nach einer von *Klein-Blenkers* vorgenommenen Auflistung der Hochschullehrer der BWL von 1898 bis 1928 „wirkten bis 1928 mehr als 60 Forscherpersönlichkeiten als hauptamtliche Hochschullehrer an der Entwicklung der neuen Betriebswirtschaftslehre mit"[426]. Nach seiner Auflistung haben zwischen 1910 und 1928 46 Hochschullehrer ihre erste Professur erhalten.[427]

*Isaacs* Liste bietet einen ersten groben Überblick über wichtige Fachvertreter, die insbesondere der zweiten und dritten Generationen der Betriebswirte angehören. Nachfolgend werden deren wichtigsten Vertreter kurz vorgestellt. Aus Platzgründen kann hier keine vollständige Erfassung erfolgen. Entscheidendes Kriterium für die nachfolgende Zuordnung der Wissenschaftler zu einer bestimmten Generation ist insbesondere die **Lehrer-Schüler-Beziehung**: Beispielsweise wurde *Richard Lambert* 1901 zum ordentlichen Professor für Handelswissenschaften ernannt und bildet mit *Johann Friedrich Schär* und *Josef Hellauer* die **erste Generation** der Be-

---

425 A. Isaac: Die Entwicklung der wissenschaftlichen Betriebswirtschaftslehre in Deutschland seit 1898, Berlin 1923, S. 32.

426 F. Klein-Blenkers: Die Entwicklung der Betriebswirtschaftslehre bis in die Zwanziger Jahre des 20. Jahrhunderts, in: Klein-Blenkers (Hrsg.): Aufsätze zur Geschichte der Betriebswirtschaftslehre, Köln 1994, S. 65–85, hier: S. 72.

427 Die tabellarische Aufzählung der Hochschullehrer ist abgedruckt ebd., S. 73–74.

triebswirte. Zu *Lamberts* Schülern gehören z. B. *Nicklisch*, *Schmalenbach* und *Schmidt*, die folglich zur zweiten Generation gezählt werden müssen. Zur dritten Generation der Betriebswirte sind z. B. *Erich Gutenberg* (Schüler von *Schmidt*) und *Rudolf Seÿffert* (Schüler von *Nicklisch*) zu zählen.

## Die zweite Generation

Die zweite Generation, die zwar durchweg ein betriebswirtschaftliches Studium mit einem Diplom (Diplom-Kaufmann (Dipl.-Kfm.), Diplom-Handelslehrer (Dipl.-Hdl.)) abgeschlossen, aber noch nicht vollständig in diesem Fach promoviert und habilitiert hatte, entfesselte nicht nur den ersten **Methodenstreit**, bei dem um die grundsätzliche Ausrichtung des Faches gerungen wurde, sondern kämpfte in den 1920er-Jahren auch um die Anerkennung der Disziplin. Inhaltlich standen vor allem Fragen des betrieblichen Rechnungswesens, der Bilanzierung und der Kostenrechnung im Mittelpunkt der Forschungen.

Der zweiten Generation gehören die folgenden Betriebswirte an:

- *Eugen Schmalenbach*
  (Dipl.-Kfm., Dr. rer. pol., habilitiert bei *Lambert*[428]; 1906 Prof. der Privatwirtschaftslehre an der HH Köln),
- *Heinrich Nicklisch*
  (Dipl.-Hdl., Dr. rer. pol., habilitiert bei *Lambert*; 1910 ordentl. Prof. der BWL an der HH Mannheim),
- *Fritz Schmidt*
  (Dipl.-Hdl., Dipl.-Kfm., Dr. rer. pol., habilitiert bei *Lambert*; 1913 ordentlicher Prof. der BWL an der HH/Univ. Frankfurt am Main),
- *Julius Hirsch*
  (Dipl.-Kfm, Dr. phil, Dr. jur, 1911 habilitiert in VWL, 1917 Prof. an der HH Köln, 1933 emigriert),
- *Bruno Rogowsky*
  (Dipl.-Kfm, Dr. phil., habilitiert an der HH Königsberg 1924, 1930 ordentl. Prof. für Handel und Industrie),

428 In der Gesamtübersicht über die Hochschullehrer von Klein-Blenkers (1992) wird bei mehreren Wissenschaftlern in der Kategorie „Habilitation" Lambert als „(Betreuer)" genannt. Damit soll ausgedrückt werden, dass nur eine lose Beziehung („Prägung") des Habilitanden zum Betreuer bestand.

- *Albert Calmes*
  (promoviert bei *Schär* zum Dr. rer. pol., 1911 Prof. an der HH Mannheim),
- *Felix Werner*
  (Dipl.-Hdl., Dr. phil., habilitiert bei *Lambert*; 1915 ordentl. Prof. für Handelswissenschaften an der HH Königsberg, 1920 Prof. für Privatwirtschaftslehre an der HH München),
- *Hermann Großmann*
  (Dipl.-Hdl., Dr. rer. pol., habilitiert bei *Lambert*; 1916 ordentl. Prof. der BWL u. Steuerkunde an der HH Leipzig),
- *Ernst Pape*
  (Dipl.-Hdl., Dr. phil., habilitiert bei *Lambert*; 1914 außerordentl. Prof., 1919 ordentl. Prof. der BWL an der Univ. Frankfurt),
- *Bruno Pfeiffer*
  (Dipl.-Hdl., promoviert bei *Fritz Schmidt* und *Josef Hellauer*, habilitiert bei *Lambert*; 1915 Prof. für BWL und Handelsschulpädagogik an der HH Königsberg),
- *Willi Prion*
  (Dipl.-Kfm., Dr. rer. pol., habilitiert bei *Lambert*; 1916 Prof. der Handelswissenschaften an der HH Berlin, 1920 ordentl. Prof. der BWL an der Univ. Köln),
- *Heinrich Sommerfeld*
  (Dipl.-Hdl., Dr. phil., 1920 ordentl. Prof. der BWL in Mannheim),
- *Balduin Penndorf*
  (Dipl.-Hdl., Dr. sc. pol., habilitiert bei *Lambert*; 1922 ordentl. Prof. für Betriebswirtschaftslehre an der HH Leipzig),
- *Wilhelm Auler*
  (Dipl.-Hdl., Dipl.-Kfm., habilitiert an der WiSo-Fakultät der Univ. Frankfurt am Main; 1925 ordentl. Prof. der BWL an der Univ. Gießen),
- *Karl Oberparleiter*
  (Dipl.-Hdl., Dr. rer. pol., 1921 außerordentl. Prof., 1926 ordentl. Prof. in Wien),
- *Curt Eisfeld*
  (Dipl.-Hdl., Dr. sc. pol., Assistent bei *Schär*, später bei *Leitner*; 1922 außerordentl. Prof., 1926 ordentl. Prof. in Tübingen),
- *Reinhold Henzler*
  (Dipl.-Hdl., Dr. rer. pol., 1929 promoviert und 1934 habilitiert bei *Hellauer*; außerordentl. Prof. 1937, ordentl. Prof. 1940 in Frankfurt am Main),

- *Konrad Mellerowicz*
  (Dipl.-Hdl., 1926 habilitiert bei *Leitner*, 1929 außerordentl. und 1934 ordentl. Prof. an der HH Berlin) und
- *Erich Schäfer*
  (Dipl.-Kfm., Dr. rer. pol., 1931 habilitiert bei *Rieger*[429]).

Prägende Persönlichkeiten der zweiten Generation waren insbesondere *Eugen Schmalenbach, Heinrich Nicklisch, Fritz Schmidt.* Dieses **Dreigestirn** repräsentiert verschiedene Wissenschaftsprogramme: *Schmalenbach* ein empirisch-realistisches, *Nicklisch* ein normativ-wertendes sowie *Schmidt* und *Rieger* ein rein theoretisches.

### Die dritte Generation

Insbesondere die Vertreter der dritten Generation, die durchweg eine vollständige akademisch-betriebswirtschaftliche Ausbildung durchlaufen hatten und seit Ende der 1920er- bzw. Anfang der 1930er-Jahren lehrten, spezialisierten sich inhaltlich auf bestimmte Themen (z. B. Mellerowicz auf Kosten) bzw. betriebswirtschaftliche Funktionen (z. B. Schäfer und Findeisen auf die Absatzwirtschaft, Seÿffert auf Werbung) oder legten branchenspezifische Arbeiten und spezielle Betriebswirtschaftslehren vor (z. B. Theodor Beste zur Industriebetriebslehre und Seÿffert zum Einzelhandel). Zur herausragenden Persönlichkeit dieser Generation wird sich nach dem Zweiten Weltkrieg Erich Gutenberg entwickeln, der sich 1928 bei Fritz Schmidt mit seiner Arbeit „Die Unternehmung als Gegenstand betriebswirtschaftlicher Theorie“ habilitierte. Im Folgenden werden jene Vertreter der 3. Generation aufgezählt, die von Schmidt, Nicklisch und Schmalenbach ausgebildet worden sind.

Bei *Fritz Schmidt* haben sich habilitiert:

- *Alfred Isaac*
  (Dipl.-Kfm., promoviert und habilitiert bei *Fritz Schmidt*[430] in Frankfurt am Main; 1928 ordentl. Prof. an der Hochschule für Wirtschafts- und Sozialwissenschaften (HfWS) Nürnberg),

---

429 Vgl. Brockhoff (2017), S. 280.

430 Vgl. Mantel (2009), S. 364.

- *Wilhelm Kalveram*
  (Dipl.-Hdl., Dr. rer. pol., promoviert und habilitiert bei F. Schmidt, 1923 außerordentl. Prof., 1924 ordentl. Prof. der BWL an der Univers. Frankfurt am Main),
- *Franz Findeisen*
  (Dipl.-Hdl., Dr. phil., habilitiert bei *Fritz Schmidt*; 1920 Prof. der BWL an der HfWS Nürnberg, ab 1924 ordentl. Prof. für Warenhandel und Reklame an der HH Leipzig),
- *Max Rudolf Lehmann*
  (Dipl. Ing. 1913 und Dr. Ing. 1916 in Aachen; Dr. rer. Pol. 1919 und Habilitation 1920 bei *Schmidt* in Frankfurt am Main; Prof. in Dresden und Nürnberg),
- *Friedrich Henzel*
  (Dipl.-Kfm., promoviert 1926 und habilitiert 1929 bei Schmidt, 1934 Prof. in Frankfurt, 1938 Prof. in Leipzig),
- *Karl Theisinger*
  (Dipl.-Kfm., promoviert 1925 bei Kalveram, habilitiert 1933 bei Schmidt; Prof. in Frankfurt am Main und Nürnberg),
- *Karl Schwantag*
  (1935 Dipl.-Kfm. und Dipl.-Hdl., promoviert 1939 bei Schmidt, habilitiert bei Schmidt und Kalveram, 1949 Prof. in Mainz) und
- *Ewald Aufermann*
  (Dipl.-Hdl., promoviert 1919 und habilitiert 1941 bei Schmidt, Prof. in Frankfurt am Main und Saarbrücken).

Der mit großem Abstand bedeutendste Schüler von *Fritz Schmidt* ist zweifellos *Erich Gutenberg*. Er habilitierte sich 1928 bei *Schmidt* mit der wegweisenden Arbeit „Die Unternehmung als Gegenstand betriebswirtschaftlicher Theorie“ (1929). *Gutenberg* wird insbesondere nach dem Zweiten Weltkrieg das Fach wie kein anderer prägen.

Habilitanden von *Heinrich Nicklisch* waren:

- *Rudolf Seÿffert*
  (Dipl.-Kfm. 1914 und Dipl.-Hdl. 1917 in Mannheim, promoviert bei F. Schmidt in Frankfurt a.M. 1919, habilitiert bei Nicklisch 1922. Nach Assistententätigkeit ab 1924 ordentl. Prof. in Köln)

- *Karl Rößle*
  (1920 Dipl.-Kfm., promoviert 1923 bei Pape u. Kalveram, 1926 habilitiert bei Nicklisch, 1928 a. o. Prof. in Bonn, 1933 ordentl. Prof. in Königsberg, 1937 ordentl. Prof. in Bonn),
- *Otto Hummel*
  (1919 Dipl.-Kfm., 1920 Dipl.-Hdl., promoviert 1922 bei Schmidt, 1926 habilitiert bei Nicklisch, Prof. in Berlin und Königsberg, Posen Braunschweig),
- *Kurt Schmaltz*
  (1921 Dipl.-Kfm., 1922 promoviert und 1928 habilitiert bei Nicklisch, 1935 außerordentl. Prof. in Halle),
- *Walter Schuster*
  (1920 Dipl.-Kfm., promoviert 1924 in Frankfurt am Main, 1930 habilitiert bei Nicklisch, 1932 Prof. in Berlin) und
- *Hans Seischab*
  (1922 Dipl.-Kfm., promoviert 1931 bei Leitner u. Nicklisch, 1938 habilitiert bei Nicklisch, 1940 Prof. in Breslau).

Zu den Schülern von *Eugen Schmalenbach* zählen:

- *Erwin Geldmacher*
  (promoviert und habilitiert bei Schmalenbach; 1924 ordentl. Prof. der BWL an der Univ. Köln),
- *Walter Mahlberg*
  („war schon an anderer Stelle der Kölner Handelshochschule tätig und habilitierte sich 1913 für das Fach Handelstechnik“[431]),
- *Theodor Beste*
  (promoviert und habilitiert bei Schmalenbach; 1925–27 außerordentl. Prof. an der Univ. Bonn und der TH Dresden, 1928 ordentl. Prof. für BWL an der TH Dresden) und
- *Ernst Walb*
  (promoviert bei Schmalenbach, aber nicht habilitiert, auf Empfehlung Schmalenbachs 1909 Prof. für Handelstechnik in Stockholm, 1911 Prof. für Privatwirtschaftslehre an der HH/Univers. Köln[432]).

431 Kruk (1984), S. 41.
432 Vgl. Kruk (1984), S. 42.

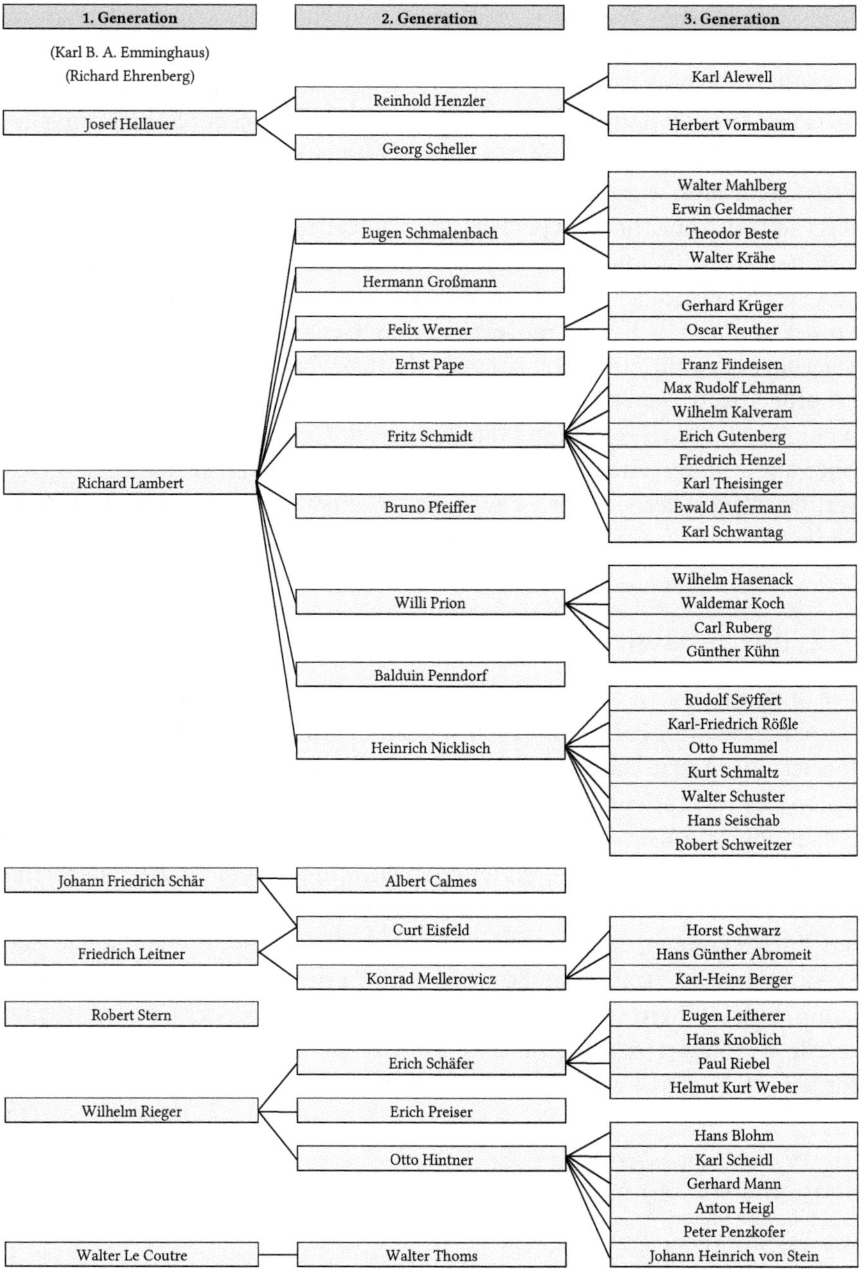


Vgl. Klein-Blenkers (1992) und Brockhoff (2017), biographischer Anhang, S. 261ff. Die Stammbäume erheben keinen Anspruch auf Vollständigkeit.

Abb. 7.1: Der Stammbaum der BWL (Auswahl). | [40]

Wie *Klein-Blenkers* konstatiert, war „die Entwicklung der neuen Betriebswirtschaftslehre das Verdienst einer sich ständig vergrößernden Zahl betriebswirtschaftlicher Lehrer und Forscher." Laut seiner Auflistung wirkten zwischen 1898 und 1928 **60 hauptamtliche Hochschullehrer** an der Entwicklung des Faches mit; dazu komme noch eine große Zahl nebenamtlicher Dozenten und Praktiker. Damit werde auch der oftmals vermittelte Eindruck widerlegt, dass das Fach nur von sehr wenigen Forschern aufgebaut worden sei.[433]

Einen Überblick über die ersten Generationen der Betriebswirtschafter soll abschließend der nebenstehende **Stammbaum** (→ Abb. 7.1) geben.[434] Dieser umfasst lediglich die ersten drei Generationen, um noch einen Überblick gewährleisten zu können. Zu den Versuchen, die Betriebswirtschaftler nach Generationen zu gruppieren, kritisierte *Seÿffert*, dass dies wenig anschaulich sei. „Eine Einteilung nach Generationen läßt sich kaum über die Anfangszeiten mit ihren leicht überschaubaren Verhältnissen weiterführen. Verfälschend ist es, wenn die Generationenzählung an späterer Stelle einsetzt. Man kann Vorgänger nicht unterschlagen."[435]

## 7.2 Betriebswirtschaftliche Vereinigungen

Die Institutionalisierung einer Disziplin in Form von wissenschaftlichen Vereinigungen in Form von (Fach-)Gesellschaften, Verbänden und Instituten ist ein wesentliches Merkmal von Wissenschaft.[436] Diese bilden laut *Schanz* die institutionellen Rahmenbedingungen, derer es bedarf, „damit sich Forschung und Lehre wirksam zu entfalten vermögen."[437] Ganz allgemein schließen sich in solchen Vereinigungen die Mitglieder einer Wissenschaftsgemeinschaft zusammen, um sich in regelmäßigen Treffen über die aktuellen Entwicklungen und Trends ihrer Disziplin auszutauschen sowie den Wissenstransfer zu fördern. So ist es auch in der Betriebswirtschaftslehre. Unter **betriebswirtschaftlichen Vereinigungen** versteht *Fuchs-Wegner* solche Verbände, deren primäres Ziel es ist, die Betriebswirtschaft zu fördern, d. h. die Gewinnung von Erkenntnissen über betriebswirtschaftli-

433 Vgl. Klein-Blenkers (1994), S. 72–74.

434 Vgl. zu den Daten über die Hochschullehrer insbesondere F. Klein-Blenkers (1992) und K. Brockhoff (2017), S. 261ff.

435 Seÿffert (1971), S. 53.

436 Vgl. Brockhoff (2017), S. 168 und 169.

437 G. Schanz: Eine kurze Geschichte der Betriebswirtschaftslehre, Konstanz/München 2014, S. 5.

che Sachverhalte zu fördern und die Verbreitung betriebswirtschaftlicher Erkenntnisse in der Öffentlichkeit anzustreben.[438] Dieser **Wissenstransfer** lässt sich als ein wechselseitiger Prozess beschreiben: Einerseits werden die an den Hochschulen erarbeiteten (theoretischen) wissenschaftlichen Ergebnisse in die Praxis transferiert; andererseits werden (praktische) betriebswirtschaftliche Probleme und Forschungsergebnisse aus den Unternehmen an die wissenschaftliche Hochschulforschung herangetragen.[439] Die betriebswirtschaftlichen Fachgesellschaften stellen dabei gewissermaßen ein Bindeglied zwischen Forschung, Lehre und Praxis dar.

Die ersten betriebswirtschaftlichen **Fachgesellschaften**, die im Folgenden vorgestellt werden, waren der

1. Verband der Inhaber deutscher Handelshochschul-Diplome (gegründet 1905), ab 1913 umbenannt in Verband deutscher Diplom-Kaufleute e. V. (VDDK),
2. Verein Preußischer Handelslehrer mit Handelshochschulbildung (gegründet 1908), 1911 umbenannt in Verein Deutscher Handelslehrer, 1927 in Reichsverband Deutscher Handelslehrer mit Hochschulbildung, sowie der
3. Verband der Dozenten für Betriebswirtschaftslehre an Deutschen Hochschulen (gegründet 1921).

Das wissenschaftliche Fundament aller drei genannten Verbände bildet die Betriebswirtschaftslehre. Sie alle haben es sich – darin besteht ihre Gemeinsamkeit – zur Aufgabe gesetzt, die Betriebswirtschaftslehre als Wissenschaft zu fördern. Ihr Unterschied besteht darin, dass sie auf unterschiedliche **Berufsgruppen** in Praxis, Ausbildung und Wissenschaft abzielen, nämlich auf die 1) Diplom-Kaufleute, 2) Diplom-Handelslehrer (kaufmännische Berufsschullehrer) und 3) Hochschullehrer.

438 Vgl. G. Fuchs-Wegner: Betriebswirtschaftliche Vereinigungen, in: Handwörterbuch der Betriebswirtschaft, Bd. 3, 5. Aufl., Stuttgart 1993, Sp. 4485–4495.

439 Vgl. K. Backhaus: Betriebswirtschaftliche Vereinigungen, in: M. Lingenfelder (Hrsg.): 100 Jahre Betriebswirtschaftslehre in Deutschland, München 1999, S. 214.

### 7.2.1 Verband der Inhaber deutscher Handelshochschul-Diplome

Eine der ersten deutschen betriebswirtschaftlichen Vereinigungen[440] war der *Verband der Inhaber deutscher Handelshochschul-Diplome (VDDK)*. Dieser berufsständische Verband wurde auf Initiative von *Eugen Schmalenbach* ins Leben gerufen und am 23. Juli 1905 in Köln von 53 Inhabern des kaufmännischen Diploms der Handelshochschulen Köln und Leipzig sowie der Akademie für Sozial- und Handelswissenschaften in Frankfurt am Main gegründet.[441] Der etwas sperrig anmutende Name erklärt sich dadurch, dass es in der Gründungsphase der Handelshochschulen weder eine einheitliche Berufsbezeichnung noch einen akademischen Grad für die Absolventen eines betriebswirtschaftlichen Studiums gab. So fügten die ersten Absolventen der Diplomprüfung an der **Handelshochschule Leipzig** fortan ihrem Namen das Kürzel **D.H.H.L** hinzu, das für „Diplom der Handels-Hochschule Leipzig" stand und die wissenschaftliche Vorbildung bekunden sollte. Es ist überliefert, dass *Eugen Schmalenbach* dieses Kürzel sogar „bis in die dreißiger Jahre hinein" gebraucht habe.[442]

Im Jahre 1913 änderte der Verband seinen Namen in *Verband deutscher Diplom-Kaufleute e. V. (VDDK)*. Sein Zweck war, wie es in § 1 der Satzung heißt, die Förderung der Wirtschaftswissenschaften durch Verbreitung betriebswirtschaftlicher Erkenntnisse und Erfahrungen, die fachliche Förderung der Diplom-Kaufleute und die Förderung seiner Mitglieder. Ordentliche Mitglieder konnten Deutsche werden, die ein kaufmännisches Diplom einer deutschsprachigen Hochschule oder ein Handelslehrer-Diplom erworben haben oder als Professoren, Dozenten oder Lehrbeauftragte wirtschaftswissenschaftlicher Fächer an deutschsprachigen Hochschulen tätig sind.[443]

---

440 Werner Böhme berichtet in der Verbandszeitschrift „Der Diplom-Kaufmann" (Nr. 6, Juni 1930, S. 247) von einem 1903 in Berlin gegründetem „Verein akademischer Kaufleute", den er als Vorläufer betrachtet. Dieser sei jedoch nach außen nur wenig in Erscheinung getreten und 1905 in der Gründung des „Verbandes" aufgegangen.

441 Vgl. K. Bott (Hrsg.): Handwörterbuch des Kaufmanns, Bd. 5, Hamburg 1927, S. 783; W. Pfundt: Verband deutscher Diplom-Kaufleute e. V., in: Handwörterbuch der Betriebswirtschaftslehre, Bd. 5, 1. Aufl., Stuttgart 1928, Sp. 560–562; H.-E. Littmann: Verband deutscher Diplom-Kaufleute e. V. (VddK), in: Handwörterbuch der Betriebswirtschaftslehre, Bd. 4, 3. Aufl., Stuttgart 1962, Sp. 5617 f.

442 Vgl. M. Kruk: Leben und Wirken Schmalenbachs, in: W. Cordes (Hrsg.): Eugen Schmalenbach, Stuttgart 1984, S. 15.

443 Vgl. Littmann (1962), Sp. 5617.

In den Anfangsjahren seines Bestehens widmete sich der *VDDK* der Organisation der kaufmännischen Hochschullehre. In den Jahren 1906–1911 sah der Verband es als seine wichtigste Aufgabe an, am Ausbau eines Lehrplans für die Handelshochschulen mitzuarbeiten. Eine wichtige Vorarbeit hat der *VDDK* für die 1924/25 durchgeführte Studienreform geleistet. An der Anerkennung und Einführung der Bezeichnung **Diplom-Kaufmann** als akademischer Grad sowie an der Erkämpfung des Promotionsrechts der Handelshochschulen war er maßgeblich beteiligt, „und hat so dazu beigetragen, das Gemeinschaftsgefühl und die innere Geschlossenheit des deutschen akademischen Betriebswirts zu stärken."[444] Außerdem veranstaltete der *VDDK* jährliche Verbandstagungen; auch regelmäßige fachwissenschaftliche Vortragabende wurden in den Bezirksgruppen durchgeführt. Auf literarischem Gebiet nahm der Verband Einfluss auf die Entwicklung des Faches durch die Veröffentlichung der „Handels-Hochschul-Nachrichten" (Beiblatt der der deutschen Wirtschaftszeitung von 1906–1919) sowie ab 1921 durch die Herausgabe der monatlich erscheinenden „Zeitschrift des Verbandes deutscher Diplom-Kaufleute e. V." unter der Schriftleitung von *Dipl.-Kfm. Walter Pfund.*

Am 4. April 1936 ist vom *VDDK* die *Deutsche Gesellschaft für Betriebswirtschaft (DGB)* gegründet worden. Diese veranstaltete den **Deutschen Betriebswirtschaftler-Tag** und kooperierte eng mit dem *VDDK*. Ziel der *DGB* war vor allem die Verbreitung betriebswirtschaftlicher Erkenntnisse in der Praxis. Mit ihrer Arbeit hatte die *DGB* erheblichen Einfluss auf die Popularisierung betriebswirtschaftlichen Wissens. Vor allem kleinere Unternehmen konnten von der Arbeit der *DGB* profitierten, insbesondere auf dem Gebiet des betrieblichen Rechnungswesens.[445] Der *VDDK* existierte bis April 1971 und ging dann im *Bundesverband Deutscher Volks- und Betriebswirte e. V.* auf.

444 K.-D. Schmidt: Fachvereinigungen, in: Handwörterbuch der Betriebswirtschaftslehre, Bd. 1, 2. Aufl., Stuttgart 1938, Sp. 1685.

445 Vgl. P. Mantel: Betriebswirtschaftslehre und Nationalsozialismus, Wiesbaden 2009, S. 333.

### 7.2.2 Verein Deutscher Handelslehrer mit Handelshochschulbildung

Bereits zehn Jahre nach Gründung der ersten Handelshochschule in Leipzig und noch parallel verlaufend zum Aufbauprozess weiterer Handelshochschulen (z. B. 1906 Berlin, 1907 Mannheim, 1910 München) wurde am 14. April 1908 auf der Gründungsversammlung in **Kassel** der *Verein Preußischer Handelslehrer mit Handelshochschulbildung* ins Leben gerufen.[446] Drei Jahre später wurde er umbenannt in *Verein Deutscher Handelslehrer* (1911) und nochmals im Jahre 1927 in *Reichsverband Deutscher Handelslehrer mit Hochschulbildung*.[447] In ihm schlossen sich die akademisch ausgebildeten Handelslehrer zusammen. Gemäß seiner Satzung bezweckt der Verein die Förderung des öffentlichen kaufmännischen Unterrichtswesens, die Pflege der handelswissenschaftlichen Forschung sowie die Vertretung der Standesinteressen seiner Mitglieder.[448]

Anfangs stand insbesondere die Frage im Mittelpunkt, wie die Hochschulausbildung der angehenden Handelslehrer organisiert und gestaltet werden solle. „Die Unterscheidung in der Ausbildung von Kaufleuten und Handelslehrern wurde nicht in den fachwissenschaftlichen, sondern in den pädagogischen Inhalten gesehen."[449] Neben den Fragen der akademischen Ausbildung der Handelslehrer an den Hochschulen gingen die Bestrebungen des Vereins auch dahin, die (betriebswirtschaftliche) Fortbildung seiner Mitglieder zu fördern: „Eine Befruchtung des handelskundlichen Unterrichts durch die Ergebnisse der betriebswirtschaftlichen Forschungen wird mit Nachdruck betrieben."[450] Im Hinblick auf die Weiterentwicklung des kaufmännischen Schulwesens machte der Verein sich dafür stark, eine zweijährige Höhere Handelsschule sowie eine zum Abitur führende Wirtschaftsoberschule einzurichten, denn diese „wäre die beste Vorbereitung für das wirtschaftswissenschaftliche Studium."[451]

Das Publikationsorgan des Vereins war die „Deutsche Handelsschul-Warte". Diese Zeitschrift wurde zweimal monatlich von dem Verein unter der Schriftleitung von *Dipl.-Hdl. Gustav Ramlow* (bis 1930) und *Prof. Dr. Adolf*

446 Vgl. R. Fuchs: Verein Deutscher Handelslehrer mit Hochschulbildung, in: Handwörterbuch der Betriebswirtschaftslehre, Bd. 5, 1. Aufl., Stuttgart 1928, Sp. 641.
447 Vgl. https://www.bvlb.de/geschichte/ (26.05.2023).
448 Vgl. Fuchs (1928), Sp. 641.
449 G. Tafner: Reflexive Wirtschaftspädagogik, Detmold 2015, S. 78.
450 Fuchs (1928), Sp. 642.
451 Ebd., Sp. 642.

*Ziegler* im Verlag *G. A. Gloeckner* herausgegeben; die Auflage betrug 1.400 Exemplare (1925).

Nach 1933 wurde der Verband in den NS-Lehrerverband zwangsintegriert und 1948 als *Verband Deutscher Diplom-Handelslehrer* wiedergegründet. Die letzte Namensänderung zum *Verband der Lehrerinnen und Lehrer an Wirtschaftsschulen (VLW)* erfolgte im Jahr 1973. Am 11. April 2018 ist der *VLW* mit dem *Bundesverband der Lehrerinnen und Lehrer an beruflichen Schulen (BLBS)* zum *Bundesverband der Lehrkräfte für Berufsbildung (BvLB)* verschmolzen.[452]

### 7.2.3 Verband der Dozenten für Betriebswirtschaftslehre an deutschen Hochschulen

Die Initiative zur Gründung eines Verbandes, der sich für die Belange der Hochschullehrer für Betriebswirtschaftslehre einsetzt, ging im Wesentlichen von *Heinrich Nicklisch* aus. Er konnte den Handelswissenschaftler und Wirtschaftspädagogen *Abraham Adler* (1850–1922) von der Handelshochschule Leipzig dafür gewinnen, die „Dozenten für Einzelwirtschaftslehre an den Handelshochschulen" zu einer Tagung ab Pfingstmontag im Jahre 1914 nach Leipzig einzuladen, um über die Ziele und Wege der betriebswirtschaftlichen Forschung zu diskutieren. Dort wurde dann auch beschlossen, regelmäßig nach Pfingsten zu einer Tagung zusammenzukommen.[453] Damit war nicht nur die Idee einer fachwissenschaftlichen Vereinigung geboren, sondern auch die Tradition eines Treffens der Hochschullehrer in der Pfingstwoche.[454] Diese Phase der informellen Treffen, die der offiziellen Verbandsgründung im November 1921 vorausgegangen ist, bezeichnet *Picot* als Vorgründungsphase (1914–1920). Dieser folgten dann (gemäß seiner Periodisierung) die eigentlichen fünf **Phasen** („1+5 Phasen"):

1. 1921–1932: Gründung
2. 1933–1947: weitgehendes Ruhen der Verbandstätigkeit
3. 1948–1970: Wiedererrichtung und Expansion

452 Vgl. https://www.bvlb.de/geschichte/ (26.05.2023).

453 Vgl. K. Brockhoff: Zur Vor- und Frühgeschichte des Verbands der Hochschullehrer für Betriebswirtschaft, in: Schmalenbachs Zeitschrift für betriebswirtschaftliche Forschung (zfbf), Heft 2/2016, S. 229–251 (hier S. 234).

454 Vgl. A. Picot: Überblick über Geschichte und Struktur des VHB, in: VHB (Hrsg.): Der Verband der Hochschullehrer für Betriebswirtschaft, Wiesbaden 2012, S. 3f.

4. 1970–2000: Expansion
5. 2000–heute (2012): Expansion und Vernetzung[455]

Laut § 2 der ersten Satzung vom 26. November 1921 verfolgt der Verband den **Zweck** 1) Die Betriebswirtschaftslehre in Forschung und Lehre zu fördern, 2) auf eine angemessene Vertretung der Betriebswirtschaftslehre an den in Frage kommenden Hochschulen hinzuwirken und 3) die Standesinteressen seiner Mitglieder zu vertreten. Die **Mitgliedschaft** besteht „aus ordentlichen und außerordentlichen Mitgliedern" (§ 3). Ordentliche Mitglieder sind laut Satzung hauptamtliche Dozenten und Privatdozenten der BWL an deutschen Hochschulen; außerordentliche Mitglieder sind nebenamtliche Dozenten und hauptamtliche Assistenten (mit Dipl. oder Dr. in BWL). Nur die ordentlichen Mitglieder können den **Vorstand** wählen. Dieser besteht aus drei Mitgliedern: dem Vorsitzenden, dem stellvertr. Vorsitzenden und dem Geschäftsführer. In der Gründungsphase (1921–1933) waren dies *Heinrich Nicklisch*, *Eugen Schmalenbach* und *Fritz Schmidt*. Die ordentliche **Hauptversammlung** findet gemäß § 9 „in der Regel alljährlich im Monat Juni statt." Da traditionell die Pfingstwoche hierfür vorgesehen ist, wird die Versammlung auch **Pfingsttagung** genannt. Die Tagungsordnung sieht zwei Teile vor, nämlich die Erledigung geschäftlicher Angelegenheiten und ein fachwissenschaftliches Programm. Letzteres diente auch als „Aushängeschild des damaligen VHB"[456], denn „über den wissenschaftlichen Teil der Betriebswirtschaftertagungen wird in den Fachzeitschriften und in der Tagespresse berichtet."[457]

Welche Breitenwirkung die fachwissenschaftlichen Fragen in der Öffentlichkeit erreichen konnten, zeigt das Beispiel der Pfingsttagung **1928** in **Wien** (→ Abb. 7.2).

455 Vgl. Picot (2012), S. 3–9.

456 D. Schneider: Prägende Persönlichkeiten in der Gründungsphase des VHB 1921–1933, in: VHB (Hrsg.): Der Verband der Hochschullehrer für Betriebswirtschaft, Wiesbaden 2012, S. 39.

457 o.V.: Verband der Dozenten für Betriebswirtschaftslehre an deutschen Hochschulen, in: Handwörterbuch der Betriebswirtschaftslehre, Bd. 5, 1. Aufl., Stuttgart 1928, Sp. 553.

Abb. 7.2: Pfingst-Tagung des VHB in Wien (1928), in der Mitte Eugen Schmalenbach (mit Stock). | [41]

Am 31. Mai hielt *Eugen Schmalenbach* dort einen Vortrag, dessen akademisch-nüchtern klingender Titel „Die Betriebswirtschaftslehre an der Schwelle der neuen Wirtschaftsverfassung" noch nicht erahnen lässt, wie brisant der Inhalt ist. In der **Wiener Rede**, wie der Vortrag später auch genannt wurde, argumentiert *Schmalenbach* im Kern wie folgt: Für die Produktion sei der Anteil der Fixkosten in hohem Maße bestimmend geworden. Dieser steige auf lange Sicht immer weiter an. Und weil die proportionalen Kosten in hohem Ausmaß zu fixen Kosten geworden seien, fehle der Wirtschaft die Fähigkeit zur Anpassung der Produktion an die Konsumtion. Trotz mangelnder Nachfrage würden die fixen Kosten einen Betrieb dazu drängen, seine Produktion auszudehnen. Da dies auch andere Betriebe täten, würden sich die Industriezweige automatisch in eine übergroße Kapazität hineinrationalisieren, was die Gründung von Kartellen verstärke. „Und so", konstatiert *Schmalenbach*, „drängen die fixen Kosten einen Industriezweig aus der freien Wirtschaft in die gebundene hinein." Er gelangt zu dem Befund:

> „Wir stehen heute am Ausgang einer alten und am Beginn einer neuen Wirtschaftsperiode. [...] Das 19. Jahrhundert mit seiner freien Wirtschaft wird [...] seine eigenen, keinem anderen Jahrhundert eigentümliche Berühmtheit bekommen [...]. Nicht Menschen, sondern starke wirtschaftliche Kräfte sind es, die uns in die neue Epoche

hineintreiben. [...] Es ist fast ausschließlich eine einzige Erscheinung, die dies bewirkt: Die Verschiebung der Produktionskosten hin zu den fixen Kosten."[458]

Einen Tag später, am 1. Juni 1928, wurden die Inhalte dieser Rede in Form eines langen Aufsatzes unter dem provokativen Titel **„Der gefesselte Kapitalismus"** in der *Vossischen Zeitung* abgedruckt. Dieser Beitrag erregte nicht nur unter den Fachgelehrten großes Aufsehen. „Die Frage, ob sich das kapitalistische Zeitalter seinem Ende nähere, beschäftigte die Geister damals ohnehin stark. Hier kam nun einer, ein Wissenschaftler gar, der den Menschen das Ende des herrschenden Wirtschaftssystems als unabweisbares Schicksal darstellte."[459] Mit überzeugenden Argumenten **prophezeite** ein Betriebswirt „das Ende der freien Wirtschaft und das Heraufdämmern einer neuen Wirtschaftsverfassung, die dem Staat einen großen und unablässig wachsenden Einfluß auf das Wirtschaftsgeschehen einräumen werde."[460] Nach Auffassung von *Kruk* „übertrifft dieses Referat in der historischen Weite seines Blickfeldes, in der Prägnanz der Gedankenführung ebenso wir durch die klare Diktion und die frische Sprache alle früheren und späteren Arbeiten Schmalenbachs. Es ist ein Geistesprodukt, das den Wissenschaftler und Schriftsteller auf der Höhe seines Könnens zeigt."[461] So erlangte nicht nur der Name *Schmalenbach* eine nie dagewesene Popularität; auch der VHB und seine fachwissenschaftliche Tagung, die erstmals im fernen Wien stattfand, wurden nun einer breiten Öffentlichkeit bekannt. Dazu beigetragen haben nicht zuletzt auch die heftigen Debatten, welche die *Wiener Rede* zwischen den Ökonomen ausgelöst hatte. „Frontalangriffe" gegen Schmalenbach – die wohl auch ideologisch motiviert waren – wurden insbesondere von dem Freiburger Nationalökonomen *Robert Liefmann*, dem Oberhaupt der Österreichischen Schule *Ludwig Mieses* sowie dem Herausgeber des „Deutschen Volkswirts" *Gustav Stolper* geführt.[462]

Sogar ein halbes Jahrhundert später (Ende der 1970er- bzw. Anfang der 1980er-Jahre) flammte die **Kontroverse** um die Rolle der Fixkosten nochmal auf: Der Bremer Betriebswirtschafter *Sönke Hundt* lobte nicht nur die These *Schmalenbachs* als einen originären Beitrag, mit dem diesem „eine ökono-

---

458 Schmalenbach, zitiert nach Kruk (1984), S. 114.

459 Ebd. S. 119.

460 Ebd. S. 113.

461 Kruk (1984), S. 114.

462 Eine historische Rekonstruktion der Schmalenbach-Kontroverse um die These von der Fixkostenfalle unternimmt R. Köster: Die Schmalenbachkontroverse während der Weltwirtschaftskrise. Ein Fallbeispiel für die ökonomische Wissensrezeption, in: Jahrbuch für Wirtschaftsgeschichte, Bd. 50, Heft 1/2009, S. 233ff.

mische Erklärung des Zwangs zur Kartellbildung“[463] gelungen sei, sondern wandte selbst diesen Ansatz zur Erklärung der Stahlkrise Mitte der 1970er-Jahre an.[464] Sein Widersacher, der Bochumer Betriebswirt *Dieter Schneider* (1935–2014), hielt dem entgegen: „Natürlich erklären die fixen Kosten nicht die Kartellbildung oder die Zerstörung der freien Wirtschaft. [...] Sicher beeinflussen die fixen Kosten und die daraus folgende Abnahme der Stückkosten bei steigender Ausbringung Konzentrationsvorgänge. Aber fixe Kosten sind nur einer und selten der wichtigste Anlaß zur Konzentration.“[465] Dies verdeutlicht nochmals die weitreichende **Bedeutung** des *Wiener Vortrags*, der nach Ansicht *Kösters* schon damals eine Signalfunktion hatte. Denn die Betriebswirtschaftslehre erhob hier den Anspruch, dass sie auch zur Lösung gesamtwirtschaftlicher Problemstellungen etwas beizutragen habe. „Nach ihrer Meinung hätten viele Probleme der Unternehmen gelöst oder gemildert werden können, wäre das von ihr bereitgestellte Wissen genutzt worden; die Praxis jedoch habe notwendige Innovationen verschleppt. [...] Auch wenn keineswegs klar ist, ob die Weltwirtschaftskrise durch ein ausgefeiltes betriebliches Rechnungswesen und eine adäquate Preispolitik hätte gemildert oder früher überwunden werden können, so konnte sich die Betriebswirtschaftslehre doch an diesem Punkt profilieren.“[466]

Auf die Wiener Pfingsttagung folgten in den kommenden Jahren Treffen in Berlin (1929), Bad Kissingen (1930), Bad Homburg (1931) und Berlin (1932). Als nach der Machtergreifung der Nationalsozialisten der Verband seine Arbeit aus politischen Gründen einstellen musste, gründeten die Hochschullehrer der Betriebswirtschaftslehre zusammen mit dem VDDK im Jahre 1935 den *Deutschen Betriebswirtschafter-Tag*, aus dem dann ein eigener Verband entstand, der jährlich in Berlin eine mehrtägige Veranstaltung durchführte.[467]

## 7.3 Betriebswirtschaftliche Forschungsinstitute

Neben den Verbänden stellen die Forschungsinstitute wichtige Institutionen für die Betriebswirtschaftslehre dar. Schon Mitte der 1920er-Jahre

463 S. Hundt: Zur Theoriegeschichte der Betriebswirtschaftslehre, Köln 1977, S. 71.
464 Vgl. Köster (2009), S. 242f.
465 D. Schneider: Betriebswirtschaftslehre, Bd. 4: Geschichte und Methoden der Wirtschaftswissenschaft, München 2001, S. 217.
466 Köster (2009), S. 242f.
467 Vgl. B. Bellinger: Die Betriebswirtschaftslehre der neueren Zeit, Darmstadt 1988, S. 24.

bemängelte *Rudolf Seÿffert* (1893–1971) einen „mangelhaften Ausbau der institutsmäßigen Forschung". Der Beitrag, den solche Institute für die betriebswissenschaftliche Forschung leisten könnten, sieht er darin, „alles bereitzustellen, was für einen geordneten Forschungs- und auch Unterrichtsbetrieb erforderlich ist [...]. Der Anteil der Institute an der Forschungsarbeit wird in der Hauptsache bestehen im Materialsammeln und im Bereitstellen von Apparatur und Arbeitsplätzen zu experimentellen Untersuchungen."[468] Experimente als betriebswirtschaftliche Methode kamen seinerzeit schon in einem „zunehmenden Maße" zum Einsatz, beispielsweise auf dem Gebiet der Absatzorganisation (heute würde man von Marketing sprechen), um die Wirkung von Werbung zu erforschen.[469]

Als eines der ersten Institute kann das von *Schmalenbach* in den Jahren 1905–1908 errichtete **Bilanzarchiv** in Köln gesehen werden. In einem Bericht der Handelshochschule an den Minister für Handel und Gewerbe aus dem Sommer 1906, in dem die Tätigkeiten des Instituts beschrieben werden, heißt es:

> „In dem Bilanzarchiv werden [...] Kartogramme gezeichnet und statistische Untersuchungen angestellt, die für handelstechnisch-privatwirtschaftliche Fragen näheren Aufschluß geben sollen. So wird z. B. untersucht, welche periodisch regelmäßigen Bewegungen die Devisenkursnotierungen zeigen. [...] Oder es wird untersucht, welcher Zinsfuß den Differenzen der Wechselkurse lang und kurz zu Grunde liegt, oder es werden Reichsbank-Ausweis-Diagramme hergestellt, die der Erkenntnis der regelmäßigen periodischen Beanspruchungen der Reichsbank dienen, und derartige Arbeiten mehr."[470]

Ein richtungsweisendes Institut für den weiteren Ausbau von Forschungsinstituten, und vielleicht auch das bedeutendste, wurde 1914 von *Heinrich Nicklisch* an der Handelshochschule Mannheim errichtet. Es trug den etwas sperrig klingenden Namen **Betriebswirtschaftliches Institut für Forschung auf dem Gebiete des Betriebslebens**. Dessen Organisation und Ausstattung sei nach den Worten *Seÿfferts*, der kurz nach seiner Promotion dort „die Stelle eines Direktorialassistenten und Abteilungsleiters bekleidete"[471], vorbildlich gewesen. Die Materialsammlungen umfassten zahlreiche Unterlagen, Doku-

468 R. Seÿffert: Betriebswirtschaftliche Forschung, ihre Entwicklung. In: Handwörterbuch der Betriebswirtschaft, Bd. 1, hrsg. v. H. Nicklisch, 1. Aufl., Stuttgart 1926, Sp. 1192.

469 Ebd., Sp. 1191.

470 Zit. n. Kruk (1984), S. 47.

471 E. Sundhoff: Dreihundert Jahre Handelswissenschaft, Göttingen 1979, S. 202.

mente und Formulare von Unternehmen, Kataloge, Organisationsmittel, Modelle, Prospekte, Arbeitsproben, Gebrauchsbeschreibungen, Werbemittel, Fotos, Filme und sogar ein wirtschaftspsychologisches Labor.[472] Galt das Mannheimer Institut noch als ein „Vollinstitut“, so ist bei den nachfolgenden Einrichtungen bereits eine **Spezialisierung** erkennbar. So gründeten beispielsweise

- *Viktor Pöschl*[473] 1912 in Mannheim das *Warenkundliche Institut,*
- *Hermann Großmann* 1920 in Leipzig das *Institut für Steuerkunde,*
- *Walther Moede*[474] 1920 in Berlin das *Institut für Wirtschaftspsychologie,*
- *Rudolf Seÿffert* 1922 in Köln das *Werbewissenschaftliche Institut,*
- *Wilhelm Vershofen* 1923 (eröffnet 1925) das *Institut für Wirtschaftsbeobachtung,* das von *Erich Schäfer* geleitet wurde und sich der Marktforschung für Konsumwaren widmete,
- *Julius Hirsch* 1928[475] in Berlin die *Forschungsstelle für den Handel (FfH)* und
- *Rudolf Seÿffert* 1928 in Köln das *Einzelhandelsinstitut.*

*Seÿffert* bemerkte Mitte der 1920er-Jahre, dass sich „in Zukunft [...] die betriebswirtschaftliche Forschung in stärkerem Maße als bisher der Institute [wird] bedienen müssen, um ihren Aufgaben immer besser gerecht werden zu können.“[476] Diesem Anspruch wurde er selbst in vorbildlicher und herausragender Weise gerecht. Über einen Zeitraum von rund 40 Jahren gründete er mehrere Institute oder war maßgeblich daran beteiligt. Nachdem er bereits 1922 das **Werbewissenschaftliche Institut** gegründet hatte (das bis 1971 fortbestand), errichtete er 1928 sein **Betriebswirtschaftliches Institut für Einzelhandelsforschung** *(Einzelhandelsinstitut).*

→ Abb. 7.3 zeigt Aufnahmen aus dem Kölner Institut. Laut Satzung hatte es die Aufgabe, die Probleme des Einzelhandels wissenschaftlich zu

---

472 Vgl. Seÿffert (1926), Sp. 1192f.

473 *Viktor Poeschl* (1884–1948) war seit 1912 Professor für Warenkunde an der HH Mannheim. Er gilt als Begründer der teleologischen Warenkunde, die in der Ware in erster Linie ein Mittel der Bedürfnis- oder Anspruchsbefriedigung sieht und sie demgemäß von der Gebrauchstauglichkeit oder dem Gebrauchswert ausgehend behandelt (vgl. Wikipedia).

474 *Walter Moede* (1888–1958) zählt zu den Begründern der Wirtschaftspsychologie. Einer seiner Forschungsschwerpunkte war die „industrielle Psychotechnik“, die er im System der Wissenschaften zur Privatwirtschaftslehre zählt (vgl. Moede: Die Experimentalpsychologie im Dienste des Wirtschaftslebens, Berlin 1919, S. III).

475 Laut Seÿffert (1932, S. 882) wurde die *FfH* „Ende 1928“ gegründet. In der Literatur wird jedoch zumeist das Jahr 1929 genannt, z. B. bei H. Bunge: Siebzig Jahre Forschungsstelle für den Handel, in: V. Trommsdorff (Hrsg.): Handelsforschung 1999/00, Wiesbaden 2000, S. 1ff.

476 Seÿffert (1926), Sp. 1193.

untersuchen. Die Ergebnisse wurden ausgewertet und literarisch durch die von *Seÿffert* herausgegebene Reihe „Schriften zur Einzelhandelsforschung“ der Öffentlichkeit zugänglich gemacht.

Abb. 7.3: Das Kölner Einzelhandelsinstitut. | [42]

Standen anfangs vor allem die (mittelständischen) Einzelhandelsbetriebe im Mittelpunkt des Interesses, weitete *Seÿffert* schon bald sein Blickfeld aus auf zwischen- und überbetriebliche Aspekte. So nahm er im Laufe der Zeit mehr und mehr den Distributionsprozess über die gesamte Handelskette in den Blick: ausgehend vom Produzenten über den Großhandel und den Einzelhandel bis hin zum Verbraucher. Nicht zuletzt verlangte auch die wirtschaftliche Entwicklung (z. B. die Zusammenschlüsse des Handels zu Ketten) die wissenschaftliche Notwendigkeit, das Institut vom (institutionellen) Einzelhandel auf den (funktionalen) Handel auszuweiten. So wurde das Einzelhandelsinstitut umgewandelt und umbenannt zum **Institut für Handelsforschung**. In den rund 35 Jahren, die es unter der Leitung *Seÿfferts* stand (bis 1963), ist es „zu einer zentralen Forschungsstelle im deutschen Sprachgebiet für alle Probleme der Distributionswirtschaft" geworden.[477] Bedeutsame Leistungen erbrachte das Institut auf dem Gebiet des Betriebsvergleichs und der von *Seÿffert* entwickelten „Handelskettenanalyse".

1956 wurde die Institutsabteilung für den Außenhandel verselbständigt und umgewandelt in das **Institut für Außenwirtschaft**. Dieses befasste sich neben dem Außenhandel im engeren Sinne mit dem industriellen Export und Import, mit der Außenhandelsfinanzierung, den multinationalen Unternehmungen sowie den Wirtschaftsbeziehungen zu den Entwicklungsländern. Eine weitere Neugründung war das **Institut für Distributionsforschung**, das 1967 ebenfalls aus dem *Institut für Handelsforschung* hervorgegangen ist. Unter maßgeblicher Mitwirkung *Seÿfferts* wurde bereits 1958 das *Institut für Mittelstandsforschung* errichtet, in dem er als Vorstandsmitglied und Direktor der betriebswirtschaftlichen Abteilung tätig war. Außerdem war er Mitherausgeber der „Abhandlungen zur Mittelstandsforschung", die seit 1962 erschienen sind.[478] Die Ergebnisse von *Seÿfferts* langjährigen Forschungen auf dem Gebiet der Werbung und der Handelsforschung fanden ihren Niederschlag in seinen zahlreichen **Publikationen**. Von diesen sind besonders hervorzuheben das voluminöse, zweibändige Werk „Werbelehre – Theorie und Praxis der Werbung" (1966) sowie die in fünf Auflagen erschienene „Wirtschaftslehre des Handels" (1. Aufl. 1951, 5. Aufl. 1972)[479]. Beide Werke stellen Meilensteine in der

477 Ebd., S. 225.
478 Vgl. ebd., S. 226.
479 Die 5. Auflage wurde posthum herausgegeben. von Edmund Sundhoff.

Betriebswirtschaftslehre dar. Im inhaltlichen Zusammenhang zu *Seÿfferts* Forschertätigkeit am *Einzelhandelsinstitut* ist das von ihm herausgegebene „Handbuch des Einzelhandels“ (1932) zu sehen, in dem „erstmalig auf breiter Basis das lange vernachlässigte Gebiet des Einzelhandels eine umfassende Darstellung erfuhr“[480].

Abb. 7.4: Julius Hirsch. | [43]

Etwa zeitgleich mit dem Kölner *Einzelhandelsinstitut* wurde in Berlin die **Forschungsstelle für den Handel (FfH)** gegründet. Initiator und erster wissenschaftlicher Leiter war *Julius Hirsch*, der als Professor an der Handelshochschule Berlin die „Spezielle Betriebswirtschaftslehre des Handels“ lehrte. Mitbegründer des *FfH* waren *Joachim Tiburtius* (Vorstandsmitglied der *Hauptgemeinschaft des Deutschen Einzelhandels)* und *Leo Engel* (Geschäftsführer des *Reichsverbandes des Deutschen Groß- und Überseehandels*).[481]

> *Julius Hirsch* (1882–1961) promovierte 1909 in Bonn und habilitierte 1911 in Köln. Anschließend lehrte er dort zunächst als Dozent, ab 1917 als Professor. 1919 wurde Hirsch Staatssekretär im Reichswirtschaftsministerium. Ab 1922 lehrte er in Berlin an der Handelshochschule sowie an der Universität als Honorarprofessor. Forschungsschwerpunkte von Hirsch waren die Preisgestaltung der Handelsunternehmen, die Organisation, Formen und Strukturen des Handels, die Analyse der Handelsleistungen, die Kosten, Kalkulation und Preisbildung sowie das Verhältnis des Handels zum Staat. Sein Hauptwerk „Der moderne Handel“ (1925) gilt als „ein Handbuch von einmaliger Prägung“ (Facius). Hirsch war maßgeblich am Aufbau der Internationalen Handelskammer beteiligt und nahm in ihr führende Positionen wahr.

Der *FfH* oblag die fortlaufende Untersuchung und Hilfestellung bei der Rationalisierung von Groß- und Einzelhandlungen. Die **Aufgaben** seiner Forschungsstelle hatte *Hirsch* im Jahre 1935 mit den folgenden Worten

480 Sundhoff (1979), S. 225.
481 Vgl. Bunge (2000), S. 1.

umrissen: Sie „will durch Tatsachen-Kenntnis zur Leistungsverbesserung führen helfen. Sie will auch auf dem überaus wichtigen Gebiete der Warenverteilung führen vom Meinen zum Wissen, vom Wissen zum Können, vom Können zur planmäßigen dauernden Höhersteigerung der Wirtschaftlichkeit in der gesamten Verteilungswirtschaft."[482]

Als Methode bediente *Hirsch* sich des **Betriebsvergleichs**, d. h. eines fortlaufenden zwischenbetrieblichen Vergleichs von deutschen Handelsunternehmen. So führte das *FfH* z. B. im Jahr 1937 in 31 Zweigen des Einzelhandels und in 24 Zweigen des Großhandels Erhebungen durch, an denen 6.000–7.000 Einzelhandelsgeschäfte und 4.000–5.000 Großhandlungen teilnahmen. Gegenstand der Erhebungen waren z. B. Umsätze, Wareneingänge, Lagerbestände, Vermögen und Schulden. In langfristig angelegten Untersuchungen wurden Betriebsmerk-male erfragt, wie z. B. Art, Größe und Personalbestand des Handelsbetriebs sowie Daten zum Sortiment, zur Kundschaft und zum Standort.[483] Bemerkenswert seien *Hirschs* „Originalität und Weitblick", die nach *Schenk* daran deutlich werden, „daß das von ihm entwickelte Instrumentarium betrieblicher Kennzahlen (Personal- und Raumleistung, Lagerumschlagskennzahlen) im wesentlichen unverändert noch heute im Zentrum der Betriebsvergleiche steht!"[484]

*Hirsch* wollte die gewonnenen Erkenntnisse einerseits den Handelsunternehmen zugänglich machen, andererseits die Öffentlichkeit über die Entwicklung des Handels unterrichten. Dies geschah durch zwei **Publikationsorgane**: den „FfH-Mitteilungen" sowie der „Schriftenreihe der Forschungsstelle für den Handel"[485], die *Hirsch* 1931 mit seiner Arbeit zur Handelsspanne eröffnet. Sie gehört mit zu den letzten Schriften, die er vor 1933 veröffentlichte. Denn schon kurz nach der Machtergreifung der Nationalsozialisten wurde ihm durch die Reichsschrifttumskammer „jegliche literarische oder öffentliche rednerische Betätigung" untersagt.[486]

---

482 J. Hirsch: Kennzahlen zur Handelsforschung, S. 1, zitiert nach Bunge (2000), S. 2.

483 Vgl. K.-D. Schmidt: Institute, in: Handwörterbuch der Betriebswirtschaft, Bd. 2, hrsg. v. H. Nicklisch, 2. Aufl., Stuttgart 1939, Sp. 479.

484 H.-O. Schenk: Handelsforschung gestern und heute, in: Handelsforschung heute, hrsg. von der Forschungsstelle für den Handel, Berlin 1979, S. 30.

485 Die letzte Schrift erschien 1984.

486 Vgl. Mantel (2009), S. 362.

## 7.4 Handwörterbücher und Sammelwerke der Betriebswirtschaftslehre

Der systematische Auf- und Ausbau der BWL wurde auf literarischem Gebiet abgerundet durch das „Zusammenfassen des sich zunehmend konsolidierenden Stoffes in Form großer Sammelwerke.“[487] Hierzu zählen insbesondere die folgenden Werke, die zwischen 1925–1932 erschienen sind:

- *Karl Bott* (Hrsg.):
  **Handwörterbuch des Kaufmanns – Lexikon für Handel und Industrie**, 5 Bände, Hamburg: Hanseatische Verlagsanstalt 1925–1927.
  Das „Handwörterbuch des Kaufmanns“ sieht sich, wie es im Vorwort heißt, in der Tradition von *Ludovicis* „Kaufmannslexikons“, welches 1752–56 in erster und 1797–1801 in dritter Auflage erschienen ist. Als ein „Speziallexikon“ richtet es sich in erster Linie an die praktisch „tätigen Kaufleute“, aber auch an „Studierende der Wirtschaftswissenschaften“. Das Lexikon berücksichtigt „alle Stoffgebiete [...], die zum heutigen Kaufmannswissen gehören, also insbesondere das volkswirtschaftliche Gebiet einschließlich des finanzwissenschaftlichen und statistischen, Betriebswirtschaft und kaufmännische Fertigkeiten, Wirtschaftsgeographie, Warenkunde, Technik, das Recht, das kaufmännische und gewerbliche Bildungswesen, die Sozialpolitik und das Zeitungswesen.“[488]
  Zu den Autoren gehören viele namhafte Fachvertreter: Wilhelm Auler, Karl Banse, Walter Le Coutre, Guido Fischer, Wilhelm Kalveram, Konrad Mellerowicz, Balduin Penndorf, Bruno Pfeiffer, Karl Rößle, Fritz Schmidt, Rudolf Seÿffert Heinrich Sommerfeld und Felix Werner. Die Bände haben einen Umfang von je rund 1.000 zweispaltig gesetzten Seiten und enthalten zahlreiche Fotos, Abbildungen und Karten. Der Umfang der Stichwörter variiert von wenigen Zeilen bis hin zu mehreren Seiten; so umfasst z. B. das Stichwort „Handels- und Wirtschaftsgeschichte“ fast 40 Seiten.
- *Heinrich Nicklisch* (Hrsg.):
  **Handwörterbuch der Betriebswirtschaft**, 5 Bände, 1. Aufl., Stuttgart: C. E. Poeschel 1926–1928.
  Die ersten beiden Auflagen des „Handwörterbuchs der Betriebswirtschaft“ (HWB) wurden 1926–28 sowie 1938/39 von *Nicklisch* herausge-

487 Seÿffert (1971), S. 55.
488 K. Bott (Hrsg.): Handwörterbuch des Kaufmanns, Hamburg 1925, S. VI.

geben. Wie er im Vorwort zur ersten Auflage schreibt, war es u. a. die Absicht des Werkes, „ein Gesamtbild der Betriebswirtschaftslehre“ zu geben, welches bis dahin noch nicht bestanden habe. Das Handwörterbuch „will dem einzelnen Betriebswirtschafter zeigen, was erarbeitet ist, in welchem Zusammenhange mit dem Ganzen dieses Einzelne steht und wie die Grenzgebiete sich an die Betriebswirtschaftslehre anschließen.“[489]

In den nachfolgenden Jahren wurde es von verschiedenen Herausgebern fortgeführt: *Hans Seischab* und *Karl Schwantag* (3. Aufl., 1950–1962), *Erwin Grochla* und *Waldemar Wittmann* (4. Aufl., 1974–1976), *Waldemar Wittmann, Werner Kern, Richard Köhler* et al. (5. Aufl., 1993) und zuletzt von *Richard Köhler, Hans-Ulrich Küpper* und *Andreas Pfingsten* (6. Aufl., 2007).

Seit den 1970er-Jahren wird das Handwörterbuch ergänzt um zwölf weitere Bände, die sich betriebswirtschaftlichen Spezialbereichen widmen, wie beispielsweise das „Handwörterbuch des Rechnungswesens“ (1. Aufl., 1970), „Handwörterbuch der Produktionswirtschaft“ (1. Aufl., 1979), Handwörterbuch der Absatzwirtschaft“ (1. Aufl., 1970; 2. Aufl. 1994 unter dem Titel „Handwörterbuch des Marketing“). Zusammen bilden sie die „Enzyklopädie der Betriebswirtschaftslehre“ (*EdBWL*). In dieser Reihe stellt das „Handwörterbuch“ sozusagen das Grundlagenwerk dar.

Abb. 7.5: (v. l. n. r.) Das fünfbändige „Handwörterbuch des Kaufmanns" von Karl Bott, die fünfbändige 1. und die zweibändige 2. Auflage des „Handwörterbuchs der Betriebswirtschaft" von Heinrich Nicklisch. | [44]

489 H. Nicklisch (Hrsg.): Handwörterbuch der Betriebswirtschaft, Bd. 1, 1. Aufl., Stuttgart 1926, S. IV.

- *Fritz Schmidt* (Hrsg.):
  **Die Handels-Hochschule – Lehrbuch der Wirtschaftswissenschaften**, 6 Bände, Berlin: Industrieverlag Spaeth & Linde 1927–1932.
  „Eine bedeutende Rolle für die Entwicklung des Faches spielte das gemeinsam von allen Handelshochschulen beschlossene und herausgegebene Lehrbuch *Die Handelshochschule*, das ab 1927 an allen Einrichtungen verbindlich war."[490] Dieses voluminöse, mehrere Tausend Seiten umfassende Sammelwerk deckte den gesamten wirtschaftswissenschaftlichen Stoff ab, der seinerzeit an den Universitäten und Handelshochschulen gelehrt wurde.
  Die Gliederung ist wie folgt angelegt:
  - Band I: Betriebswirtschaftslehre,
  - Band II: Volkswirtschaftslehre,
  - Band III: Rechtswissenschaft,
  - Band IV: Sondergebiete der Wirtschaftswissenschaft und
  - Band V: Ergänzungsband (Teil I) sowie
  - Band VI: Ergänzungsband (Teil II).
    Der Band zur Betriebswirtschaftslehre (1. Auflage 1927) enthält Beiträge von *Kalveram* zum Kaufmännischen Rechnen, zur Buchhaltung und zur Finanzierung. *Isaac* verfasste den Beitrag zu Bilanzen, *Hellauer* den zur Handelsverkehrslehre, *Le Coutre* den zur Betriebsorganisation, *Penndorf* den zur Industriebetriebslehre, *Schmidt* den zur Kalkulation und Preispolitik und *Großmann* den zum Zahlungsverkehr. Insgesamt erlebt dieses Sammelwerk drei Auflagen; die 2. Auflage erschien ab 1937, die 3. Auflage ab 1950.
- *Walter Le Coutre* (Hrsg.):
  **Organisations-Lexikon – Kurzgefaßtes Auskunftswerk für die gesamte Betriebsorganisation**, Berlin: Hobbing 1930.
  Mit seinem rund 600 Seiten starken Lexikon verfolgt der Herausgeber, wie er im Vorwort schreibt, insbesondere die Ziele „der Praxis für das gegenwärtig so wichtige Gebiet der Betriebsorganisation die Erkenntnisse und Methoden der betriebswirtschaftlichen Forschung in unmittelbar verwendbarer Form dar[zu]bieten" sowie den Auf- und Ausbau der wissenschaftlichen Organisations-lehre zu fördern.[491]

490 H. Göschel: Die Handelshochschule in Leipzig, Leipzig 2008, S. 86.
491 W. Le Coutre: Organisations-Lexikon, Berlin 1930, S. 3.

Werke wie das „Orlex“ sollen nach Auffassung von *Le Coutre* „erschöpfend sein, indem sie über jeden vorkommenden Begriff unmittelbar und verständlich unterrichten. Sie sollen das Wesen der Dinge, ihre Bedeutung und ihre Problematik kurz umreißen, die vorliegenden Erfahrungen aufzeigen und die Stellen angeben, bei denen der Interessent [...] sich bis in die letzten Einzelheiten weiter unterrichten kann. Vollständigkeit im Hinblick auf alle vorkommenden Begriffe, Fragen usw. und Hervorhebung alles Wesentlichen in knapper Form, das ist das, was auch praktisch zunächst und allgemein gebraucht wird.“[492]
Die zwei großen Hauptabschnitte des „Orlex“ behandeln die Organisationslehre (das Grundsätzliche der Betriebsorganisation) sowie die Organisationstechnik (die Praxis der Betriebsorganisation). So werden im ersten Teil z. B. Begriffe, Aufgaben, Methoden, Grundsätze, Mittel und Probleme erläutert, während im zweiten Teil praktische Aspekte wie die Raumgestaltung, Apparate, Maschinen, (personelle) Organisationsprinzipien, Betriebsverfahren usw. dargestellt werden. Biographische Angaben und eine Bibliographie runden das Handbuch ab.

Abb. 7.6: Walter Le Coutre. | [45]

*Walter Le Coutre* (1885–1965) war Professor für BWL in Königsberg und Mannheim. Sein Hauptarbeitsgebiet war die Betriebsorganisation. Im Mittelpunkt seiner Forschung stand die Lehre von Aufbau, Leben und Leistung des Betriebes, den er als Organismus betrachtet. Davon leiteten sich auch die Begriffe **Organisieren** und **Organisation** ab: „Organisieren heißt allgemein organisch gestalten, d. h. irgendwelche Einrichtungen oder Arbeitsvorgänge in die zweckmäßigste Form bringen.“ „Organisation ist die bei einem Organ oder bei einem Organismus in ihrem Bestand oder in ihrer Betätigung festzustellende, bewußt oder unbewußt herbeigeführte Zweckmäßigkeit im Hinblick auf die zu erfüllenden Aufgaben.“[493]

492 Ebd.
493 W. Le Coutre: Organisations-Lexikon, Berlin 1930, S. 331.

- *Rudolf Seÿffert* (Hrsg.):
  **Handbuch des Einzelhandels**, Stuttgart: C. E. Poeschel 1932.
  Im Herbst 1932 gab *Seÿffert* das „Handbuch des Einzelhandels" heraus, zu dem noch weitere 43 Autoren aus Wissenschaft und Praxis Beiträge lieferten. Wie es im Vorwort heißt, sammele das Handbuch erstmalig die Ergebnisse wissenschaftlicher Forschung „und macht darüber hinaus den Versuch, den gesamten Fragenkreis des Einzelhandels [...] systematisch geordnet darzustellen." Dabei habe sich „die praktische Aufgabe gestellt, durch ein geschlossenes System der Einzelhandelsbetriebslehre und ihrer wichtigsten Hilfsgebiete einen gedrängten, möglichst vollständigen Überblick über alle wichtigeren Einzelhandelsfragen zu geben, aus dem der Stand und die Hauptergebnisse der Detailforschung ersichtlich und in einen größeren Zusammenhang eingeordnet werden."[494]
  Das knapp 1.000 Seiten starke „Handbuch des Einzelhandels", das in fünf große Teile gegliedert ist, deckt sämtliche Gebiete und Themen der Einzelhandelsbetriebslehre und der Warenkunde ab, die etwa 2/3 des gesamten Umfangs ausmachen. Das letzte Drittel des Buches behandelt rechtliche, volkswirtschaftliche und berufspädagogische Themen im Zusammenhang mit dem Einzelhandel. Nach der Einschätzung *Erich Schäfers* sei eine solche Publikation „in gleicher Art in jenen Jahren auf anderen Feldern betriebswirtschaftlicher Forschung kaum denkbar" gewesen, und er sieht darin zugleich einen Beleg für eine „Einzelhandels-Epoche" der 1930er- bis 1950er-Jahre.[495]

Abb. 7.7: Handbuch des Einzelhandels. | [46]

Das „Handbuch des Einzelhandels" ist das letzte betriebswirtschaftliche Sammelwerk, das vor der Machtübernahme der Nationalsozialisten veröffentlicht worden ist. Mit den bis dahin erschienenen großen Sammelwerken,

494 R. Seÿffert: Handbuch des Einzelhandels, Stuttgart 1932, S. V.
495 Vgl. E. Schäfer: Etappen der Handels- und Absatzlehre, in: Handelsforschung heute, hrsg. von der Forschungsstelle für den Handel, Berlin 1979, S. 49.

die nach *Seÿffert* zumeist „eine beachtliche Systematik und Beiträge von hohem Niveau“[496] aufweisen, hat die Konsolidierungsphase der Betriebswirtschaftslehre ihren literarischen Abschluss gefunden. Von da an wird mehr und mehr die theoretische Vertiefung einzelner betriebswirtschaftlicher Funktionen (z. B. Absatzwirtschaft) und Branchen (z. B. Einzelhandel, Großhandel, Industrie) in den Vordergrund rücken. Allerdings wird die Entwicklung der Betriebswirtschaftslehre durch den Nationalsozialismus überschattet und massiv beeinträchtigt werden.

## ➲ Zusammenfassung

- In der Zeit von 1910 bis 1932 finden ein **Ausbau** und eine **Konsolidierung** der BWL statt. Dies lässt sich auf verschiedenen Gebieten feststellen, z. B. durch
  - eine stetige Erhöhung der Anzahl der BWL-Professoren,
  - die Gründung mehrerer betriebswirtschaftlicher Verbände,
  - die Errichtung zahlreicher Forschungsinstitute und
  - das Erscheinen betriebswirtschaftlicher Nachschlage- und Sammelwerke (Lexika, Handwörterbücher).
- Von 1898 bis 1928 wirken mehr als 60 hauptamtliche **Hochschullehrer** am Aufbau und der Entwicklung der BWL mit. Zwischen 1910 und 1928 erhalten 46 Hochschullehrer ihre erste Professur.
  - Die **erste Generation** baut das Fach auf. Ihr Tätigkeitsschwerpunkt ist zumeist die Lehre.
  - Die **zweite Generation** der Betriebswirte kämpft in den 1920er-Jahren um die Anerkennung der Disziplin. Inhaltlich stehen vor allem Fragen des betrieblichen Rechnungswesens, der Bilanzierung und der Kostenrechnung im Mittelpunkt der Forschungen.
  - Die Vertreter der **dritte Generation**, die durchweg eine vollständige akademisch-betriebswirtschaftliche Ausbildung durchlaufen haben und seit Ende der 1920er- bzw. Anfang der 1930er-Jahren lehren, spezialisieren sich auf bestimmte betriebswirtschaftliche Themen (z. B. Kosten), Funktionen (z. B. Absatz) oder spezielle Betriebswirtschaftslehren (z. B. Handel, Bank).

---

496 R. Seÿffert: Über Begriff, Aufgaben und Entwicklung der Betriebswirtschaftslehre, 6. Aufl., Stuttgart 1971, S. 56.

- Die ersten betriebswirtschaftlichen **Fachgesellschaften** sind der
  - Verband deutscher Diplom-Kaufleute e. V. (VDDK),
  - Verein Deutscher Handelslehrer,
  - Verband der Dozenten für Betriebswirtschaftslehre an Deutschen Hochschulen
    heute: **VHB** – Verband der Hochschullehrer für Betriebswirtschaft e. V.
- Insbesondere in den 1920er-Jahren werden mehrere betriebswirtschaftliche **Forschungsinstitute** gegründet:
  - 1912 das **Warenkundliche Institut** in Mannheim,
  - 1920 das **Institut für Steuerkunde** in Leipzig,
  - 1920 das **Institut für Wirtschaftspsychologie** in Berlin,
  - 1922 das **Werbewissenschaftliche Institut** in Köln,
  - 1923/1925 das **Institut für Wirtschaftsbeobachtung** in Nürnberg.
  - 1928 die **Forschungsstelle für den Handel** (FfH) in Berlin und
  - 1928 das **Einzelhandelsinstitut** in Köln.
- Auf literarischem Gebiet wird der systematische Auf- und Ausbau der BWL abgerundet durch das „Zusammenfassen des sich zunehmend konsolidierenden Stoffes in Form großer **Sammelwerke**“ (*Seÿffert*). Zwischen 1925–1932 erscheinen:
  - *Karl Bott* (Hrsg.):
    **Handwörterbuch des Kaufmanns**, Hamburg 1925–1927,
  - *Heinrich Nicklisch* (Hrsg.):
    **Handwörterbuch der Betriebswirtschaft**, 1. Aufl., Stuttgart 1926–1928,
    zuletzt erschienen in 6. Auflage 2007, hrsg. v. *R. Köhler, H.-U. Küpper* und *A. Pfingsten*,
  - *Fritz Schmidt* (Hrsg.):
    **Die Handels-Hochschule**, Berlin 1927–1932,
  - *Walter Le Coutre* (Hrsg.):
    **Organisations-Lexikon**, Berlin 1930 und
  - *Rudolf Seÿffert* (Hrsg.):
    **Handbuch des Einzelhandels**, Stuttgart 1932.

# 8 Betriebswirtschaftslehre im Nationalsozialismus (1933-1945)

## 8.1 Wirtschaftspolitik im Nationalsozialismus

Die 1920 gegründete *Nationalsozialistische Deutsche Arbeiterpartei (NSDAP)* hatte zunächst kein eigenständiges, in sich konsistentes, geschlossenes Wirtschaftsprogramm.[497] Doch schon bald nach der Machtübernahme am 30. Januar 1933 wurde die Wirtschaft in ihrem Sinne umgestaltet und nach dem **Führerprinzip** organisiert. Grundlage hierfür war insbesondere das „Gesetz zur Vorbereitung des organisatorischen Aufbaues der deutschen Wirtschaft" vom 27. Februar 1934. Es ermächtigt den Reichswirtschaftsminister, Wirtschaftsverbände als alleinige Vertretung ihres Wirtschaftszweiges anzuerkennen, diese zu gründen, aufzulösen oder miteinander zu vereinigen. Insbesondere wird er befugt, den Führergrundsatz einzuführen; dazu kann er die Führer von Wirtschaftsverbänden bestellen und abberufen sowie Unternehmer und Unternehmungen an Wirtschaftsverbände anschließen. Der Zweck dieses Gesetzes wird in einem zeitgenössischen BWL-Schulbuch folgendermaßen verklärt: „Der nationalsozialistische Staat stellt die Wirtschaft in den Dienst des Volkes. Er verstaatlicht [...] sie aber deswegen nicht (wie etwa der Bolschewismus), sondern er schätzt die schaffensfrohe Einzelpersönlichkeit. Deshalb hat er die Wirtschaft nur geordnet."[498] In Wahrheit war dieses Gesetz „nichts anderes als ein Ermächtigungsgesetz zur totalen staatlichen Kontrolle der Wirtschaft einschließlich aller Verbände und Personen unter Maßgabe des Führerprinzips."[499]

497 Vgl. R. Walter: Wirtschaftsgeschichte, 5. Aufl., Köln/Weimar/Wien 2011, S. 195.
498 K. Müller/H. Lochner: Das Grundwissen des Kaufmanns, Leipzig 1938, S. 167.
499 Walter (2011), S. 201.

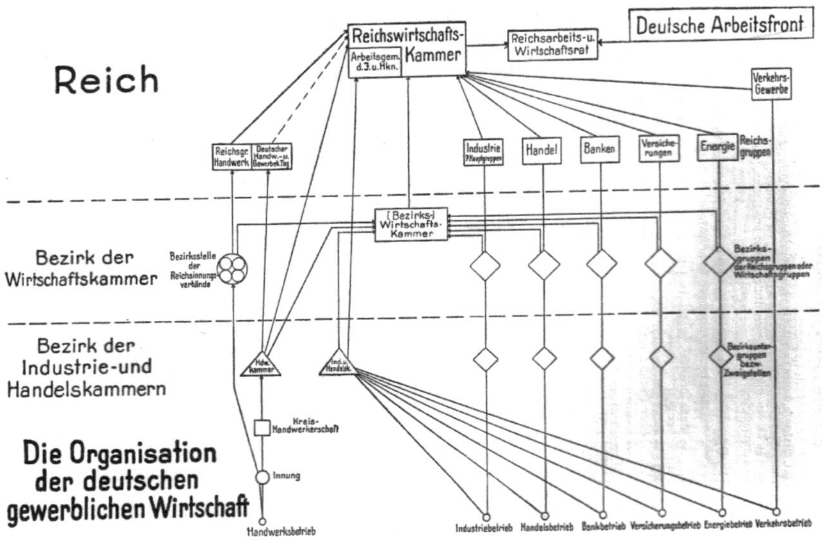


Abb. 8.1: Die Organisation der deutschen Wirtschaft. | [47]

Wie → Abb. 8.1 veranschaulicht, war die gewerbliche Wirtschaft folgendermaßen organisiert: An der Spitze des Reichsgebietes stand die *Reichswirtschaftskammer.* Ihr gehörten die sechs Reichsgruppen an, die wiederum in Wirtschafts- und Fachgruppen aufgegliedert waren: Industrie, Handwerk, Handel, Banken, Versicherungen, Energiewirtschaft. Nur bei der umfangreicheren Reichsgruppe Industrie gab es zunächst große Hauptgruppen, dann erst die kleineren Wirtschafts- und Fachgruppen. Außerdem waren in der Reichswirtschaftskammer alle Industrie- und Handelskammern sowie die Handwerkskammern vertreten. Neben dieser fachlichen Gliederung wurde auch noch eine räumliche Aufteilung nach Bezirken vorgenommen. Die Selbstverwaltung jedes Gebietes übernahm eine „Kammer". Gemeinsam mit den Fachgruppen arbeiteten sie z. B. an der Normung, betrieben Marktforschung, erstellten Statistiken, führten Betriebsvergleiche durch und arbeiteten an der Vereinheitlichung der Buchführung und Kalkulation.[500] An der Spitze eines größeren Wirtschaftsgebietes stand die *Wirtschaftskammer.* Zu ihr gehörten alle Industrie- und Handelskammern sowie

500 Vgl. Müller/Lochner (1938), S. 167f.

Handwerkskammern des jeweiligen Wirtschaftsgebietes. Auch die übrigen Wirtschaftszweige (Landwirtschaft, Verkehrswirtschaft, Kulturberufe, Werbewirtschaft) waren straff durchgegliedert. Eine besondere Stellung nahm der sogenannte „Reichsnährstand" ein, der am 13. September 1933 gebildet wurde. Zu diesem gehörten außer der eigentlichen Landwirtschaft der Gartenbau, der Weinbau, die Fischerei, die Jagd, die Imkerei sowie alle Lebensmittel-Hersteller, -Großhändler und -Einzelhändler. Der Reichsnährstand war wichtig für die von *Hitler* angestrebte wirtschaftliche Autarkie im Hinblick auf die Kriegsvorbereitung.

Die gleich nach der Machtübernahme in mehr oder weniger chaotischer Folge erlassenen zahlreichen Gesetze, Verordnungen und Richtlinien enthielten kaum konkrete Angaben über Inhalt, Zweck und Ausmaß der Regelungen. Sie kamen vielmehr einer Generalermächtigung gleich, die willkürliche Auslegungen ermöglichte.[501] Daher kann von einer echten **Wirtschaftsplanung** der Nationalsozialisten kaum die Rede sein. Umso bemerkenswerter erscheinen Äußerungen von Betriebswirten, die eben diese befürworteten. Ein Beispiel hierfür ist der Beitrag „Wirtschaftsplanung" des Dresdner Betriebswirts *Theodor Beste* (1894–1973) im *Handwörterbuch der Betriebswirtschaft* (1939):

> „Je freier Erzeuger und Verbraucher in der Wirtschaft sich betätigen dürfen, um so leichter können vernünftige Überlegungen über den Verlauf der Zukunft ihren Sinn und ihre Berechtigung verlieren und der Planung den sicheren Boden entziehen. Dagegen liegen günstige Bedingungen für die Planung dort vor, wo der Staat die Wirtschaft lenkt, die Preisbildung beeinflusst, für einen geordneten Wettbewerb sorgt, der Wirtschaft für längere Zeit bestimmte Aufgaben setzt und es unternimmt, auch auf den Verbrauch einzuwirken."[502]

Die fundamentale Umgestaltung der Wirtschaft im Sinne des Nationalsozialismus fand ihren Ausdruck in zwei **Vierjahresplänen** – wohl auch so genannt, um sich von den sowjetischen *Fünfjahresplänen* abzugrenzen. Kurz nach seiner Ernennung zum Reichskanzler verkündete *Hitler* den **ersten Vierjahresplan**. Dieses Wirtschaftsprogramm, das vor allem Propagandazwecken und der Stabilisierung seiner Macht diente, wurde am 1. Februar 1933 im Rundfunk

501 Vgl. G. Ambrosius: Von Kriegswirtschaft zu Kriegswirtschaft 1914–1945. In: M. North: Deutsche Wirtschaftsgeschichte, München 2000, S. 327.

502 T. Beste: Wirtschaftsplanung, in: Handwörterbuch der Betriebswirtschaft, Bd. 2, 2. Aufl., Stuttgart 1939, Sp. 2341.

übertragen.[503] *Hitler* versprach darin: „Die nationale Regierung wird das große Werk der Reorganisation der Wirtschaft unseres Volkes mit zwei großen Vierjahresplänen lösen." Der Betriebswirt *Wilhelm Hasenack* (1901–1984) schreibt dazu im *Handwörterbuch der Betriebswirtschaft* von 1939:

> „Ehe die deutsche Wirtschaft wieder zu größeren Aufgaben fähig war, mußte ein entschlossener Reinigungs- und Belebungsprozeß die durch Weltkrieg, Inflation, Reparationen und Depression gestörten Funktionen des Wirtschaftskörpers wieder in Gang bringen. Die Beseitigung dieser kräftezehrenden Krankheitsherde war die Aufgabe des ersten Vierjahresplanes. Er hatte vor allem drei Teilaufgaben zu bewältigen:
>
> 1. Wiedereingliederung von 6 bis 7 Mill. Arbeitslosen in den Wirtschaftsprozeß;
> 2. Kräftigung, ja Rettung der vor dem Zusammenbruch stehenden deutschen Landwirtschaft;
> 3. Vollbeschäftigung der industriellen Anlagen [...] mit dem Ergebnis einer vielfach gesteigerten wirtschaftlichen Leistungsfähigkeit.
>
> Als diese drei Teilziele im wesentlichen erreicht [...] waren, konnte der Staat seine helfenden Stützen allmählich abbauen und seinerseits die Wirtschaft vor die Aufgaben des zweiten Vierjahresplanes stellen. So ist der Erfolg des ersten Vierjahresplanes die Voraussetzung des zweiten Vierjahresplanes gewesen."[504]

Mit dem **zweiten Vierjahresplan** von 1936 verfolgt *Hitler* im Wesentlichen zwei Ziele, die er in einer Denkschrift zum Vierjahresplan so formuliert:

1. „Die deutsche Armee muß in vier Jahren einsatzfähig sein."
2. „Die deutsche Wirtschaft muß in vier Jahren kriegsfähig sein."

Wesentliche Merkmale der NS-Wirtschaftspolitik bzw. der Vierjahrespläne waren Arbeitsbeschaffung, Arisierung, Autarkiebestrebungen und die systematische Vorbereitung auf den Krieg (Rüstungsproduktion). Die **Arbeitsbeschaffung** diente dem Abbau der Arbeitslosigkeit, von der 1932 rund 30 % der Arbeitnehmer betroffen waren. Dieses Ziel ergänzte sich zum Teil mit der **Kriegsvorbereitung**. So diente beispielsweise der Bau der Autobahn auch militärischen Zwecken (Kriegslogistik). Insgesamt ist die gesamte

503 Vgl. die „Chronik des nationalsozialistischen Aufbauwerkes" in J. Greifzu (Hrsg.): Handbuch des Deutschen Kaufmanns, Hamburg 1935, S. 1057.

504 W. Hasenack: Vierjahresplan, in: Handwörterbuch der Betriebswirtschaft, Bd. 2, 2. Aufl., Stuttgart 1939, Sp. 2142.

Arbeitsbeschaffungspolitik der Nazis unter rüstungspolitischen Vorzeichen zu verstehen. Von Anfang an bereitete sich das Regime auf den Krieg vor. Mit seinen **Autarkiebestrebungen** wollte *Hitler* die deutsche Wirtschaft unabhängig machen von internationalen Wirtschaftsbeziehungen. Doch damit wurden auch gewachsene Handelsbeziehungen zerstört. Unternehmen verloren ihren langjährigen Geschäftspartner. Benötigte Rohstoffe konnten nicht mehr importiert werden und mussten durch minderwertige Ersatzprodukte ersetzt werden. Viele Maßnahmen stellten die Unternehmer vor Probleme, „denn die Absichten des Dritten Reiches widersprachen immer häufiger ihren ureigensten betriebswirtschaftlichen Interessen."[505] Die sogenannte **Arisierung** der Wirtschaft fußt auf dem Antisemitismus der NS-Ideologie und zielt auf den Ausschluss der Juden aus dem Wirtschaftsleben. Sie wurden diskriminiert, enteignet, mit Berufsverboten belegt, von leitenden Funktionen entbunden, aus Verbänden ausgeschlossen und überhaupt aus nahezu sämtlichen Bereichen der Wirtschaft radikal verdrängt. Jüdischen Betrieben wurden Verkaufsverbote und Verkaufsbeschränkungen auferlegt; die wirtschaftliche Tätigkeit wurde immer wieder behindert durch Propaganda, Erschwerung der Werbung, Kontrollen, Drohungen, Plakate und Schmierereien.[506] Eine perfide „Rechtfertigung" dieser Maßnahmen findet sich im Artikel „Wirtschaft und Judentum" von *Kurt Uckel* im „Handwörterbuch der Betriebswirtschaft" (1939):

> „Die Ausschaltung des Judentums aus der Wirtschaft [...] ist primär eine politische Maßnahme, keine wirtschaftliche. Wenn aber das Volk Träger der Wirtschaft ist, so bedeutet dies, daß auch für die Wirtschaft nur die Lebensgesetze des Volkes gelten können. Damit ist die Einheitlichkeit beider Gesichtspunkte klar, und es ergeben sich daraus auch die wirtschaftlichen Auswirkungen."[507]

Wie die bisherigen Ausführungen zeigen, wirkte sich die NS-Ideologie sehr stark auf die Wirtschaft aus. Da die Unternehmen nach dem Führerprinzip organisiert und in eine staatlich gelenkte Planwirtschaft eingebunden worden sind, wurden somit auch das Erfahrungsobjekt (die Betriebe) und das Erkenntnisobjekt (das Wirtschaften) der Betriebswirtschaftslehre modi-

505 H. Berghoff: Moderne Unternehmensgeschichte, 2. Aufl., Berlin/Boston 2016, S. 214.
506 Vgl. Walter (2011), S. 213–215.
507 K. Uckel: Wirtschaftslenkung (Wirtschaft und Judentum), in: Handwörterbuch der Betriebswirtschaft, Bd. 2, 2. Aufl., Stuttgart 1939, Sp. 2705.

fiziert. Sie mussten nun unter politischen bzw. ideologischen Vorzeichen betrachtet werden.

## 8.2 Einfluss des Nationalsozialismus auf die Betriebswirtschaftslehre

Der Einfluss des Nationalsozialismus auf die Betriebswirtschaftslehre wird sehr deutlich geschildert in dem von *Wilhelm Auler* verfassten Kapitel „Allgemeine kaufmännische Betriebswirtschaft" im *Handbuch des Deutschen Kaufmanns* (1935). Dort führt er Folgendes aus:

Abb. 8.2: Wilhelm Auler. | [48]

„Ein völliger Umbruch in unserer geistigen Auffassung und Haltung hat sich vollzogen. Es erfolgt eine scharfe Abkehr von der individualistisch-kapitalistischen Lehre und ein uneingeschränktes Bekenntnis zur organisch-ganzheitlichen Idee. An die Stelle der liberalistischen tritt die organische Wirtschaftsauffassung. Im Gegensatz zur individualistisch-liberalistischen Auffassung wird die Wirtschaft [...] in den Dienst der Nation gestellt. Der Primat des Staates vor der Wirtschaft wird zur grundsätzlichen Forderung. [...] Die Initiative der Persönlichkeit wird gefördert, die Verantwortung bis auf die untersten Stellen verteilt und auf diese Weise das Führerprinzip auf die Wirtschaft übertragen. Das Leistungsprinzip wird zur Grundforderung erhoben. Das Eigentum bleibt bestehen, wird jedoch der Volksgesamtheit verpflichtet. Die ständische Ordnung wird gefordert. Die interessenpolitischen Gegensätze zwischen Unternehmer, Angestellten und Arbeitern werden behoben. Die so geschaffene Gemeinschaft ist eine Leistungsgemeinschaft, ein organisches Gefüge, in dem die Arbeitsgruppen zu einem bewußten und gewollten Ganzen vereinigt sind. Das Materielle darf nicht wie beim Liberalismus das alles beherrschende Ziel sein. Das Gewinnstreben muß dem Gemeinwohl untergeordnet werden. In dieser Weise wird die liberalistisch-kapitalistische durch die organische Wirtschaftsauffassung abgelöst. Gegenüber dem reinen Rentabilitätsstreben des Liberalismus ist das Endziel der organischen Wirtschaft die bestmögliche, unter den vorteilhaftesten Bedingungen erfolgende Bedarfsdeckung der Volksgenossen. Der Gedanke der Gemeinwirtschaftlichkeit soll und muß das Denken des Unternehmers erfüllen und sein Handeln bestimmen. Als gemeinwirtschaftlich gilt aber nur das, was auf die Volksgemeinschaft bezogen wertvoll ist. [...] Im Mittelpunkte der Betrachtungen steht nun für die kaufmännische Betriebswirtschaftslehre die Unternehmung als Glied der organischen Wirtschaft. Die einzelne Unternehmung und der Austausch der Leistungen dieser Wirtschaftsglieder untereinander und mit Dritten bilden das Forschungsfeld. Alle Unternehmungen suchen ihr Ziel mit den gleichen Mitteln zu erreichen, sie haben daher die gleichen betriebswirtschaftlichen Probleme zu lösen. Drei große Fragenkomplexe sind es, die nach *Walb* (Professor der Betriebswirtschaftslehre, Köln) in das Lehrgebiet der der kaufmännischen Betriebswirtschaftslehre fallen: die Organisation, die Berechnung und die Rechnungslegung."[508]

*Wilhelm Auler* (1883–1955) war von 1925–45 als Professor für BWL in Gießen und zugleich als Dozent in Marburg tätig, da die BWL dort keinen eigenen Vertreter hatte. In seinen Schriften hat sich *Auler* (seit 1937 Mitglied der NSDAP) für eine nationalsozialistische Wirtschaftsideologie eingesetzt. *Auler* rechtfertigte seine nationalsozialistische Betätigung später damit, dass er durch seine politische Einstellung vor 1933 zu Beginn des Dritten Reichs diskriminiert worden sei. Nach eigenen Worten habe er nach der Machtübernahme der Nazis in führenden Kreisen der Universität Gießen als Anhänger der sozialistischen Planwirtschaft und des Kommunismus gegolten.[509]

Schauen wir uns im Folgenden einige von *Auler* angesprochenen Aspekte genauer an, an denen exemplarisch die inhaltliche Beeinflussung der BWL durch die NS-Ideologie verdeutlicht werden soll. *Auler* fordert, dass das Gewinnstreben dem **Gemeinwohl** untergeordnet werden müsse, um so die liberalistisch-kapitalistische durch die organische Wirtschaftsauffassung zu ersetzen. Das Ziel sei nicht mehr das Rentabilitätsstreben, sondern die Bedarfsdeckung. „Der Gedanke der Gemeinwirtschaftlichkeit soll und muß das Denken des Unternehmers erfüllen und sein Handeln bestimmen." Diese Forderung veranschaulicht, in welchem Widerspruch die NS-Wirtschaftspolitik zu betriebswirtschaftlichen Erkenntnissen steht. Denn weil der Nationalsozialismus das Privateigentum an den Produktionsmitteln weiterhin zugesteht, kann auf eine Mindestrentabilität gar nicht verzichtet werden.

508 W. Auler: Allgemeine kaufmännische Betriebswirtschaft. In: Handbuch des Deutschen Kaufmanns, hrsg. von J. Greifzu. Hamburg 1935, S. 335–360 (hier: S. 335ff.).
509 Vgl. Mantel (2009), S. 175 u. 649 f.; Klein-Blenkers (1992), S. 114f.

Dieses Problem veranlasste einige Betriebswirte, über die Bedeutung und die Grenze der **Rentabilität** nachzudenken. Antworten fanden sie nicht; vielmehr verirrten sie sich, wie z. B. *Curt Sandig*, in Floskeln:[510]

> „Die Grenze für die betriebliche Rentabilität verläuft dort, wo der Gewinn noch als Entgelt für die Leistung von Betriebsführer und Gefolgschaft und noch als Gegenleistung für den Anteil des Kapitals am Wert der gesamten Betriebsleistung angesehen werden kann. [...] Die Frage nach der Grenze der Rentabilität ist eine Frage der Haltung, des Charakters, nicht der Rechnung. Und hier zeigt sich die Größe einer Erziehungsaufgabe an. Die Wirtschaft braucht auf der ganzen Linie Nationalsozialisten als Betriebsführer [...] Männer, [...] die das gleiche Familien-, Sippen-, Stammes-, Volks- und Rassenschicksal teilen."[511]

Während *Schneider* solche Gedankengänge als „Floskeln" wertet, glauben Mannheimer Historiker eine „identifizierende Selbstgleichschaltung" *Sandigs* feststellen zu können. Er habe „dezidiert nationalsozialistische Ideen in einem solchen Maße in die Zusammenhänge seiner normativen betriebswirtschaftlichen Konzeptionen und Ansätze integriert, dass diese als nahezu vollständig nationalsozialistisch ‚kontaminiert' bezeichnet werden können."[512]

Die von *Auler* erwähnten BWL-Bereiche **Organisation, Berechnung und Rechnungslegung** hatten für die nationalsozialistische Wirtschaftspolitik eine nützliche Funktion. Denn die Erkenntnisse aus diesen Bereichen konnten von den NS-Wirtschaftsplanern in ihrem Sinne in der Praxis sofort angewendet werden. „Die planwirtschaftlichen Elemente der nationalsozialistischen Wirtschaftsverfassung, insbesondere nach der Schaffung der Vierjahresplan-Gesetzgebung und -behörde unter Görings Leitung ab 1936, erforderten eine genaue Erfassung der Kostenstrukturen der Unternehmen – und die BWL hatte mit der Kostenrechnung das dafür geeignete Instrumentarium anzubieten."[513] Dadurch erfuhr die BWL bei vielen NS-Stellen

---

510 Vgl. Schneider (2001), S. 232.

511 C. Sanidig: Wo liegt die Grenze der Rentabilität? In: Die Betriebswirtschaft, Jg. 32, (1939), S. 121–128 (hier: S. 127), zit. n. Schneider (2001), S. 232.

512 A. Borgstedt et al.: Curt Sandig, der Nationalsozialismus, die deutsche BWL und die Universität Mannheim. Pressemitteilung der Universität Mannheim vom 07.06.2019, S. 4.

513 P. Mantel: „Eine vollkommen unpolitische Disziplin" – Zur Entwicklung der modernen Betriebswirtschaftslehre im ersten Halbjahrhundert ihres Bestehens, in: Die Hochschule – Journal für Wissenschaft und Bildung, 19. Jg., Heft 1/2010, S. 148–164 (hier: S. 159).

eine so große Wertschätzung, dass z. B. die Vierjahresplan-Behörde darauf hinwirkte, das Preisrecht und die Preispolitik in Universitätsvorlesungen stärker zu berücksichtigen. Damit wollte *Göring* sicherstellen, dass vor allem die „künftigen Verwaltungsbeamten und Wirtschaftsführer" in diesen Bereichen akademisch ausgebildet werden.[514] Nach *Mantel* wurden durch die Erkenntnisse der Betriebswirtschaftslehre und die aktive Mitarbeit von Betriebswirten bei deren Umsetzung „die deutsche Wirtschaft gerade im buchhalterischen Bereich einschneidend reformiert"[515]. Als Folge der Vierjahrespläne und der mit ihnen verbundenen großen Volumina an staatlichen Aufträgen wurden Vorschriften erlassen über die Vereinheitlichung des betrieblichen Rechnungswesens, z. B. zur Organisation der **Buchführung** (1936), zur **Preisbildung** für öffentliche Aufträge (ab 1938) und zur **Kostenrechnung** (1939). Diese Vorschriften, die „bis heute als anerkannte Kostenrechnungsgrundsätze"[516] gelten, wirkten sich gewissermaßen förderlich auf die Fachdisziplin aus; sie trugen nach *Mantel* sogar zum Aufschwung der BWL bei: „Im Gefolge der Vierjahresplangesetzgebung gewann die BWL weiter an Ansehen und wurde intensiv gefördert."[517] So wurden zwischen 1939 und 1945 viele Planstellen anderer Hochschuldisziplinen zugunsten der Betriebswirtschaftslehre umgewidmet. Insofern konnte die BWL institutionell von der nationalsozialistischen Wirtschaftspolitik profitieren.[518] Inhaltlich hatte das NS-Regime jedoch überwiegend negative Auswirkungen auf die BWL gehabt. Beispielsweise waren die Bereiche **Personalwesen** und **Organisation** durch die NS-Ideologie „kontaminiert" und konnten sich „verstärkt systemimmanent" entwickeln. Eine große Rolle spielte z. B. die Überwachung und Steuerung der Mitarbeiter.[519] Der Münchner Betriebswirt *Guido Fischer* (1899–1983) hielt sich daher im Dritten Reich „bewusst von Forschungen auf dem Gebiet des Personalswesens fern, da diese leicht nationalsozialistisch instrumentalisierbar waren."[520]

514 Vgl. ebd.

515 Ebd., S. 160.

516 P. Lorson/M. Häußler/E. Martins: Geschichte und Denker der Betriebswirtschaftslehre, in: Schweitzer/Baumeister: Allgemeine Betriebswirtschaftslehre, 11. Aufl., Berlin 2015, S. 58.

517 Mantel (2009), S. 347.

518 Vgl. Mantel (2010), S. 159.

519 Vgl. E. Potthoff: Betriebswirtschaftslehre im Nationalsozialismus (1933–1945) bei politischer Gleichschaltung und staatlicher Wirtschaftslenkung, in: E. Gaugler/R. Köhler (Hrsg.): Entwicklungen der Betriebswirtschaftslehre, Stuttgart 2002, S. 100.

520 Mantel (2009), S. 348.

Im Gegensatz dazu sah z. B. sein Fachkollege ***Heinrich Nicklisch***, dessen Hauptaugenmerk auf der innerbetriebliche Organisation und der Struktur der Betriebe lag, gerade in einer staatlich gelenkten NS-Wirtschaft die (naive) Chance, *seine* normative Betriebswirtschaftslehre zu etablieren. Die Idee von der Betriebsgemeinschaft, in die sich der Mensch einfügt, die Bedeutung der menschlichen Arbeitskraft als einzig schöpferischer Produktionsfaktor sowie die grundsätzliche Ablehnung des Rentabilitätsstrebens als beherrschendes betriebswirtschaftliches Prinzip machten seine Lehre zwar stellenweise kompatibel mit der NS-Ideologie. Dass, wie *Hundt* behauptet, die Lehre *Nicklischs* jedoch „eine starke Prädisposition für faschistische Gedanken“[521] aufweise, erscheint mir etwas übertrieben, da sie ebenso Anknüpfungspunkte bietet für den Sozialismus. *Kosiol* sieht in *Nicklisch* sogar den „wissenschaftliche[n] Wegbereiter eines ethischen Sozialismus auf dem Gebiete der Betriebswirtschaft.“[522] Wie *Karl Marx* in der menschlichen Arbeitskraft den alleinigen Produktionsfaktor sieht, so rückt auch *Nicklisch* den Betriebsfaktor Arbeit in den Vordergrund und weist eben diesem – und nicht dem Kapital – die bestimmende Rolle in der Wirtschaft zu. Dies ist zunächst eine rein ökonomische, antikapitalistische Betrachtungsweise. Die NS-Ideologie jedoch missbraucht diese für ihre Zwecke, indem sie argumentiert, dass das kapitalistisch-liberalistische Wirtschaftssystem ja von Juden beherrscht werde. Und so ist dann nicht mehr der Kapitalismus für die Ausbeutung der Arbeiter verantwortlich, sondern das Judentum. In *Nicklischs* **Lehrsystem** findet sich kein Antisemitismus – wie dies z. B. in besonders stark ausgeprägter Form bei *Walter Thoms* der Fall ist –, wohl aber eine grundsätzliche Kritik am Gewinnstreben und an der schon von *Marx* konstatierten Tatsache, dass die Arbeit „zur Ware herabgewürdigt“ worden sei.[523] Die ethisch-normative Grundlegung der *Nicklisch*'schen Betriebswirtschaftslehre, die Ablehnung des Gewinnstrebens, die Stellung des Menschen in der (Betriebs-)Gemeinschaft, der Vergleich der Wirtschaft mit einem Organismus und dem Mensch als Glied des Ganzen, all diese Aspekte der *Nicklisch*'schen Lehre reichen bis 1912 zurück – als es noch gar keinen Faschismus bzw. die NSDAP gab – und sind im Zusammenhang mit seiner ökonomischen Analyse der Wertumläufe

---

521 S. Hundt: Zur Theoriegeschichte der Betriebswirtschaftslehre, Köln 1977, S. 94.

522 E. Kosiol: Nicklischs Theorie der Betriebswirtschaft, in: Bausteine der Betriebswirtschaftslehre, Bd. 1, hrsg. von E. Kosiol, Berlin 1973, S. 233.

523 Vgl. Klein-Blenkers (1994), S. 44f.

zu begreifen. Wenn man eine Verbindung zwischen *Nicklischs* Lehre und dem nationalsozialistischem Gedankengut zu erkennen glaubt, dann scheint diese, wie ich meine, wohl eher darauf zurückzuführen zu sein, dass die Nazis Bestandteile der *Nicklisch*'schen Lehre für ihre Zwecke **missbrauchten**[524], indem sie die darin enthaltenen ökonomisch-philosophischen Zusammenhänge durch ihre ideologische Propaganda ersetzten. Folgte man der Logik *Hundts*, so müsste man auch dem Keynesianismus eine gedankliche Nähe zum Faschismus unterstellen, denn im Vorwort zur deutschen Ausgabe seiner „Allgemeinen Theorie" (1936) – dreieinhalb Jahre nach der Machtübernahme der Nazis (!) – brachte *Keynes* seine Hoffnung zum Ausdruck, dass er „einen wichtigen Beitrag zur Auslegung zeitgenössischer Ereignisse und zur Formung einer zeitgenössischen Politik" leisten könne. Er werde „zufrieden sein", schreibt er weiter, „wenn ich einige einzelne Brocken beitragen kann zu einem von deutschen Ökonomen zubereiteten vollen Mahl, eigens auf deutsche Verhältnisse abgestellt"[525]. Würde man daher dem Keynesianismus „eine starke Prädisposition für faschistische Gedanken" vorhalten?

Kritischer und differenzierter als *Nicklischs* Lehrgebäude ist sein eigenes **Verhalten** zu sehen. Weder war er nur ein bloßer Mitläufer noch war er ein überzeugter Anhänger des Nationalsozialismus. Dass er nicht nur als Mitläufer betrachtet werden kann, lässt sich z. B. seinem öffentlichen „Aufruf an die Betriebswirtschafter" entnehmen. Darin forderte er von seinen Fachkollegen, „dem Führer des neuen Deutschland alle ihre Kräfte zur Verfügung zu stellen, die Ziele ihrer Forschung nach den Bedürfnissen der politischen Gestaltung zu setzen und in erster Linie die für diese maßgebenden Zusammenhänge klären zu helfen."[526] Allerdings weist *Mantel* darauf hin, dass dieses „eindeutig scheinende Bekenntnis" vielmehr als „ein Aufruf aus der Defensive" zu verstehen sei, da die BWL sich in der Anfangszeit des Dritten Reichs in ihrer Existenz bedroht gesehen habe.[527] *Nicklisch* fürchtete wohl, dass die BWL unter den neuen Machthabern als Profitlehre abgestempelt und in ihrer Entwicklung behindert werden könnte. Sein Aufruf könnte also auch dem **Schutz** der jungen Fachdisziplin gegolten haben. Dass *Nicklisch* wohl aber auch kein überzeugter Anhänger des

---

524 Diese Auffassung vertritt auch Klein-Blenkers (1994), S. 44.

525 J. M. Keynes im Vorwort vom 7. 9. 1936 zur ersten deutschen Ausgabe der Allgemeinen Theorie der Beschäftigung, der Zinsen und des Geldes, S. IX.

526 Zitiert nach Mantel (2009), S. 38f.

527 Vgl. ebd., S. 38.

Nationalsozialismus war, wird z. B. durch die Aussagen seiner Kollegen nach 1945 deutlich: So sagte *Nicklischs* Widersacher *Mellerowicz* im September 1945, dass für *Nicklisch* stets die Sache im Vordergrunde gestanden habe, politische Betätigung habe ihm fern gelegen. Und laut *Bruno Rogowsky* – er wurde 1945 zum neuen Rektor der Wirtschaftshochschule Berlin[528] berufen und gehörte dem antifaschistischen Ausschuss der Hochschule an, der mit der Entnazifizierung beauftragt worden war – sei *Nicklisch*, „obwohl er früher keiner Partei angehört" habe, „ein Sozialist gewesen, dem die Nationalsozialisten seine Verbindungen zu sozialdemokratischen Staatsmännern wie Ebert usw. vorgeworfen" hätten – woraus er auch „entsprechende Nachteile" zu erleiden gehabt habe.[529]

Die Bewertung der Rolle einzelner Betriebswirtschafter in der NS-Zeit ist ebenso schwierig wie die Beantwortung der Frage, wie sich die NS-Ideologie auf die Fachdisziplin ausgewirkt hat. Zu facettenreich, teils widersprüchlich erscheinen die persönlichen Entwicklungen und inhaltlichen Auswirkungen. Wie *Fritz Schönpflug* in seiner „Methodenlehre" von 1933 feststellte, habe die betriebswirtschaftliche Forschung damals „keineswegs am Ende einer wissenschaftlichen Entwicklung" gestanden, „sondern im Gegenteil an einem Anfang, der zahlreiche hoffnungsvolle Entfaltungsmöglichkeiten in sich birgt."[530] Und nach *Potthoff* sei die Zeit von 1933–1945 wohl (relativ) zu kurz gewesen, als dass das nationalsozialistische Ideengut hätte nachhaltig einwirken können auf Forschung, Theoriebildung und Lehre.[531] Dagegen vertritt *Schneider* die Auffassung, dass „die Zeit 1933–1945 mit ihren Folgen in den ersten Nachkriegsjahren als Schädigung betriebswirtschaftlicher Forschung neben den menschlichen Tragödien anzusehen [ist]."[532] *Erich Schäfer* bemerkte einmal zur Betriebswirtschaftslehre im Nationalsozialismus: „Manches, was damals von ‚Fachvertretern' auf diesem Gebiet ‚geleistet' worden ist, bleibt am besten ungenannt."[533] Hierzu gehört vor allem der

528 1946 wurde die Berliner Wirtschaftshochschule (zuvor HH) in die Wirtschaftswissenschaftliche Fakultät der Humboldt-Universität integriert.

529 Vgl. ebd., S. 501.

530 F. Schönpflug: Betriebswirtschaftliche Methoden und Hauptströmungen, 2. Aufl., Stuttgart 1954 (1. Aufl. 1933 u. d. T. Das Methodenproblem in der Einzelwirtschaftslehre), S. 415.

531 Vgl. Potthoff (2002), S. 107.

532 Schneider (2001), S. 235.

533 Zitiert nach Klein-Blenkers (1994), S. 45.

Versuch, eine nationalsozialistische BWL zu konzipieren – ein Schandfleck und trauriger Tiefpunkt der deutschen Betriebswirtschaftslehre.

## 8.3 Versuch einer „nationalsozialistischen Betriebswirtschaftslehre"

Abb. 8.3: Walter Thoms. | [49]

*Walter Thoms* (1899–1994) gilt als „der exponierteste Nationalsozialist unter den Betriebswirten"[534], der auch den Versuch unternahm, eine nationalsozialistische Betriebswirtschaftslehre zu konzipieren: „Thoms versuchte, Nationalsozialismen mit Hilfe betriebswirtschaftlicher Methoden zu operationalisieren, um sie so für die tägliche Wirtschaftspraxis anwendbar zu machen."[535] Nach *Mantel* sei *Thoms* vor 1933 ein unbedeutender Nachwuchswissenschaftler gewesen. Während des Dritten Reichs sei er „nicht durch bahnbrechende wissenschaftliche Leistungen, sondern durch propagandagetränkte Pseudowissenschaft hervorgetreten."[536]

*Thoms* wollte eine Wirtschaftstheorie schaffen, die, wie er sagt, „eingeschlossen im Nationalsozialismus" sein sollte. Die bisherige Wirtschaftstheorie, „wie sie sich seit 150 Jahren entwickelt" habe, müsse abgelehnt werden – „aus der ganz einfachen Feststellung, daß es vor Adolf Hitler keinen Nationalsozialismus" gegeben habe. Die Betriebswirtschaftslehre müsse „unmittelbar aus der nationalsozialistischen Weltanschauung" herauswachsen „und in allen Einzelheiten von ihr geformt" sein.[537]

Der wegen seiner Veröffentlichungen aus den Jahren 1933–1945 verfemte Betriebswirt hatte sich 1933 nach fünfjähriger Assistententätigkeit bei *Walter Le Coutre* an der Wirtschaftshochschule Mannheim habilitiert und erhielt 1936 einen Ruf auf ein betriebswirtschaftliches Extraordinariat in

534 Mantel (2009), S. 552.
535 Mantel (2009), S. 57.
536 Mantel (2009), S. 552.
537 Vgl. Mantel (2009), S. 57–58.

Heidelberg, wo er 1940 zum Ordinarius ernannt wurde.[538] „Um so mehr freue ich mich natürlich", schrieb der Stuttgarter Professor *Kurt Ziegler* am 20. Oktober 1936 an *Thoms* „daß wieder ein echter Vorkämpfer für eine nationalsozialistische Wirtschaftslehre ernannt worden ist."[539] Auch die Heidelberger Studentenschaft schätzte *Thoms* nicht nur „als einen wirklichen Nationalsozialisten von ausgezeichneter Haltung, sondern auch als einen der wenigen Wissenschaftler, die mit großem Mut und Ernst an den Neuaufbau der Betriebswirtschaftslehre herangehen."[540]

Die nationalsozialistische Gesinnung *Thoms* – er war NSDAP-Mitglied seit Dezember 1932 und in mehreren NS-Organisationen aktiv – tritt deutlich in seinen Schriften zutage. Hier ist zunächst einmal sein 1938 veröffentlichter Aufsatz **„Nationalsozialistische Betriebswirtschaftslehre"**[541] zu nennen, in dem er u. a. „zu einem Fundamentalangriff auf die ‚alte' Betriebswirtschaftslehre"[542] ausholt. Insbesondere lehnt er darin die Objektivität der Wissenschaft ab. Entscheidend für den Wahrheitsgehalt der Wissenschaft sei nach *Thoms'* Auffassung „das Verhältnis von Wissenschaft und Weltanschauung." Die „alte" Betriebswirtschaftslehre halte er für „völlig unbrauchbar", ihre Werke seien „ungeeignet". Er hält sie sogar für „gefährlich, weil sie eine Wirtschaft darstellen, die nicht mehr vorhanden ist und deren letzte Reste ausgerottet werden müssen."[543]

Ein weiteres Zeugnis für *Thoms'* Bestreben, eine nationalsozialistische BWL zu entwerfen, ist seine 1944 erschienene **„Allgemeine Betriebswirtschaftslehre"**. Im Vorwort des 200 Seiten umfassenden Buches weist er darauf hin, dass er „einen kleinen Beitrag zur Neugestaltung der Betriebswirtschaftslehre" leisten wolle. Nach seiner Auffassung werde „die endgültige und vollständige geistige und tatsächliche Überwindung des Kapitsalismus zu einer wesentlichen Aufgabe der Betriebswirtschaftslehre, bis die neue Gestaltungsidee fest im Gefühl und Bewußtsein sitzt und dem Leben des

538 Vgl. O. Hahn: Funktionale Kontorechnung – Zum Tode von Walter Thoms. In: Zeitschrift für öffentliche und gemeinwirtschaftliche Unternehmen (ZögU/Journal for Public and Nonprofit Services), Bd. 18, H. 3 (1995), S. 356–361.

539 Zitiert nach K. P. Schultes: Die Staats- und Wirtschaftswissenschaftliche Fakultät der Universität Heidelberg 1934–1946, Heidelberg 2010, S. 139.

540 Zitiert nach Schultes (2010), S. 143.

541 W. Thoms: Nationalsozialistische Betriebswirtschaftslehre, in: Der praktische Betriebswirt, Jg. 18, 1938.

542 H. Franz: Zwischen Markt und Profession: Betriebswirte in Deutschland im Spannungsfeld von Bildungs- und Wirtschaftsbürgertum (1900–1945), Göttingen 1998, S. 105.

543 Thoms, zit. n. Franz (1998), S. 105.

Betriebs seine Ordnung aufprägt. Die international-liberal-kapitalistische Wirtschafts- und Betriebsordnung ist durch eine rassisch-völkisch-politisch bestimmte Arbeitsordnung des deutschen Volkes vollständig abzulösen. [...] Der Weg ist weit und beschwerlich, der zu der Betriebswirtschaftslehre führt, die unmittelbar aus der nationalsozialistischen Weltanschauung herauswächst und in allen ihren Einzelheiten von ihr geformt ist. Die folgende kleine Abhandlung ist ein solcher Versuch."[544]

*Thoms* lässt seine Schrift mit den Worten enden: „Aus der Idee des Führers, aus der die deutsche Volksordnung neugeschaffen wird, muß die Betriebsordnung als Teil des blutvollen Volkslebens herauswachsen. Das ist die Aufgabe der Betriebswirtschaftslehre als Wissenschaft, die Tiefe der Wahrheit, d. h. das Leben zu ergründen. Notwendig dafür ist das Begreifen von Sinn und Ziel der nationalsozialistischen Revolution, die das deutsche Leben neu begründet hat und es zur höchsten Entfaltung führt. Nur aus diesem Ansatz heraus kann die Betriebswirtschaftslehre auch Forschung und Lehre betreiben, die letzthin auch nur Diener des Lebens sind, wenn sie wahr sein wollen. Das deutsche Leben aber verwirklicht sich wahrhaft in der sozialistischen Volksgemeinschaft im Großdeutschen Reich."[545]

*Hahn* gelangt zu folgendem Urteil: „Die Allgemeine Betriebswirtschaftslehre von Thoms, kurz vor Kriegsende erschienen, muß leider als eine von NS-Gedankengut durchsetzter Schrift charakterisiert werden: Leistung als ‚Ausdruck der rassisch-politischen Gestaltungs-, Ordnungs- und Willenskraft' (S. 30); Ablehnung der ‚Weltwirtschaft' mit dem Hinweis, das ‚internationale Judentum' stelle diesen Anspruch (S. 21); ‚von der kapitalistischen Unternehmung zum sozialistischen Volksbetrieb' (S. 16); ‚Betreuung des Betriebs durch die Partei' (S. 25) – dies nur als Auszüge. Thoms hat sich dort auch indirekt als Gegner der freien Marktwirtschaft bekannt mit der Forderung einer ‚Marktregelung durch den Nationalsozialismus'."[546]

1945 erhielt *Thoms* seinen Entlassungsbescheid und wurde zugleich von der US-Armee interniert. 1948 wurde er in seinem Entnazifizierungsverfahren in Heidelberg als Minderbelasteter eingestuft. Die Kammer stellte fest, dass *Thoms* „den Hass gegen das Judentum geschürt und bestärkt und damit den Ungeist, der zu den Pogromen führte, mit vorbereitet" habe. Aus

544 W. Thoms: Allgemeine Betriebswirtschaftslehre, Berlin/Potsdam/Wien 1944, S. 9/10.

545 Ebd., S. 195.

546 Hahn (1995), S. 359f.

seinen Erklärungen lasse sich entnehmen, dass er „noch weitgehend in seine frühere Anschauungswelt versponnen […] sei."[547]

## 8.4 Menschliche Schicksale der Betriebswirte

Während der Nazi-Herrschaft wurden aus ideologischen und politischen Gründen unliebsame BWL-Professoren ermordet, in den Selbstmord getrieben, entlassen, in ihrer Karriere behindert oder in die Emigration getrieben. Und diejenigen, die blieben, wurden teils in ihrer wissenschaftlichen Arbeit eingeschränkt oder politisch instrumentalisiert. Andere wiederum resignierten und wendeten sich Forschungsgebieten der BWL zu, die unter ideologischen bzw. politischen Gesichtspunkten „unproblematisch" waren.

Insbesondere zwei Rechtsnormen dienten den Nationalsozialisten dazu, aus rassischen und politischen Gründen unerwünschte Personen aus dem öffentlichen Dienst bzw. dem Hochschuldienst zu entfernen. Dies geschah auf Grundlage des am 7. April 1933 in Kraft getretenen **Gesetz zur Wiederherstellung des Berufsbeamtentums**:

Dessen Kernvorschrift war der gegen die **Juden** gerichtete sogenannte **Arierparagraph** (§ 3): „Beamte, die nicht arischer Abstammung sind, sind in den Ruhestand zu versetzen."

Überdies bot § 4 die Möglichkeit, **politische Gegner** (z. B. Kommunisten, Sozialisten, Gewerkschafter, Freimaurer, aktive Christen) aus dem Beamtenverhältnis zu entfernen: „Beamte, die nach ihrer bisherigen politischen Betätigung nicht die Gewähr dafür bieten, daß sie jederzeit rückhaltlos für den nationalen Staat eintreten, können aus dem Dienst entlassen werden."

Ein weiteres Instrument, das vor allem der Gleichschaltung diente, war der Kultusminister-Erlass über „vorläufige Maßnahmen zur Vereinfachung der Hochschulverwaltung" vom 22. Oktober 1933. Dadurch gingen die Rechte des Senats auf den Rektor über, der nun über dessen Einberufung willkürlich entscheiden konnte. Außerdem war nun erstmals vorgesehen, dass auch der Führer des *Nationalsozialistischen Deutschen Dozentenbundes (NSD)* und des *Nationalsozialistischen Deutschen Studentenbundes (NSDStB)* daran teilnahmen.[548]

---

547 Zitiert nach Mantel (2009), S. 466.

548 Vgl. Potthoff (2002), S. 91.

Abb. 8.4: Bücherverbrennung auf dem Opernplatz in Berlin am 10. Mai 1933. | [50]

> Zweck des **NS-Dozentenbundes** waren die Einflussnahme auf die Universitäten und die politische Kontrolle der Hochschullehrerschaft. Er hat massiven Einfluss auf Berufungen bzw. Stellenbesetzungen ausgeübt. Auch die Vertreibung jüdischer Wissenschaftler von den Hochschulen wurde maßgeblich von den Mitgliedern des Dozentenbundes forciert.
> Der 1926 gegründete **NS-Studentenbund** (NSDStB) sollte im Auftrag der NSDAP die weltanschauliche Schulung der Studenten im Sinne der nationalsozialistischen Ideologie übernehmen.
> Der *NSDStB* war maßgeblich an den Bücherverbrennungen beteiligt, die im Frühjahr 1933 in mehren Städten stattfinden (→ Abb. 8.4).

Durch einen weiteren, nunmehr reichsministeriellen Erlass vom 3. April 1935 wurden dem Rektor die Leiter der Dozentenschaft und der Studentenschaft unterstellt und zudem sämtliche Vollmachten verliehen: „Führer der Hochschule ist der Rektor. Er untersteht dem Reichswissenschaftsminister unmittelbar und ist ihm allein verantwortlich."[549] Somit wurde das Führerprinzip auf die von den Nazis so verachtete Wissenschaft übertragen und ein Herrschaftssystem errichtet, das für etliche Professoren gravierende Folgen hatte. Die persönlichen Schicksale, von denen nachfolgend einige beispielhaft geschildert werden, reichen von Karriereschädigung bis hin zu Mord.

### 8.4.1 Ermordete und durch Freitod aus dem Leben geschiedene Hochschullehrer[550]

Zwei Betriebswirte wurden durch Nationalsozialisten ermordet: Der Prager *Gustav Flusser* und der Mannheimer *Joseph Koburger. Flusser* starb im Konzentrationslager Buchenwald; *Koburger* wurde 1942 nach Auschwitz deportiert und gilt seitdem offiziell als „verschollen".[551]

Der Münsteraner Privatdozent *Albert Rasch* nahm sich das Leben, weil er aus Rassegründen beruflich zurückgesetzt werden sollte.

*Hugo Kanter* wurde 1933 aus rassischen Gründen als außerordentlicher Professor an der TH Braunschweig entlassen und nahm sich 1938 das Leben.

*Fritz Schönpflug* emigrierte 1933 aus Deutschland, da seine Frau jüdischstämmig war und für ihn daher keine Aussicht bestand, sich im Reich zu habilitieren. Nach dem Tod seiner Frau nahm er sich das Leben. „Als er 1936, in einer Zeit wissenschaftlicher, politischer und für ihn auch seelischer Nöte starb, verlor die Betriebswirtschaftslehre eine ihrer hoffnungsvollsten Begabungen."[552]

*Fritz Lehmann*, der als der talentierteste junge Betriebswirt der Weimarer Republik galt, hatte seit 1929 einen Lehrauftrag in Köln inne. Diesen musste er nach der Machtübernahme der Nazis zwangsweise aufgeben. Im Mai 1934 wurde er an die New Yorker *University in Exile* (die spätere *New School for Social Research*) berufen, wo er Professor für Volkswirtschaftslehre wurde. 1940 beging er Selbstmord. Die Hintergründe sind unklar. Es ist möglich, dass seine Vertreibung aus Deutschland eine Rolle gespielt haben könnte.

---

549 „Richtlinien zur Vereinheitlichung der Hochschulverwaltung" vom 1.4.1935, in Kraft gesetzt durch Erlass vom 3.4.1935. Zitiert nach Hellmut Seier: Der Rektor als Führer. In: Vierteljahrshefte für Zeitgeschichte, 12. Jg. (1964), Heft 2, S. 105.

550 Die folgende Aufzählung basiert auf Mantel (2009), S. 354–358.

551 Vgl. Mantel (2009), S. 350, 354 und 746.

552 Klappentext zu Schönpflugs „Betriebswirtschaftslehre – Methoden und Hauptströmungen", 2. Aufl., hrsg. von H. Seischab, Stuttgart 1954.

### 8.4.2 Emigrierte Hochschullehrer[553]

Dem jüdischen Betriebswirt *Julius Hirsch* wurde am 25. September 1933 die Lehrbefugnis an Universität und Handelshochschule entzogen. Schon einige Monate zuvor war er aus der Internationalen Handelskammer entfernt worden. Außerdem wurde ihm durch die Reichsschrifttumskammer „jegliche literarische oder öffentliche rednerische Betätigung" untersagt. *Hirsch* emigrierte zunächst nach Dänemark, wo er 1933 Dozent und 1935 Professor an der Handelshochschule Kopenhagen wurde. Nach dem Einmarsch der Nazis musste *Hirsch* dann auch Dänemark verlassen. Über Russland gelangte er nach New York, wo er – auf Empfehlung von *Joseph Schumpeter* – eine Professur an der *New School for Social Research* erhielt.

*Alfred Isaac* (1888–1956) – nach *Hirsch* der zweite Ordentliche Professor der BWL jüdischen Glaubens – war an der Hochschule Nürnberg beschäftigt, als er zum 1. März 1934 zunächst in den einstweiligen und zum 1. Juni 1934 dann in den dauernden Ruhestand versetzt wurde. 1937 nahm *Isaac* einen Ruf nach Istanbul an, wo er 13 Jahre lang äußerst produktiv tätig war und maßgeblich den Aufbau der Betriebswirtschaftslehre vorantrieb. Im türkischen Exil verfasste er 12 Lehrbücher und zahlreiche andere Schriften. 1950 kehrte er nach Deutschland zurück und lehrte in Göttingen.

Abb. 8.5: Alfred Isaac. | [51]

*Siegfried Berliner* (1884–1961), ebenfalls jüdischer Professor für Betriebswirtschaftslehre, lehrte von 1909–1914 an der HH Leipzig Politische Arithmetik einschließlich Versicherungsrechnen sowie Handelsbetriebslehre (Das Kapital in der Handelsunternehmung; Betrieb und Organisation des Detailgeschäfts mit besonderer Berücksichtigung des Warenhauses; Die Organisation des Exports). 1914 folgte er einem Ruf an die Kaiserliche Universität zu Tokyo, wo er eine Professur für Handelsbetriebslehre erhielt.[554] 1919 kehrte er nach Deutschland zurück. Von 1927 bis 1933 lehrte er wieder an der HH Leipzig Nachrichtenverkehr und Außen-

553 Die folgenden Darstellungen basieren im Wesentlichen auf Mantel (2009), S. 358–392.

554 Vgl. ergänzend zu Mantel (2009) H. Göschel: Die Handelshochschule in Leipzig, Leipzig 2008, S. 185 u. 264.

handel. *Berliner* veröffentlichte bei C. E. Poeschel Bücher über „Renten und Anleihen", „Politische Arithmetik" (beide 1912), „Das Geld als Kapital" (1924) sowie die mehrbändige Reihe „Weltwirtschaftliche Abhandlungen" (1925–1933). 1933 wurde er von dem Lehrauftrag entbunden. Beruflich war er aber noch als Mitgründer und Mitdirektor bei der *Deutschen Lloyd Lebensversicherungs AG* tätig und hielt noch Abendkurse für Versicherungskaufleute. Seit 1933 nahm die Diskriminierung immer weiter zu, so dass er sich 1938 genötigt sah, zusammen mit seiner Ehefrau in die USA auszuwandern. Dort dauerte es über ein Jahr, bis er wieder eine Beschäftigung fand. Erst zum Oktober 1939 bekam er eine befristete Anstellung an der *Howard University* in Washington, D. C.

*Friedrich Kürbs*, ein Schüler und Mitarbeiter von *Julius Hirsch*, war ab 1925 Dozent an der HH Berlin und ging 1929 als Privatdozent nach Königsberg. Als überzeugter Sozialist und SPD-Mitglied war er schon 1925 als Gegner der *NSDAP* in Erscheinung getreten. Am 28. Februar 1934 wurde er aus politischen Gründen aus dem Staatsdienst entlassen. Nach dem Krieg erhob *Kürbs* schwere Vorwürfe gegen seinen Kollegen *Otto Hummel*, dem späteren Rektor der HH Königsberg und sehr aktiven Nationalsozialisten (Dozentenbundführer, Gauleiter, Obersturmbannführer der SA), der ihm gesagt habe, dass er als Sozialdemokrat „an die Wand gestellt" gehöre. Erst 1937 gelang *Kürbs* die Emigration nach Peru. In Lima war er von 1937 bis 1950 Professor für „Statistik und Konjunkturforschung" an der *Universidad Nacional Mayor de San Marcos* und zudem Leiter des Nationalen Statistischen Amtes.

Weitere Gelehrte, die auf der Flucht vor den Nazis in das Ausland emigrieren mussten, waren: *Nathan Stein* (TH Karlsruhe), *Alfred Manes* (HH Berlin), *Wilhelm Friedrich Riester* (TH Berlin), *Clodwig Kapferer* (Uni Köln), *Martin Götz* (HH Berlin), *Hermann Halberstädter* (Uni Köln) und *Walter Schück* (HH Berlin).[555] Viele der – zumeist jüdischen – Betriebswirtschaftler, die ins Ausland emigrierten, sahen sich im **Exil** mit vielfältigen Schwierigkeiten und Problemen konfrontiert: Zunächst galt es, überhaupt eine Einreisegenehmigung zu erhalten, denn in den meisten Aufnahmeländern galten strenge Einreisebestimmungen. War diese Hürde gemeistert, gestaltete sich das Leben in den Exilländern zumeist außerordentlich problematisch. Viele der emigrierte Wissenschaftler – wie z. B. *Siegfried Berliner* – waren von

555 Vgl. hierzu die äußerst interessanten Lebenslaufschilderungen bei Mantel (2009), S. 376–392.

Arbeitslosigkeit bedroht, arbeiteten in Positionen weit unter ihrer (wissenschaftlichen) Qualifikation und wurden dementsprechend schlecht bezahlt. Als „ein anschauliches Beispiel für die Beschwernisse, denen sich junge, unbekannte Emigranten ausgesetzt sahen" nennt *Mantel* das Schicksal des jüdischen Betriebswirts *Martin Götz*[556], der bis 1933 Assistent an der *Forschungsstelle für den Handel* von *Julius Hirsch* war: Er emigrierte im Februar 1934 nach London, wo er als *unplaced* gemeldet war und sich zunächst mit Gelegenheitsarbeiten behelfen musste. Später verdiente *Götz* „als ‚writer on economics' mehr schlecht als recht seinen Lebensunterhalt." Zwar fand er schließlich als freiberuflicher Journalist ein Auskommen; „seine wissenschaftliche Karriere konnte er aber, obwohl dies sein Wunsch war, nicht fortsetzen."[557] Neben den finanziellen Problemen hatten die jüdischen Emigranten auch im Ausland Probleme mit rassistischer und antisemitischer Diskriminierung. Entweder sie wurden diskriminiert, weil sie Juden oder weil sie Deutsche waren. Vielen Exilanten gelang es nur schwerlich, den Verlust ihrer Heimat zu verwinden.

### 8.4.3 Entlassungen und entlassungsähnliche Fälle[558]

*Eugen Schmalenbach*, „das Gesicht der deutschen Betriebswirtschaftslehre", gilt als das „mit weitem Abstand [...] prominenteste Opfer des Dritten Reichs unter den Betriebswirten."[559] Spätestens nachdem er – seit über 30 Jahren mit der Jüdin *Marianne* verheiratet – im März 1933 bedroht und erpresst worden ist, wurde ihm klar, dass sich Terror und Verfolgung nicht nur gegen Juden richtet, sondern auch gegen deren Ehepartner.[560] Mitte April fasste er den Entschluss, dass er diesem Unrechtsstaat nicht weiter dienen will. Zunächst beantragte er ein Freisemester. Als ihm dieses gewährt worden war, bat er am 13. Mai um seine Emeritierung im Anschluss an das Freisemester. Da er den wahren Grund nicht angeben konnte, begründete er sein Gesuch mit „den Wirkungen des Alterns", die sich angeblich bemerkbar machten. Durch die Emeritierung zum 1. Oktober 1933 kam *Schmalenbach* einer Zwangsemeritierung zuvor, die

556 Vgl. Mantel (2009), S. 387.
557 Mantel (2009), S. 387.
558 Die folgenden Darstellungen basieren sämtlich auf Mantel (2009), S. 392–419.
559 Mantel (2009), S. 392.
560 Vgl. W. Cordes (Hrsg.): Eugen Schmalenbach, Stuttgart 1984, S. 150

erhebliche finanzielle Einbußen bedeutet hätte.[561] Rufe aus Dorpat, Ankara (April und Oktober 1933) und später aus Istanbul (Sommer 1937) lehnte *Schmalenbach* ab. Sein Gesuch, eine Gastprofessur an der Universität Bern anzunehmen, wurde im Januar 1939 vom Kultusminister abgelehnt, da der Reichsdozentenführer Bedenken geäußert hatte. Im Herbst 1944 spitzte sich die Lage für das Ehepaar *Schmalenbach* **bedrohlich** zu: Marianne drohte die Deportation. Wie *Schmalenbach* „unter der Hand" erfuhr, sollte das Ziel „entweder Polen oder Theresienstadt" sein. Ihm war klar, dass dies einem Todesurteil gleichgekommen wäre. *Ludwig Feist*, ein ehemaliger Schüler und Assistent *Schmalenbachs*, versteckte die *Schmalenbachs* in seinem Haus in Godesberg. Als im März 1945 die ersten Amerikaner in Godesberg einrückten, war die Gefahr vorüber.

Abb. 8.6: Bruno Rogowsky. | [52]

*Bruno Rogowsky* (1890–1961) war ab 1924 Ordinarius an der Handelshochschule Königsberg und ab 1928 deren Rektor. Als Mitglied der liberalen DDP und Freimaurer war er entschiedener Gegner des Nationalsozialismus. Nach systematischer Hetze seines Kollegen *Erwin Scheu*, Professor für Wirtschaftsgeographie, ordnete Gauleiter *Koch* an, *Rogowsky* in ein KZ zu deportieren. Da *Rogowsky* rechtzeitig gewarnt wurde, konnte er vor der geplanten Verhaftung aus Königsberg fliehen. Später wurde der Haftbefehl zwar aufgehoben; allerdings wurde er kurz nach seiner Flucht beurlaubt und 1934 endgültig entlassen.[562]

*Guido Fischer* (1899–1983) wurde 1928 Privatdozent und 1934 außerordentlicher Professor an der Universität in München. Danach geriet seine Karriere aus politischen Gründen ins Stocken, da er praktizierender Katholik war. Sein ganzes wissenschaftliches und persönliches Wirken war stark von der katholischen Soziallehre geprägt.[563] Dies erregte Misstrauen bei den nationalsozialistischen Stellen. Es kam zu stetig wachsenden Spannungen – vor allem mit dem NSDAP-Ortsgruppenleiter seines Wohnorts, dem *Fischers*

561 Ebd., S. 151ff.

562 Vgl. Mantel (2009), S. 406–408.

563 Vgl. Hans Friedrichs: Würdigung von Guido Fischer. In: Personal, 31. Jg., Heft 4/1979, S. 130.

Engagement in katholischen Organisationen missfiel. 1939 scheiterte die von der Fakultät beantragte Übernahme einer Dozentur durch *Fischer* aufgrund seiner, wie es durch NS-Stellen heißt, „politischen Unzuverlässigkeit". Diese wurde auch als Grund dafür angeführt, dass *Fischer* von seinem Posten als Kriegsverwaltungsrat und Leiter des Arbeitsstabes „Gruppenpreise" entlassen und degradiert wurde. Parallel dazu wurde ihm durch das Reichserziehungsministerium Mitte 1944 die Lehrbefugnis entzogen.[564]

*Waldemar Koch* (1880–1963) habilitierte sich 1931 an der TH Berlin und wurde dort Privatdozent. 1934 wurde ihm die Lehrbefugnis entzogen. Er hatte zuvor an der Hochschule den von der NSDAP favorisierten Kandidaten bei der Senatswahl verhindert. Außerdem wurde er im selben Jahr von der Gestapo in Haft genommen, weil er sich für einen Juden eingesetzt hat: Bei diesem Fall ging es um die geplante Arisierung der Berliner *Engelhardt-Brauerei.* Der jüdische Großaktionär *Ignatz Nacher* war ein alter Freund *Kochs. Koch* setzte sich auf der Hauptversammlung der Brauerei für *Nacher* ein und wollte verhindern, dass die *Dresdner Bank* mit Unterstützung durch die Nationalsozialisten die Brauerei übernimmt. Anwesende SA-Leute fielen über *Koch* her, verprügelten ihn und hätten ihn beinahe – wäre nicht der Versammlungsleiter dazwischen gegangen – aus dem Fenster geworfen. Nachdem man *Koch* 1939 die Lehrbefugnis wieder erteilt hatte, nahm er 1942 einen Lehrauftrag an der Universität Halle wahr. Nach dem Krieg lehrte er in Berlin BWL. Zu seinen Werken gehören z. B. die „Grundlagen und Techniken des Vertriebs" (Bd. 1: „Organisation des Vertriebs", Bd. 2: „Marktforschung"). 1945 gründete *Koch* in der SBZ die liberale Partei LDPD und war deren 1. Vorsitzender.

Abb. 8.7: Waldemar Koch. | [53]

### 8.4.4 Verzögerte und verhinderte Hochschulkarrieren[565]

Von 14 Betriebswirten wurden die Karrieren durch nationalsozialistische Diskriminierung verzögert oder behindert: Hans Erich Kalischer, *Robert*

564 Vgl. Mantel (2009), S. 411–414.
565 Vgl. Mantel (2009), S. 419–436.

*Kneller, Kuno Barth, Kurt Junckerstorff, Hans Holzer, Viktor Hüber, Helmut Knoblauch, Willy Lück, Erich Thiess, Karl-Christian Behrens, Carl Ruberg, Walter Cordes* und *Adolf Berliner.*

In Zahlen zusammengefasst gelangt Mantel in seiner Studie zu dem **Befund**, dass in der NS-Zeit unter den Betriebswirten 2 Morde, 3 Selbstmorde, 11 Emigranten, 6 Entlassungen und 14 verzögerte und verhinderte Hochschulkarrieren zu beklagen sind. Trotz dieses unermesslichen Leids und der zahlreichen menschlichen Schicksale ist es jedoch, wie Gmähle konstatiert, „dem Nationalsozialismus nicht gelungen [...], die Pluralität der betriebswirtschaftlichen Meinungen aufzuheben."[566] Zudem seien auch, wie Mantel feststellt, alle Versuche, eine nationalsozialistische BWL durchzusetzen, letztlich gescheitert.[567]

## ➲ Zusammenfassung

- Nach Hitlers Machtübernahme am 30. Januar 1933 wird die Wirtschaft im Sinne des **Nationalsozialismus** umstrukturiert, ideologisch umgestaltet und nach dem **Führerprinzip** organisiert. Die Wirtschaft einschließlich aller Verbände und Personen steht unter **totaler staatlicher Kontrolle** der Nazis.
- Wesentliche Ziele der **NS-Wirtschaftspolitik** sind
    - Arbeitsbeschaffung,
    - Arisierung,
    - Autarkiebestrebungen (Unabhängigkeit vom Ausland) und
    - systematische Vorbereitung auf den Krieg (Rüstungsproduktion).
- Liberalismus und Marktwirtschaft werden zügig abgeschafft und durch eine nationalsozialistische **Planwirtschaft** (Vierjahrespläne) ersetzt.
    - Mit dem **1. Vierjahresplan (1933)** soll die hohe Arbeitslosigkeit überwunden und die Wirtschaft gestärkt werden.
    - Der **2. Vierjahresplan (1936)** soll innerhalb von vier Jahren die Wirtschaft kriegsfähig machen.
- Die **Auswirkungen** des Nationalsozialismus auf die BWL sind negativ: Zwar fördern die Nazis auch jene Bereiche, die ihnen konkret nutzten

566 Peter Gmähle: Betriebswirtschaftslehre und Nationalsozialismus, Diss. Univ. Erlangen-Nürnberg 1968, S. 183.

567 Mantel (2009), S. 59.

(z. B. Organisation, Personalwirtschaft, Kostenrechnung), allerdings sind eben diese Bereiche dann auch ideologisch „kontaminiert“.

- Unliebsame Betriebswirte werden ermordet, in den Selbstmord getrieben, inhaftiert, ins Exil gejagt, aus dem Dienst entlassen oder in ihrer Karriere massiv behindert. Trotz dieses unermesslichen Leids und der zahlreichen **menschlichen Schicksale** ist es jedoch „dem Nationalsozialismus nicht gelungen, die Pluralität der betriebswirtschaftlichen Meinungen aufzuheben“ (*Gmähle*).
- Insgesamt ist der **Schaden**, welcher der BWL als Wissenschaft von 1933–45 zugefügt wird, erheblich.
- Bei der BWL zur NS-Zeit handelt es sich überwiegend nicht mehr um Wissenschaft, sondern um **propagandagetränkte Pseudowissenschaft**: „Manches, was damals von ‚Fachvertretern‘ auf diesem Gebiet ‚geleistet‘ worden ist, bleibt am besten ungenannt“ (*Schäfer*).
- Schandfleck und trauriger Tiefpunkt der deutschen BWL ist der Versuch, eine **nationalsozialistische BWL** zu konzipieren. Diesen unternimmt *Walter Thoms* (1899–1994), der als der „exponierteste Nationalsozialist unter den Betriebswirten“ gilt. Er „versuchte, Nationalsozialismen mit Hilfe betriebswirtschaftlicher Methoden zu operationalisieren, um sie so für die tägliche Wirtschaftspraxis anwendbar zu machen“ (*Mantel*).

# 9 Betriebswirtschaftslehre nach dem 2. Weltkrieg (1945-1969)

Die NS-Zeit bedeutete für die Betriebswirtschaftslehre in Deutschland und Österreich Stagnation, Verirrung und Rückschritt.[568] In dieser Zeit hatte sich die Unwissenschaftlichkeit, ja sogar Wissenschaftsfeindlichkeit verstärkt. Betriebswirte hatten sich opportunistisch verhalten; und das politische Bekenntnis war an die Stelle wissenschaftlicher Erkenntnis getreten, konstatierte *Hanns Linhardt* auf dem Frankfurter Betriebswirte-Treffen 1948.[569] Das Ende des Zweiten Weltkrieges und der Zusammenbruch des Nationalsozialismus am 7./8. Mai 1945 stellten daher auch für die Betriebswirtschaftslehre in gewisser Hinsicht eine *Stunde Null* dar. Nicht nur waren die Hochschulen, wie überhaupt die gesamte Infrastruktur, im Bombenhagel der Alliierten teils massiv zerstört worden (→ Abb. 9.1); es mussten auch in allen vier Besatzungszonen und in Berlin Entnazifizierungsprozesse durchgeführt werden. Doch schon bald zeigte sich, dass eine konsequente Entnazifizierung der BWL nicht nur wenig erfolgversprechend sein würde; es wurden – außer *Walter Thoms* und *Erwin Geldmacher* – fast sämtliche NS-nahen Betriebswirte mittelfristig wieder auf Ordinariate berufen.[570] Vor allem stand die BWL inhaltlich vor einem Neuanfang, denn sie hatte sich nun völlig neu zu orientieren.

> Nach Kriegsende entsprach die Lage an den Hochschulen der allgemeinen Situation: Gebäude, Bibliotheken und Geräte waren zerstört oder schwer beschädigt. Der Lehrbetrieb, der bereits im letzten Kriegsjahr durchweg zum Erliegen gekommen war, konnte nur mit Genehmigung der Siegermächte und unter äußerst schwierigen Bedingungen wieder aufgenommen werden (vgl. Klein-Blenkers, 1994, S. 46).

568 Vgl. Klein-Blenkers (1994), S. 45.

569 Vgl. P. Mantel: Das Frankfurter Betriebswirte-Treffen von 1948 und Hanns Linhardts Fachkritik, in: Der Verband der Hochschullehrer für Betriebswirtschaft, hrsg. vom VHB, Wiesbaden 2012, S. 82.

570 Vgl. Mantel (2012), S. 83.

Abb. 9.1: Hauptgebäude der Berliner Humboldt-Universität (Ruine) im Jahr 1949. | [54]

*Erich Gutenberg* schildert die damalige **Situation** seiner Disziplin, so wie er sie empfand, im Rückblick mit den folgenden Worten:

> „Es ist nicht schwer zu verstehen, daß nach den inneren und äußeren Erschütterungen des Zweiten Weltkrieges eine gewisse Unsicherheit darüber entstand, wie es weitergehen sollte. Bald zeigte es sich aber deutlich, daß genügend Fundament vor allem aus den zwanziger und ersten dreißiger Jahren vorhanden war, um auf ihm wissenschaftlich weiterbauen zu können. So galt es, sich zunächst dessen zu vergewissern, was schon erarbeitet war. Viele Probleme, die damals diskutiert wurden, hatten an Aktualität nichts verloren, viele mußten neu definiert werden. Neue Perspektiven erwiesen sich als notwendig, um die sich abzeichnenden neuen Entwicklungen in den richtigen Blick zu bekommen. Drängende Fragen anderer Art stellten sich, die fraglich erscheinen ließen, ob denn die bisher in der Betriebswirtschaftslehre benutzte methodische

Apparatur ausreichen würde, um befriedigende Lösungen für die sich neu stellenden Probleme zu finden."[571]

Die Betriebswirtschaftslehre musste sich nach Kriegsende an den neuen politischen und wirtschaftlichen Rahmenbedingungen ausrichten. Diese unterschieden sich jedoch in den westlichen Besatzungszonen (der späteren BRD) erheblich von denen der Sowjetischen Besatzungszone (SBZ), der späteren DDR. Während sich in Westdeutschland die von *Alfred Müller-Armack* (1901–1978) wissenschaftlich konzipierte und von *Ludwig Erhard* (1897–1977) politisch umgesetzte **Soziale Marktwirtschaft** als ein „dritter Weg" zwischen Planwirtschaft und freier Marktwirtschaft erfolgreich etablieren konnte, wurde in Ostdeutschland (wieder) eine Planwirtschaft errichtet – diesmal jedoch nach sowjetisch-kommunistischer Vorgabe.

Diese zwei unterschiedlichen Wirtschaftssysteme sowie die jeweiligen politischen und gesellschaftlichen Rahmenbedingungen erfordern eine getrennte Darstellung der Entwicklung der Betriebswirtschaftslehre. Daher wird nachfolgend zunächst die Entwicklung der Betriebswirtschaftslehre in der DDR in groben Zügen skizziert und anschließend die Entwicklung in der BRD ausführlicher dargestellt.

## 9.1 Von Plan zu Plan – Betriebswirtschaftslehre in der SBZ und DDR

„Von Plan zu Plan" beschreibt die Situation der Betriebswirtschaftslehre in der SBZ/DDR gleich in doppelter Hinsicht: Zum einen sah sich die Betriebswirtschaftslehre nach der NS-Planwirtschaft wieder einer Planwirtschaft ausgesetzt, zum andern war das Fach selbst von den Plänen der Staats- und Parteiführung abhängig bzw. an diese gebunden. Doch zunächst konnte die Betriebswirtschaftslehre in der unmittelbaren Nachkriegszeit in der sowjetischen Besatzungszone (SBZ) ungehindert weitergeführt werden und so an ihre Vorkriegstradition anknüpfen: Als 1946 in der SBZ der Lehrbetrieb wieder aufgenommen wurde, blieb das Fächerangebot im Wesentlichen unverändert. Auch viele Lehrbücher wurden

571 E. Gutenberg: Die Betriebswirtschaftslehre in den Jahren des Wiederaufbaus, in: Wirtschafts- und Sozialwissenschaftler in Frankfurt am Main, hrsg. von B. Schefold, 3. Aufl., Marburg 2016, S. 158.

weiterbenutzt. Und zuweilen gab es sogar Neuauflagen, z. B. von *Mellerowicz* (1947) und *Schmalenbach* (1948). In einer antifaschistischen Phase (bis etwa 1949) stand zunächst die Entnazifizierung des Hochschullehrkörpers im Vordergrund. So wurden z. B. allein an der Universität Leipzig mehr als Dreiviertel der Hochschullehrer (170 von 222) entlassen.[572] In der Folge wurde die Betriebswirtschaftslehre an den Hochschulen praktisch zerstört. Berlin und Leipzig als die Hauptzentren der BWL in der Vorkriegszeit wurden als „kapitalistische Überbleibsel zügig abgeschafft." Zugleich sah sich die BWL einer heftigen Diffamierungskampagne ausgesetzt. In der antifaschistischen Propaganda hieß es beispielsweise: „Das geistige Rückzeug, das die Handelshochschule Berlin zum Faschismus beisteuerte, bildete die Betriebswirtschaftslehre."[573]

Im Zuge einer Hochschulreform erfolgte die zentrale Unterstellung aller Universitäten und Hochschulen unter ein neues *Staatssekretariat für Hochschulwesen.* Zugleich verstärkte sich der Druck auf die Wissenschaft, sich sozialistisch zu positionieren. 1951 wurden dann sämtliche betriebswirtschaftlichen Lehrstühle aufgelöst und eine marxistisch-leninistische Wirtschaftswissenschaft eingeführt und institutionalisiert. Um die Forderung der SED, auch die **Wissenschaft** solle sich politisch verstehen und für den **Sozialismus** eintreten, entbrannte ein **Streit** in der Wirtschaftswissenschaft. Denn gerade ihr und insbesondere der Betriebswirtschaftslehre „wurde vorgeworfen, bürgerlichem, d. h. kapitalistischem Denken verhaftet und somit eher Apologetik als Wissenschaft zu sein."[574] Diese Auffassung wurde z. B. von dem Leipziger Ökonomen *Wolfgang Berger*[575] vertreten. In seinem im Oktober 1949 in der Zeitschrift „Deutsche Finanzwirtschaft" erschienenen Artikel „Karl Marx und die Kritiker der modernen Betriebswirtschaftslehre" sprach *Berger* den nichtmarxistischen Wirtschaftstheorien, die er – mit den Worten von *Karl Marx* – als „Vulgärökonomie" verspottete, das Vermögen ab, innere Strukturen und kausale

572 Vgl. Pieper (1989), S. 81f.

573 Vgl. Schneider (2001), S. 236.

574 Pieper (1989), S. 82.

575 Berger promovierte 1949 bei *Fritz Behrens* in Leipzig mit einer Arbeit über die bürgerliche Betriebswirtschaftslehre. Seit 1949 war er persönlicher Mitarbeiter und einflussreicher Wirtschaftsberater von *Walter Ulbricht.* Vgl. hierzu J. Roesler: Behrens und Berger – Zur Rolle des Behrens-Schülers und Ulbricht-Beraters Wolfgang Berger in der Wirtschaftspolitik der SED. In: E. Müller/M. Neuhaus/J. Tesch: »Ich habe einige Dogmen angetastet…« – Werk und Wirken von Fritz Behrens, Leipzig 1999, S. 39f.

Zusammenhänge der Wirtschaft, ihr „Wesen“ zu erfassen. In dem Zusammenhang griff er auch das wissenschaftliche Werk des an der Humboldt-Universität lehrenden Betriebswirtschaftlers *Konrad Mellerowicz* pauschal an und warf der bürgerlichen Betriebswirtschaftslehre vor, ihre Produktionskostentheorie sei „wissenschaftlich unbrauchbar“.[576] *Berger* forderte, „der Betriebswirtschaftslehre eine neue theoretische Grundlage zu geben oder noch besser, die Betriebswirtschaftslehre als den Teil in der Theorie der politischen Ökonomie aufzunehmen, der im Besonderen der Analyse des innerbetrieblichen Produktionsumlaufes und seiner qualitativen Erfassung gewidmet ist.“[577]

*Konrad Mellerowicz* lehnte ein Zusammengehen der BWL mit der Politischen Ökonomie ab, da die Politische Ökonomie ein grundsätzlich anderes Erkenntnisinteresse als die BWL habe. Er verstand die BWL als eine betriebswirtschaftliche Technik, die unabhängig von der Wirtschaftsordnung sei: „Kennzeichnend für den Betriebswirt ist [...] immer, daß er die so gewonnenen Erkenntnisse auf den konkreten Einzelbetrieb bezieht, ohne den Anspruch zu erheben, gesellschaftliche Zustände erklären zu wollen.“ Beispielsweise gebe es keinen qualitativen Unterschied zwischen dem Rechnungswesen in einem kapitalistischen oder sozialistischen Betrieb. Es gebe nur „ein gutes oder schlechtes Rechnungswesen“. Gleiches gelte für die Betriebswirtschaftslehre insgesamt. Es sei unwichtig, ob sie sich als kapitalistisch oder marxistisch verstehe. Entscheidend sei, ob sie zu einer Betriebsführung mit dem Ziel höchster Wirtschaftlichkeit fähig ist [oder] [...] zu betrieblicher Misswirtschaft führt.“[578]

Solche und ähnliche Aussagen, die *Mellerowicz* auch in seinen Lehrveranstaltungen äußerte, brachten ihm massive Probleme ein. Mit der Zeit wurde die Atmosphäre an der Humboldt-Universität für *Mellerowicz* immer feindseliger. Besonders Studenten der FDJ machten gegen ihn Stimmung und denunzierten ihn. Am 8. Februar 1950 meldete sich *Mellerowicz* „bis auf weiteres arbeitsunfähig.“ Einige Tage später bat er um seine Entlassung. Schließlich fasste er den Entschluss, in den Westsektor überzusiedeln. Dies gestaltete sich äußerst dramatisch. Im Rundfunk war schon von seiner Verhaftung berichtet worden, obwohl diese gar nicht mehr durchgeführt

576 Vgl. Roesler (1999), S. 40.
577 Zitiert nach Pieper (1989), S. 82.
578 Mellerowicz zitiert nach Pieper (1989), S. 83f.

werden konnte, da er Ost-Berlin früher als erwartet verlassen hatte. Viele Studenten folgten *Mellerowicz* an die TU Berlin in den Westen.

Mit der Auflösung der Betriebswirtschaftslehre wurden die wirtschaftswissenschaftlichen Fakultäten grundlegend umgestaltet. In ihr Zentrum rückte die **Politische Ökonomie**, die zusammen mit dem historischen und dialektischen Materialismus das Fundament der sozialistischen Theorie bildet. Daneben wurden nach dem Vorbild der UdSSR die Fächer *Ökonomik der nationalen Wirtschaft* (Volkswirtschaftsplanung) und *Betriebsökonomik* geschaffen. Letzteres beinhaltet Zweig- und Fachökonomiken und umfasste zumindest Teilaspekte der früheren Betriebswirtschaftslehre (→ Abb. 9.2). Allerdings war es fachlich enger begrenzt auf Fragen der Betriebsorganisation, Verwaltung und Planungsmethoden und zudem auf verschiedene Fakultäten und Institute aufgeteilt. Zugleich wurden innerhalb der wirtschaftswissenschaftlichen Fakultäten separate Ausbildungswege für Industrieökonomen, Finanzökonomen, Arbeitsökonomen und Außenhandelsfachleute geschaffen. Sie schlossen ihr Studium mit dem Grad eines **Diplom-Wirtschaftlers** ab. Später erfolgten weitere Differenzierungen, sodass 1955 27 wirtschaftswissenschaftliche Fachrichtungen mit 19 Spezialisierungsmöglichkeiten existierten.[579]

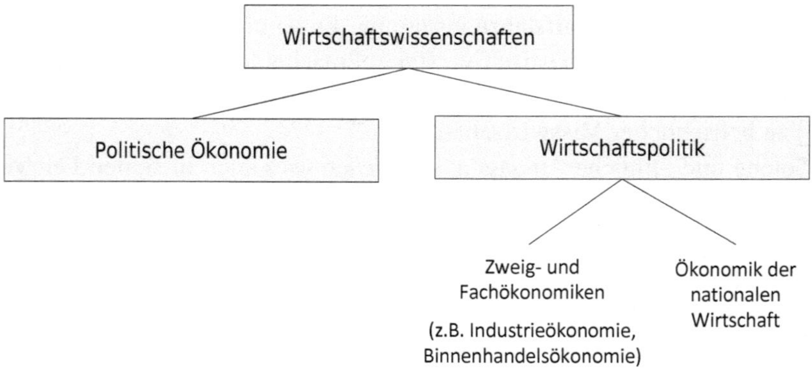


Abb. 9.2: Struktur der Wirtschaftswissenschaft in der DDR (Mitte der 1950er-Jahre). | [55]

Eine besondere Rolle spielten in der DDR anfangs die **Versorgungsprobleme**. Da diese die Stimmung in der Bevölkerung beeinflussen konnten, hatte die Partei- und Staatsführung ein gesteigertes Interesse an spezia-

579 Vgl. Pieper (1989), S. 85f.

lisierten Hochschulen für Binnenhandelsökonomie.[580] Bis 1952 wurden mehrere **Institute für Binnenhandelsökonomie** gegründet, z. B. an der Humboldt-Universität Berlin, der Karl-Marx-Universität Leipzig, der Deutschen Akademie für Staats- und Rechtswissenschaften in Potsdam-Babelsberg sowie an der 1950 auf Beschluss der DDR-Regierung gegründeten *Hochschule für Planökonomie* in Berlin-Karlshorst, die 1954 umbenannt wurde in *Hochschule für Ökonomie (HfÖ)* (→ Abb. 9.3). *Walter Kupferschmidt* (1931–2019), Professor an der *HfÖ* und von 1972 bis 1979 deren Rektor, erinnert sich so an seine alte Wirkungsstätte:

> „Sie war die größte wirtschaftswissenschaftliche Lehr- und Forschungseinrichtung der DDR. Mehr als 1000 Hochschullehrer, wissenschaftliche Mitarbeiter, Arbeiter und Angestellte haben hier gelehrt, geforscht und gearbeitet. Einige Zehntausend haben hier studiert oder die umfangreichen Weiterbildungsangebote genutzt. Mehr als 2000 wurden promoviert oder habilitiert. Tausenden von Fachleuten der Wirtschaftspraxis wurde die Möglichkeit geboten, über ein Fernstudium den Hochschulabschluss zu erlangen. Eine große Anzahl von Büchern und Lehrbüchern, Monografien und anderen wissenschaftlichen Arbeiten, die fast das gesamte Spektrum der Wirtschaftswissenschaften, der Wirtschaftsgeschichte sowie Teile der Rechtswissenschaften und der Wirtschaftsinformatik umfassten, wurden – auch international – publiziert. Die HfÖ verfügte über ein beträchtliches Forschungspotenzial und über gute Voraussetzungen für die individuelle Betreuung der Studenten und deren Einbeziehung in die Forschung. Die Einheit von Lehre und Forschung war ein grundlegendes Prinzip ihrer Arbeit. Ein Hemmnis war jedoch der hohe Geheimhaltungsgrad vieler grundlegender Daten der Volkswirtschaft, vor allem aber der Monopolanspruch der Parteiorgane auf die Deutungshoheit in Fragen der sozialökonomischen Theorie und ihr restriktiver Einfluss auf die ökonomische Forschung in der DDR."[581]

580 Göschel (2008), S. 214.

581 W. Kupferschmidt: Abwicklung einer „Kaderschmiede", in: Neues Deutschland vom 24. 09. 2011.

Abb. 9.3: Blick in einen Hörsaal der HfÖ, 1970. | [56]

> „Über 10.000 Studenten absolvierten seit 1950, dem Gründungsjahr der Hochschule für Ökonomie in Berlin, diese bedeutendste wirtschaftswissenschaftliche Bildungseinrichtung in der Deutschen Demokratischen Republik. Für etwa 4500 Ökonomen fanden hier Weiterbildungslehrgänge statt [...]. Zu den 400 Studenten, die im September 1970 an der HfÖ immatrikuliert wurden, gehören auch diese beiden: *Clement Kindombi* aus der Volksrepublik Kongo (Mitte) und *Kone Mahamoud* aus Mali."

Nachdem in der ersten Hälfte der 1950er-Jahre die Institute für Binnenhandelsökonomie gegründet worden waren, bildete sich die sogenannte **Handelsökonomie** als „marxistisch-leninistische Lehr- und Forschungsdisziplin" heraus.[582] Hierbei handelte es sich um eine Wirtschaftszweiglehre (Handelsbetriebslehre), die neben den betriebswirtschaftlichen Fragestellungen auch volkswirtschaftliche Aspekte des Handels berücksichtigt, da sie den politischen und ideologischen Besonderheiten der sozialistischen Plan-

582 Vgl. W. Cramer und Kollektiv: Handelsökonomie, 2. Aufl., Berlin (DDR), 1989, S. 37.

wirtschaft Rechnung tragen muss. Die Handelsökonomie war insbesondere in ihrer Anfangsphase in der DDR noch sehr stark sowjetisch geprägt. Bemerkenswerterweise sehen ihre Vertreter sie nicht in der Tradition der deutschen Handelswissenschaft bzw. Betriebswirtschaftslehre, sondern sie sehen ihren Ursprung in den 1930er-Jahren in der Sowjetunion. Der Leipziger Professor *Werner Cramer* schreibt zu ihrer geschichtlichen Entwicklung:

> „Die Handelsökonomie ist eine junge Wissenschaft. Ihre Geschichte umfaßt etwa ein halbes Jahrhundert. Sie entstand als selbständige Disziplin am Ende der Übergangsperiode vom Kapitalismus zu Sozialismus in der UdSSR. Ihre Anfänge liegen in der zweiten Hälfte der dreißiger Jahre. Bis dahin war die Theorie des sozialistischen Handels ausschließlich Gegenstand der Politischen Ökonomie des Sozialismus. Alle Gedanken von Marx, Engels und Lenin zur Theorie der Zirkulation und des Handels wurden schöpferisch aufbewahrt. Sie werden den praktischen Erfordernissen in Gegenwart und Zukunft entsprechend weiterentwickelt. Ebenso wird alles Progressive und Wertvolle, das die bürgerliche Handelslehre auf Spezialgebieten hervorbrachte und -bringt, mit wissenschaftlicher Sorgfalt verarbeitet. [...]
> Die Handelsökonomie formierte sich als marxistisch-leninistische Lehr- und Forschungsdisziplin. Damit begann eine neue Etappe in der wissenschaftlichen Begründung des sozialistischen Handels. [...] 1950 erschien in Moskau das erste Hochschullehrbuch der Handelsökonomie. [...] Einen wichtigen Beitrag zur Formierung der Handelsökonomie als Wissenschaft in der DDR [...] leistete W. Jarowinsky mit seiner Monographie „Wesen, Funktionen und Hauptaufgaben des Binnenhandels in der Deutschen Demokratischen Republik“, die 1955 [...] erschienen ist. [...]
> Gegen Ende der Übergangsperiode vom Kapitalismus zum Sozialismus im Jahre 1961 erschien das erste in der DDR erarbeitete Hochschullehrbuch der Handelsökonomie, verfaßt von W. Heinrichs [...]. Zusammen mit C. Teichmann, dem damaligen Rektor der Hochschule für Binnenhandel Leipzig, gehört Heinrichs zu den *Nestoren* der Handelsökonomie in der DDR [...]. In den folgenden sechziger Jahren ging es um das gründliche Studium der Probleme, die mit den Anforderungen an die Entwicklung der Wirtschaft und des Handels, an die Wechselbeziehungen zwischen Produktivkräften und Produktionsverhältnissen sowie an die Leitung, Planung und wirtschaftliche Rechnungsführung in der neuen Entwicklungsphase zusammenhingen [...]. [...] Eine neue Etappe in der theoretischen Arbeit wurde unter Führung der SED nach ihrem VIII. Parteitag 1971 eingeleitet. [...] Die Handelsökonomie war aufgerufen, ausgehend von

der Politischen Ökonomie, noch tiefer und umfassender in die Wirkungsweise der ökonomischen Gesetze und Kategorien der sozialistischen Warenzirkulation einzudringen [...].“[583]

Da in einer staatlich gelenkten Planwirtschaft, in der die Unternehmen in Form von **Volkseigenen Betrieben (VEB)** eingebunden waren, eine Betriebswirtschaftslehre nicht nur als überflüssig erschien, sondern auch schlichtweg als ideologisch unvereinbar mit dem Wirtschaftssystem, entwickelte sich erst relativ spät, etwa seit Ende der 1960er- bzw. Anfang der 1970er-Jahre, eine sogenannte **sozialistische Betriebswirtschaftslehre** heraus, in deren Folge auch betriebswirtschaftliche Lehrstühle entstanden. „Ab 1973 gab es wieder Lehrstühle für Betriebswirtschaft an den Hochschulen der DDR.“[584] Allerdings war diese Betriebswirtschaftslehre ideologisch dominiert vom **Marxismus-Leninismus**. Sowohl der Betrieb als auch die Betriebswirtschaftslehre hatten „in erster Linie dem Staat zu dienen und den Richtungsänderungen in der Politik zu folgen.“[585] In einem DDR-Wirtschaftslexikon aus dem Jahr 1978 heißt es: „Die sozialistische Betriebswirtschaft beruht auf dem gesellschaftlichen Eigentum an den Produktionsmitteln und wird durch Beziehungen kameradschaftlicher Zusammenarbeit und gegenseitiger Hilfe zwischen den Werktätigen und zwischen den Arbeitskollektiven charakterisiert. Die sozialistische Betriebswirtschaft ist bewußte, planmäßige Tätigkeit der Werktätigen zur Verwirklichung der ökonomischen Gesetze des Sozialismus.“[586]

Auf der Grundlage einer Untersuchung der Lehrinhalte und der Unterteilung der sozialistischen BWL, wie sie den einschlägigen DDR-Lehrbüchern zu entnehmen sind, gelangt *Bernhard Bellinger* (1920–2016) zu dem **Befund**,

> „daß die Sozialistische Betriebswirtschaftslehre einen ingenieurwissenschaftlichen Charakter besitzt und praxisorientiert ist. Ihre theoretische Grundlage entspricht jener der systemorientierten Betriebswirtschaftslehre mit sozialwissenschaftlichem Ansatz. Das Denkgebäude ist jedoch kein offenes, sondern ein geschlossenes System. Ihrem Grundcharakter nach ist die Sozialistische

583 Cramer und Kollektiv (1987), S. 34–38 (stark gekürzt).

584 M. Bardmann: Grundlagen der Allgemeinen Betriebswirtschaftslehre, 3. Aufl., Wiesbaden 2019, S. 81.

585 H. Meffert: Betriebswirtschaftslehre in den Siebziger- und Achtzigerjahren, in: Entwicklungen der Betriebswirtschaftslehre, hrsg. von E. Gaugler/R. Köhler, Stuttgart 2002, S. 138.

586 Ökonomisches Lexikon, Band A-G, 3. Aufl., Berlin (Ost) 1978, S. 343.

> Betriebswirtschaftslehre eine Funktionenlehre. Die Produktionsfaktoren sind der Mensch, die Arbeitsmittel, die Arbeitsgegenstände, die Technologie und die Organisation der Arbeit. Im Prinzip entspricht diese Einteilung jener der Produktionstheorie nach Gutenberg, [...] Nur wird in der Sozialistischen Betriebswirtschaftslehre der Mensch als Ganzes als Produktionsfaktor betrachtet, während in der westlichen Welt die menschliche Arbeitsleistung, abstrahiert von dem Menschen als Ganzes, als Produktionsfaktor betrachtet wird."[587]

Die von *Bellinger* angesprochene faktororientierte Betriebswirtschaftslehre von *Erich Gutenberg* schwang sich in der jungen Bundesrepublik zur „herrschenden Meinung" in der Betriebswirtschaftslehre auf und dominierte das Fach bis in die 1970er-Jahre hinein. Doch schon gleich nach Kriegsende wurden wissenschaftliche Auseinandersetzungen um grundlegende methodologische Fragen und die künftig einzuschlagende Richtung des Faches geführt.

## 9.2 „Dislozierung und Desorientierung"[588] – Betriebswirtschaftslehre in Westdeutschland (1945–1951)

Auch in den westlichen Zonen gehörte gleich nach Kriegsende der Wiederaufbau der zerstörten Wirtschaft zu den drängenden Problemen. Nicht nur deren Einheiten, die Betriebe, mussten wieder aufgebaut werden, es mussten sämtliche wirtschaftlichen Strukturen neu errichtet werden. Am 9. Januar 1946 meldete sich *Eugen Schmalenbach* mit einem Rundfunkvortrag zum Thema **„Wirtschaftliche Notwendigkeiten der Gegenwart"** zu Wort: „Als Hauptprobleme bezeichnete er die Wiederherstellung einer stabilen Währung, die Beseitigung der Produktionshemmnisse wie Rohstoff- und Energiemangel, die Bekämpfung der Arbeitslosigkeit, die Errichtung einer leistungsfähigen Regierung und die Änderung des aufbaufeindlichen Steuerwesens."[589] Auch in seinen Schriften greift *Schmalenbach* immer wieder aktuelle gesamtwirtschaftliche Probleme auf. In seinem Spätwerk **„Der freien Wirtschaft zum Gedächtnis"** (1949) begründet er dies so: „Wie der

---

587 B. Bellinger: Die Betriebswirtschaftslehre der neueren Zeit, Darmstadt 1988, S. 162.

588 Nach der Auffassung von *Hanns Linhardt* (1948/1951) habe die BWL in der Nachkriegszeit „unter dem Eindruck der Dislozierung und Desorientierung" gestanden. Vgl. hierzu Mantel (2012), S. 82.

589 Klein-Blenkers (1994), S. 47.

Volkswirt nicht umhin kann, sich mit den Dingen des Betriebs, wie Löhnen, Unternehmergewinn usw. zu beschäftigen, so kann der Betriebswirt nicht an der Frage vorbeigehen, wie die volkswirtschaftliche Organisation, in die der Betrieb eingebettet und deren Teilorgan er ist, aussieht."[590]

Am 20. Juni 1948 wurde die Währungsreform in den westlichen Besatzungszonen vollzogen, und die alte Reichsmark (RM) wurde ersetzt durch die Deutsche Mark (DM). Ein knappes Jahr später, am 23. Mai 1949, wurde das Grundgesetz für die Bundesrepublik verabschiedet. Während die Einführung der Deutschen Mark faktisch die **Marktwirtschaft** einleitete, wurde mit dem Grundgesetz ein neuer rechtlicher Ordnungsrahmen geschaffen, der die Etablierung der **Sozialen Marktwirtschaft** ermöglichte. In der Folge traten zahlreiche neue Wirtschaftsgesetze in Kraft, welche die unternehmerische Tätigkeit berührten, wie z. B. das *Tarifvertragsgesetz* (1949), das *Kündigungsschutzgesetz* (1951), das *Betriebsverfassungsgesetz* (1952) und das umgangssprachlich als *Kartell-Gesetz* bezeichnete **Gesetz gegen Wettbewerbsbeschränkungen** (1958). Zudem verschob „die Wiedereinführung der Marktwirtschaft nach der Währungsreform [...] den Akzent der betriebswirtschaftlichen Forschung stärker auf das Gebiet des Absatzes, der Marktforschung und der Werbung"[591]. Diese Akzentverschiebung in der betriebswirtschaftlichen Forschung wurde noch forciert durch die Orientierung der Wirtschaft sowie auch der Forschung an den USA und dem damit verbundenen Einfluss der angloamerikanischen Marketinglehre.

Das Konzept der **Sozialen Marktwirtschaft** geht zurück auf die theoretischen Arbeiten von *Alfred Müller-Armack*, politisch umgesetzt wurde sie von *Ludwig Erhard*, nachdem mit der Währungsreform die Voraussetzungen geschaffen worden waren. Den Begriff der sozialen Marktwirtschaft definiert *Müller-Armack* als „eine ordnungspolitische Idee [...], deren Ziel es ist, auf der Basis der Wettbewerbswirtschaft die freie Initiative mit einem gerade durch die marktwirtschaftliche Leistung gesicherten sozialen Fortschritt zu verbinden." „Sinn der sozialen Marktwirtschaft ist es, das Prinzip der Freiheit auf dem Markte mit dem des sozialen Ausgleichs zu verbinden." Die soziale Marktwirtschaft „ist eine neuartige Synthese", die versuche, „die Ideale der Gerechtigkeit, der Freiheit und des wirtschaftlichen Wachstums in ein vernünftiges Gleichgewicht zu bringen." Die neue Wirtschaftspolitik

590 E. Schmalenbach: Der freien Wirtschaft zum Gedächtnis, Köln /Opladen 1949, S. 11.

591 G. Wöhe: Einführung in die Allgemeine Betriebswirtschaftslehre, 15. Aufl., München 1984, S. 74.

„erstrebt sozialen Fortschritt über marktkonforme Maßnahmen", die „den sozialen Zweck sichern, ohne störend in die Marktapparatur einzugreifen."[592]

Der Neustart der BWL in Deutschland nach dem Zweiten Weltkrieg setzte ein, als die Besatzungsmächte die Aufnahme des Lehrbetriebs genehmigten. Hierzu wurde zunächst auch geprüft, ob und inwiefern Professoren nationalsozialistisch vorbelastet sind. In einem weiteren Schritt erfolgte die Wiedererrichtung der für die Wissenschaft essentiellen Institutionen. So fand am 22./23. Oktober **1948** auf Initiative von *Rudolf Seÿffert* das erste **Betriebswirte-Treffen** nach dem Krieg in den Trümmern der **Universität Frankfurt am Main** statt. Diese äußere Kulisse mag wohl auch die innere Verfasstheit der Betriebswirte widergespiegelt haben, die nicht nur wissenschaftlich Halt und Orientierung suchten. So hielt *Hanns Linhardt* auf diesem Treffen ein Referat, in dem er einerseits scharfe Kritik an seinen Fachkollegen und deren Verhalten während der NS-Zeit äußerte, mit dem er andererseits aber auch einen Anstoß geben wollte zu einer Aussprache über die „unter dem Eindruck der Dislozierung und Desorientierung" befindlichen Betriebswirtschaftslehre sowie über deren zukünftige Entwicklung.[593] Diese war völlig unklar, denn „in Westdeutschland war das Fach Ende der vierziger, Anfang der fünfziger Jahre auch inhaltlich an einem Wendepunkt angekommen."[594] Welche Richtung sollte die Betriebswirtschaftslehre künftig einschlagen?

An dieser Frage entzündete sich auf dem Frankfurter Treffen ein wissenschaftlicher **Disput**, in dem die gegensätzlichen Auffassungen von *Martin Lohmann* (1901–1993) und *Karl Hax* (1901–1978) aufeinanderprallten: *Lohmann* sprach sich gegen eine Betriebswirtschaftslehre als „Wirtschaftlichkeitslehre der Unternehmung" aus und forderte „eine die Sach- und Sozialwelt des Unternehmens in gleicher Weise umschließende Lehre". *Hax* hielt dem entgegen:

> „Man kann natürlich die Betriebswirtschaftslehre auch in Richtung auf eine Betriebssoziologie entwickeln; dann ist sie aber keine Wirtschaftswissenschaft

---

592 Vgl. A. Müller-Armack: Soziale Marktwirtschaft, in: Handwörterbuch der Sozialwissenschaften (HDSW), Bd. 9, Stuttgart/Tübingen/Göttingen 1956, S. 390f.

593 Vgl. P. Mantel: Das Frankfurter Betriebswirte-Treffen von 1948 und Hanns Linhardts Fachkritik. In: Der Verband der Hochschullehrer für Betriebswirtschaft, hrsg. von VHB, Wiesbaden 2012, S. 82f.

594 P. Mantel: „Eine vollkommen unpolitische Disziplin" – Zur Entwicklung der modernen Betriebswirtschaftslehre im ersten Halbjahrhundert ihres Bestehens. In: Die Hochschule 1/2010, S. 162.

> mehr. Es fördert auch die Lösung der Probleme nicht, wenn man die Vertreter des Wirtschaftlichkeitsprinzips [...] im Zwielicht einer materialistischen Weltanschauung erscheinen läßt, der gegenüber sich dann die eigene ‚soziale' Haltung umso wirkungsvoller abhebt. Das ist die glatte und bequeme Formel, mit der man den Problemen ausweicht, die aber nichts zu ihrer Lösung beiträgt."[595]

Dieser Meinungsstreit um die „richtige" Forschungskonzeption werde, wie *Wöhe* feststellt, „im Grunde genommen bis heute geführt: Hier die Anhänger einer erwerbswirtschaftlich ausgerichteten, an Effizienz und Rentabilität orientierten Betriebswirtschaftslehre, dort die sozialwissenschaftlich geprägten Fachvertreter, die den Betrieb als spannungsreiches soziales Konstrukt begreifen, das vornehmlich unter verhaltenswissenschaftlichen Aspekten zu untersuchen ist."[596]

Es sollte nicht bei der Kontroverse zwischen *Hax* und *Lohmann* bleiben. Auch in den nachfolgenden Jahren lassen sich mannigfache Bestrebungen der Fachvertreter nach **inhaltlicher Orientierung** erkennen. Unter dem belastenden Eindruck der Grausamkeiten des Krieges und der Verbrechen des NS-Regimes erlebte beispielsweise die normative Richtung der Betriebswirtschaftslehre nochmals eine Renaissance: 1949 veröffentlichte *Wilhelm Kalveram* seine Schrift „Der christliche Gedanke in der Wirtschaft". Kurz darauf erschien *Guido Fischers* „Christliche Gesellschaftsordnung und Sozialpraxis des Betriebes" (1950). Auch er steht für eine (auf der christlichen Lehre fußenden) am Menschen orientierte Betriebswirtschaftslehre und machte sich stark für eine Öffnung des Faches zur Soziologie und Psychologie.

### 9.2.1 „Der christliche Gedanke in der Wirtschaft" (Wilhelm Kalveram)

*Wilhelm Kalveram* (1882–1951) gilt als „eifriger Verfechter" (*Wöhe*) der normativ-ethischen Betriebswirtschaftslehre. Seine von der katholischen Soziallehre geprägten wirtschaftsethischen Ansichten legte er in seinem Spätwerk „Der christliche Gedanke in der Wirtschaft" nieder. Seine Arbeitsschwerpunkte waren die Bankbetriebslehre, Industriebetriebslehre und das Rechnungswesen.

---

595 K. Hax zitiert nach Schneider (2001), S. 241.

596 G. Wöhe: Einführung in die Allgemeine Betriebswirtschaftslehre, 24. Aufl., München 2010, S. 16.

In dem 1949 veröffentlichten Bändchen **„Der christliche Gedanke in der Wirtschaft“**[597] fasst der Frankfurter Professor die Ergebnisse seiner Bemühungen, die Betriebswirtschaftslehre in der Ethik zu fundieren, zusammen. Wie *Kalveram* im Vorwort anmerkt, sei das Buch „als ein Baustein im Gesamtgebäude der christlichen Wirtschafts- und Soziallehre anzusehen. Es handelt sich nicht um ein gelehrtes fachwissenschaftliches Buch, sondern um ein weltanschauliches Bekenntnis zu einer Einordnung alles wirtschaftlichen Denkens und Handelns in einen höheren Seinszusammenhang, zu einer Ganzheitsbetrachtung aller wirtschaftlichen Teilaufgaben aus der Zielordnung des persönlichen und sozialen Lebens“ (S. 7).

Im **I. Kapitel** nimmt *Kalveram* eine „Einordnung des wirtschaftlichen Bereichs in die Ganzheit des menschlichen Einzel- und Gemeinschaftslebens“ vor: „Die Wirtschaft mit ihrem Sachziel im ganzen und ihren vielfältigen Zielsetzungen im einzelnen hat sich einzuordnen in den Gesamtaufbau, in die sinnvolle Stufenfolge oder Hierarchie der Werte, in die ewig konstanten Prinzipien und inneren Regel- und Gesetzmäßigkeiten menschlichen Einzel- und Gemeinschaftslebens.“[598]

Abb. 9.4: Wilhelm Kalveram. | [57]

Im **II. Kapitel** befasst *Kalveram* sich mit Messung und Wertung wirtschaftlicher Leistungen. In diesem Zusammenhang untersucht er die **Produktivität**, **Rentabilität** und **Wirtschaftlichkeit**; diese Größen ermöglichten, „ein Urteil über Sinn, Wert und menschliche Bedeutung wirtschaftlicher Leistung zu gewinnen“ (S. 34).

Im **III. Kapitel** wird der Produktionsfaktor **Arbeit** untersucht. Für *Kalveram* ist „die Arbeit eine Auswirkung der persönlichen Würde und Freiheit des Werkers, ist sittliche Leistung, Christentum des Werktags, Dienst auf Geheiß Gottes“ (S. 48). Nach seiner Auffassung sei es „naturwidrig den Wert der Arbeitsleistung ausschließlich nach dem Grundsatz einer

597 In der nachfolgenden Inhaltsangabe erfolgen die Quellenangaben im Text (Seitenzahl in Klammern) und nicht als Fußnoten.

598 W. Kalveram: Der christliche Gedanke in der Wirtschaft, Köln 1949, S. 9–15 (stark gekürzt).

Gleichwertigkeit der im wirtschaftlichen Wettkampf erbrachten Leistungen des Arbeiters und der Gegenleistungen des Unternehmers zu messen, die Arbeit also nur als Tauschobjekt im Wirtschaftsprozeß zu werten“ (S. 49).

Im **IV. Kapitel** geht es um das Thema **Preisgerechtigkeit**. Ausgehend von der Voraussetzung eines geordneten Geldwesens behandelt *Kalveram* die Faktoren der Preisbildung, hinterfragt die Kalkulation zu Wiederbeschaffungspreisen, geht auf die Gefahr von Verkäufen unter Selbstkosten ein, hebt die Notwendigkeit einer behördlichen Preisregulierung in gewissen Fällen hervor und beschreibt abschließend das Wesen des **gerechten Preises**: „Gerechte Preise gewährleisten nach der einen Seite hin die sachlich notwendige Kostendeckung; nach der anderen Seite verwirklichen sie das ethische Postulat, daß die einzelnen Glieder des durch die Preisrelationen ineinander greifenden Leistungsgefüges in einem wohlgeordneten Verhältnis zueinander und zum Ganzen, zur gegebenen Sozialstruktur, Einkommensschichtung und Kaufkraftverteilung zu stehen haben, so daß Preisscheren, die das wirtschaftliche und soziale Gefüge stören würden, nach Möglichkeit vermieden werden“ (S. 78 f.).

Im **V. Kapitel** geht *Kalveram* der Frage nach, welchen Anspruch Kapital und Arbeit auf den Ertrag haben. Nach seiner Auffassung müssen beide „über den beiderseitigen Erhaltungsaufwand hinaus am Reinertrag beteiligt werden“ (S. 82). Es müsse eine **„richtige Verteilung des Ertrages“** unter Kapitalgeber und allen Betriebsangehörigen vorgenommen werden, sodass „eine gesunde Stufung von Einkommen und Eigentum herbeigeführt wird [...] Der Wirtschaftertrag muß aber in so breiter Weise aufgeteilt werden, daß soziale Spannungen durch nicht vertretbare Vermögensanhäufungen weniger und durch Besitzlosigkeit breiter Massen vermieden und allmählich zum Ausgleich gebracht werden“ (S. 83 f.).

Im **VI. Kapitel** befasst *Kalveram* sich mit dem Verhältnis von **Berufsarbeit** und Persönlichkeitsentfaltung. Ausgehend von seiner Forderung, dass alle Arbeitsbedingungen so zu gestalten seien, dass der Arbeitsplatz jedem Mitarbeiter „eine Quelle innerer Befriedigung, persönlichen und sittlichen Reiferwerdens und einer Aufwärtsentwicklung seiner Persönlichkeit werden kann“ (S. 91), setzt er sich mit den negativen Folgen der betrieblichen Arbeitsteilung und Organisation auseinander. So bleibe bei zahlreichen Arbeiten „ein weites Feld mechanischer, wenig anregender, geistloser, bürokratischer, repetitiver Betätigung. [...] Bei solcher Sinnentleerung der Arbeit, bei solcher Neutralisierung der persönlichen Werte muß die Berufsfreude ersterben“ (S. 95). Im Folgenden werden Vorschläge unterbreitet zur

Beseitigung bzw. zur Milderung dieser Gefahren. Zum Beispiel könne das Gefühl der Abhängigkeit und Unfreiheit beim Arbeiter durch angemessene Rechte der **Mitbestimmung** gemildert werden: „Es entspricht der sozialen Gerechtigkeit, wenn Betriebsräte als Vertreter der Arbeiter und Angestellten zu einer wertvollen Institution zwecks Überbrückung der betrieblichen Gegensätze ausgebaut werden“ (S. 105).

Das **VII. Kapitel** geht auf die **Wirtschaftssysteme** ein. Zu Beginn umreißt *Kalveram* eine dem christlichen Gedanken entsprechende Gestaltung der wirtschaftlichen und sozialen Gesellschaftsordnung. Anschließend setzt er sich kritisch mit der liberalistischen und der sozialistischen Wirtschaftsauffassung auseinander. Dabei geht er sowohl auf die Gefahren staatlicher Zwangswirtschaft ein als auch auf die negativen Auswüchse der freien Marktwirtschaft. Im Hinblick auf den Liberalismus kritisiert er den ***Homo oeconomicus***: Dieser „nüchterne, kalt und seelenlos rechnende Mensch einer mechanischen Tauschtechnik ohne sittliche Bindung und Lenkung ist kein Wirklichkeitsbegriff, sondern eine Verfälschung“. Eine Überhöhung der liberalen, materialistischen Wirtschaftsauffassung habe „zu zunehmenden sozialen Gegensätzen, zu Bruchstellen und Zerreißungen im gesellschaftlichen Gefüge geführt (S. 111). Die Nachteile staatlicher Eingriffe in die Wirtschaft sieht *Kalveram* vor allem in Form von bürokratischen Verordnungen, Beschränkungen, Kontrollen sowie Ge- und Verboten, da diese zu Gleichgewichtsstörungen führten. Dadurch trete „allmählich ein unorganisches System sich vielfach widersprechender Anweisungen an die Stelle eines natürlichen Wirtschaftsablaufes“, was schließlich „zu einer Verminderung der Produktivität, zu einem Erschlaffen der Risikobereitschaft, zu einem Verkümmern des technischen Fortschritts und zu einem Absinken des Sozialprodukts“ (S. 116 f.) führe. Anschließend erläutert *Kalveram* die Schnittmengen zwischen christlicher Sozialordnung und Sozialismus einerseits sowie zwischen christlicher Sozialordnung und Liberalismus andererseits (vgl. S. 120 f.).

Im **VIII. Kapitel** entwirft *Kalveram* ein **christliches Ordnungsbild** der Gesellschaft, das auf der 1931 von Papst *Pius XI.* veröffentlichten Enzyklika *Quadragesimo anno* beruht. Dreh- und Angelpunkt der von *Kalveram* dargestellten christlichen Wirtschafts- und Sozialordnung ist eine organische Gliederung der Gesellschaft nach **Leistungsgemeinschaften** (vgl. S. 126 ff.): „Aus der christlichen Idee wird ein Richtziel abgeleitet, welches lautet: Eine Schichtung der Gesellschaft nach gegensatzbeladenen

Klassen ist unnatürlich. Natürlichem Denken entspricht eine Gruppierung nach objektiven Verbundenheiten, nach Leistungs-gemeinschaften“ (S. 130).

Obwohl eine ethisch-normative und christlich geprägte Wirtschaftslehre nach *Kalverams* Vorstellungen keinen merklichen Einfluss auf die Betriebswirtschaftslehre ausübte, hat er in seiner Schrift einige Aspekte gedanklich vorweggenommen, die zu den Grundprinzipien der Sozialen Marktwirtschaft geworden sind. Vor dem Hintergrund der in den letzten Jahrzehnten zunehmenden Bedeutung von *Corporate Social Responsibility* (CSR), von Wirtschafts- und Unternehmensethik sowie den Problemen in der Arbeitswelt (Arbeitsbelastung, Geringverdiener, Mini-Jobs) sind seine Ideen nicht obsolet geworden.

### 9.2.2 „Der Mensch im Betrieb“ (Guido Fischer)

*Guido Fischer* (1899–1983) gilt als der „Vater der betrieblichen Sozialpraxis“. Er war Professor und Leiter des von ihm 1946 gegründeten Instituts für Betriebswirtschaft und Sozialpraxis in München und seit 1949 Herausgeber der Fachzeitschrift „Mensch und Arbeit“ (seit 1969 „Personal“).

1952 erschien in der *Zeitschrift für Betriebswirtschaft (ZfB)* sein Beitrag mit dem Titel **„Der Mensch im Betrieb – Die Grenze zwischen Betriebswirtschaftslehre, Soziologie und Psychologie“**.[599] Darin zeigt *Fischer* die Berührungspunkte der Betriebswirtschaftslehre mit der Soziologie auf, die sich ergeben, wenn „der Mensch und seine Arbeitsweise innerhalb der Betriebswirtschaft gesehen und gewürdigt werden soll.“ Unter methodologischen Gesichtspunkten stellt Fischer neben die ökonomische Sichtweise in der Betriebswirtschaftslehre einen **sozialwissenschaftlichen Ansatz**. Diese Öffnung des Faches zu Nachbarwissenschaften erscheint folgerichtig, denn wenn – von seinem christlichen Standpunkt aus – der Mensch im Mittelpunkt stehen soll, dann müssen Erkenntnisse der Soziologie und Psychologie sowohl im Betrieb selbst als auch in der Wissenschaft berücksichtigt werden.

> „[...] Wenn die Betriebswirtschaftslehre den Betrieb auch als Arbeitsstätte sieht, in ihm die menschlichen Beziehungen erkennt und organisatorisch löst, auch

599 Der Beitrag erschien erstmals 1952 in der ZfB, 22. Jg, S. 253–264. Hier liegt ein Wiederabdruck vor aus dem Jubiläumsband „Meilensteine der Betriebswirtschaftslehre – 60 Jahre Zeitschrift für Betriebswirtschaft“, Ergänzungsheft der ZfB 2/1991, hrsg. von H. Albach, Wiesbaden 1991, S. 135–146.

alle notwendigen Maßnahmen der betrieblichen Sozialpolitik klärt, um das notwenige Betriebsklima zu schaffen, dann wird dieser Betrieb auch für die Soziologie mehr sein als nur ein technisches Produktionsgebilde. Der Betrieb wird vielmehr zu einem **Organismus innerhalb der menschlichen Gesellschaftsordnung**, der von ihr aus untersucht und dargestellt werden muß. [...] Doch vermag die Soziologie alle im Betrieb auftretenden einzelnen Erscheinungen des menschlichen Zusammenlebens nicht **allein** zu erfassen. Sie muß vielmehr auf die Erkenntnisse der **Betriebswirtschaftslehre** zurückgreifen, besonders auf ihre Lehren von der Arbeit und Arbeitsgestaltung, von der betrieblichen Menschenführung und der Organisation. [...] Die Kenntnis der Grenzen zwischen beiden Wissenschaften [...] schafft die Voraussetzung, daß diese Grenzen keine Trennungslinien bedeuten, sondern daß sie nur methodisch die Zuständigkeiten abstecken zwischen zwei unmittelbar benachbarten Wissenschaftsbereichen im großen Gebiet der Sozialwissenschaften. Dann können beide Wissenschaften gegenseitig auf den Forderungen und Erfahrungen der anderen weiterbauen und sich viele sonst notwendig werdende Einzelarbeiten ersparen. [...] Damit wird erreicht, daß im Wirtschaftsleben und im Betrieb der Mensch mit seiner Arbeitsleistung aus einem Objekt zum Subjekt wird, daß es auch im praktischen Wirtschafts- und Betriebsleben möglich ist, die Menschenwürde des arbeitenden Menschen organisationstechnisch zu wahren, sowie wirtschaftlich und ethisch zu begründen. **Betriebswirtschaftslehre und Soziologie sind keine Gegensätze, sondern sie ergänzen sich beiderseits**."[600]

*Horst Albach* sieht in *Fischers* Aufsatz einen „bedeutenden Meilenstein" in der Entwicklung einer Allgemeinen Betriebswirtschaftslehre, denn „er war nicht nur Eck- und Grundstein für die weitere Forschung in der Personalwirtschaftslehre, sondern war auch ein Prüfstein für alle betriebswirtschaftlichen Forscher, die den Menschen als Produktionsfaktor eingebunden sahen in ein Gefüge aus sozialen und technischen Beziehungen."[601]

Zwischen 1945 bis 1955 wenden sich mehrere Fachvertreter (wieder) der Allgemeinen Betriebswirtschaftslehre zu und untersuchen „das Gesamt der Betriebswirtschaftslehre unter unterschiedlichen methodischen Ansätzen."[602] Bereits in diesen Werken zeichnet sich ansatzweise ab, welche

600 G. Fischer: Der Mensch im Betrieb – Die Grenze zwischen Betriebswirtschaftslehre, Soziologie und Psychologie, in: ZfB, 22. Jg., 1952, S. 264 (ZfB 1991, S. 146).
601 H. Albach: 60 Jahre ZfB – Meilensteine der Betriebswirtschaftslehre, ZfB 2/1991, S. XI.
602 Klein-Blenkers (1994), S. 48.

starke Entwicklung in Breite und Tiefe die Betriebswirtschaftslehre in den nachfolgenden Jahrzehnten nehmen wird.[603]

### 9.2.3 Allgemeine Betriebswirtschaftslehren

Neben überarbeiteten Auflagen früherer Werke (z. B. von *K. Mellerowicz* und *G. Fischer*) erscheinen in den **Nachkriegsjahren (1945–1955)** neue Untersuchungen zur „Allgemeinen Betriebswirtschaftslehren“:

- *Willy Bouffier:*
  Einführung in die Betriebswirtschaftslehre, Wien 1946.
- *Karl-Friedrich Rößle:*
  Allgemeine Betriebswirtschaftslehre, München 1948 (5. Aufl. Stuttgart 1956).
- *Martin Lohmann:*
  Einführung in die Betriebswirtschaftslehre, Tübingen 1949 (4. Aufl. 1964).
- *Erich Schäfer:*
  Die Unternehmung – Einführung in die Betriebswirtschaftslehre, Wiesbaden 1949 (10. Aufl. 1980).
- *Erich Gutenberg:*
  Grundlagen der Betriebswirtschaftslehre, 3 Bände, Berlin/Heidelberg/New York 1951, 1955, 1969;
  - Bd. I: Die Produktion 1951 (24. Aufl. 1983) und
  - Bd. II: Der Absatz 1955 (17. Aufl. 1984).
- *Curt Sandig:*
  Die Führung des Betriebes – Betriebswirtschaftspolitik, Stuttgart 1953 (2. Aufl. 1966).
- *Leopold Mayer:*
  Grundriß der allgemeinen Betriebswirtschaftslehre, 1955 (2. Aufl. 1970).

Auf die Werke von *Schäfer*, *Sandig*, *Lohmann* soll nachfolgend etwas näher eingegangen werden.

Das Werk des Nürnberger Professors *Erich Schäfer* (1900–1984) hat in Wissenschaft und Praxis starke Beachtung gefunden, denn es ist klar konzipiert, anschaulich geschrieben und enthält Beispiele aus der Praxis. Durch den Einsatz der typologischen Methode und der damit verbundenen

603 Vgl. Klein-Blenkers (1994), S. 48.

Klassifizierung macht *Schäfer*, wie *Klein-Blenkers* bemerkt, „die Vielfalt der Erscheinungen der Unternehmungen der Praxis im System überschaubar" und entwickelt „auf diese Weise eine eng an den Belangen der Praxis orientierte, wissenschaftlich hochstehende Betriebswirtschaftslehre."[604] Den späteren Auflagen fügte *Schäfer* noch ein Kapitel hinzu, in dem er auf neue methodische Strömungen in der Betriebswirtschaftslehre eingeht. Hier kritisiert er ziemlich scharf eine Überbetonung des Methodischen und Formalen, vor allem eine zunehmende **Mathematisierung** des Faches:

> „Die hohe Einschätzung quantitativ-formaler Methoden in der neueren Betriebswirtschaftslehre entspricht einem heute weitverbreiteten Grundzug wissenschaftlichen Selbstverständnisses: die wissenschaftlichen Ergebnisse sollen auf möglichst „objektive" Weise, und das heißt hier unter weitestgehender Ausschaltung subjektiver Erwagungen und Meinungen, gewonnen werden. [...] Dabei wird freilich übersehen, daß die so gewonnenen Ergebnisse am Schluß doch durch eigenes Überlegen beurteilt und interpretiert werden müssen, und daß schon am Anfang eines Forschungsvorhabens, zumeist auch zwischendrin, das eigene Denken – dem man heute so mißtrauisch gegenübersteht – den Ausschlag für den Erkenntnisfortschritt geben muß. [...]" „Jedenfalls empfiehlt es sich, die „formale Welle" in angemessenen Grenzen zu halten und es nicht soweit kommen zu lassen, wie in Andersens Märchen von des Kaisers neuen Kleidern."[605]

Der Forschungsschwerpunkt des Mannheimer Professors *Curt Sandig* (1901–1981) war die Betriebswirtschaftspolitik; heute würde man von Unternehmensführung oder Management sprechen. In seinem 1953 erschienenen Hauptwerk „Die Führung des Betriebes – Betriebswirtschaftspolitik" erläutert er das Verhältnis von Betriebswirtschaftstheorie und Betriebswirtschaftspolitik so:

> „In der Betriebswirtschaftstheorie sehe ich eine Lehre von den Tatsachen, vom Sein im Betriebe und vom Sein in dem für die Existenz des Betriebes wesentlichen Markte, und zwar eine Lehre vom ruhenden wie vom bewegten Zustand. In der Betriebswirtschaftspolitik erblicke ich dagegen eine Lehre von den Zielsetzungen, vom Handeln der verantwortlichen Menschen unter selbstgesetzten Zielen, von den Kräften in ihrer durch Tatsachen beeinflußten Wirksamkeit, kurz eine Lehre von der Führung des Betriebes" (S. 51).

604 Klein-Blenkers (1994), S. 49.
605 Erich Schäfer: Die Unternehmung, 8. Aufl., Wiesbaden 1974, S. 352/353.

*Sandig* behandelt erstmals den Fragenkomplex der Unternehmensziele. Die Zielsetzung ist nach Sandig der Ausgangspunkt der Betriebswirtschaftspolitik.[606] Stand für ihn während der NS-Zeit die Idee der Betriebsgemeinschaft als wesentliche Gestaltungsaufgabe der Betriebswirtschaftslehre im Vordergrund, distanzierte er sich in seinem Hauptwerk „Die Führung des Betriebes" von seinen vorherigen Ansichten. Er rückt nicht nur vom Konzept der Betriebsgemeinschaft ab, sondern von der normativen Ausrichtung insgesamt.

Das Erscheinen der „Einführung in die Betriebswirtschaftslehre" (1949) des Freiburger Wissenschaftlers *Martin Lohmann* (1901–1993 veranlasste *Erich Gutenberg* zu einer Buchbesprechung in der „Zeitschrift für die gesamte Staatswissenschaft", wo er zu einer äußerst positiven Würdigung gelangt:

> „[...] Er [Lohmann] gliedert in die drei Hauptteile: Wirtschaftsführung der Unternehmung, optimaler Aufbau der Unternehmung und, als Schlußteil, die Unternehmung und der Unternehmer im Wandel der Wirtschaftsverfassung. [...] Er legt die Elemente dar, aus denen die Probleme bestehen und zeigt damit den eigentlichen Diskussionsgegenstand in seiner vollen Breite, Abhängigkeit und Schwierigkeit. Er öffnet auch den Weg in jene Region, in der die Theoreme und Phänomene nicht mehr zum gesicherten Bestande der Disziplin gehören, in denen vielmehr die Argumente um ihre Anerkennung noch kämpfen. Diese Art der Darstellung konnte *Lohmann* deshalb gelingen, weil er die Problematik der von ihm vorgetragenen Sachverhalte wirklich kennt und die Lösungen, die die Wissenschaft anbietet, beherrscht. [...] Aber der Autor behält sich vor, seinen Standpunkt autonom zu bestimmen. Schon bei der Lektüre des ersten einleitenden Kapitels spürt man, wie eine Position bezogen wird, die dem liberalistischen System mit viel Vorbehalt gegenübersteht. [...] Um der sozialen Spannungen willen [...] verlangt *Lohmann* gewisse planende Korrekturen. Er will zu einer ‚menschlich erträglichen Ordnung' kommen [...]. So ist aus dieser Haltung ein Buch entstanden, das den Rahmen einer in die Grundfragen der Betriebswirtschaftslehre einführenden Arbeit weit übersteigt. [...] Es gibt kein Buch, das besser zu den Problemen der Betriebswirtschaftslehre hinführte, als die ‚Einführung', die *Lohmann* geschrieben hat."[607]

606 Vgl. Klein-Blenkers (1994), S. 50.

607 E. Gutenberg: Martin Lohmann, Einführung in die Betriebswirtschaftslehre, in: Zeitschrift für die gesamte Staatswissenschaft, H. 2 (1950), S. 380–382.

Ein Jahr nach dem Erscheinen dieser Buchbesprechung veröffentlichte *Gutenberg* den ersten Band seiner „Grundlagen der Betriebswirtschaftslehre“. Dieses Werk ragt aus den Schriften zur Allgemeinen Betriebswirtschaftslehre, die in der Nachkriegszeit erschienen, weit hinaus. Da es eine neue Ära der modernen Betriebswirtschaftslehre einläutete, wird ihm ein eigener Abschnitt gewidmet.

## 9.3 Die „Gutenberg-Ära“ (1951 bis ca. 1969)[608]

Die „Gutenberg-Ära“ datieren wir hier auf den Zeitraum zwischen 1951 und 1969. In dieser Zeit erschienen die drei Bände „Grundlagen der Betriebswirtschaftslehre“, die das Hauptwerk von *Erich Gutenberg* darstellen. Die Vorarbeiten dazu reichen allerdings noch viel weiter zurück, nämlich bis in das Jahr 1929, dem Jahr der Habilitation *Gutenbergs*. Obwohl das Werk *Gutenbergs* noch weit über das Jahr 1969 hinaus seine Wirkung entfaltete und die Betriebswirtschaftslehre dominierte, lassen wir diese *Ära* in diesem Jahr, mit dem Erscheinen des dritten und letzten Bandes seiner Grundlagen, enden.

### 9.3.1 „Die Unternehmung als Gegenstand betriebswirtschaftlicher Theorie“

Den Grundstein der wissenschaftlichen Ausrichtung seines Werkes legte Erich *Gutenberg* bereits mit der Habilitationsschrift **„Die Unternehmung als Gegenstand betriebswirtschaftlicher Theorie“** aus dem Jahre 1928/29. „Der Grundgedanke“ dieser Arbeit bestehe, wie *Gutenberg* im Vorwort schreibt,

> „darin, zu untersuchen, was es denn überhaupt mit einer betriebswirtschaftlichen Theorie auf sich haben könne, insbesondere, in welcher Weise die Unternehmung als Einzelwirtschaft Gegenstand einer solchen Theorie zu sein vermag. Im wesentlichen handelt es sich also um das Aufsuchen einer solchen Fragestellung, die auf das für eine betriebswirtschaftliche Theorie Relevante gerichtet ist und die

608 B. Schauenberg (2012, S. 216) spricht von einer „Gutenberg-Phase“, die nach dem Zweiten Weltkrieg beginne und bis in die frühen 1970er-Jahre anhalte.

es erlaubt, die Fülle der von der Betriebswirtschaftslehre bisher aufgeworfenen Probleme auf ihren theoretischen Gehalt zu überprüfen."[609]

Obwohl es *Gutenberg* letztlich gar nicht um methodologische Fragen ging, wird doch bereits hier jener Ansatz erkennbar, der auch sein späteres Werk prägen wird. Nach *Gutenbergs* Vorstellung soll betriebswirtschaftliche Forschung nach hypothetisch deduktiver Methode erfolgen und rein theoretisch, wertfrei und nomothetisch sein (ähnlich den Naturwissenschaften). Die Aufgabe der Betriebswirtschaftslehre sieht er darin, „die innere Logik der Dinge aufzuspüren und die betrieblichen Sachverhalte geistig zu durchdringen."[610] *Albach* bringt *Gutenbergs* Ansatz so auf den Punkt: „Es ging ihm um wissenschaftliche Erkenntnis, um die Gesetze, die hinter der Vielfalt der Erscheinungen von Unternehmungen in der Realität stehen."[611]

### 9.3.2 „Grundlagen der Betriebswirtschaftslehre"

*Gutenberg* versteht den Betrieb als Einheit, als ein geschlossenes System aus den betrieblichen Teilfunktionen Beschaffung, Produktion und Absatz. Diese werden von den Finanzen zusammengehalten und von der Unternehmensführung, dem sogenannten „dispositiven Faktor", gesteuert. Dementsprechend sind auch seine **„Grundlagen der Betriebswirtschaftslehre"** gegliedert:

- **Band I: „Die Produktion" (1951)**
  Insbesondere der erste Band war sehr einflussreich und hat zu vielen Weiterentwicklungen in der Betriebswirtschaftslehre angeregt. Im Mittelpunkt stehen der Kombinationsprozess der Produktionsfaktoren und das Verhältnis von Input und Output (Faktoreinsatz und Faktorertrag), also die sogenannte „Produktivitätsbeziehung" (→ Abb. 9.7). *Gutenberg* reduziert den Betriebsprozess auf dessen letzte, grundlegende Elemente. Diese findet er in den produktiven Faktoren „menschliche Arbeitsleistung, Betriebsmittel und Werkstoffe", die er als „Elementarfaktoren" bezeichnet, da aus ihnen der betriebliche Leistungsprozess besteht. Den

609 E. Gutenberg: Die Unternehmung als Gegenstand betriebswirtschaftlicher Theorie, Berlin/Wien 1929, S. 5.

610 E. Gutenberg: Zum Methodenstreit, in: ZfhF, 1953, S. 340.

611 H. Albach: Erich Gutenberg, die Entstehung der „Grundlagen der Betriebswirtschaftslehre" und der VHB, in: Der Verband der Hochschullehrer für Betriebswirtschaft, hrsg. vom VHB, Wiesbaden 2012, S. 87.

„Elementarfaktor menschliche Arbeitsleistung" gliedert er in objektbezogene (Tätigkeit der Leistungserstellung) und in dispositive Arbeitsleistungen (Leitung und Lenkung). Die Funktion des Unternehmers bestehe darin, diese Produktionsfaktoren optimal zu kombinieren. Dabei besteht ein gesetzmäßiger Zusammenhang zwischen Faktoreinsatz und Faktorertrag dergestalt, dass die Ausbringung durch einen Produktionskoeffizienten mit dem notwendigen Faktoreinsatz verbunden ist.[612]

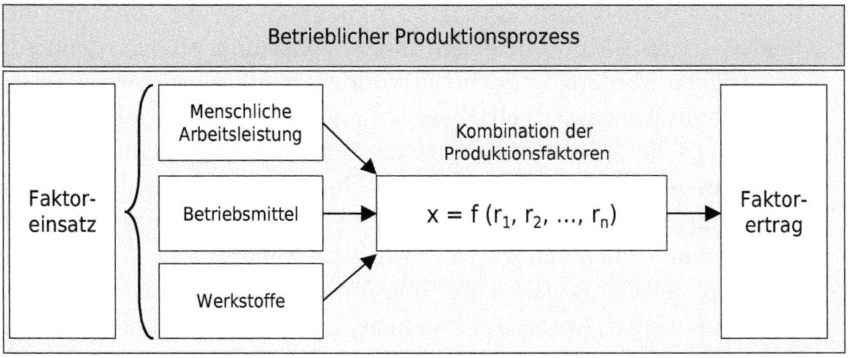


Abb. 9.5: Die Produktivitätsbeziehung nach Gutenberg. | [58]

- **Band II: „Der Absatz" (1955)**
  Im zweiten Band begründet *Gutenberg* eine eigenständige absatzwirtschaftliche Theorie.[613] Zunächst erläutert er die Aufgaben der Geschäftsführung im Hinblick auf die Absatzpolitik. Den Absatzkosten wird dabei ein besonderer Stellenwert eingeräumt. Daran anschließend folgt eine Darstellung des absatzpolitischen Instrumentariums: „Absatzmethode, Preispolitik, Werbung und Produktgestaltung sind die vier Hauptinstrumente, die den Unternehmen die Möglichkeit geben, Absatzpolitik zu betreiben. In diesem Sinn sind sie Absatzeinflußgrößen" (S. 9). *Gutenberg* behandelt diesen Komplex als erster Autor systematisch im Gesamtzusammenhang. Mit seinen „Hauptinstrumenten" nimmt er übrigens jenes berühmte Marketing-Konzept vorweg, welches fünf

612 Vgl. G. Wöhe: Entwicklungstendenzen der Allgemeinen Betriebswirtschaftslehre im letzten Drittel unseres Jahrhunderts – Rückblick und Ausblick, in: Die Betriebswirtschaft (DBW), 50. Jg., Heft 2, 1990, S. 226.

613 Vgl. B. Bellinger: Geschichte der Betriebswirtschaftslehre, Stuttgart 1967, S. 69.

Jahre später (1960) von *Jerome McCarthy* prägnant als die „4 P's“ des Marketing bezeichnet wird: „product, price, promotion, place“. Auch in diesem Band greift *Gutenberg* auf mathematische Methoden zurück. Im Bereich der Preispolitik arbeitet er heraus, unter welchen Umständen sich Unternehmen im Polypol eine Marktposition verschaffen können, die der eines Monopolisten gleichkommt.[614]

- **Band III: „Die Finanzen“ (1969)**
  „Der dritte Band“, schreibt *Gutenberg* im Vorwort, „bringt die Grundlagen der Betriebswirtschaftslehre zum Abschluß.“ Er „steht mit den beiden ersten Bänden in einem inneren Zusammenhang“, denn „die finanziellen Vorgänge bilden die Voraussetzung, gewissermaßen das Medium für den gesamtbetrieblichen Leistungsvollzug. Insofern umfaßt die finanzielle Sphäre das Ganze des betrieblichen Geschehens [...]“. Zunächst wird der Kapitalbedarf des Unternehmens aus den Produktionsbedingungen abgeleitet. Anschließend wird der Kapitalfonds dargestellt und schließlich die optimale Abstimmung von Kapitalbedarf und Kapitaldeckung behandelt. Wie *Brockhoff* bemerkt, ist dieser (mit großem zeitlichen Abstand erschienene) Band „weniger einflussreich als die beiden vorangehenden“, was damit erklärt werden könne, „dass die amerikanische Kapitalmarkttheorie zum Zeitpunkt seines Erscheinens bereits wesentlichen Einfluss gewonnen hat.“[615]

### 9.3.3 Das System der produktiven Faktoren

Im ersten Band seiner „Grundlagen“ („Die Produktion“) stellt *Gutenberg* zu Beginn das System der produktiven Faktoren vor, das aus den drei Elementarfaktoren Arbeitsleistungen, Betriebsmittel und Werkstoff sowie aus dem dispositiven Faktor Geschäfts- und Betriebsleitung besteht:

> „Menschliche Arbeitsleistungen, Betriebsmittel und Werkstoffe sind produktive Faktoren. Da sie die Elemente darstellen, aus denen der Prozeß der betrieblichen Leistungserstellung besteht, so sollen sie als **betriebliche Elementarfaktoren** bezeichnet werden. [...] Das System der Elementarfaktoren läßt sich zunächst so skizzieren: Der **Elementarfaktor Menschliche Arbeitsleistungen** im Betrieb ist in zwei grundsätzlich voneinander verschiedene Arbeitsleistungen aufzu-

614 Vgl. Klein-Blenkers (1994), S. 52.
615 Brockhoff (2017), S. 224.

gliedern, und zwar einmal in die **objektbezogenen** und zum anderen in die **dispositiven** Arbeitsleistungen.
Unter **objektbezogenen** Arbeitsleistungen werden alle diejenigen Tätigkeiten verstanden, die unmittelbar mit der Leistungserstellung, der Leistungsverwertung und mit finanziellen Aufgaben in Zusammenhang stehen, ohne dispositiv-anordnender Natur zu sein. So stellt die Arbeit an einer Drehbank oder an einem Webstuhl oder an einem SM-Ofen sowie die Arbeit der Buchhalter, Konstrukteure, Chemiker, auch die Durchführung von Verhandlungen zum Zwecke der Aufnahme einer Anleihe objektbezogene Arbeit dar.
**Dispositive** Arbeitsleistungen liegen dagegen vor, wenn es sich um Arbeiten handelt, die mit der Leitung und Lenkung der betrieblichen Vorgänge in Zusammenhang stehen. [...]
Unter dem **zweiten Elementarfaktor Arbeits- und Betriebsmittel** sollen alle Einrichtungen und Anlagen verstanden werden, welche die technische Voraussetzung betrieblicher Leistungserstellung, insbesondere also der Produktion, bilden. [...] Zu den Arbeits- und Betriebsmitteln gehören demnach alle bebauten oder unbebauten Betriebs-, Verwaltungs-, Wohn- und Abbaugrundstücke, die Gesamtheit aller maschinellen Apparatur [...], Geräte und Apparate, Hand- und Maschinenwerkzeuge, Vorrichtungen, Lehren und Meßgeräte, das gesamte Büro- und Betriebsinventar, Schaufenstereinrichtungen u. dgl., deren der Betrieb zur Erfüllung seiner Aufgaben bedarf. Zu den Betriebsmitteln gehören auch diejenigen Hilfsstoffe und Betriebsstoffe, die notwendig sind, um den Betrieb arbeitsfähig zu machen und zu erhalten. [...]
Unter dem **dritten Elementarfaktor Werkstoff** werden hier alle Rohstoffe, Halb- und Fertigerzeugnisse verstanden, die als Ausgangs- und Grundstoffe für die Herstellung von Erzeugnissen zu dienen bestimmt sind. [...]
Geht man davon aus, daß die betriebliche Leistungserstellung in Fertigungsbetrieben, also die Produktion, in der Kombination von Elementarfaktoren besteht, dann bleibt noch zu untersuchen, wie diese Elementarfaktoren zu einer produktiven Einheit verbunden werden. Ganz offenbar vollzieht sich diese Kombination weder mechanisch noch organisch, sie geschieht vielmehr durch bewußtes menschliches Handeln nach Prinzipien.
Die Person oder Personengruppe, die die Vereinigung der Elementarfaktoren zu einer produktiven Kombination vollzieht, stellt einen vierten produktiven Faktor dar. [...] Dieser **vierte zusätzliche Faktor** sei als **Geschäfts- und Betriebsleitung** bezeichnet. Ihre Aufgabe besteht darin, die drei Elementarfaktoren zu einer produktiven Kombination zu vereinigen. [...] Die Kombination der elementaren Faktoren schlechthin ist die betriebswirtschaftliche und volkswirtschaftliche

Aufgabe der Unternehmer in marktwirtschaftlichen Systemen. Allein mit dieser Aufgabe läßt sich der Anspruch der Unternehmer auf Unternehmergewinn begründen. Er stellt eine Vergütung für die erfolgreiche Durchführung produktiver Kombinationen dar. [...]"[616]

### 9.3.4 Die Grundidee des faktororientierten Ansatzes

Die **Grundidee**, die seiner einheitlichen Konzeption der Betriebswirtschaftslehre zugrunde liegt, beschreibt *Gutenberg* in seiner berühmten Rede **„Betriebswirtschaftslehre als Wissenschaft"**, die er zur Gründungsfeier der Universität Köln am 22. Mai 1957 gehalten hat:

„Der Betriebswirtschaftslehre ist oft der Vorwurf gemacht worden, daß ihrem Gegenstande die Geschlossenheit und Einheitlichkeit fehle. [...] Vielleicht ist es möglich, [...] zu einer einheitlichen Konzeption von Betriebswirtschaftslehre zu gelangen. In jedem Unternehmen werden Arbeitsleistungen der verschiedensten Art und technische Apparatur dazu verwandt, Sachgüter zu erzeugen oder Dienstleistungen bereitzustellen. Bezeichnet man die Arbeitsleistungen und die technischen Einrichtungen als Produktionsfaktoren und das Ergebnis der von diesen Produktionsfaktoren eingesetzten Mengen als Produktmenge, Ausbringung oder Ertrag (physisch-mengenmäßig gesehen), dann erhält man eine **Beziehung zwischen dem Faktorertrag und dem Faktoreinsatz**. Diese Beziehung ist eine Produktivitätsbeziehung, und zwar nicht irgendeine, sondern die **betriebliche Produktivitätsbeziehung** schlechthin. Es wäre nun zu prüfen, ob nicht dieses, ganz und gar ursprüngliche Verhältnis zwischen Faktorertrag und Faktoreinsatz als **Grundlage für ein Bezugssystem** verwandt werden könnte, in dem **alle betrieblichen Vorgänge ihre natürliche Ordnung finden**. Da nun der Faktoreinsatz auf ein bestimmtes Ziel gerichtet ist, läßt er sich als eine Einheit im Sinne einer Kombination der Produktionsfaktoren auffassen. In dem Akt der Kombination ist das Nebeneinander der Produktionsfaktoren aufgehoben. Sie sind aus einem übergeordneten Prinzip heraus zu einer Einheit gefügt und miteinander in eine systematische Beziehung gebracht."[617]

616 E. Gutenberg: Grundlagen der Betriebswirtschaftslehre. Band I: Die Produktion, 24. Aufl., Berlin, Heidelberg, New York: Springer, S. 2 ff., stark gekürzt.)

617 E. Gutenberg: Betriebswirtschaftslehre als Wissenschaft, in: ZfB, 27. Jg. (1957), S. 608/609. Hervorhebungen im Text von L. W.

*Gutenbergs* Werk ist stark durch Modellhaftigkeit gekennzeichnet, was damit zusammenhängt, dass seine Produktions- und Kostentheorie auf mikroökonomischen Theorien fußt (Modelle zur Produktions-, Kosten- und Preistheorie). Dass der formale Aspekt einen hohen Stellenwert einnimmt, wird z. B. an der sogenannten „Gutenberg-Produktionsfunktion" und der „Gutenberg-Nachfragefunktion" deutlich. Nach *Bellinger* sei „mit der offenen oder versteckten Grenzbetrachtung und der Mathematisierung eine ausgesprochen quantitative Richtung in das ökonomische Denken gekommen, die von der substanziellen zur funktionellen Betrachtung führe." Positiv hebt *Bellinger* daran hervor, dass *Gutenberg* „sowohl mit seinen Methoden als auch mit seinen neuen Problemstellungen eine wissenschaftliche Bewegung in der Betriebswirtschaftslehre eingeleitet" und „sowohl von den Problemstellungen als auch von den angewandten Methoden her" der Disziplin „eine Basis für neue und fruchtbare Weiterentwicklung" gegeben habe.[618] Ähnlich äußert sich auch *Albach*: „Er wollte die Probleme, mit denen er in der Praxis konfrontiert wurde, besser und tiefer verstehen und aus diesem Verständnis heraus Lösungen entwickeln. Bemerkenswert ist, daß sich die theoretische Sicht der Probleme, mit denen *Gutenberg* konfrontiert wurde, so umfassend und so allgemein im Fach und in der Praxis durchgesetzt hat, obwohl *Gutenberg* das theoretische Instrumentarium, mit dem er die Lösung dieser Probleme anging, selbst stets als vorläufig und unvollkommen empfand."[619] *Gutenbergs* Ansatz hat aber auch heftige Kontroversen ausgelöst, die bis heute diskutiert werden.

### 9.3.5 Der Methodenstreit zwischen *Gutenberg* und *Mellerowicz*

Der heftigste Disput im Zusammenhang mit *Gutenbergs* „Grundlagen" ist als sogenannter **dritter Methodenstreit** oder **betriebswirtschaftlicher Methodenstreit** in die Annalen der Betriebswirtschaftslehre eingegangen. Ausgelöst wurde er 1952 von *Konrad Mellerowicz* (1891–1984) mit dem Aufsatz „Eine neue Richtung in der Betriebswirtschaftslehre?"[620]

---

618 Bellinger (1967), S. 70.

619 H. Albach im Geleitwort zu Gutenberg, Erich: Zur Theorie der Unternehmung – Schriften und Reden von Erich Gutenberg, Berlin/Heidelberg/New York 1989, S. VI.

620 K. Mellerowicz: Eine neue Richtung in der Betriebswirtschaftslehre? Eine Betrachtung zu dem Buch von E. Gutenberg: „Grundlagen der Betriebswirtschaftslehre" – I. Band: Die Produktion, in: Zeitschrift für Betriebswirtschaft, 22. Jg. (1952), S. 145–161.

Abb. 9.6: Konrad Mellerowicz. | [59]

Im Anschluss daran kam es zu einem Schlagabtausch zwischen *Gutenberg* und *Mellerowicz* in den Fachzeitschriften.[621] Viele weitere Fachvertreter wie z. B. *Wolfgang Waffenschmidt*, *Erich Schäfer*, *Guido Fischer* und *Josef Löffelholz* mischten sich in diese Auseinandersetzung ein.

Um den Methodenstreit besser einordnen zu können, ist es sinnvoll, den von *Mellerowicz* vertretenen grundsätzlichen methodologischen Standpunkt kurz zu skizzieren: Der grundlegende **Aufbau** der Betriebswirtschaftslehre setzt sich nach *Mellerowicz* zusammen aus den drei Teilen:

1. Betriebswirtschaftliche Theorie
   (des Gesamtbetriebes sowie der einzelnen Teilgebiete),
2. Betriebspolitik
   (z. B. Finanzierungs-, Produktions-, Lager-, Vertriebspolitik) und
3. Betriebstechnik
   (z. B. Buchhaltung, Kalkulation, Statistik).[622]

Über die in der Betriebswirtschaftslehre anzuwendende **Methode** vertritt *Mellerowicz* folgende Auffassung:

> „Der Betrieb und die Vorgänge in ihm sind eine empirische Realität. Aber wirtschaftliche Erscheinungen gibt es im Betriebe eine ungeheure Fülle. Dabei sind sie wechselnd und in sich veränderlich. Entscheidend ist, daß sie so erfaßt

---

621 Von *Mellerowicz* erschienen in der *Zeitschrift für Betriebswirtschaft* die Aufsätze „Betriebswirtschaftslehre am Scheidewege?“ (ZfB, 1953, S. 265–276), „Kostenkurven und Ertragsgesetz – Zu Gutenbergs These über den Verlauf von Kostenkurven“ (ZfB, 1953, S. 329–346) und „Idealtypische und realtypische Betrachtungsweise in der Betriebswirtschaftslehre. Zugleich eine Ergänzung des Aufsatzes Kostenkurven und Ertragsgesetz“ (ZfB, 1953, S. 553–567). *Gutenberg* reagiert darauf in der *Zeitschrift für handelswissenschaftliche Forschung* mit den Artikeln „Über den Verlauf von Kostenkurven und seine Begründung“ (ZfhF, 1953, S. 1–35) und „Zum Methodenstreit“ (ZfhF, 1953, S. 327–355).

622 Vgl. K. Mellerowicz: Allgemeine Betriebswirtschaftslehre, Bd. 1, 7. Aufl., Berlin 1952, S. 31f.

werden, wie sie wirklich sind, nicht, daß sie etwa nur erdacht und in der Phantasie vorgestellt sind. Auf die Erfassung des wirklichen Lebens kommt alles an. Leere Konstruktionen, fern ab der Wirklichkeit, sind nicht nur wertlos, sondern auch gefährlich. In der Erfassung der betrieblichen Zusammenhänge kann der Betriebswirt daher nicht anders als vom Betriebe selbst, von den Erfahrungen des täglichen Lebens ausgehen: die BWL ist eine **Erfahrungswissenschaft**. Ihre ureigene Methode ist die Induktion [...]. Es muß aber daran erinnert werden, daß in der Wirtschaft keine Naturgesetze herrschen, daß daher die auf induktive Weise festgestellten Zusammenhänge keine Gesetze sind, die sich wie Naturgesetze durchsetzen müssten. [...] Es sind im Wirtschaftsleben zu viele unwägbare Einflüsse wirksam. Insbesondere der Mensch, ein irrationales Wesen macht es mit seinem mehr emotionalen als rationalen Verhalten unmöglich, für jeden Fall gültige Gesetze festzustellen. [...] Ist die Induktion für jede wirtschaftliche, insbesondere betriebswirtschaftliche Forschung unentbehrlich, ist sie (Beobachtung und Beschreibung, Einzelerfassung, Sammlung, Ordnung und Auswertung) notwendigerweise der Ausgangspunkt, so ist sie doch wiederum nicht die einzige und allein ausreichende Forschungsmethode. Sie bedarf der Ergänzung durch die Deduktion. [...] Aber beide bergen Gefahren in sich: die Deduktion kann leicht zur wirklichkeitsfernen Spekulation führen, und die Induktion birgt die Gefahr in sich, nicht zur vollen Theorie und nicht zum System zu gelangen [...]. Darum muß jede Induktion, um zur vollen Theorie und zum System zu kommen, durch die Deduktion ergänzt werden [...]. Aber jede Theorie ist Abstraktion, ist das Allgemeine, nicht das Konkrete des Lebens. Mit der Erkenntnis des Allgemeinen und Gesetzmäßigen geben wir die Einzelheiten preis, das Farbige des wirklichen Lebens. Wir erfassen dann niemals die volle Wirklichkeit, sondern nur Systeme, die uns für das Seiende gelten [...].
Darum ist es auch für die BWL von großer Bedeutung

1. ihre Erkenntnisobjekt zu bestimmen und gegenüber dem anderer Wissenschaften abzugrenzen,
2. durch die richtige Anwendung von Deduktion, Induktion und Verifikation, dieses Erkenntnisobjekt in ihr System aufzunehmen."[623]

*Mellerowicz* schrieb diese Zeilen kurz nach dem Erscheinen von *Gutenbergs* Band „Die Produktion", der im Prinzip all das verkörpert, was *Mellerowicz* in den obigen Zeilen kritisiert: Anstatt die BWL von der VWL abzugrenzen,

623 K. Mellerowicz: Allgemeine Betriebswirtschaftslehre, Bd. 1, 7. Aufl., Berlin 1952, S. 32–36.

integriert *Gutenberg* die volkswirtschaftliche Theorie in sein betriebswirtschaftliches Werk, er geht deduktiv vor, verwendet die mathematisch-isolierende Methode, abstrahiert die Realität und macht aus dem Menschen einen Elementarfaktor. *Mellerowicz* befürchtete wohl, dass die Entwicklung einer reinen Theorie des Betriebes, wie sie *Gutenberg* sich vorstellte, zu einer Trennung von betriebswirtschaftlicher Theorie und Betriebspolitik führen würde.

*Mellerowicz* eröffnete den **Methodenstreit**. Er warf *Gutenberg* vor, er treibe „Theorie um der Theorie willen". Die Betriebswirtschaftslehre habe „keine Verwendung für Zahlenspielereien und für so weit getriebene mathematisch-isolierende Methoden, daß sie zu einer betriebswirtschaftlich unbrauchbaren Höhe der Abstraktion führen und die erzielten Erkenntnisse für die betriebliche Wirtschaftsführung ohne Belang sind."[624] Und weiter kritisiert *Mellerowicz*: „Aber diese mathematische Untersuchung des Kombinationsprozesses ist nicht imstande, dem Betrieb die Wertung, Planung und Disposition zu erleichtern, weil sie in völlig unbetrieblicher Weise einzelne Faktoren variiert, wie es der praktische Betriebswirt niemals machen würde, noch machen kann."[625] „Was nützt eine logisch bestechende Methode, wenn ihre Ergebnisse nicht zu gebrauchen sind?"[626]

*Gutenberg* reagierte, wie *Müller-Merbach* bemerkt, „in der für ihn charakteristischen feinen und distinguierten Art."[627] So schreibt *Gutenberg*: „Jeder, der in der Tradition deutscher Hochschulen steht, wird Verständnis dafür haben, daß ich es ablehne, in dem gleichen Ton persönlicher Aggressivität zu diskutieren, den Mellerowicz in seiner Auseinandersetzung mit mir anschlägt."[628] Fachlich hält er *Mellerowicz* entgegen, dass er die „im Grund doch so trivialen Regeln und Gebrauchsanweisungen für die Praxis" ablehne.[629] Vielmehr habe die BWL „die innere Logik der Dinge aufzuspüren und die betrieblichen Sachverhalte geistig zu durchdringen [...] Der wissenschaftliche Wert oder

624 K. Mellerowicz: Eine neue Richtung in der Betriebswirtschaftslehre? ZfB, 22. Jg. (1952), S. 147.

625 Ebd., S. 149.

626 Ebd., S. 145.

627 H. Müller-Merbach: Der Methodenstreit in der BWL: Mellerowicz versus Gutenberg, in: Der Verband der Hochschullehrer für Betriebswirtschaft, hrsg. vom VHB, Wiesbaden 2012, S. 179–184 (hier: S. 182).

628 E. Gutenberg: Zum Methodenstreit, in: Zeitschrift für handelswissenschaftliche Forschung (ZfhF), 1953, S. 327.

629 Vgl. ebd., S. 341.

Unwert einer betriebswirtschaftlichen Untersuchung hängt nicht von der praktischen Bedeutung des zu untersuchenden Gegenstandes ab."[630] Zu dem Vorwurf, sein Werk sei zu mathematisch, bemerkt *Gutenberg*: „Im ganzen sind es kaum 30 Seiten in dem 400 Seiten umfassenden Buche, auf dem sich mathematische Symbole finden", und fügt hinzu, er habe versucht, „bestimmte quantitative Zusammenhänge neben der verbalen Erklärung zusätzlich durch Verwendung mathematischer Begriffe zu präzisieren."[631]

Die **Kritik an der Mathematisierung** des Faches, wie sie von *Mellerowicz* und anderen Betriebswirten geäußert wurde, mag auf den ersten Blick überzogen erscheinen. Schließlich gehören heute Mathematik und Statistik zu den unverzichtbaren Hilfswissenschaften der Wirtschaftswissenschaft bzw. der Betriebswirtschaftslehre. Eine gewisse Skepsis im Hinblick auf deren Verwendung erscheint jedoch durchaus angebracht. So weist *Georg Schreyögg* kritisch darauf hin, dass die vermeintlich neutralen Hilfsmittel „keineswegs einen neutralen Charakter haben", denn „sie interagieren mit dem betreffenden Fach und formen es gewissermaßen nach der eigenen Logik. Man verwendet nicht nur die Statistik, sondern die Statistik formuliert klare Anforderungen, denen sich dann die übernehmende Wissenschaft unterwirft und an denen sie ihre Forschungsdesigns ausrichtet. Auch hier ist das Verhältnis keineswegs so unkompliziert, wie es auf den ersten Blick erscheinen mag. Die interaktiven Effekte werden chronisch unterschätzt; [...] Hilfsmittel unterstützen nicht nur Vorhaben, sie definieren auch (implizit) den Denkstil mit."[632]

Ein völlig unterschiedlicher betriebswirtschaftlicher **Denkstil** von *Mellerowicz* und *Gutenberg* scheint wohl auch der wahre Grund für deren Disput gewesen zu sein. Ähnlich sieht dies auch *Dieter Schneider*: „Nur an der Oberfläche geht es in diesem Methodenstreit um den Verlauf von Kostenkurven [...] und um das Für und Wider der ‚mathematisch-deduktiven Methode'." Vielmehr „fühlen sich die Anhänger einer Betriebswirtschaftslehre als ganzheitlicher Organisationswissenschaft bedroht durch die sich auf einen Aspekt betrieblichen Lebens beschränkende, dafür aber logisch nachvollziehbare Aussagen vortragende mikroökonomische Lehre *Gutenbergs*."[633]

630 Ebd., S. 340.

631 Ebd., S. 336 f.

632 G. Schreyögg: Das Verhältnis der Betriebswirtschaftslehre zu ihren Nachbardisziplinen, in: Der Verband der Hochschullehrer für Betriebswirtschaft, Wiesbaden 2012, S. 198f.

633 Schneider (2001), S. 250f.

Wie *Horst Albach*, der Schwiegersohn von *Gutenberg*, zu berichten weiß, „entstanden die Erwiderungen Gutenbergs auf die Attacken von *„Melle“* in wütenden Umläufen um den Esstisch [...], an dem Frau Gutenberg sie auf einer alten Schreibmaschine niederschrieb.“ *Gutenberg* soll gesagt haben: „Nicht jedem Menschen ist ein Mellerowicz vergönnt.“ und wollte damit zum Ausdruck bringen, dass der Erfolg seiner „Grundlagen“ direkt auf den Methodenstreit zurückzuführen sei.[634] Allerdings scheint der Streit mit *„Melle“* auch bei *Gutenberg* gewisse Spuren hinterlassen zu haben. In seiner 1958 erschienenen „Einführung in die Betriebswirtschaftslehre“, einem „Lehrbuch mit Tiefgang“ (*Albach*), bemerkt *Gutenberg* im Bezug auf die Unternehmensführung (dispositiver Faktor): „Dabei sollte den menschlich-sozialen Problemen der Rang gewährt werden, den sie mit Recht beanspruchen können.“[635] Diese selbstkritischen Töne spiegeln aber auch zugleich sein optimistisches wissenschaftliches **Selbstverständnis** wider. So sagte er einst: „Die Betriebswirtschaftslehre ist eine noch sehr junge Disziplin. Sie hat noch viele Chancen. Ich bin sicher, daß sie sie nutzen wird.“[636]

Heute lässt sich konstatieren, dass *Gutenberg* zwar die betriebswirtschaftliche Theorie nachhaltiger geprägt hat als *Mellerowicz*, dennoch gebührt beiden Wissenschaftlern das Verdienst, mit ihrer Arbeit wesentlich zum Fortschritt der Betriebswirtschaftslehre beigetragen zu haben.

Nach der Auffassung von *Wöhe* stelle *Gutenbergs* System keinen Bruch mit Vergangenheit dar. In methodologischer Hinsicht bestünden Verbindungen sowohl zu *Wilhelm Rieger* als auch zu *Eugen Schmalenbach*. *Wöhe* kommt zu dem Befund, dass *Gutenbergs* Werk „den großen Schlußstein in der Entwicklung einer betriebswirtschaftlichen Theorie“ bildet.[637]

## ➲ Zusammenfassung

- Nach Kriegsende stehen **Wiederaufbau** und **Entnazifizierung** an erster Stelle. Ab 1949 muss die BWL sich an den neuen politischen und wirtschaftlichen Rahmenbedingungen im geteilten Deutschland ausrichten.

---

634 Vgl. Albach (2012), S. 89.
635 E. Gutenberg: Einführung in die Betriebswirtschaftslehre, Wiesbaden 1958, S. 21.
636 Zit. n. Albach (1989), S. 209.
637 Vgl. Wöhe (1990), S. 226.

- In der **DDR** wird eine Planwirtschaft nach sowjetisch-kommunistischer Vorgabe errichtet. Eine BWL wird als überflüssig und ideologisch unvereinbar mit diesem Wirtschaftssystem betrachtet.
  - 1951 werden sämtliche **BWL-Lehrstühle aufgelöst** und eine **marxistisch-leninistische** Wirtschaftswissenschaft eingeführt. Die wirtschaftswissenschaftlichen Fakultäten werden grundlegend umgestaltet, in ihr Zentrum rückt die **Politische Ökonomie**. Daneben werden die Fächer *Ökonomik der nationalen Wirtschaft* (Volkswirtschaftsplanung) und *Betriebsökonomik* geschaffen.
  - Die **Betriebsökonomik** entspricht teilweise der früheren BWL, ist aber enger begrenzt auf Fragen der Betriebsorganisation, Verwaltung und Planungsmethoden und zudem auf verschiedene Fakultäten und Institute aufgeteilt.
  - Ab 1973 werden wieder Lehrstühle für BWL an den Hochschulen errichtet. Allerdings ist diese BWL ideologisch dominiert vom Marxismus-Leninismus.
  - Die **Sozialistische Betriebswirtschaftslehre** besitzt einen ingenieurwissenschaftlichen Charakter und ist praxisorientiert. Ihre theoretische Grundlage entspricht der systemorientierten Betriebswirtschaftslehre mit sozialwissenschaftlichem Ansatz. Das Denkgebäude ist ein geschlossenes System. Ihrem Grundcharakter nach ist die Sozialistische Betriebswirtschaftslehre eine Funktionenlehre.
- Die Erfahrungen aus der NS-Diktatur einerseits und die im Entstehen begriffene **Soziale Marktwirtschaft** andererseits zwingen die Betriebswirte in der **BRD** zu einer wissenschaftlichen Standortbestimmung. Welche Richtung soll die Betriebswirtschaftslehre künftig einschlagen? Das Streben nach inhaltlicher Orientierung tritt deutlich zutage auf dem 1. Betriebswirte-Treffen im Oktober 1948 in Frankfurt am Main. Hier wird nicht nur Kritik am Verhalten der Betriebswirte im Dritten Reich geäußert, sondern auch über die **zukünftige Richtung** des Fachs gestritten. Dieser **Disput** wird ausgefochten zwischen den Anhängern einer **erwerbswirtschaftlichen**, rentabilitätsorientierten BWL und den **sozialwissenschaftlich** geprägten Fachvertretern.
  - Zwischen 1945–1955 erscheinen mehrere **Allgemeine Betriebswirtschaftslehren** mit unterschiedlichen methodischen Ansätzen, z. B. von *Willy Bouffier* (1946), *Karl-Friedrich Rößle* (1948),

*Martin Lohmann* (1949), *Erich Schäfer* (1949) und *Erich Gutenberg* (1951 ff.).

- Das Werk von *Erich Gutenberg* wird in den 1950er- und 1960er-Jahren die BWL dominieren. Insbesondere der erste Band ist sehr einflussreich. Im Mittelpunkt stehen der **Kombinationsprozess der Produktionsfaktoren** und das Verhältnis von Input und Output (Faktoreinsatz und Faktorertrag), d. h. die **Produktivitätsbeziehung**.
- 1952 löst *Konrad Mellerowicz* mit einem gegen Gutenbergs Ansatz gerichteten Aufsatz den sogenannten **dritten Methodenstreit** aus.

# 10 Neue Wege der BWL (seit ca. 1969)

Die späten 1960er-Jahre in der Bundesrepublik waren gekennzeichnet durch das Aufkommen eines neuen Lebensgefühls, durch Aufbruchsstimmung, Reformwillen und die Ablehnung aller Autoritäten, was schließlich in den **68er-Studentenprotesten** seinen Ausdruck fand. Mit der Wahl *Willy Brandts* (SPD) zum Bundeskanzler am 21. Oktober 1969 zog auch ein neuer Geist in den Bundestag ein. Eine Woche später trug *Brandt* vor dem Deutschen Bundestag in Bonn seine Regierungserklärung vor, in der er die berühmten Worte sprach:

> „Wir wollen mehr Demokratie wagen. Wir werden unsere Arbeitsweise öffnen und dem kritischen Bedürfnis nach Information Genüge tun. [...] Mitbestimmung, Mitverantwortung in den verschiedenen Bereichen unserer Gesellschaft wird eine bewegende Kraft der kommenden Jahre sein. [...] Wir wollen eine Gesellschaft, die mehr Freiheit bietet und mehr Mitverantwortung fordert [...], sei es in den Kirchen, der Kunst, der Wissenschaft und der Wirtschaft oder in anderen Bereichen der Gesellschaft."

Vor diesem Hintergrund zeichnete sich auch in der Betriebswirtschaftslehre ein Wandlungsprozess ab.

Bereits Ende der 1960er-Jahre setzte die Kritik an *Gutenbergs* Ansatz ein. Seine wirtschaftstheoretische Auffassung sah sich zunehmend dem Vorwurf ausgesetzt, seine Annahmen seien restriktiv und realitätsfremd, wie z. B. die der Gewinnmaximierung als bestimmendes Unternehmensziel oder die des zugrundeliegenden Menschenbildes vom *Homo oeconomisus.*[638] Einerseits erwies sich sein System zwar für quantitative Fragestellungen (z. B. zur Kosten-, Investitions- und Finanzierungstheorie sowie zu Operations-Research-Verfahren) als sehr förderlich, andererseits schloss es qualitative Fragestellungen aus. Als besonders hinderlich erwies sich das System bei der Aufnahme „moderner" Ansätze. So ließen sich Probleme des Marketings, der Organisation und Führung sowie des Personalwesens nicht in sein System integrieren. *Gutenbergs* sog. „dispositiver Faktor" (Unternehmensführung) bot keinen tragfähigen Ansatz für die Weiterentwicklung der BWL zu einer

638 Vgl. H. Meffert: Betriebswirtschaftslehre in den Siebziger- und Achtzigerjahren, in: Entwicklungen der Betriebswirtschaftslehre, hrsg. von E. Gaugler/R. Köhler, Stuttgart 2002, S. 137.

Managementlehre.[639] „Die sozialwissenschaftliche Öffnung des Fachs war die fast zwangsläufige Folge. Ende der sechziger Jahre erschien die Zeit dafür reif."[640]

## 10.1 Der sozialwissenschaftliche Ansatz

Der sozialwissenschaftliche Ansatz beruhe laut *Rühli* auf der Grundvorstellung, dass die Betriebswirtschaftslehre eine Teildisziplin der Sozialwissenschaften ist. Folgende **Annahmen** über das Erfahrungsobjekt bzw. den Betrieb liegen ihm zugrunde:[641]

- Der Betrieb ist eine besondere Ausprägungsform unter vielen anderen sozialen Systemen (z. B. private Vereine, staatliche Institutionen) und als solche ein Element im gesellschaftlichen Institutionengefüge. Daher könne auch für die BWL eine sozialwissenschaftliche Grundorientierung reklamiert werden.
- Der Betrieb ist eine organisatorische Einheit, deren Funktionsweise und Handlungsergebnisse bestimmt werden durch formale und informale Strukturen sowie durch vielfältige Interaktionsprozesse zwischen Individuen und Gruppen.
- Der Betrieb wird von Menschen gestaltet und getragen. Das Modell vom *Homo oeconomicus* ist für eine Verhaltenserklärung der im Betrieb tätigen Menschen nicht ausreichend. Für eine realistische Analyse und Erklärung des menschlichen Verhaltens sind psychologische und soziologische Aspekte zu berücksichtigen.

**Exkurs** | Homo oeconomicus

Der Homo oeconomicus ist das in der Wirtschaftswissenschaft lange Zeit vorherrschende Menschenbild, ein theoretisches Modell eines ausschließlich wirtschaftlich-rational denkenden Menschen. Der (eme-

639 Vgl. G. Schanz: Eine kurze Geschichte der Betriebswirtschaftslehre, München 2014, S. 52f und G. Schanz: Wissenschaftsprogramme, in: 100 Jahre Betriebswirtschaftslehre in Deutschland, hrsg. von M. Lingenfelder, München 1999, S. 37f.

640 Schanz (1999), S. 38.

641 Zu den folgenden Punkten vgl. E. Rühli: Betriebswirtschaftslehre nach dem Zweiten Weltkrieg, in Entwicklungen der Betriebswirtschaftslehre, hrsg. von E. Gaugler/R. Köhler, Stuttgart 2002, S. 123.

ritierte) Kasseler BWL-Professor Jürgen Freimann beschreibt diesen „Wirtschaftsmenschen" so:

> „Dieser eigenartige Bursche ist nicht nur ein knallharter Egoist, der nur seinen persönlichen Vorteil im Sinn hat. Er ist auch ein Genie mit der besonderen Fähigkeit, alles, was er tut und was ihm angeboten wird, ohne weiteres in Geld zu bewerten. Als Unternehmer maximiert dieser *Homo oeconomicus* seinen Gewinn, als Konsument maximiert er seinen Nutzen. Zudem hat er den totalen Durchblick: Er verfügt – im einfachen Marktmodell – über vollständige Informationen, das heißt, er kann alle seine Handlungsmöglichkeiten umfassend beurteilen, ohne dass ihm für die Informationsbeschaffung Kosten entstehen. Er entscheidet und handelt, ohne dafür Zeit zu brauchen (also mit einer sogenannten unendlichen Reaktionsgeschwindigkeit). Seine Vorlieben (Präferenzen) sind stets gleich, verändern sich nie. Er selbst wie auch seine Marktpartner haben keinen Einfluss auf den Marktpreis, sondern können nur die von ihnen angebotene beziehungsweise nachgefragte Menge nach Maßgabe des Marktpreises anpassen. All dies sind, wie die meisten Ökonomen zugeben, völlig unrealistische Annahmen. [...] Trotzdem wird dieses Märchen an den Schulen, Fachhochschulen und Universitäten weiterhin eifrig erzählt und auswendig gelernt. Es stelle das Prinzip gut dar, nach dem Märkte funktionieren, heißt es. Tatsächlich soll es vor allem den Eindruck erwecken, die Ökonomik sei eine exakte Wissenschaft, die wie die ‚echten' Naturwissenschaften auch rechenbare und daher ‚objektive' Ergebnisse zu liefern in der Lage ist. [...] Weil aber alle Grundannahmen dieses Märchens in Wirklichkeit nicht zutreffen, hat die Ökonomik nach und nach einige der unrealistischen Annahmen aufgegeben und differenzierte Modelle entwickelt."[642]

Aus dem sozialwissenschaftlichen Basiskonzept folgt eine Öffnung der BWL hin zu anderen sozialwissenschaftlichen Teildisziplinen. „Nicht die Abgrenzung zu diesen, sondern das Zusammenwirken steht im Vordergrund (Interdisziplinarität): Daraus resultiert ein weit geöffnetes Disziplinenkonzept, jedenfalls in Richtung auf die Sozialwissenschaften."[643] Dieser interdis-

---

642 J. Freimann: Das Märchen vom gerechten Markt – Wie wir den homo oeconomicus überwinden können, Baden-Baden 2017, S. 19f.

643 Rühli (2002), S. 123.

ziplinären Managementwissenschaft folgen insbesondere jene Forscher, die sich mit Fragen des Absatzes bzw. Marketings, der Unternehmensführung sowie des Personalwesens befassen.

Im Folgenden sollen zunächst zwei bedeutsame Ansätze vorgestellt werden, die als direkter Gegenentwurf zum *Gutenberg*schen System verstanden werden können und die ein wichtiger Bestandteil einer interdisziplinären Managementwissenschaft sind: die entscheidungsorientierte Betriebswirtschaftslehre nach *Heinen* und der systemtheoretische Ansatz nach *Ulrich.*

## 10.2 Die entscheidungstheoretische Ansatz (Edmund Heinen)

In den 1960er-Jahren rückte *Edmund Heinen* (1919–1996) das Entscheidungsproblem und dessen Bedeutung für die Analyse und Gestaltung betriebswirtschaftlicher Fragestellungen in den Vordergrund. Wie er in einem 1966 gehaltenen Vortrag bemerkt, komme der **Anstoß** für eine entscheidungstheoretische Betriebswirtschaftslehre aus der **betrieblichen Praxis**:

> „Die moderne, hochentwickelte Industriewirtschaft hat den Entscheidungsproblemen in der Praxis ein ganz besonderes Gepräge verliehen. Die Dynamik des technischen Fortschrittes, das horizontale und vertikale Wachstum der Betriebe, die vielgestaltigen Verflechtungen auf der Marktseite, insbesondere die Anpassungen an die vergrößerten Absatz- und Beschaffungsmärkte, sie alle stellen die Unternehmensführung vor immer differenziertere Planungs-, Kontroll- und Koordinationsaufgaben. Die Schnelllebigkeit der wirtschaftlichen Erscheinungen und die damit ständig kürzer werdenden Anpassungszeiten erfordern ein rasches Informiertsein über alle marktlichen und betrieblichen Vorgänge, bedingen ständig ein systematisches und sicheres Eingreifen in den gesamten Betriebsprozeß. Angesichts dieser Entwicklung hat sich die Erkenntnis durchgesetzt, daß betriebliche Führungsentscheidungen nicht mehr von irgendwelchen zufälligen Augenblickseingebungen und überkommenen Erfahrungsregeln geleitet werden. Das intuitive Moment wird durch das rationale Moment ersetzt, die Konsequenzen der Wahl durchdacht, die Handlungsmöglichkeiten abgewogen, kurz: die Entscheidung tritt als Vorgang ins Bewußtsein.“[644]

644 E. Heinen: Betriebswirtschaftslehre heute – Die Bedeutung der Entscheidungstheorie für Forschung und Praxis, Wiesbaden 1966, S. 4.

Das Entscheidungsverhalten bzw. der **Entscheidungsprozess** des wirtschaftenden Menschen im Betrieb ist das tragende Element, die Grundidee, welche der betriebswirtschaftlichen Konzeption *Heinens* zugrunde liegt. Die bis dahin von der Betriebswirtschaftslehre bereitgestellten Konzepte boten jedoch kein tragfähiges Fundament, auf dem *Heinen* eine entscheidungsorientierte Betriebswirtschaftslehre hätte aufbauen können. Daher versuchte er, die beiden Grundideen des **ethisch-normativen** und des **faktororientierten** Ansatzes zu einem neuen System zu **verbinden**: „Diese beiden Alternativen stehen sich wie These und Antithese gegenüber. Die entscheidungsorientierte Betriebswirtschaftslehre [...] strebt eine gewisse Synthese und damit eine Vereinigung beider Wege an.“[645] Nach der Auffassung von *Wöhe* handelt es sich bei der entscheidungsorientierten Betriebswirtschaftslehre jedoch um „kein neues System der Betriebswirtschaftslehre, sondern einen *neuen methodischen Ansatz*, der dadurch gekennzeichnet ist, daß die Frage nach Entscheidungen gestellt wird, mit denen betriebswirtschaftliche Ziele optimal realisiert werden können.“[646]

> *Edmund Heinen* (1919–1996) gilt als Schöpfer und Wegbereiter der entscheidungsorientierten BWL. *Heinen* studierte an der Universität Frankfurt am Main (auch bei *Erich Gutenberg*) und promovierte (1949) und habilitierte (1951) an der Universität des Saarlandes in Saarbrücken. Von 1957 bis 1987 lehrte und forschte er als Professor für BWL an der Ludwig-Maximilians-Universität in München, wo er auch das Institut für Industrieforschung gründete.

645 E. Heinen: Zum Wissenschaftsprogramm der entscheidungsorientierten Betriebswirtschaftslehre. In: ZfB, 39 Jg., 1969, S. 207f.

646 Wöhe (1990), S. 227f.

Abb. 10.1: Edmund Heinen. | [60]

Schon *Schmalenbach* hat über die Wahlvorgänge im Wirtschaftsbetrieb gesprochen und einmal lapidar festgestellt: „Wirtschaft ist Wählen".[647] In der betrieblichen Praxis sind seit jeher Entscheidungen zu treffen: Welche Rechtsform soll das Unternehmen haben? Welche Investition soll getätigt und wie soll diese finanziert werden? Wie soll das Produktionsprogramm oder das Sortiment gestaltet werden? Sollen bestimmte betriebliche Leistungen selbst erbracht oder ausgelagert werden? Sollen eigene Außendienstmitarbeiter oder selbständige Handelsvertreter für den Vertrieb eingesetzt werden? Die Aufzählung von Beispielen ließe sich beliebig fortsetzen. Die Erkenntnis, dass Menschen zwischen Handlungsalternativen zu wählen haben, ist in der Wirtschaftswissenschaft nicht neu. Das räumt auch *Heinen* ein, betont aber: „Neu und für die Zukunft richtungweisend ist nicht so sehr die Tatsache, daß sich die Betriebswirtschaftslehre mit Entscheidungen befaßt, sondern die Art und Weise, die Methodik, wie sie Entscheidungen untersucht."[648]

Zur **Methodik** der entscheidungsorientierten Betriebswirtschaftslehre schreibt *Heinen* in seiner „Einführung in die Betriebswirtschaftslehre":

> „Die Tatsache, daß sich das wissenschaftliche Bemühen der Betriebswirtschaftslehre auf die Entscheidungen konzentriert, darf nicht mißverstanden werden. Die Betriebswirtschaftslehre erfaßt grundsätzlich alle Tätigkeiten. Sie stellte die Entscheidungen lediglich deshalb in den Vordergrund, weil diese letztlich für alle ausführenden Tätigkeiten bestimmend sind. [...]
> Die Betriebswirtschaftslehre beschränkt sich nicht auf die Entscheidungen im engeren Sinn, auf die eigentlichen Willensakte [...]. Es wird vielmehr der gesamte *Entscheidungsprozeß* betrachtet. Dies erfordert die Berücksichtigung aller ausführenden Tätigkeiten der Planungs-, Vollzugs-, und Kontrollphase, soweit sie in einem Zusammenhang mit Entscheidungen stehen.

647 Zitiert nach E. Schäfer: Die Unternehmung, 8. Aufl., Opladen 1974, S. 332.
648 Heinen (1969), S. 208.

Der Entscheidungsprozeß durchläuft mehrere Phasen. Diese können grundsätzlich in die beiden Hauptphasen der Willensbildung und der Willensdurchsetzung gegliedert werden [→ Abb. 10.2]

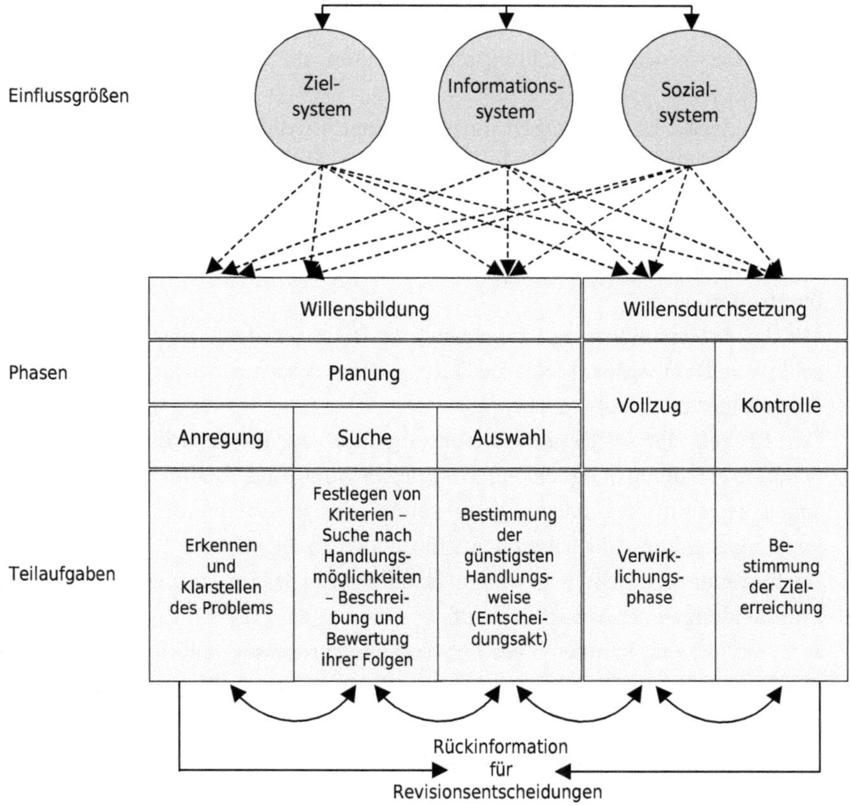


Abb. 10.2: Einflussgrößen und Phasen des Entscheidungsprozesses in der Unternehmensorganisation. | [61]

Der Prozeß der **Willensbildung** wird in einer **Vorstufe** durch die **Feststellung eines ungelösten Problems** ausgelöst. Anregungs-(Impuls-)Informationen liefern die Erkenntnis, daß die Wirklichkeit nicht den Zielvorstellungen entspricht. Dieser Tatbestand veranlasst die Gewinnung zusätzlicher Informationen, die in der anschließenden **Ursachenanalyse** zu einer Klärung und genaueren Beschreibung der offenen Fragen beitragen. Wird – nachdem das Problem formuliert

ist – die Herbeiführung einer Entscheidung für unabweisbar erachtet, so gilt die **Anregungsphase** als abgeschlossen.
Die nächste Stufe des Entscheidungsprozesses, die **Suchphase**, leitet vom Zustand der „Unorientiertheit" zum eigentlichen Prozeß der Willensbildung über. Es sind die der Entschlußfassung vorausgehenden Maßnahmen zu treffen. In der Suchphase werden die Handlungsmöglichkeiten und ihre zu erwartenden Folgen erfaßt. [...]
Mit der **Auswahl-** oder **Optimierungsphase** wird der Prozeß der Willensbildung abgeschlossen. Die im Rahmen der Beschränkungen zulässigen Handlungsmöglichkeiten sind in eine Rangfolge zu bringen. Das Entscheidungsproblem ist gelöst, wenn eine Handlungsmöglichkeit gefunden ist, die unter Berücksichtigung des angestrebten Ausmaßes der Zielerreichung von keiner anderen übertroffen wird.
Mit der Entschlußfassung ist der abwägende Prozeß der Willensbildung abgeschlossen. Dem Wahlakt folgt die Durchsetzung dessen, wozu sich der Entscheidungsträger entschlossen hat.
Der **Prozeß der Willensdurchsetzung** führt zur **Verwirklichung** der gewählten Handlungsmöglichkeit. Da Entscheidung und Ausführung meist personell getrennt sind, müssen anweisende oder unterrichtende Informationen von Entscheidungsträgern zum Ausführenden fließen. In der Regel besitzt der Ausführende noch einen gewissen Handlungsspielraum, den er durch eigene Entscheidungen „überbrücken" muß.
Alle Vorgänge im Rahmen eines Entscheidungsprozesses bedürfen einer laufenden Überwachung. Die **Kontrollphase** überlagert somit den gesamten Prozeß der Willensbildung und Willensdurchsetzung. Bei Abweichungen zwischen Plan- und Kontrollwerten fließen Revisionsinformationen zurück zum Entscheidungsträger. Sie führen zu Anpassungsmaßnahmen und lösen neue Entscheidungen aus. Der Entscheidungsprozeß nimmt damit einen neuen Anfang. Die Kontrollphase der Willensdurchsetzung geht in die Anregungsphase erneuter Willensbildung über. Es beginnt ein neuer Entscheidungsprozeß."[649]

Den **interdisziplinären Ansatz** der entscheidungsorientierten Betriebswirtschaftslehre erläutert *Heinen* in seiner „Industriebetriebslehre":

„Die entscheidungsorientierte Betriebswirtschaftslehre analysiert sowohl die Umstände, unter denen Entscheidungsprozesse stattfinden als auch die spezifischen Verhaltensweisen von an solchen Prozessen beteiligten Individuen und

649 E. Heinen: Einführung in die Betriebswirtschaftslehre, 9. Aufl., Wiesbaden 1985, S. 22f.

Gruppen. Diese auf das menschliche Verhalten ausgerichtete Konzeption sieht Betriebswirtschaften als Sozialsysteme, d. h. als Mehrheiten von Personen, zwischen denen – bedingt durch die Arbeitsteiligkeit – vielfältige Beziehungen bestehen. Das Entscheidungsverhalten der Mitglieder einer Betriebswirtschaft läßt sich nur unter Berücksichtigung solcher Beziehungen sowie der externen und individuellen Einflüsse erfassen. Dies erfordert ein begriffliches Instrumentarium, das ohne Rückgriff auf Erkenntnisse anderer sozialwissenschaftlieber Disziplinen wie z. B. Psychologie, Sozialpsychologie oder Politologie kaum zu entwickeln ist. **Eine in diesem Sinne entscheidungsorientierte Betriebswirtschaftslehre ist daher notwendigerweise interdisziplinär angelegt.** [...]
Die nachstehende Abbildung [→ Abb. 10.3] soll den Forschungsansatz der entscheidungsorientierten Betriebswirtschaftslehre verdeutlichen. Das breite obere Rechteck kennzeichnet den Aktivitätsbereich der Betriebswirtschaftslehre, das untere Rechteck deutet ihre interdisziplinäre Verbundenheit an."[650]

*Heinens* Ansatz der entscheidungsorientierten Betriebswirtschaftslehre führte auch allgemein zu einer interdisziplinären Öffnung der Betriebswirtschaftslehre (z. B. zur Psychologie und den Sozialwissenschaften), die bis dahin im Wesentlichen durch *Gutenberg* dominiert wurde. Somit wurde auch der vorherrschende neoklassische Ansatz abgelehnt, der auf dem Menschenbild vom *Homo oeconomicus* basiert – und implizit auch dem *Gutenberg*'schen System zugrunde liegt: „Die entscheidungsorientierte Betriebswirtschaftslehre entlässt [...] den *Homo oeconomicus* der klassischen Mikroökonomie in das Reich der Fabel."[651] Der entscheidungsorientierte Ansatz berücksichtigt vielmehr „ein wirklichkeitsnahes Modell des wirtschaftenden Menschen" und geht nicht mehr nur vom modellhaften, rational denkenden Nutzenmaximierer aus.[652]

650 E. Heinen (Hrsg.): Industriebetriebslehre, 8. Aufl., Wiesbaden 1990, S. 7, 12.
651 E. Heinen: Grundfragen der entscheidungsorientierten Betriebswirtschaftslehre, München: Goldmann 1976, S. 395.
652 Vgl. Heinen (1985), S. 38ff.

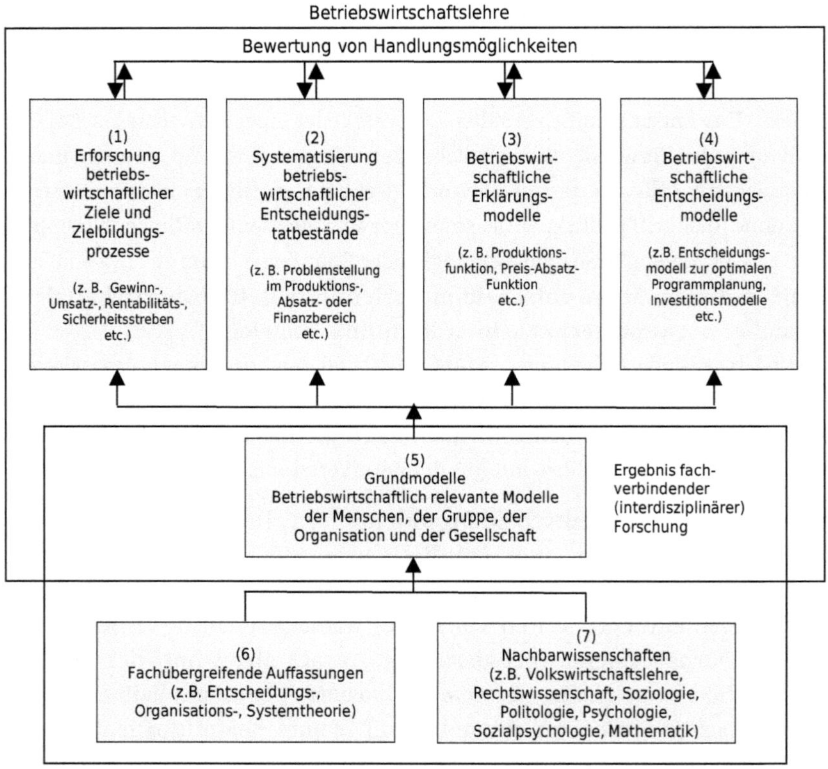


Abb. 10.3: Der Forschungsansatz der entscheidungsorientierten Betriebswirtschaftslehre. | [62]

Wurde der Ansatz von *Heinen* anfangs euphorisch begrüßt, setzte schon Ende der 1970er-Jahre eine gewisse Ernüchterung ein, da die quantitativen Modellvorstellungen der Komplexität und Dynamik der Entscheidungsprobleme nur sehr bedingt gerecht wurden.[653] Doch trotz aller **Kritik** ist nach Auffassung von *Schanz* „das heuristische Potenzial dieses Ansatzes beträchtlich“. Durch die sozialwissenschaftliche Ausrichtung seien „der Betriebswirtschaftslehre neue und wichtige Zugangsmöglichkeiten zu bislang verschlossen gebliebenen Problemfeldern eröffnet worden.“[654] Diesbezüglich führt *Edwin Rühli* folgende Aspekte des entscheidungsorientierten An-

653 Vgl. Meffert (2002), S. 140.

654 Schanz (2014), S. 62.

satzes an, welche in der Gesamtschau die Denkweise der deutschsprachigen BWL **positiv** beeinflusst hätten:

- Der entscheidungsorientierte Ansatz bricht eine verengte Sichtweise durch die bis dahin vorherrschenden betriebswirtschaftlichen Konzepte auf.
- Andere Wissenschaften und Denkmuster können in die betriebswirtschaftlichen Modelle integriert werden, insbesondere institutionelle und soziale Faktoren.
- Verschiedene methodologische Vorgehensweisen werden akzeptiert, wodurch der Methodenmonismus überwunden werde.
- Dadurch, dass der Ansatz von *Heinen* umfassend interdisziplinär ist, können Erkenntnisse der Mathematik, der Wirtschafts-, Natur- und Sozialwissenschaften fruchtbar gemacht werden.
- Durch den entscheidungsorientierten Ansatz kann die Aufmerksamkeit auf neue oder zeitbedingt besonders aktuelle Fragestellungen gelenkt werden.
- Die starke Betonung der Gestaltungsaufgabe der entscheidungsorientierten Betriebswirtschaftslehre fördert deren Praxisnähe.[655]

Zu einer **negativen** Würdigung des entscheidungsorientierten Ansatzes gelangt *Dieter Schneider*, der konsequent auf einer streng wirtschaftswissenschaftlichen Denkweise beharrt. Er kritisiert an dem Ansatz von *Heinen*, dass

> „weder die von ihm behauptete Synthese zwischen *Nicklisch* und *Gutenberg* zu erkennen [ist], noch leuchtet ein, daß bei ‚echten' (also Nicht-Routine-)Entscheidungen gerade die deskriptive sozialwissenschaftliche Entscheidungstheorie (die ihr empirisches Material aus konstruierten oder Routine-Entscheidungen gewinnt) für das Ableiten von Handlungsempfehlungen nützlich sei, während Routine-Entscheidungen mit Hilfe der Entscheidungslogik ‚befriedigend' gelöst werden können, also Entscheidungen bei denen regelmäßig kaum mehr nachgedacht wird. Eher trifft das Gegenteil zu. Genauso unklar bleibt, wie diese sich wertfrei verstehende praktisch gestaltende Lehre begründete Handlungsempfehlungen abgeben will, wenn zugleich betont wird, klar formulierte Unternehmens-

655 Vgl. Rühli (2002), S. 126f.

ziele existieren praktisch nicht. Hier gehen erklärende und gestaltende Theorie-Wunschvorstellungen ein nicht geglücktes Gemisch ein."[656]

Etwa zeitgleich zu der in Deutschland stattfindenden sozialwissenschaftlichen Öffnung der Betriebswirtschaftslehre versuchte in der Schweiz *Hans Ulrich* noch einen Schritt weiterzugehen. Seine „systemorientierte Betriebswirtschaftslehre" rücke „zukünftige Wirklichkeiten" ins Blickfeld, die nicht erklären wolle, „was ist", sondern „was in Zukunft sein wird".

## 10.3 Der systemorientierte Ansatz (Hans Ulrich)

Der in St. Gallen lehrende *Hans Ulrich* (1919–1997) fasst die Betriebswirtschaftslehre als eine kybernetische Wissenschaft auf, die „sich nicht für das Seiende, sondern das Werdende, nicht für das Bestehen, sondern das Funktionieren von Systemen" interessiere.[657]

Seinen „systemorientierten Ansatz" stellte er 1968 in seinem Werk **„Die Unternehmung als produktives soziales System"** vor. Unternehmen – als eine besondere Erscheinungsform von Organisationen – stellen für *Ulrich* Systeme dar: „Unter einem System verstehen wir eine geordnete Gesamtheit von Elementen, zwischen denen irgendwelche Beziehungen bestehen oder hergestellt werden können."[658] Der konkrete Bezug zur Betriebswirtschaft wird hergestellt durch die von *Ulrich* verwendeten Attribute **produktiv** und **sozial**: Unternehmungen seien sowohl produktive als auch soziale Systeme. *Ulrich* zielt darauf ab, eine Unternehmung aufzugliedern, in ihre Subsysteme zu zerlegen und deren Beziehungen untereinander zu analysieren. Da er **Unternehmen als Regelsysteme** versteht, möchte er sodann aufzeigen, wie diese im Sinne der Kybernetik geregelt und gesteuert werden können. Zur **Kybernetik** schreibt er:

> „Dieses Teilgebiet der Systemtheorie befasst sich mit einem bestimmten Phänomen, das überall in der Natur und in der Gesellschaft vorkommt, demjenigen der Lenkung, dem unter Kontrolle halten von Zuständen. Sie ist also durchaus eine empirische Wissenschaft, aber mit einem Problembereich, der gewissermaßen quer liegt zu allen üblichen wissenschaftlichen Disziplinen."[659]

---

656 Schneider (2001), S. 260.
657 Ulrich, zitiert nach Wöhe (1990), S. 230.
658 H. Ulrich: Die Unternehmung als produktives soziales System, 1970, S. 105.
659 H. Ulrich: Management – eine unverstandene gesellschaftliche Funktion, 1983, S. 181.

Zur Verortung des systemorientierten Ansatzes innerhalb der Wissenschaftsdisziplinen, der zu einer erheblichen Erweiterung und Öffnung der Betriebswirtschaftslehre führte, stellt *Wöhe* fest: „Der systemorientierte Ansatz fasst die Betriebswirtschaftslehre als eine ‚Gestaltungslehre' auf, die sich von den Naturwissenschaften dadurch unterscheidet, daß sie nicht auf Erklärung, sondern auf Zukunftsgestaltung ausgerichtet ist. Sie wird in die Nähe der Ingenieurwissenschaften gestellt, von denen sie sich dadurch unterscheidet, daß sie sich nicht mit technischen, sondern mit sozialen Systemen beschäftigt."[660] Darin sehe *Ulrich* „eine notwendige Vorstufe zu einem sinnvoll praktischen Handeln der sogenannten Führungskräfte in zweckorientierten sozialen Systemen, insbesondere in Unternehmungen."[661]

Da Unternehmungen auch soziale Gebilde sind, die der Lenkung und Steuerung bedürfen, spricht man bei der Anwendung der Kybernetik auf das betriebswirtschaftliche Erkenntnisprojekt Unternehmung auch von einem **sozial-kybernetischen** Ansatz der Betriebswirtschaftslehre. Wenn ein Unternehmen ein regelungsbedürftiges System ist, kann es verglichen werden mit der Funktionsweise eines Thermostats: Zunächst herrscht ein Gleichgewichtszustand. Eine Störung innerhalb des Systems führt zu einem schlechteren Ist-Wert, der an einen Regler gemeldet wird. Dieser erfasst die Soll-Ist-Abweichung und reagiert in Form einer veränderten Anweisung an die Regelstrecke, und zwar so lange, bis die Ist-Werte den Soll-Werten entsprechen. Dieses Prinzip überträgt *Ulrich* auf das Unternehmen (⟶ Abb. 10.4). Entspricht der Output (z. B. ein Produkt) nicht den Sollwerten (z. B. Qualitätsstandards), nimmt eine Entscheidungsinstanz (z. B. der Maschinenführer) eine Korrekturentscheidung vor und verändert die Einstellung der Maschine. Dieses ist der erste Regelkreis, der unterhalb der Unternehmensleitung abläuft. Kommt es zu weiteren massiven Störungen, die sich auf der unteren Ebene nicht korrigieren lassen, wird die übergeordnete Instanz (z. B. Unternehmensführung) einbezogen und es kommt evtl. zu einer Formulierung eines neuen Soll-Wertes. Es entsteht also ein zweiter Regelkreis.

660 Wöhe (1990), S. 230.

661 H. Ulrich: Der systemorientierte Ansatz in der Betriebswirtschaftslehre, in: Wissenschaftsprogramm und Ausbildungsziele der Betriebswirtschaftslehre, Berlin 1971, S. 46.

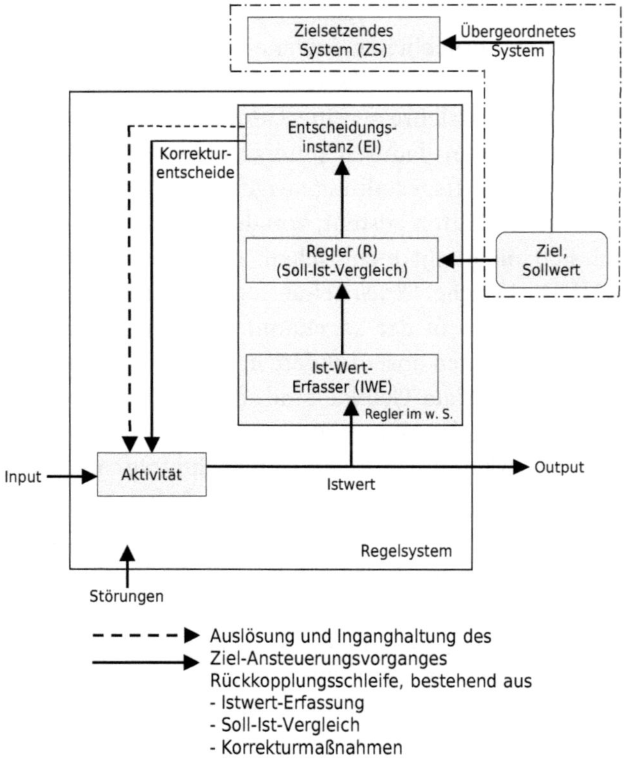


Abb. 10.4: Aufbau eines Regelsystems nach Ulrich. | [63]

*Rühli* fasst die den systemorientierten Ansatz kennzeichnenden Merkmale wie folgt zusammen: Das Unternehmen

- wird als **System** aufgefasst, d. h. als eine Menge von Elementen, zwischen denen Interaktionen bestehen,
- verfolgt einen **produktiven Zweck**, nämlich die betriebliche Leistungserstellung und Leistungsverwertung,
- ist zugleich auch immer ein **soziales Gebilde**, in dem Individuen und Gesellschaften aktiv tätig sind,
- ist als System gestaltbar, d. h. der **Gestaltungsaspekt** steht im Zentrum des betriebswirtschaftlichen Denkens und Handelns und
- bedarf als System der Steuerung und Lenkung. Die **Führung sozialer Systeme** ist demnach ein zentrales Problem der Betriebswirtschafts-

lehre, die *Ulrich* im Sinne einer systemorientierten Managementlehre begreift.[662]

Starke **Kritik** am sytemtheoretischen Ansatz übte *Erich Gutenberg*:

> „Der Systemansatz von Ulrich liefert keine methodische Prozedur, weder für Fragen der Prozeßanalyse noch der Prozeßgestaltung. Es wird nur ausführlich gesagt, daß es Systeme ‚natürlicher' oder ‚künstlicher', von Menschen geschaffener Art gibt, daß sich ein System durch eine Menge von Elementen kennzeichnet, zwischen denen Abhängigkeiten bestehen, daß Systeme sich in Subsysteme untergliedern lassen, daß es offene und geschlossene, deterministische und probabilistische, statische und dynamische Systeme gibt. [...] Über die Beliebigkeit des Systembegriffs im heutigen deutschen Sprachgebrauch (und nicht nur in ihm) kommt Ulrich denn auch nicht heraus. [...] Dem Systemansatz von Ulrich fehlt also die Systemidee. Er ist blaß und nur eine Rahmenbedingung unverbindlicher Art. Es ist schwer zu verstehen, wie ein solcher Systemansatz den Gegenstand einer Disziplin zu bestimmen die Kraft haben soll."[663]

Heute wird allgemein anerkannt, dass der von *Ulrich* entwickelte Ansatz wesentlich dazu beigetragen hat, eine Verschiebung der Betriebswirtschaftslehre hin zur **Managementlehre** bewirkt zu haben. Auch hat er zu einer erheblichen Öffnung des Faches geführt. Durch die Betrachtung der Unternehmen als offene, soziale Systeme wurde die BWL für ökologische und ethische Fragen (Unternehmensethik) geöffnet, und die rein analytische Betrachtungsweise hat sich geweitet zu einer systemischen Denkweise. Ob allerdings eine Wissenschaft, die nicht bestehende, sondern künftige Wirklichkeiten erklären bzw. diese sogar realisieren möchte, überhaupt noch eine Betriebswirtschaftslehre darstellt, erscheint fraglich.[664] Jedenfalls hat der systemorientierte Ansatz sowohl in einzelnen Funktionsbereichen der Betriebswirtschaftslehre (z. B. Management, Marketing, Personalwesen) als auch in den speziellen Betriebswirtschaftslehren (Industriebetriebslehre, Handelsbetriebslehre usw.) zu einer Ausweitung der Forschungsaktivitäten geführt.[665]

Nachfolgend werden zunächst drei Ansätze vorgestellt, die als eine direkte Folge der sozialwissenschaftlichen Öffnung verstanden werden

---

662 Vgl. Rühli (2002), S. 128.
663 E. Gutenberg: Zur Theorie der Unternehmung, Berlin u. a. 1989, S. 169 f.
664 Vgl. Wöhe (1990), S. 230.
665 Vgl. Rühli (2002), S. 129f.

können: Die Anfang der 1970er-Jahre aufkommende **Arbeitsorientierte Einzelwirtschaftslehre (AOEWL)**, die allerdings schon bald wieder in der Bedeutungslosigkeit versunken ist, sowie zwei Ansätze, die aktuell eine große Relevanz in der Betriebswirtschaftslehre haben, nämlich der **verhaltenswissenschaftliche Ansatz** und der **ökologische Ansatz**. Dieses Kapitel endet mit der **Neuen Institutionenökonomik**, deren Vertreter den Anspruch erheben, dass es sich dabei um einen wirtschaftswissenschaftlichen Ansatz handle.

## 10.4 Die Arbeitsorientierte Einzelwirtschaftslehre

Im Mittelpunkt der Anfang der 1970er-Jahre konzipierten **Arbeitsorientierten Einzelwirtschaftslehre (AOEWL)** steht der Interessengegensatz zwischen Arbeit und Kapital. Dieses neue Alternativkonzept stellte für die herrschende „kapitalorientierte" Betriebswirtschaftslehre einen exogenen Schock dar: Einerseits kam diese Entwicklung nicht aus dem universitären Wissenschaftsbetrieb, nicht aus der Fachdisziplin heraus, sondern „von außen", nämlich von gewerkschaftsnahen Wissenschaftlern, die ein politisch-ökonomisches Grundverständnis vertraten, das der klassischen Betriebswirtschaftslehre zwar nicht ganz fremd war – man denke beispielsweise an *Schär, Nicklisch, Schmalenbach* –, das jedoch schon seit Jahrzehnten als obsolet erschien. Andererseits wurde der Schock „von unten" ausgelöst, d. h. von unbekannten Wissenschaftlern und nicht von arrivierten Fachvertretern.[666]

Von letzteren „wurde schweres Geschütz aufgefahren"[667]: *Norbert Koubek*, der führende Vertreter der AOEWL, wurde auf der Jahrestagung des *Vereins für Socialpolitik* von namhaften Fachvertretern ermahnt, er solle auf den Pfad der ökonomischen Tugend zurückkehren (*F. Neumark*), die AOEWL wurde als „wenig sinnvoll" (*W. Engels*) und als „Dumme-Jungen-Streich" (*H. Albach*) abgetan.[668] Der Schock für die etablierten Fachvertreter muss heftig gewesen sein: Denn gerade erst hatte die BWL mit dem Ansatz von *Gutenberg* ihr fachwissenschaftliches Selbstwertgefühl zurückerlangt, da rissen auch schon *Heinen* und *Ulrich* mit ihren sozialwissenschaftlichen Ansätzen,

666 Vgl. H. Wächter/T. Metz: Das kritische Vermächtnis der AOEWL, in: Innovation und Internationalisierung, hrsg. von W. Baumann/U. Braukmann/W. Matthes, Wiesbaden 2010, S. 31.

667 Vgl. ebenda, S. 29.

668 Vgl. ebenda.

die zeigten, dass es alternative und widerstreitende Unternehmensziele zu berücksichtigen gelte, Tür und Tor der Betriebswirtschaftslehre weit auf. Und dies machte sich dann ausgerechnet eine Gruppe von gewerkschaftsnahen Forschern zunutze.

Von April 1972 bis März 1973 entwickelte eine aus neun Mitarbeitern[669] bestehende Projektgruppe des *Wirtschafts- und Sozialwissenschaftlichen Instituts* (WSI) des *Deutschen Gewerkschaftsbundes* (DGB) die „Grundelemente einer Arbeitsorientierten Einzelwirtschaftslehre" (AOEWL). Diese Gruppe setzte sich zusammen aus Betriebswirten, Volkswirten, Soziologen und Politologen. Hauptprotagonist war der damalige junge Frankfurter Wirtschaftswissenschaftler *Norbert Koubek*. „Er hat dieses Projekt aus der Taufe gehoben, er war Integrator, Moderator, Frontmann, Anchorman."[670]

Abb. 10.5.: Norbert Koubek, 1973. | [64]

> *Norbert Koubek* (*1942) studierte von 1962 bis 1969 Volkswirtschaftslehre an der Goethe-Universität Frankfurt am Main. Nach dortiger Promotion war er Mitarbeiter am Wirtschafts- und Sozialwissenschaftlichen Institut (WSI), wo er maßgeblich an der Konzeption der **Arbeitsorientierten Einzelwirtschaftslehre (AOEWL)** beteiligt war. Von 1974 bis zu seiner Emeritierung im Jahr 2010 hatte *Koubek* eine Professur für Betriebswirtschaftslehre an der Bergischen Universität Wuppertal.

Mit ihrer Studie, die aufgrund ihrer wissenschaftsprogrammatischen Aussagen wohl eher als Aufruf zu einer Umorientierung der BWL denn als fertige Theorie verstanden werden muss, wollten die Wissenschaftler den Versuch unternehmen, der herkömmlichen kapitalorientierten Betriebswirtschaftslehre ein **alternatives Konzept** entgegenzusetzen, das dazu beitragen sollte, den Interessen der abhängig beschäftigten **Arbeitnehmer** stärkeres

669 Mitglieder der Projektgruppe waren: *U. Briefs, U. Engelen-Kefer, M. Helfert, G. Himmelmann, H. Kohl, N. Koubek, H.-D. Küller, B. Mühlhaupt* und *I. Scheibe-Lange*. Vgl. N. Koubek: Jenseits und Diesseits der Betriebswirtschaftslehre, Wiesbaden 2010, S. 130.

670 H. Wächter/T. Metz (2010), S. 29.

Gewicht zu verleihen. Denn in der klassischen Betriebswirtschaftslehre, so die Kritik der Projektgruppe, wurde „die Einbeziehung der abhängig Beschäftigten in die Theorie weitgehend vernachlässigt. Vielmehr habe sich gezeigt, „daß sich die BWL als Entscheidungslehre für einen möglichst rentablen privatwirtschaftlichen Kapitaleinsatz entwickelt hat.“[671] Der kleine Seitenhieb auf den entscheidungsorientierten Ansatz von *Heinen* ist offensichtlich.

Die Projektgruppe stellte ihr Konzept der AOEWL 1973 im Rahmen eines zweitägigen WSI-Forums vor, an dem auch zahlreiche Vertreter der kritisierten Betriebswirtschaftslehre mit eigenen Vorträgen und Diskussionsbeiträgen teilnahmen.[672] Zum **Ziel und Begriff** der AOEWL heißt es dort:

> „Der Versuch, die Betriebswirtschaftslehre als Teil der Wirtschafts- und Gesellschaftswissenschaften aus ihrer Umklammerung durch ausschließlich oder zumindest vorrangig an Kapitalverwertung interessierten gesellschaftlichen Gruppen zu lösen, dient dem Ziel, die Humanisierung der Gesellschaft zu fördern, indem für diesen zentralen Bereich der Ökonomie wissenschaftlich abgesicherte Handlungsmöglichkeiten aufgezeigt werden. [...]
> Unter ***Einzelwirtschaftslehre*** wird die Lehre von autonomen wirtschaftlichen Entscheidungseinheiten zur Produktion und Verteilung von Gütern und Dienstleistungen verstanden, die in gesellschaftlichen Kooperations- und Austauschbeziehungen stehen. Damit werden diese Entscheidungseinheiten erstens gegenüber gesamtwirtschaftlichen Institutionen abgegrenzt. Zweitens ergibt sich eine Abgrenzung zur Betriebswirtschaftslehre, und zwar aus dem Bemühen, die Inhalte des dogmengeschichtlich vorbelasteten Begriffs Betriebswirtschaftslehre durch Anwendung des hier vorgelegten arbeitsorientierten Interessenansatzes abzulösen. Drittens soll damit auch das vordergründige Mißverständnis aufgehoben werden, das durch den unterschiedlichen Gebrauch des Begriffs Betrieb in Theorie und Praxis zustande kommt.
> Der zweite Begriff soll wie folgt definiert werden: Als ***arbeitsorientiert*** wird die Prägung von Handlungen verstanden, die auf die Durchsetzung von Interessen der abhängig Beschäftigten in den verschiedenen Bereichen der Gesellschaft

671 N. Koubek: Arbeitsorientierte Einzelwirtschaftslehre (AOEWL), Mitbestimmung und Gewerkschaftspolitik, in: Gewerkschaftliche Monatshefte, 24. Jg., H. 11/1973, S. 688f.

672 WSI-Forum am 6. und 7. Juni 1973: Arbeitsorientierte Einzelwirtschaftslehre contra Kapitalorientierte Betriebswirtschaftslehre, in WSI-Studien, Nr. 24, Bund-Verlag-Köln 1973.

abzielen. In diesem Sinne sind die arbeitsorientierten Interessen im Rahmen einer Einzelwirtschaftslehre erkenntnisleitende Interessen. Dem steht der Begriff ***kapitalorientiert*** gegenüber, der das vorrangig auf das Kapitalverwertungsinteresse ausgerichtete Handeln kennzeichnet."[673]

Im Zentrum der AOEWL stehen auf **einzelwirtschaftlicher** Ebene insbesondere die

- Sicherung der Arbeitsplätze,
- optimale Gestaltung der Arbeit (Maßnahmen zur besseren Befriedigung der beruflichen, sozialen und politischen Bedürfnisse der Arbeitnehmer) und
- Sicherung und Steigerung der Einkommen.[674]

Daneben werden auf **gesamtwirtschaftlicher Ebene** folgende Aspekte in den Blick genommen:

- rationale Steuerung der Produktion (Probleme der gesamtwirtschaftlichen Kosten sowie des Einsatzes von Arbeit und Kapital),
- bedürfnisgerechte Versorgung und Verteilung,
- gerechte Einkommens- und Vermögensverteilung und
- Einbeziehung von Kriterien des Verbraucherschutzes und der Umweltbedingungen.[675]

Zudem erhoffte sich die Projektgruppe, mit ihrem Konzept

- den wissenschaftlichen Diskurs und die Forschung anzuregen,
- die gewerkschaftsinterne Diskussion zu fördern, um zu einer arbeitsorientierten Theorie mitbestimmter und gemeinwirtschaftlicher Unternehmungen zu gelangen,
- eine Auseinandersetzung mit den aufgezeigten Problemen im Bildungs- und Berufsbildungsbereich zu anzustoßen und

---

673 N. Koubek: Grundelemente einer Arbeitsorientierten Einzelwirtschaftslehre, in: WSI-Mitteilungen, H. 5/1973. Auch: Projektgruppe im WSI: Grundelemente einer Arbeitsorientierten Einzelwirtschaftslehre. Ein Beitrag zur politischen Ökonomie der Unternehmung, WSI-Studie Nr. 23, Köln 1974. Der Text ist auch abgedruckt in Koubek: Jenseits und Diesseits der Betriebswirtschaftslehre, Wiesbaden 2010, S. 130–156. Nach letzterer Quelle wird hier zitiert.

674 Vgl. Koubek (2010), S. 142f.

675 Vgl. Koubek (2010), S. 140, S. 144f. und H. Wächter/Metz (2010), S. 32.

- wirksame gewerkschaftliche Strategien gegenüber kapitalorientierten Interessengruppen zu entwickeln.[676]

Neben der einseitigen Ausrichtung auf die Arbeitnehmer waren es die von der AOEWL verfolgten gesamtwirtschaftlichen Interessen, die *Wöhe* und andere **Kritiker** an „marxistische Vergangenheit erinnern“ ließen und sie dazu veranlassten, den arbeitsorientierten Ansatz als „methodologisch und auch politisch-ideologisch vorbelastet“ zu betrachten.[677] Wie *Schanz* anmerkt, sei zwar das gesamte Konzept der AOEWL innerhalb der Betriebswirtschaftslehre seinerzeit auf nahezu einhellige Ablehnung gestoßen; dies sei jedoch insofern nicht gerechtfertigt gewesen, als von der Projektgruppe durchaus konstruktive Kritik geleistet worden sei.[678] Zu einem ähnlichen Befund gelangen auch *H. Wächter* und *T. Metz*: „Auch wenn die AOEWL heute kaum mehr bekannt ist, kann sie sich das Verdienst zurechnen, die etablierte BWL auf breiter Front herausgefordert und in ihrer Selbstgewissheit in neuer Weise provoziert zu haben. Dadurch, dass sie sowohl theoretische als auch praktische Alternativen reklamierte, hat sie Fragen aufgeworfen, an denen Fachvertreter bis heute nicht vorbeikommen.“[679]

## 10.5 Der verhaltenswissenschaftliche Ansatz

Der verhaltensorientierte Ansatz (engl. *Behavioral Approach*) versucht, mithilfe von Theorien über menschliches Verhalten soziale und soziotechnische Beziehungen auf Märkten und in Organisationen zu erklären, deren wirtschaftliche Konsequenzen aufzuzeigen und der Praxis kritisch-konstruktiv zur Seite zu stehen.[680]

„Verhalten“ ist eine Sammelbezeichnung für alle menschlichen Aktivitäten, die für einen Betrachter äußerlich wahrnehmbar oder indirekt erschließbar sind.[681] Zu den Erscheinungsformen des Verhaltens zählen

676 Vgl. Koubek (2010), S. 130.
677 Vgl. Wöhe (1990), S. 230f.
678 Vgl. Schanz (2014), S. 82.
679 H. Wächter/Metz (2010), S. 43.
680 Vgl. J.-P. Thommen: Betriebswirtschaftslehre, in: Gabler Wirtschaftslexikon, Bd. 1, 16. Aufl., Wiesbaden 2004, S. 440–445 (hier: S. 441) sowie Schanz (2014), S. 113.
681 Vgl. Brockhaus Psychologie, Leipzig/Mannheim 2001, S. 655.

sowohl das unbewusste Reagieren als auch das willensgesteuerte Agieren.[682] Die Wissenschaft, die sich mit dem menschlichen Verhalten befasst, nennt man **Verhaltenswissenschaften** (engl. *Behavioral Sciences*). Zu dieser gehören insbesondere die Psychologie, Verhaltensforschung, Anthropologie, Soziologie, Medizin und Biologie. Der verhaltenswissenschaftliche Ansatz in der Betriebswirtschaftslehre fußt vor allem auf der Psychologie und der Soziologie. Während sich die Soziologie der Erforschung des sozialen Zusammenlebens der Menschen widmet, befasst sich die **Psychologie** mit dem Verhalten und den mentalen Prozessen von Menschen. „*Verhalten* ist alles, was ein Organismus macht – jede Handlung, die wir beobachten und registrieren können. [...] *Mentale Prozesse* sind innere subjektive Erfahrungen, die wir aus dem Verhalten erschließen."[683] Von besonderem Interesse ist dabei das Verhalten, welches beobachtbar und messbar ist. Aber auch die mentalen Prozesse (Gedanken, Gefühle, Überzeugungen, Imagination usw.) können relevant sein, wenn sie beobachtbar oder ableitbar sind.[684]

Werden die Verhaltenswissenschaften konsequent in die Betriebswirtschaftslehre integriert, so könne nach *Schanz* „von einer verhaltenstheoretischen BWL im Sinne eines Wissenschaftsprogramms gesprochen werden, das sich von anderen Konzeptionen erkennbar abhebt."[685] Sein zentrales Merkmal ist der **methodologische Individualismus**. Darunter versteht man eine Analysemethode (nicht eine Werthaltung von Menschen!), welcher der Leitgedanke zugrunde liegt, dass Individuen und deren Verhalten erforscht werden müssen, um komplexe soziale Gebilde und Prozesse verstehen und erklären zu können.[686] Insofern bildet der methodologische Individualismus auch die Grundlage und Voraussetzung des sozialwissenschaftlichen Ansatzes. Denn erst wenn realistische Annahmen über das Verhalten von Wirtschaftssubjekten getroffen werden, gewinnen auch die entscheidungsorientierten (*Heinen*) und systemorientierten (*Ulrich*) Konzepte an Gehalt.[687]

Seinen betriebswirtschaftlichen Ursprung hat der verhaltenswissenschaftliche Ansatz in der angelsächsischen Organisations- und Manage-

---

682 Vgl. G. Schanz: Verhaltenswissenschaften und Betriebswirtschaftslehre, in: Handwörterbuch der Betriebswirtschaft, Bd. 3, 5. Aufl., Stuttgart 1993, Sp. 4522.
683 D. G. Myers: Psychologie, 4. Aufl., Berlin/Heidelberg 2023, S. 11.
684 Vgl. Brockhaus Psychologie (2001), S. 655.
685 Schanz (1993), Sp. 4522.
686 Vgl. Schanz (2014), S. 115.
687 Vgl. Meffert (2002), S. 143.

mentlehre. Er geht zurück auf die Forschungsarbeiten von **Herbert A. Simon**, *James March* und *Richard Cyert* in den 1950er- und 1960er-Jahren. Erst einige Jahre später fanden die Verhaltenswissenschaften Eingang in die deutsche Betriebswirtschaftslehre.[688]

> *Herbert A. Simon* (1916–2001) erhielt 1978 den Wirtschaftsnobelpreis für „seine bahnbrechende Erforschung der Entscheidungsprozesse in Wirtschaftsorganisationen". Nach *Simon* strebe der Mensch bei seinen Entscheidungen nicht nach dem ökonomischen Optimum, sondern nach Befriedigung seiner Bedürfnisse. Dies gelte auch für Unternehmen. Dort seien aufgrund der widerstreitenden persönlichen rationalen und emotionalen Ziele der Menschen nicht „die besten Lösungen", sondern lediglich „zufriedenstellende" zu erreichen.

Abb. 10.6: Herbert A. Simon. | [65]

Grundsätzlich können in der Betriebswirtschaftslehre die Verhaltenswissenschaften (*Behavioral Economics*) überall dort (als Hilfswissenschaften) zum Einsatz kommen, wo das menschliche Verhalten im Zentrum steht. Dies ist vor allem der Fall auf den Gebieten der **Organisation** (z. B. Märkte, Arbeitsteilung, Unternehmensbereiche und -abteilungen), des **Personalmanagements** (z. B. Lohn- und Gehaltssysteme, Formen der Arbeitsgestaltung wie Jobrotation, Jobenlargement, Jobenrichment usw.) sowie des **Marketings**, hier insbesondere bei der Untersuchung des Konsumenten- bzw. Käuferverhaltens. *Philip Kotler*, der „Vater des modernen Marketings", stellte diesbezüglich fest: „The best thing to happen was the growing interest in behavioral economics. This is recognition that a large part of decision making is emotional."[689] Aber auch in der **Finanzwirtschaft** hat unter dem Label *Behavioral Finance* das verhaltenswissenschaftliche Denken Einzug gehalten, beispielsweise bei der Analyse, wie Finanzakteure Entscheidungen treffen. Den Marktteilnehmern wird dabei kein bestimmtes

688 Vgl. Meffert (2002), S. 143.
689 Philip Kotler in einem persönlichen Brief an L. W. vom 11. Mai 2021.

Verhaltensmuster unterstellt (z. B. *Homo oeconomicus*), sondern es werden hier vielmehr die Schwächen und kognitiven Grenzen in den Mittelpunkt gerückt, wie z. B. Informationsasymmetrien zwischen den Marktakteuren.

Im Marketing ist der verhaltenswissenschaftliche Ansatz in Deutschland untrennbar mit *Werner Kroeber-Riel* (1934–1995) verbunden. Er gilt als Pionier und prominentester deutscher Vertreter der neobehavioristischen Konsumforschung. Er ging davon aus, dass Konsumenten sich bei ihren Kaufentscheidungen von vielfältigen, oft unbewussten und irrationalen Impulsen leiten lassen. Während seine amerikanischen Fachkollegen sich zur damaligen Zeit fast ausschließlich darauf konzentrierten, affektive Prozesse aus einer kognitiven Perspektive zu analysieren, um den Einfluss von Emotionen auf die Entscheidungsfindung zu untersuchen, widmete sich *Kroeber-Riel* schon in den 1970er-Jahren den biologischen Wurzeln von Emotionen. Dazu baute er als einer der ersten Forscher ein eigenes Labor auf, um die psychophysiologischen Reaktionen von Konsumenten mit entsprechenden Verfahren zu messen.[690]

Abb. 10.7: Werner Kroeber-Riel. | [66]

Auf dem Gebiet der experimentellen Erforschung des Konsumentenverhaltens und der Werbepsychologie erbrachte *Kroeber-Riel* herausragende Leistungen: Er „entwickelte die Konsumentenforschung zu einem selbständigen, interdisziplinär ausgerichteten Teilbereich der Betriebswirtschaftslehre, insbesondere des Marketing."[691] Einen wichtigen Beitrag hierzu leistete das im Jahr 1969 an der Universität des Saarlandes von *Kroeber-Riel* gegründete und geleitete **Institut für Konsum- und Verhaltensforschung**.

*Kroeber-Riels* Forschungsergebnisse flossen in sein 1975 in erster Auflage erschienenes Lehrbuch „Konsumentenverhalten" ein.[692] Darin nimmt er fol-

690 Vgl. A. Gröppel-Klein: Geschichte der BWL – Die Konsumentenverhaltensforschung in Marketing und Betriebswirtschaftslehre, in: Ideengeschichte der BWL II, hrsg. von W. Matiaske und D. Sadowski, Wiesbaden 2022, S. 201.

691 Meffert (2002), S. 144.

692 W. Kroeber-Riel/A. Gröppel-Klein: Konsumentenverhalten, 11. Aufl., München: Vahlen 2019.

gende Einteilung vor: Zunächst unterscheidet er zwischen den psychischen Determinanten sowie den Umweltdeterminanten des Konsumentenverhaltens. Zu den **psychischen Determinanten** des Konsumentenverhaltens zählen

- aktivierende Prozesse: Emotion, Motivation, Einstellung
- kognitive Prozesse: Aufnahme, Verarbeitung und Lernen von Informationen
- Entscheidungsverhalten: Zusammenwirken von aktivierenden und kognitiven Prozessen, Entscheidungsverhalten bei starker kognitiver Kontrolle (z. B. bei sehr teuren Gütern), Entscheidungsverhalten bei geringer kognitiver Kontrolle (z. B. habitualisiertes Kaufverhalten, Impulskäufe).

Zu den **Umweltdeterminanten** des Konsumentenverhaltens zählen

- die Erfahrungsumwelt des Konsumenten (die direkte physische und soziale Umwelt) und
- die Medienumwelt (Werbung, Kommunikation).

*Kroeber-Riel* lag sehr viel daran, seine Forschungsergebnisse auch für den Verbraucherschutz einzusetzen, von dessen Notwendigkeit er überzeugt war. Mittels verhaltenswissenschaftlicher Sozialtechniken wollte er zur Stärkung der Konsumentenposition beitragen und die Verbraucher vor betrügerischen Machenschaften schützen.[693]

Etwa zeitgleich als *Kroeber-Riel* sein Institut gründete, trat *Heribert Meffert* (*1937) in Münster seine Professur an. *Meffert* war der erste Inhaber eines Marketinglehrstuhls in Deutschland und zählt ebenfalls zu den Vertretern eines verhaltenswissenschaftlichen Ansatzes im Marketing. Sein 1977 erstmals erschienenes Lehrbuch „Marketing“, das damals noch den Untertitel „Einführung in die Absatzpolitik“ trug, gehört, ebenso wie das von *Kroeber-Riel*, seit fast einem halben Jahrhundert zu den Standardwerken der deutschsprachigen Marketingliteratur. Die Erklärungsansätze in der Konsumentenverhaltensforschung erläutert *Meffert* in einer neueren Auflage seines Lehrbuchs wie folgt:

---

Nach dem Tod von *Kroeber-Riel* im Jahre 1995 wurde das Werk zunächst von *Peter Weinberg* (ab der 6. Aufl.) und dann von *Andrea Gröppel-Klein* (ab der 8. Aufl.) fortgeführt.

693 Vgl. Gröppel-Klein (2022), S. 199.

„Zur **Erklärung des Verhaltens von Nachfragern** existiert eine Fülle von Modellen und Theorien [...]. Stark vereinfacht können behavioristische, neobehavioristische und kognitive Forschungsansätze des Käuferverhaltens unterschieden werden [→ Abb. 10.8].

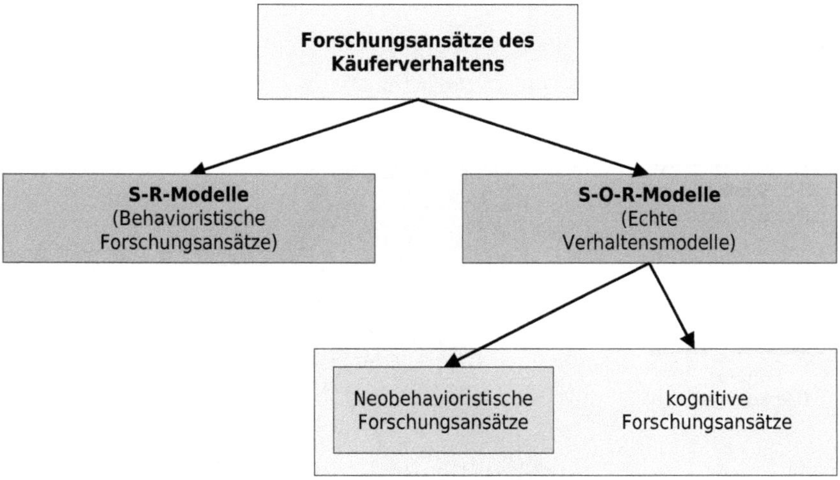


Abb. 10.8: Forschungsansätze des Käuferverhaltens. | [67]

**Behavioristische Erklärungsansätze** lassen für ihre Analysen nur beobachtbare und messbare Variablen des Käuferverhaltens zu. Vertreter dieser Ansätze gehen davon aus, dass psychische Prozesse des Nachfragers nicht beobachtbar sind und daher nicht Gegenstand der Untersuchungen sein sollten. In diesem Zusammenhang wird häufig auch von **Black-Box-Modellen oder S-R-Modellen** gesprochen. Das Verhalten des Menschen wird als Reaktion (R – Response) auf beobachtbare Stimuli (S) interpretiert. Zu den Stimuli zählen alle Sinnesreize und damit auch alle auf den Nachfrager ausgerichteten Marketingaktivitäten. So kann bspw. die attraktive Gestaltung einer Produktverpackung (Stimulus) zu einem Impulskauf (Reaktion) führen. Unbeachtet bleiben dabei nicht-beobachtbare Prozesse, die im Nachfrager vor und während des Kaufes wirksam werden.

**Neobehavioristische Erklärungsansätze** arbeiten mit sog. „intervenierenden Variablen" [→ Abb. 10.9]. Neben beobachtbaren und messbaren Variablen werden auch solche zugelassen, die nur indirekt über Indikatoren empirisch erfasst werden können. So wird versucht, die im Organismus (O) ablaufenden, nicht beobachtbaren Vorgänge zur Erklärung menschlichen Verhaltens heranzuziehen. Folglich werden diese Modelle als **„echte Verhaltensmodelle" (Stimulus-Organism-Response/S-O-R-Modelle)** bezeichnet. So kann bspw. die Wirkung einer Werbeanzeige (Stimulus) durch die Einstellung, die ein Nachfrager (Organismus) einem beworbenen Produkt entgegenbringt, positiv oder negativ verstärkt werden und dazu führen, dass er dieses kauft oder nicht kauft (Response).

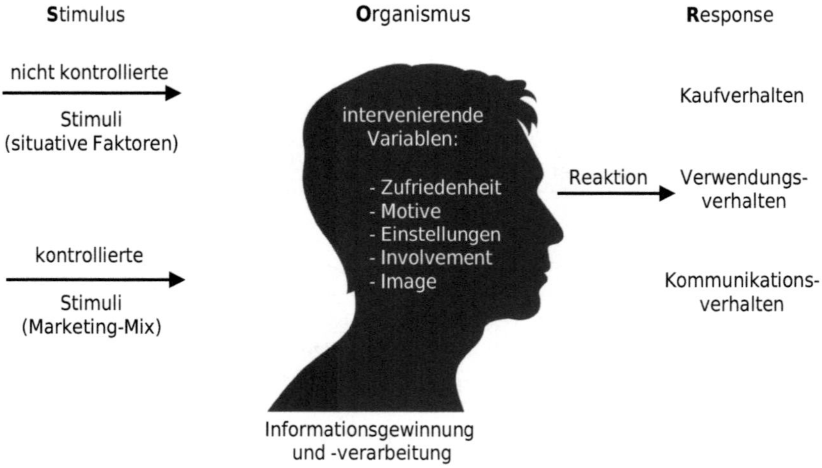


Abb. 10.9: S-O-R-Paradigma der Käuferverhaltensforschung. | [68]

Neobehavioristische Ansätze unterstellen, dass die „intervenierenden Variablen wie Schaltelemente die eingehenden Stimuli in einer bestimmten Weise verändern" (Behrens). Diese Annahme wird den differenzierten Informationsverarbeitungsprozessen beim Käufer nur bedingt gerecht. Zwar finden die Konstrukte Aktiviertheit, Involvement, **Emotionen**, Motive und Einstellungen Beachtung, nicht jedoch die kognitiven Prozesse. Dies hat zur Entwicklung kognitiver Erklärungsansätze geführt, die aktivierende, emotionale, motivationale und kognitive Prozesse gleichermaßen berücksichtigen.

Die **kognitiven Erklärungsansätze** betrachten zusätzlich zu den genannten Konstrukten Informationsverarbeitungsprozesse im Lang- und Kurzzeitgedächtnis und damit die Variablen „Lernen", „Denken" und „Wissen". [...] Ein Beispiel zur Veranschaulichung der kognitiven Erklärungsansätze stellt das neue Auto des Nachbarn (Stimulus) von Nachfrager A dar, der sich dadurch veranlasst sieht, sich ebenfalls einen Neuwagen anschaffen zu wollen. Bei der Suche wird sich Nachfrager A aufgrund des hohen Preises von Neuwagen i. d. R.

> genau überlegen, welches Fahrzeuge mit welcher Ausstattung in die engere Wahl zu ziehen sind. Dabei wird er auf vorhandenes Wissen (z. B. Erfahrungen mit einer bestimmten Automarke) zurückgreifen. Eine Entscheidung wird Nachfrager A i. d. R. erst nach einem relativ langen Kaufentscheidungsprozess treffen, der gleichermaßen durch affektiv-gefühlsmäßige (bspw. bei der Wahl der Sitzfarbe) und kognitiv-rationale Bestandteile (bspw. bei der Wahl des Motors) gekennzeichnet ist.“[694]

Neben *Kroeber-Riel* und *Meffert* gab es noch viele weitere Marketingwissenschaftler, die sich des verhaltensorientierten Ansatzes bedienten, wie beispielsweise *Erwin Dichtl*, *Hermann Diller*, *Lothar Müller-Hagedorn* und die akademischen Schüler von *Kroeber-Riel*, insbesondere *Peter Weinberg*, *Volker Trommsdorff* und *Gerold Behrens*.

Diesen Wegbereitern des verhaltenswissenschaftlich orientierten Marketings standen aber auch nicht wenige Betriebswirte gegenüber, die einen interdisziplinären Ansatz bzw. eine Öffnung der BWL zur Psychologie entschieden ablehnten. Vor allem die Vertreter eines sogenannten **ökonomischen Basiskonzepts** forderten, dass sich die Betriebswirtschaftslehre auf die wirtschaftlichen Aspekte zu konzentrieren habe. So forderte *Erich Schäfer*, dass sich das Fach als streng ökonomische Disziplin verstehen und sich auf ihre spezifischen Fragestellungen und identitätsstiftende Sichtweisen beschränken sollte. Hierzu zählt er vor allem das Denken in den Kategorien: Aufwand und Ertrag, Wirtschaftlichkeit, Rentabilität und Liquidität sowie das marktorientierte Denken.[695] Seinen Fachkollegen, die sich für eine interdisziplinäre Zusammenarbeit mit den Nachbardisziplinen und eine Öffnung der Betriebswirtschaftslehre stark machten, hielt er spöttisch entgegen:

> „Wem die Geduld fehlt (und vielleicht auch die Selbstbescheidung), die Forschungsarbeit reifen zu lassen, der wird immer wieder nach ‚Neuausrichtung‘ des Faches rufen, sich an neuen Schlagworten berauschen und nach allen Seiten blicken, um besondere ‚Erfolgschancen‘ ausfindig zu machen. Man tritt als Künder neuer grundlegender Ideen auf, ohne ernsthafte Arbeit auf dem gepriesenen Betätigungsfelde zu leisten und richtet so per Saldo mit der Neuausrichtung

694 H. Meffert et al.: Marketing – Grundlagen marktorientierter Unternehmensführung, 13. Aufl., Wiesbaden 2019, S. 90f.

695 Vgl. E. Schäfer: Über einige Grundfragen der Betriebswirtschaftslehre, in: Zeitschrift für Betriebswirtschaft , Jg. 20, 1950, S. 556f.

herzlich wenig aus – es sei denn, daß man sich um das Fach bei wirklichen Fachleuten des usurpierten Gebietes lächerlich macht und so an dem Ast sägt, auf dem man selbst sitzt."[696]

Als *Schäfer* diese Worte 1952, zur Zeit des Wirtschaftswunders, geschrieben hat, konnte (oder wollte) niemand ahnen, dass gerade an einem ganz anderen „Ast gesägt" wird, und auch noch nicht absehen, dass die Erfordernis eines wirtschaftlichen Umdenkens – auch oder gerade in der Betriebswirtschaftslehre – für nachfolgende Generationen existenziell sein wird.

## 10.6 Der ökologische Ansatz

Abb. 10.10: Titelseite des Berichts des Club of Rome | [69]

Nachdem im Jahre 1972 eine im Auftrag des **Club of Rome** beauftragte Gruppe von MIT-Wissenschaftlern (*D. Meadows* et al.) die Ergebnisse ihrer Untersuchung unter dem Titel **„Die Grenzen des Wachstums"** (*The Limits to Growth*) publiziert hatte (→ Abb. 10.10), wurde der breiten Öffentlichkeit klar, dass wir auf eine Umweltkrise zusteuern, wenn sich unser ökologisches Handeln und unsere Art zu wirtschaften nicht grundlegend ändern. „Der Bericht wirkte katalytisch und wurde zum Meilenstein für die Nachhaltigkeitsbewegung: Zum ersten Mal traten das Verstehen ökologischer Zusammenhänge und die Wechselwirkungen zwischen Mensch und Umwelt in ein breiteres öffentliches Bewusstsein."[697]

Warum hat es so viele Jahre gedauert, bis sich diese Erkenntnis auch in der Betriebswirtschaftslehre durchgesetzt hat? Nach *Schanz* seien in der Wirtschaftswissenschaft die **Klassiker** (*Smith, Ricardo*) noch durchaus von einem Naturbezug allen Wirtschaftens ausgegangen. Ergänzend sei hierzu angemerkt, dass dies auch später im 19. Jahrhundert zumindest noch auf *Marx* und *Engels* zutrifft. Sie haben

696 E. Schäfer: Selbstliquidation der Betriebswirtschaftslehre?, in: ZfB, Jg. 22 (1952), S. 611f.
697 Deutsche Gesellschaft *Club of Rome*: https://clubofrome.de/historie/ (aufgerufen am 17.11.2023).

nicht nur das Spannungsverhältnis von Ökonomie und Ökologie erkannt, sondern sie verfügten auch über ein hohes ökologisches Bewusstsein.[698] Für die „Zerstörung der Wälder“ und den „Ruin des Bodens“ machte *Marx* vor allem das Privateigentum verantwortlich. Und *Engels* prophezeite in pessimistischem Ton: „Schmeicheln wir uns indes nicht zu sehr mit unsern menschlichen Siegen über die Natur. Für jeden solchen Sieg rächt sie sich an uns.“[699] Im „Kapital“ mahnt *Marx*, dass die Natur allen Menschen gehöre: „Selbst eine ganze Gesellschaft, eine Nation, ja alle gleichzeitigen Gesellschaften zusammengenommen, sind nicht Eigentümer der Erde. Sie sind nur ihre Besitzer, ihre Nutznießer, und haben sie […] den nachfolgenden Generationen verbessert zu hinterlassen.“[700]

Der Bruch zwischen Ökonomie und Ökologie habe sich, wie *Schanz* dann weiter ausführt, erst im Zuge der Industrialisierung und der Art ihrer wissenschaftlichen Behandlung vor allem durch die **Neoklassiker** vollzogen. In ihren Modellen wurden ökologische Probleme wegabstrahiert; nicht zuletzt auch, weil die natürliche Umwelt als **„freies Gut“** betrachtet wurde. Mit der Übernahme des neoklassischen Denkstils in die Betriebswirtschaftslehre durch *Gutenberg* wurde diese Naturferne des Wirtschaftens auch in sein System der produktiven Faktoren übernommen.[701] Auch *Freimann* sieht in der (neoklassischen) Betrachtungsweise, dass die Natur ein *freies Gut* sei, einen „Grund für den distanzierten Umgang vieler Betriebswirte mit der Umweltproblematik“, denn

> „Umweltprobleme sind nicht im engeren Sinne ökonomische Probleme. Solange Umweltverzehr keinen Preis hat, der ihm in der überwiegenden Zahl der Fälle nur durch staatliche Gebühren bzw. Strafandrohungen zugemessen werden kann, ist er in betriebswirtschaftlichen Kostenüberlegungen unbekannt. Dann aber braucht er von einer Betriebswirtschaftslehre, die ihren Gegenstandsbereich auf die finanziellen Aspekte der Unternehmenstätigkeit beschränkt sieht, nicht thematisiert zu werden.“[702]

---

698 Vgl. C. Henning: Marx und die Folgen. Stuttgart 2017, S. 108.

699 F. Engels: Dialektik der Natur. In: Marx/Engels Werke (MEW), Bd. 20, Berlin (Ost): Dietz, S. 452 f.

700 K. Marx: Das Kapital, Bd. 3, In: Marx/Engels Werke (MEW), Bd. 25, Berlin (Ost): Dietz, S. 784.

701 Vgl. Schanz (2014), S. 88f.

702 J. Freimann: Betriebliche Umweltpolitik, Bern/Stuttgart/Wien 1996, S. 267.

Einen weiteren Grund sieht *Freimann* darin, dass die **Unternehmen** selbst sich lange Zeit **defensiv** zu den Umweltproblemen verhalten haben: „Sie haben zwar durch ihre wirtschaftlichen Aktivitäten [...] zur Entstehung und Verschärfung von Umweltbelastungen und -zerstörungen beigetragen, deren Regulierung jedoch als originäre Aufgabe des Staates bzw. der Allgemeinheit angesehen. Von Einzelfällen abgesehen, entstand eine eigenständige betriebliche Umweltpolitik [...] erst in der zweiten Hälfte der 80er-Jahre."[703]

Bereits Ende der 1970er- bzw. Anfang der 1980er-Jahre legten einige junge Nachwuchswissenschaftler Untersuchungen zur betrieblichen Umweltproblematik vor, diese blieben jedoch im betriebswirtschaftlichen Diskurs weitgehend unbeachtet. Zu diesen **Pionieren** der ökologisch orientierten Betriebswirtschaftslehre zählen insbesondere *Hans Raffée, Heinz Strebel, Edgar Stoll, Reinhard Pfriem* und *Jürgen Freimann.*[704] Im wissenschaftlichen Bereich „platzte der Knoten" erst im Jahr 1988, als fast zeitgleich drei betriebswirtschaftliche Monographien bzw. Lehrbücher publiziert wurden:[705]

- *Manfred Schreiner:*
  Umweltmanagement in 22 Lektionen, Wiesbaden: Gabler 1988.
- *Eberhard Seidel/Heiner Menn:*
  Ökologisch orientierte Betriebswirtschaft, Stuttgart: Kohlhammer 1988.
- *Ulrich Steger:*
  Umweltmanagement, Frankfurt/Wiesbaden: FAZ/Gabler 1988.

Kurze Zeit später, mit der Gründung einer wissenschaftlichen Kommission „Umweltwissenschaft" im Verband der Hochschullehrer für Betriebswirtschaft (VHB) im Jahre 1990, gelang es dann, die betriebswirtschaftliche Behandlung ökologischer Fragen im „Mainstream" **diskussionsfähig** zu machen. Danach fand das Thema dann auch breiten Niederschlag in den betriebswirtschaftlichen Fachzeitschriften. Zwischen 1980 und 2000 wurden insgesamt 51 einschlägige Aufsätze in den führenden Journalen (DBW, ZfB und ZfbF) veröffentlicht. Bemerkenswert ist die Entwicklung an den wirtschaftswissenschaftlichen Fakultäten. Laut Freimann ist es maßgeblich der Studentenschaft zu verdanken, dass etablierte Forscher sich in ihren

703 Freimann (1996), S. 267.

704 Vgl. J. Freimann: Der Bock als Gärtner – Vom Wachsen und Werden der ökologisch orientierten Betriebswirtschaftslehre, in: Ideengeschichte der BWL II, hrsg. von W. Matiaske/D. Sadowski, Wiesbaden 2022, S. 325.

705 Vgl. Freimann (1996), S. 266.

Fachgebieten ökologischen Fragestellungen zuwandten. Und auch die Errichtung einschlägiger Lehrstühle sei, wie Freimann schreibt, auf Betreiben der Studenten erfolgt.[706]

Etwa seit den 2000er-Jahren hat eine **Ausweitung** stattgefunden. Das betriebliche Umweltmanagement bzw. der ökologische Ansatz wurde mehr und mehr zurückgedrängt zugunsten des umfassenderen Nachhaltigkeitsansatzes bzw. eines Nachhaltigkeitsmanagements. So hat z. B. auch der VHB im Jahr 2008 den Begriff der Umweltwissenschaft bzw. umweltorientierten BWL ersetzt durch den Begriff des Nachhaltigkeitsmanagements. Zeitgleich wurde die Wissenschaftliche Kommission „Umweltwissenschaft" umbenannt in „Nachhaltigkeitsmanagement (NAMA)". Diese Umbenennung trägt der Tatsache Rechnung, dass eine inhaltliche Erweiterung stattgefunden hat zu einem **„Drei-Säulen-Modell"**, in dem Ökologie, Ökonomie und Soziales drei gleichberechtigte Nachhaltigkeitsdimensionen darstellen.[707]

Für die **zukünftige** Entwicklung plädiert Freimann für „eine Rückbesinnung auf die konzeptionellen Wurzeln des Fachs" im Sinne Eugen Schmalenbachs, d. h. eine anwendungsbezogene Wissenschaft, eine „Kunstlehre", in der die Wirtschaftlichkeit Vorrang hat vor dem privaten Profit:

> „Vor dem Hintergrund der gravierenden ökologischen Probleme der Gegenwart – vom Klimawandel über die Ressourcenverschwendung und das Artensterben bis zur Vergiftung der Weltmeere – ist es meines Erachtens an der Zeit, in Schmalenbachscher Tradition nach Wegen zu suchen, wie die ‚Gesundheit des wirtschaftlichen Körpers' wiederhergestellt und dauerhaft gesichert werden kann. Dazu wäre es heute notwendig ‚über Geld hinaus' zu denken und zu handeln. Nicht die Beförderung des monetären Wohlergehens eines Unternehmens oder seiner Eigentümer wäre dann das Anliegen der BWL, sondern die Beförderung seines Beitrags zum gesellschaftlichen Wohlergehen im Sinne einer Bewahrung der natürlichen Lebensgrundlagen für alle. […]
> Inhaltlich bedeutet das, unabhängig von den Eigentumsverhältnissen die von der Unternehmenstätigkeit berührten Bestände an wirtschaftlichem, sozialem und naturalem Kapital mindestens zu bewahren, möglichst zu vermehren und so das kaufmännische Substanzerhaltungsdenken auf den gesamten Kapitalstock und den Produktlebenszyklus zu erweitern, vor allem durch:

706 Vgl. Freimann (2022), S. 326.
707 Vgl. Freimann (2022), S. 337.

- die Optimierung der bestehenden Strukturen und Prozesse im Hinblick auf die Ausschöpfung der vorhandenen Effizienzpotenziale,
- die Reduktion der ökologischen und sozialen Risiken der derzeit genutzten Technologien oder der Verzicht auf ihre Nutzung,
- die weitestmögliche Schließung der vom Menschen initiierten Stoffkreisläufe im Sinne einer Industrial Ecology
- sowie die absolute Reduktion der Ressourcenverbräuche und Schadstoffeinträge auf ein langfristig global tragfähiges Maß."[708]

Während sich die Arbeitsorientierte Einzelwirtschaftslehre, der verhaltenswissenschaftliche Ansatz und der ökologische Ansatz von Beginn an mehr oder weniger starker Kritik von den Vertretern eines streng wirtschaftlichen Verständnisses ausgesetzt sahen, wurde die *Neue Institutionenökonomik* von vielen Fachvertretern „mit offenen Armen empfangen".

## 10.7 Neue Institutionenökonomik

Die Neue Institutionenökonomik (NIÖ) ist ein aus den USA übernommenes Wissenschaftsprogramm. Das Fundament dieses Theoriegebäudes liegt in der neoklassischen Mikroökonomie. Im Zentrum steht das **ökonomische Organisationsproblem**.

Der Begriff **„Institution"** (von lat. *institutio* = Einrichtung) wird uneinheitlich definiert. In der Soziologie bezeichnet er in einem grundlegenden Sinne „jegliche Form bewusst gestalteter oder ungeplant entstandener stabiler, dauerhafter Muster menschlicher Beziehungen, die in einer Gesellschaft erzwungen oder durch die allseits als legitim geltenden Ordnungsvorstellungen getragen und tatsächlich ‚gelebt' werden."[709] **Beispiele** für Institutionen sind: Menschenrechte, Kultur, Bräuche, Verfassungen, Gesetze, Eigentum, Geld, Verträge.

Schon die **Klassiker** der Ökonomie (z. B. *Adam Smith*) hatten die Bedeutung der Institutionen für das Wirtschaftsleben erkannt und in ihre Überlegungen mit einbezogen. Die **Neoklassiker** (*Carl Menger, William Stanley Jevons, Léon Walras*) hingegen berücksichtigten später die Institutionen nicht mehr, während für deren Widersacher, die Vertreter der (jüngeren) *Historischen Schule*, die Institutionen sehr wohl eine bedeutende Rolle

708 Freimann (2022), S. 342.

709 K.-H. Hillmann: Wörterbuch der Soziologie, 5. Aufl., Stuttgart 2007, S. 381.

spielten. So kritisierte deren Hauptvertreter *Gustav Schmoller* (1838–1917), dass bei der Analyse und Erklärung der Wirtschaft die Untersuchung des „socialen Körpers", der aus historisch nachweisbaren Institutionen bestehe, nicht unberücksichtigt bleiben dürfe. Unter einer „Institution" versteht *Schmoller* eine

> „[...] bestimmten Zwecken dienende [...] Ordnung des Gemeinschaftslebens, welche das feste Gefäß für das Handeln von Generationen, oft von Jahrhunderten und Jahrtausenden abgiebt: das Eigentum, die Sklaverei, die Leibeigenschaft, die Ehe, die Vormundschaft, das Marktwesen, das Münzwesen, die Gewerbefreiheit, das sind Beispiele von Institutionen. Es handelt sich bei jeder Institution um eine Summe von Gewohnheiten und Regeln der Moral, der Sitte und des Rechtes, die einen gemeinsamen Mittelpunkt oder Zweck haben, unter sich zusammenhängen, ein System bilden, eine gemeinsame praktische und theoretische Ausbildung empfangen haben, festgewurzelt im Gemeinschaftsleben [...]."[710]

Neben der Historischen Schule haben später auch die „Österreichische Schule", die „Freiburger Schule" und der amerikanische Institutionalismus die Bedeutung von Institutionen in ihre Untersuchungen einbezogen. Vor allem der amerikanische Institutionalismus, als dessen „Gründerväter" *Joseph Schumpeter, Thorstein Veblen* und *John Rogers Commons* gelten, wurde stark von der *Jüngeren Historischen Schule* beeinflusst.[711] Alle diese genannten Richtungen, die zumeist deskriptiv ausgerichtet waren, werden als **Alte Institutionenökonomik** bezeichnet.

Die Neue Institutionenökonomik hingegen geht analytisch-erklärend vor und stützt sich auf mathematische Modelle, wodurch sie sich methodisch der Neoklassik annähert.[712] Während bei der Neoklassik die Güter und Produktionsfaktoren den wirtschaftlichen Ansatzpunkt bildeten rücken bei der NIÖ die Eigentumsverhältnisse in den Mittelpunkt. Diesbezüglich haben sich (mindestens) drei Ansätze herausgebildet, sodass unter der Bezeichnung **Neue Institutionenökonomik** drei sich überlappende Theoriegebiete zusammengefasst werden:

---

710 G. Schmoller: Grundriss der Allgemeinen Volkswirtschaftslehre, Erster Teil, 1.–3. Auflage, Leipzig: Duncker & Humblot 1900, S. 61.

711 Vgl. M. Bardmann: Grundlagen der Allgemeinen Betriebswirtschaftslehre, 3. Aufl., Wiesbaden 2019, S. 3

712 Vgl. A. Picot/S. Schuller: Institutionenökonomie, in: Handelsblatt Wirtschaftslexikon, Bd. 5, Stuttgart 2006, S. 2538.

- Die **Theorie der Verfügungsrechte** (Property-Rights-Theorie) geht hauptsächlich auf *Coase* zurück. Wirtschaftliche Transaktionen (z. B. Kauf, Miete, Arbeitsverhältnis) werden als Tausch von Verfügungsrechten betrachtet. Im Zentrum steht dabei der Einfluss rechtlicher Regelungen oder Bedingungen auf das Verhalten von Wirtschaftssubjekten. Es wird danach gefragt, ob und wie die Verteilung von Verfügungsrechten das Verhalten der Wirtschaftssubjekte beeinflusst.
- Die **Transaktionskostentheorie** findet in der Betriebswirtschaftslehre seit etwa Mitte der 1980er-Jahre große Aufmerksamkeit. Sie untersucht die institutionelle Gestaltung von Leistungsbeziehungen auf innerbetrieblicher und zwischenbetrieblicher Ebene (z. B. optimale Fertigungstiefe, Eigenerstellung, Outsourcing, Kooperationsformen; siehe auch das Beispiel unten). Dieser Ansatz geht davon aus, dass sich das Wirtschaften in den Kategorien von Verträgen und Vereinbarungen vollziehe. Für deren Anbahnung, Gestaltung, Einhaltung und Anpassung entstehen sogenannte Transaktionskosten (z. B. Such-, Informations-, Motivations- und Kontrollkosten). Bei der Koordination ökonomischer Aktivitäten wird eine Minimierung der Transaktionskosten angestrebt. Ein großes Problem besteht allerdings darin, dass diese Kosten schlecht quantitativ messbar und prognostizierbar sind. Sie lassen sich nur bedingt verursachungsgerecht zurechnen und haben den Charakter von Gemeinkosten. „Einzelne Wissenschaftler und Praktiker behaupten sogar, dass Transaktionskosten gar nicht berechenbar seien."[713]
- Die **Principal-Agent-Theorie** (Agency-Theorie) untersucht die Beziehung zwischen Principal (Auftraggeber) und Agent (Auftragnehmer). Konkret kann es sich dabei um die Delegationsbeziehung zwischen z. B. Eigentümern und Managern, Aufsichtsrat und Vorstand, Vorgesetzten und untergebenen Mitarbeitern, Kunden und Lieferanten handeln. Dabei wird davon ausgegangen, dass diese Beziehungen zumeist durch **asymmetrische Informationsverteilungen (Informationsasymmetrien)** gekennzeichnet sind, und zwar aufgrund von sogenannten *hidden characteristics* (dem Prinzipal nicht bekannte Eigenschaften des Agenten), *hidden actions* (dem Prinzipal verborgen gebliebene Handlungen des Agenten) sowie *hidden intentions* (vom Prinzipal nicht erkennbare bzw. abzuschätzende Absichten des Agenten). Der Prinzipal

713 M. Schweitzer: Transaktionskostentheorie, in: BWL-Lexikon, hrsg. von F. Bea/R. Helm/M. Schweitzer, Stuttgart 2009, S. 379–380 (hier: S. 380).

erwartet generell, dass der Agent seine Vorteile (bestimmte Qualifikationen, Wissen usw.) im Interesse des Prinzipals nutzt. Es besteht jedoch das Risiko, dass der Agent die durch die Unwissenheit bzw. das Informationsdefizit des Prinzipals bestehenden Handlungsspielräume ausnutzt und seine eigenen Ziele verfolgt. Um dies zu verhindern, muss der Prinzipal Kontroll- bzw. Überwachungsmaßnahmen durchführen und/oder andere geeignete Vorkehrungen (Anreizsysteme, Leistung von Schadensersatz oder Rechenschaft) ergreifen, die verhindern sollen, dass der Agent den Prinzipal übervorteilt. Dadurch werden sogenannte Agency-Kosten verursacht.

Als Ausgangspunkt der NIÖ wird der 1937 veröffentlichte Aufsatz „The Nature of the Firm“ von *Ronald H. Coase* (1910–2013) betrachtet. Er wurde 1991 mit dem Wirtschaftsnobelpreis ausgezeichnet für „seine Entdeckung und Klärung der Bedeutung der sogenannten Transaktionskosten und der Verfügungsrechte für die institutionelle Struktur und das Funktionieren der Wirtschaft“ (*Coase-Theorem*). Zu den grundlegenden Fragestellungen, die *Coase* 1937 aufgeworfen hat, gehört z. B. die Frage, warum es überhaupt Unternehmen gibt. Etwa seit den 1960er-Jahren bildete die NIÖ sich als kritischer Gegenentwurf und zugleich als Weiterentwicklung zur Neoklassik heraus. Seit Mitte der **1980er**-Jahre machte sich der Einfluss der NIÖ auf die **Betriebswirtschaftslehre** bemerkbar, der sich dann in den 1990er-Jahren verstärkte und die Weiterentwicklung der Disziplin maßgeblich prägte.[714] Beispielsweise gilt *Arnold Picot* (1944–2017) „als einer der ersten“[715], der das Potenzial dieses Ansatzes für die Organisationslehre erkannte.

Die **Anwendungsfelder** der NIÖ in der Betriebswirtschaftslehre sind vielfältig: Sie kann (1) *institutionell* angewendet werden, d. h. im Hinblick auf die Unternehmen (z. B. „Warum gibt es Unternehmen?“); (2) in *funktioneller* Hinsicht, d. h. bezüglich einzelner betriebswirtschaftlicher Funktionen (z. B. Organisation, Personalmanagement, Marketing). Im Folgenden soll die *institutionelle* und die *funktionelle* Anwendung der NIÖ-Ansätze anhand von **Beispielen** veranschaulicht werden:

---

714 Vgl. Meffert (2002), S. 156.

715 A. Kieser: Geschichte der Organisationslehre, in: 100 Jahre Betriebswirtschaftslehre in Deutschland, hrsg. v. M. Lingenfelder, München 1999, S. 107–123 (hier: S. 116).

### Institutionelle Anwendung: Warum gibt es Handelsunternehmen?

Als Ausgangspunkt für die Frage nach der Existenz von Handelsunternehmen kann die Wertschöpfungskette genommen werden. Bevor ein Produkt zum Endverbraucher gelangt, durchläuft es mehrer Stufen: Angefangen bei der Rohstoffgewinnung, über die Weiterverarbeitung, die Produktion sowie schließlich die Distribution der Ware. Diese könnte direkt vom Hersteller an die Verbraucher verkauft werden. Möglich ist aber auch ein Vertrieb über den Handel. Dabei könnte der Hersteller die Ware entweder an den Einzelhandel liefern, es könnten aber auch noch ein oder zwei Großhandelsstufen zwischengeschaltet werden. Die zentrale Frage lautet nun: Ist eine direkte Güterverteilung (von allen Produzenten zu allen Konsumenten) oder eine indirekte Güterverteilung (über Handelsunternehmen) effizienter?

Eine Antwort fanden die Ökonomen *Baligh* und *Richartz*.[716] Ihnen ist es gelungen, die Vorteilhaftigkeit des Einschaltens mehrerer Großhandelsstufen (die viele Jahre lang häufig bestritten wurde) wissenschaftlich nachzuweisen. Damit lieferten sie einen wichtigen Beitrag zur Existenzbegründung von Handelsunternehmen. Die → Abb. 10.11 veranschaulicht, wie durch die Einschaltung eines Handelsunternehmens die Anzahl der Geschäftsbeziehungen verringert wird. Ohne den Handel (rechts) muss jeder der drei Produzenten (P) zu jedem der Konsumenten (K) einen Kontakt herstellen, also insgesamt 9 Kontakte. Durch die Einschaltung eines Händlers (links) verringern sich die Kontakte auf 6. Dies führt zur Kostensenkung und Ressourcenersparnis im Wirtschaftssystem.

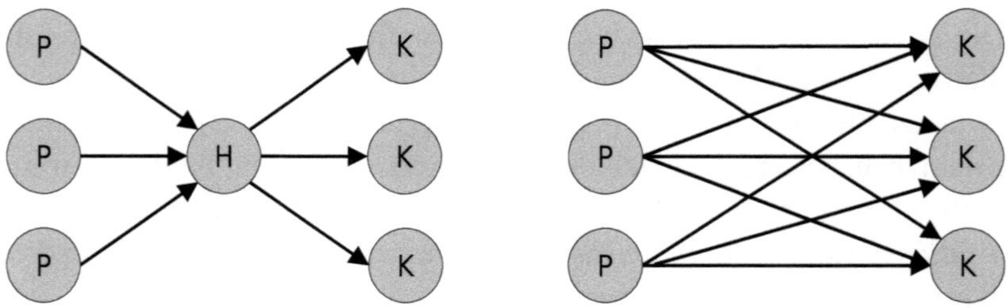


Abb. 10.11: Geschäftsbeziehungen mit Handel (links) und ohne Handel (rechts). | [70]

716 H. Baligh/L. Richartz: Vertical Market Structures, Boston: Allyn and Bacon 1967.

Neben diesem sog. **Baligh-Richartz-Effekt** gibt es noch weitere institutionenökonomische Analysen, mit denen die Vorteilhaftigkeit bzw. die Existenz von Handelsunternehmen belegt werden kann.

*Picot* ist davon überzeugt, dass die ökonomische Daseinsberechtigung von Handelsunternehmen – *Gümbel* bezeichnet sie sogar als „Transaktionskosten-Spezialisten"[717] – aus der Existenz von **Transaktionskosten** resultiert. Diese entstehen in verschiedenen Phasen des Handels, nämlich bei

- *der Anbahnung von Verträgen:*
  Kosten der Suche nach Vertragspartnern auf dem Beschaffungs- sowie Absatzmarkt (z. B. Kosten für Werbung, Messebesuche, Kosten für Kommunikation, Preisvergleiche, Prüfung der Warenqualität),
- *dem Abschluss von Verträgen:*
  Kosten der Vertragsverhandlungen, Rechtsberatung,
- *der Kontrolle und Durchsetzung von Vertragsleistungen:*
  Sie entstehen z. B. durch die Überwachung von Lieferterminen, Qualitäten, Mengen, Preisen und Kosten die mit der Durchsetzung der Forderungen verbunden sind,
- *den Kosten der Anpassung:*
  Sie entstehen, wenn sich nach den Vereinbarungen Änderungen ergeben oder Transaktionen modifiziert werden müssen (z. B. Veränderungen der Nachfrage, Gesetzesänderungen).[718]

Als Analysehilfe kommt in der NIÖ auch immer öfter die **Spieltheorie** zum Einsatz. Beispielsweise entwickelten *Betancourt* und *Gautschi* einen spieltheoretischen Ansatz unter besonderer Berücksichtigung von Preis und Service.[719] Sie interpretieren die Rolle des Handels wie folgt: Ein Händler bietet nicht nur Waren an, sondern auch Dienstleistungen (Service, umfangreiches Warensortiment, Lieferdienst usw.). Diese verursachen Kosten beim Händler, die er auf den Konsumenten abwälzt; andererseits tragen die Dienstleistungen dazu bei, die Kosten des Konsumenten zu senken. Hat z. B. ein Händler ein tiefes Sortiment, so wird dem Kunden bei Nichtverfügbarkeit eines Artikels eine Reihe von Kaufalternativen geboten. Die Breite eines Sortiments kann dazu beitragen, die Transport- und Zeitkosten des

---

717 R. Gümbel: Handel, Markt und Ökonomik, Wiesbaden 1985, S. 168.

718 Vgl. A. Picot: Transaktionskosten im Handel, in: Betriebsberater, Beilage 13 zu Heft 27/1986, S. 3.

719 R. Betancourt/D. Gautschi: Distribution Services and Economic Power in a Channel, in: Journal of Retailing, Jg. 74, H. 1, 1998, S. 37–60.

Konsumenten zu reduzieren. *Betancourt* und *Gautschi* kommen zu folgendem Ergebnis: Solange der Kostenanstieg beim Händler geringer ausfällt als die Kostenreduktion beim Konsumenten, ist die Kostenumschichtung insgesamt vorteilhaft. Dieser Ansatz ist nicht nur in der Lage, die grundsätzliche Vorteilhaftigkeit, sondern auch die Erscheinungsvielfalt des Handels (unterschiedliche Betriebsformen) zu erklären.

### Funktionelle Anwendung: NIÖ im Marketing

Für die Integration der NIÖ in die Marketingtheorie nennt *Kuß* zwei Gründe: Einerseits „die Sehnsucht nach Theorie im Marketing", nachdem die neoklassische Wirtschaftstheorie in diesem Bereich gescheitert war. Andererseits die aus anderen Teilgebieten der Betriebswirtschaftslehre erhobene Forderung nach einer stärkeren Verankerung des Marketings in ökonomischen Theorien.[720] Diese Rückbesinnung auf ökonomische Theorien wurde ab den 1980er-Jahren maßgeblich umgesetzt von der Forschungsgruppe um *Klaus Peter Kaas*. Sein Ansatzpunkt war die Kritik an der verhaltenswissenschaftlichen Konsumentenforschung, die sich in „feinste Verästelungen" fortentwickelte, dabei aber „den Blick für die großen Fragen" verloren habe.[721]

Nach *Kuß* spiegeln sich die oben dargestellten Theoriestränge der NIÖ im Marketingkontext folgendermaßen wider:

> „Am Beginn steht der Wunsch, ein Sachgut oder eine Dienstleistung zu erwerben. Dabei steht nicht der bloße Besitz im Vordergrund, sondern die Möglichkeit, z. B. ein gekauftes Auto oder eine gemietete Wohnung nutzen zu können (**Theorie der Verfügungsrechte**). Im zweiten Schritt kommt es zur Interaktion von Anbieter und Nachfrager. So kann man sich bei Dienstleistungen leicht vorstellen, dass der Kunde/Auftraggeber hier in der Rolle des „Principals" und der Auftragnehmer, der ja die gewünschte Leistung erbringt, in der Rolle des Agents ist (**Principal-Agent-Theorie**). Wenn Anbieter und Nachfrager einen Geschäftsabschluss vorbereiten, dann spielt dabei der Austausch von Informationen eine zentrale Rolle (**Informationsökonomik**). Der Kunde will vor allem die Qualität der zu kaufenden Leistung einschätzen können. Mit einem Geschäftsabschluss (Transaktion) sind Kosten bei der Übertragung von Verfügungsrechten, insbesondere

720 Vgl. A. Kuß: Marketing-Theorie, 3. Aufl., Wiesbaden 2013, S. 222.
721 Zitiert nach U. Hansen/M. Bode: Marketing & Konsum, München 1999, S. 250.

für Abschluss und Durchsetzung von Verträgen, verbunden (**Transaktionskostentheorie**)."[722]

Eine besondere Bedeutung im Marketing spielt nach *Kuß* der informationsökonomische Ansatz, bei dem es insbesondere um die Einschätzung der Produktqualität geht. Im Wesentlichen hat der Kunde die Möglichkeit, durch „Suchen" (vor dem Kauf) oder durch „Erfahrungen" (nach dem Kauf) Informationen über die Qualität zu erhalten. Dementsprechend lassen sich Produkte klassifizieren in sogenannte **„Suchgüter"**, deren Qualität sich vor dem Kauf überprüfen lässt (z. B. Schuhe), und **„Erfahrungsgüter"**, deren Qualität vor dem Kauf nur schwer beurteilt werden kann (z. B. Urlaubsreise, Friseurbesuch). Hinzu kommen noch sogenannte **„Vertrauensgüter"**, deren Qualität weder vor noch nach dem Kauf beurteilt werden kann und man daher den Angaben des Verkäufers vertrauen muss (z. B. Bio-Produkte, Zahnarztbehandlung).[723]

*Kaas* kommt zu folgender Gesamteinschätzung der NIÖ im **Marketing** und zählt einige Beiträge auf, die sie für das Marketing leisten kann:

> „Die Stärke des neoinstitutionellen Paradigmas liegt darin, dass es die Analyse von Informationsasymmetrien, ihrer Voraussetzungen und Folgen für die Erklärung von Marktstrukturen und -prozessen in den Mittelpunkt stellt, von Phänomenen, die für das Marketing von großer Bedeutung sind."
> „Beiträge der neoinstitutionellen Marketingtheorie sind die informationsökonomische Analyse der Informationslagen auf Märkten („Inspektions-, Erfahrungs- und Vertrauenseigenschaften"), die Bedeutung von Mechanismen wie Screening, Signaling und Self Selection zur Überwindung von Informationsasymmetrien durch Marketing, die Wirkung von Institutionen auf Anreize und Risiken, z. B. von Warentestergebnissen, Markennamen, Reputation, die Theorie ‚hybrider' Koordinationsformen zwischen Markt und Hierarchie, das Marketing für Kontraktgüter, die Prinzipal-Agent-Theorie zur Entlohnung von Verkäufern, zur Preisbildung im Kontraktgütermarketing."[724]

Diesbezüglich merken *Hansen/Bode* kritisch an, dass „der *Kaufprozess* als *isolierter, rationaler und kognitiver Akt* betrachtet wird. Weder die Beziehung

722 Kuß (2013), S. 223 (um die Bezeichnung „Prinzipal-Agent-Theorie" ergänzt, L. W.).
723 Vgl. Kuß (2013), S. 226f.
724 Zitiert nach Kuß (2013), S. 227f.

von verschiedenen Kaufakten, noch affektive Kaufprozesse, wie z. B. der Impulskauf, können durch die NIÖ erklärt werden."[725]

Als **Kritik** wird zudem geäußert, dass der Transaktionskostenansatz roh sei, die Modelle primitiv, Messprobleme erheblich und der Grad der Unbestimmtheit zu hoch. Ein weiterer Vorwurf ist die Vernachlässigung von Machtprozessen und Konflikten: „In Anwendungen auf den Distributionskanal zeigen sich die Grenzen des Erklärungsansatzes bei unterschiedlichen Händler/Hersteller-Machtbeziehungen."[726]

Bei der Frage, welche Bedeutung die NIÖ allgemein für die **Betriebswirtschaftslehre** hat, gelangt *Wöhe* zu der positiven Feststellung, dass

- die NIÖ zu einer Wiederannäherung zwischen Mikroökonomik und Betriebswirtschaftslehre geführt hat,
- durch die ökonomische Funktionsanalyse von Rechtsfiguren die Betriebswirtschaftslehre in allen Teilbereichen eine deutliche Bereicherung erfährt und
- die NIÖ einen wichtigen Beitrag zur Überwindung der Kluft zwischen sozialwissenschaftlich orientierter und wirtschaftstheoretisch ausgerichteter Betriebswirtschaftslehre leisen kann.[727]

Zudem weist *Schneider* darauf hin, dass die NIÖ das Interesse an einer **Allgemeinen Betriebswirtschaftslehre** wiederbelebt habe.[728] Diese wird Gegenstand des letzen Kapitels sein.

## ↄ Zusammenfassung

- **Ende der 1960er-Jahre** öffnet sich die BWL den **Sozialwissenschaften**. Vertreter des sozialwissenschaftlichen Ansatzes betrachten die BWL als eine Teildisziplin der Sozialwissenschaften. Der Betrieb stelle ein soziales System und eine organisatorische Einheit dar, die geprägt ist durch formale und informale Strukturen sowie durch vielfältige

---

725 Hansen/Bode (1999), S. 255f.

726 Hansen/Bode (1999), S. 255.

727 Vgl. G. Wöhe: Einführung in die Allgemeine Betriebswirtschaftslehre, 24. Aufl., München 2010, S. 24.

728 Vgl. D. Schneider: Geschichte der Betriebswirtschaftslehre, in: 100 Jahre Betriebswirtschaftslehre in Deutschland, hrsg. v. M. Lingenfelder, München 1999, S. 24.

menschliche Interaktionsprozesse. Das Modell vom *Homo oeconomicus* wird aufgrund seiner Realitätsferne abgelehnt.

- **Entscheidungsorientierte BWL:** Im Zentrum der betriebswirtschaftlichen Konzeption von *Edmund Heinen* stehen die **Entscheidungsprozesse** des wirtschaftenden Menschen im Betrieb ist. Ein Entscheidungsprozeß durchläuft mehrere Phasen:
  - **Willensbildung:**
    Feststellung eines ungelösten Problems ⟶ Ursachenanalyse ⟶ Anregungsphase ⟶ Suchphase ⟶ Auswahl-/Optimierungsphase.
  - **Willensdurchsetzung:**
    Verwirklichung ⟶ Kontrolle.
    Die entscheidungsorientierte BWL analysiert sowohl die **Umstände** der Entscheidungsprozesse als auch die **Verhaltensweisen** der beteiligten Menschen. Der Ansatz ist **interdisziplinär** ausgerichtet. Er bedient sich sozialwissenschaftlicher Disziplinen (Psychologie, Sozialpsychologie, Politologie). Durch die entscheidungsorientierte BWL werden verengte Sichtweisen aufgebrochen und die Integration anderer Wissenschaften, Denkmuster und Methoden wird ermöglicht (insbesondere institutionelle und soziale Faktoren).
- **Der systemorientierte Ansatz** von *Hans Ulrich* fasst die BWL als eine kybernetische Wissenschaft auf, die nicht erklären wolle, „was ist", sondern „was in Zukunft sein wird". Das Funktionieren von Systemen steht im Mittelpunkt des Interesses. Auch **Unternehmen** stellen für *Ulrich* Systeme dar, und zwar „**produktive und soziale Systeme**". *Ulrich* zielt darauf ab, eine Unternehmung aufzugliedern, in ihre Subsysteme zu zerlegen und deren Beziehungen untereinander zu analysieren. Sein Ansatz hat dazu beigetragen, die BWL hin zu einer Managementlehre zu verschieben. Durch die Betrachtung der Unternehmen als offene, soziale Systeme wurde das Fach auch für z. B. ökologische und ethische Fragen geöffnet.
- **1972–73** entwickeln gewerkschaftsnahe Wissenschaftler die sog. **Arbeitsorientierte Einzelwirtschaftslehre (AOEWL)**. Sie stellt den Versuch dar, der herkömmlichen kapitalorientierten Betriebswirtschaftslehre ein alternatives Konzept entgegenzusetzen. Im Zentrum stehen die **Arbeitnehmerinteressen**, vor allem die
  - Sicherung der Arbeitsplätze,
  - optimale Gestaltung der Arbeit und

    - Sicherung und Steigerung der Einkommen.
- Zentrales Merkmal des **verhaltensorientierten Ansatzes** ist der **methodologische Individualismus**, eine Analysemethode, die dem Leitgedanken folgt, dass das Verhalten von Individuen erforscht werden müsse, um komplexe soziale Gebilde und Prozesse verstehen und erklären zu können. Damit hält in den **1970er-Jahren** die **Psychologie** als Hilfswissenschaft Einzug in die BWL, insbesondere in das Marketing (z. B. das Käuferverhalten).
- In den **1980er-Jahren** wendet sich die BWL der Umweltproblematik zu. Ende der 80er-Jahre erscheinen zahlreiche Publikationen zur **ökologisch orientierten BWL** bzw. zum betrieblichen Umweltmanagement. Ab 1990 wird die betriebswirtschaftliche Behandlung ökologischer Fragen im „wissenschaftlichen Mainstream" diskussionsfähig. In den **2000er-Jahren** wird der ökologische Ansatz zurückgedrängt zugunsten eines umfassenderen Nachhaltigkeitsansatzes bzw. **Nachhaltigkeitsmanagements** mit den drei Dimensionen **Ökologie, Ökonomie und Soziales**.
  Mitte der 1980er-Jahre macht sich der Einfluss der **Neuen Institutionenökonomik** (NIÖ) auf die BWL bemerkbar, der sich in den 1990er-Jahren verstärkt. Die *NIÖ*, die analytisch-erklärend vorgeht und sich auf mathematische Modelle stützt, stellt sowohl einen kritischen Gegenentwurf zur als auch eine Weiterentwicklung der Neoklassik dar.
  Die NIÖ setzt sich aus drei überlappenden Theoriegebieten zusammen:
    - **Theorie der Verfügungsrechte (Property-Rights-Theorie)**
      Im Zentrum steht der Einfluss rechtlicher Regelungen oder Bedingungen auf das Verhalten von Wirtschaftssubjekten.
    - **Transaktionskostentheorie**
      Für die Anbahnung, Gestaltung, Einhaltung und Anpassung von Geschäften/Verträgen entstehen Transaktionskosten (z. B. Such-, Informations- und Kontrollkosten). Diese gilt es bei der Koordination ökonomischer Aktivitäten zu minimieren.
    - **Principal-Agent-Theorie (Agency-Theorie)**
      Sie untersucht die Beziehung zwischen Prinzipal (Auftraggeber) und Agent (Auftragnehmer) und stellt dabei das Problem der **Informationsasymmetrie** in den Mittelpunkt.
      Die NIÖ kann in ganz unterschiedlichen betriebswirtschaftlichen Bereichen zur Anwendung kommen, z. B. in der Organisation, dem Marketing oder dem Personalmanagement.

Zumeist wird der Einzug der NIÖ in die BWL positiv gewürdigt: Sie habe zu einer Wiederannäherung zwischen Mikroökonomik und BWL geführt, und sie könne einen Beitrag leisten zur Überwindung der Kluft zwischen sozialwissenschaftlich orientierter und wirtschaftstheoretisch ausgerichteter BWL.

# 11 Generalisierung vs. Spezialisierung in der BWL

Zwischen der Allgemeinen Betriebswirtschaftslehre (ABWL) und den Speziellen Betriebswirtschaftslehren (SBWL) besteht ein unmittelbarer **Zusammenhang**, der innerhalb der Disziplin zugleich ein **Spannungsfeld** zwischen Generalisierung und Spezialisierung bildet. Die Allgemeine und die Spezielle BWL befruchten und erweitern sich gegenseitig: „Die Neubegründung und der Ausbau Spezieller Betriebswirtschaftslehren führt in der Allgemeinen BWL zu der Frage, ob und inwieweit der von ihr bearbeitete Gegenstandsbereich noch die gesamte Wissenschaft abdeckt. Umgekehrt werfen Neuentwicklungen in der Allgemeinen BWL in allen Speziellen Betriebswirtschaftslehren die Frage auf, ob und inwieweit die neuen Ergebnisse der Forschung und Lehre in die jeweilige Spezielle BWL integriert werden sollen."[729]

## 11.1 Allgemeine Betriebswirtschaftslehre

Die *Allgemeine BWL* befasst sich mit Sachverhalten, Fragestellungen und Problemen, die allen Betrieben gemeinsam sind, und versucht zu Aussagensystemen zu kommen, die für alle Betriebe Gültigkeit haben. Die Bedeutung des Konzepts einer ABWL wird zumeist vor allem in der Lehre gesehen. Hier liefere sie einen Überblick über das Fach (= **„Überblicksfunktion"**) und sie integriere die Teilbereiche der BWL (= **„Klammerfunktion"**). *Schneider* hebt besonders die **„Theoriebildungsfunktion"** hervor. Demnach habe die ABWL

> „die Aufgabe, einen Wissensstamm zu lehren, einen Baumstamm darzustellen, aus dem die Speziellen Betriebswirtschaftslehren sich verästeln. Der Baum ‚Allgemeine' Betriebswirtschaftslehre saugt in seinen *Wurzeln* Forschungsnahrung in Form von Leitbildern zur Theorienbildung auf, er entwickelt in seinem *Stamm* Zusammenhänge zwischen beobachtbaren Handlungen und Umweltbedingungen in Form erklärender Theorien und erarbeitet metrisierende Theorien, über die eine bessere Meßbarkeit von Begriffsinhalten erreicht wird, die in erklärenden

729 B. Bellinger: Allgemeine und Spezielle Betriebswirtschaftslehre(n), in: Handwörterbuch der Betriebswirtschaftslehre, hrsg. v. W. Wittmann et al., Stuttgart 1993, Sp. 68–84 (hier: Sp. 79 f.).

> Theorien benutzt werden. Darauf aufbauend sucht sie, in gestaltenden Theorien Handlungsempfehlungen auszusprechen. Das ‚*Allgemeine*' in der Betriebswirtschaftslehre besteht also in einem *Theorienstamm.* Innerhalb des Stammes muß von vielem abstrahiert werden, was in Speziellen Betriebswirtschaftslehren an vielblättrigem Einzelwissen hinzuzufügen ist."[730]

Welche Erwartungen an die ABWL gestellt werden können bzw. welche Aufgaben diese haben sollte, wurde 1989 auf der Tagung des *VHB* in Münster diskutiert. Dabei kristallisierten sich die nachfolgend kurz zusammengefassten **Funktionen der ABWL** heraus:[731]

- **Überblicks- bzw. Orientierungsfunktion**
(Schaffung und Vermittlung eines Überblicks über die BWL),
- **Integrationsfunktion**
(Verklammerung der Spezialdisziplinen; Schaffung einer theoretischen Basis),
- **Querschnittsfunktion**
(Suche nach Paradigmata, nach Gemeinsamkeiten und Gesetzmäßigkeiten),
- **Brückenfunktion**
(Damit meint *Dichtl* „die Hinwendung des Blicks weg von Teilsystemen der Unternehmung zur Unternehmung als Einheit oder zu höheren Systemen bis hin zur Volkswirtschaft") und
- **Drehscheibenfunktion**
(Damit meint *Schierenbeck* den Transfer von Methoden- und Objektwissen zwischen ABWL und SBWL. So könne z. B. die ABWL wertvolle Impulse für die Forschung in speziellen Betriebswirtschaftslehren liefern; umgekehrt könnten neuere Erkenntnisse in speziellen Betriebswirtschaftslehren auch wieder zurückwirken in das Aussagensystem der Allgemeinen Betriebswirtschaftslehre und dort bisher gültiges Basiswissen in Frage stellen.).

730 D. Schneider: Betriebswirtschaftslehre, Bd. 1, Grundlagen, 2. Aufl., München/Wien 1995, S. 150.

731 Vgl. Podiumsdiskussion "Erwartungen an eine Allgemeine Betriebswirtschaftslehre aus der Sicht von Forschung und Lehre", in: D. Adam et al. (Hrsg.): Integration und Flexibilität, Wiesbaden 1990, S. 137–180.

In der Hochschullehre werden insbesondere folgende **Studiengebiete** zum festen Bestandteil der ABWL gezählt:[732]

- Einordnung der BWL als Wissenschaft,
- Geschichte der BWL,
- Betrieb und Wirtschaftssystem,
- Betrieb und Umwelt,
- Betriebsformen/Betriebstypen,
- Unternehmensorganisation,
- Standortwahl,
- Rechtsformen und
- Unternehmensziele und -strategien.

Betriebliche Funktionen und Aufgabenbereiche wie Marketing, Personalwirtschaft, Logistik, Investition und Finanzierung, Rechnungswesen, Steuern usw. in ihren wesentlichen Grundzügen. Diese können im Rahmen der ABWL nur verkürzt bzw. oberflächlich behandelt werden und werden daher in den Speziellen Betriebswirtschaftslehren vertieft.

## 11.2 Spezielle Betriebswirtschaftslehren

Die Speziellen Betriebswirtschaftslehren (SBWL) bauen auf der ABWL auf und können in Erscheinung treten als Betriebswirtschaftslehre der

- **Wirtschaftszweige**
  (z. B. Industriebetriebslehre, Handelsbetriebslehre, Bankbetriebslehre, Öffentliche Betriebswirtschaftslehre, Verkehrsbetriebslehre, Landwirtschaftliche Betriebslehre),
- **Funktionsbereiche**
  (z. B. Produktion, Marketing, Personalwirtschaft, Logistik) und
- **Entwicklungsphasen**
  (z. B. Unternehmensgründung, -wachstum, -kooperation, -konzentration, -rationalisierung, -krisen, -sanierung, -liquidation).[733]

Spezialisierungsprozesse im Sinne einer wissenschaftlichen Arbeitsteilung wirken sich generell förderlich auf den wissenschaftlichen Fortschritt aus.

---

732 Die Auflistung ist unvollständig. Eine umfassende, systematische Auflistung, die von der *Schmalenbach-Gesellschaft* erarbeitet wurde, findet sich bei Bellinger (1993), Sp. 71f.

733 Vgl. Bellinger (1993), Sp. 77.

Nach *Weber* habe die Spezialisierung *innerhalb* der Betriebswirtschaftslehre positive Auswirkungen auf das Niveau von Forschung und Lehre und werde daher grundsätzlich als wünschenswert erachtet. Eine Spezialisierung *neben* der Betriebswirtschaftslehre führe hingegen zu einer Verengung der Perspektive, zur Verselbständigung der Teilbereiche und zum Verlust einer ganzheitlichen Perspektive.[734] Darüber hinaus könne die BWL sogar in ihrer Identität gefährdet sein, wenn sich die Teildisziplinen bzw. Spezialbereiche von der BWL loslösen, sich verselbständigen und für die BWL schließlich nur noch eine Restmenge solcher Wissensgebiete verbleibt, die nicht in den SBWL bearbeitet werden. Diese Problematik wird seit geraumer Zeit im Fach diskutiert und von nicht wenigen Fachvertretern kritisch gesehen. „Die warnenden Stimmen nehmen zu."[735]

Die **Ursachen** der zunehmenden Spezialisierung werden gesehen in

- einer zunehmenden Komplexität und Unübersichtlichkeit von Problemen in betriebswirtschaftlichen Teilbereichen,
- dem weltweit dominierenden US-amerikanischen Fachverständnis von Funktionsbereichen (Managementlehren), das den ganzheitlichen Ansatz der „Betriebswirtschaftslehre" – den es in den USA nie gegeben hat – verdrängt hat,
- einem Anreiz- und Gratifikationssystem, das die Forschung in Spezialgebieten und die Publikation in hoch eingestuften (englischsprachigen) „Journals" belohne und
- der Besetzung von Professorenstellen mit Fachfremden (z. B. Psychologen im Marketing oder der Personalwirtschaft), wodurch eine enge Bindung an den Gesamtkomplex der BWL unwahrscheinlich wird.[736]

## 11.3 ABWL und SBWL im Spannungsfeld von Reziprozität und Zersplitterung

Die bereits anfangs erwähnte Reziprozität zwischen ABWL und SBWL spiegelt sich in der Entwicklung der BWL zur Wissenschaftsdisziplin wider: Am Anfang der Entwicklung (Aufbauphase) stand die SBWL, denn die

---

734 Vgl. W. Weber: Allgemeine vs. Spezielle Betriebswirtschaftslehren, in: Ideengeschichte der BWL, hrsg. v. W. Matiaske/W. Weber, Wiesbaden 2018, S. 21–39 (hier: S. 26).

735 Weber (2018), S. 26.

736 Vgl. Weber (2018), S. 27.

Gründerväter der BWL (z. B. *Schmalenbach*) untersuchten zunächst Fragestellungen in unterschiedlichen Spezialgebieten und erschlossen darauf aufbauend Schritt für Schritt mittels Einzeldarstellungen ihr Fachgebiet. Der erste betriebswirtschaftliche Schwerpunkt war das Rechnungswesen. Davon ausgehend erfolgte dann eine Differenzierung bzw. Spezialisierung in die Bilanztheorie und die Kostenrechnung. Ausgehend von den Tatsachen des einzelnen Betriebes erfolgten Vergleiche mit ähnlichen Betrieben und eine Ausweitung auf ganze Betriebsgruppen und Branchen. Die betriebswirtschaftliche Forschung erfolgte also vom Besonderen zum Allgemeinen. So wurde aus der Empirie eine Theorie, die schließlich die Basis bilden konnte für eine „Allgemeine Betriebswirtschaftslehre" (z. B. Nicklisch).

Als dieses Fundament stand (Konsolidierungsphase) – oder im bildhaften Vergleich von *Schneider*: der Stamm einigermaßen ausgebildet und kräftig war –, fand eine Verästelung statt, d. h. Spezialisierungen nach Branchen (z. B. Handel, Industrie) bzw. auf einzelne Funktionsbereiche (z. B. Absatzwirtschaft, Werbung, Kosten) statt. Die hier gewonnen Erkenntnisse stärkten wiederum das Fundament der ABWL.

Ihre **Blütezeit** erreichte die **ABWL** in der jungen Bundesrepublik, insbesondere in den ersten zehn Jahren nach dem Krieg, etwa zwischen 1946–1955. Wie schon in Kapitel 9 dargestellt, erschienen in dieser Zeit die ersten Auflagen der Allgemeinen Betriebswirtschaftslehren: Den Anfang machte die „Einführung in die Betriebswirtschaftslehre" von *Willy Bouffier* (1946), die sogar schon 1938 fertiggestellt worden war, jedoch aus politischen Gründen in der NS-Zeit nicht erscheinen durfte. Es folgten die Erstauflagen von *Karl-Friedrich Rößle* (1948), *Martin Lohmann* (1949), *Erich Schäfer* (1949), *Carl G. Baier* (1951), *Erich Gutenberg* (1951 ff.), *Curt Sandig* (1953) und *Leopold Mayer* (1955). Auch erschienen nach dem Krieg Folgeauflagen älterer Allgemeiner Betriebswirtschaftslehren: Die bereits 1929 erstmals erschienene „Allgemeine Betriebswirtschaftslehre" von *Konrad Mellerowicz* kam z. B. 1952 in 7. Auflage heraus. Auch die 1936 in erster Auflage veröffentlichte „Allgemeine Betriebswirtschaftslehre" von *Guido Fischer* erschien in der Nachkriegszeit in mehreren Auflagen (z. B. 6. Aufl. 1952). Die meisten dieser Werke erlebten Auflagen bis in die 1960/70er-Jahre. Und „Die Unternehmung" von *Erich Schäfer* erschien sogar bis 1980. Indes darf der Einfluss *Gutenbergs* nicht unterschätzt werden, der bis zu dieser Zeit quasi als ABWL *in persona* galt: „Allgemeine Betriebswirtschaftslehre war eben Gutenberg."[737] Eine wahre Erfolgsgeschichte unter den „Allgemeinen Betriebswirtschaftslehren" stellt das 1960 veröffentlichte Werk von *Günter Wöhe* dar.

**Exkurs** | Allgemeine Betriebswirtschaftslehre

Die „Einführung in die Allgemeine Betriebswirtschaftslehre" von *Günter Wöhe* (1924–2007) erschien erstmals im Herbst 1960. Damit forderte der damals 36-jährige, gerade frisch habilitierte Autor die renommierten Fachkollegen wie *Gutenberg*, *Mellerowicz* und *Schäfer* heraus, die bis dahin den Lehrbuchmarkt unter sich aufteilten. Das Werk sollte sich rasch zum **führenden Standardlehrbuch** der ABWL im deutschsprachigen Raum entwickeln und zählt heute mit weit über 1,5 Millionen verkauften Exemplaren „zu den erfolgreichsten Lehrbüchern der Welt"[738].

Abb. 11.1: Günter Wöhe. | [71]

Im Vorwort zur ersten Auflage erläutert *Wöhe* die **Gliederung** seiner „Einführung" in sechs Abschnitte: Der erste Abschnitt beschäftigt sich mit dem Gegenstand der Betriebswirtschaftslehre sowie mit der Gliederung der Betriebe und der Betriebswirtschaftslehre. Daran schließen sich methodologische Fragen an. Der zweite Abschnitt ist dem Aufbau des Betriebes gewidmet. Zunächst werden die betriebswirtschaftlichen Produktionsfaktoren behandelt, es folgt eine Darstellung der Rechtsformen der Unternehmen und schließlich werden wirtschaftlichen Fragestellungen im Zusammenhang mit dem Standort besprochen. Der dritte bis fünfte Abschnitt beschäftigt sich mit den drei betrieblichen Hauptfunktionen

737 B. Schauenberg: Spezialisierung in der BWL und die Frage nach der Allgemeinen BWL, in: Der Verband der Hochschullehrer für Betriebswirtschaft, hrsg. vom VHB, Wiesbaden 2012, S. 217.

738 B. Bellinger: Die Betriebswirtschaftslehre der neueren Zeit, Darmstadt 1988, S. 73.

Produktion, Absatz sowie Finanzierung und Investition. Der sechste Abschnitt behandelt das Rechnungswesen.[739]

**Neu** und bemerkenswert an dem Lehrbuch war, dass *Wöhe*

- die neuen Erkenntnisse von *Gutenberg* bzw. dessen faktororientierten Ansatz übernahm,
- entscheidungstheoretische Aspekte und Forschungsergebnisse der Operations-Research-Verfahren berücksichtigte,
- gegenüber früheren Darstellungen der ABWL die neueren Produktions- und Kostentheorien übernahm,
- bis dahin nicht dagewesene Erkenntnisse auf dem Gebiet der Absatzwirtschaft darstellte,
- neue Bilanztheorien mit einbezog und
- die Einflüsse der neuen Produktions- und Kostentheorie auf die Kostenrechnung darstellte.[740]

Einführung in die
Allgemeine
Betriebswirtschaftslehre

von

Dr. Günter Wöhe
ord. Professor der Betriebswirtschaftslehre
an der Universität des Saarlandes

1960

Verlag Franz Vahlen GmbH.
Berlin und Frankfurt a. M.

Abb. 11.2: Titelseite der Erstauflage von 1960. | [72]

*Wöhes* „Einführung“ war und ist gekennzeichnet durch drei **methodische Grundsätze**, die sich wie ein „roter Faden“ durch das Werk ziehen:

1. Disziplinarität, d. h. klare Abgrenzung der Betriebswirtschaftslehre gegenüber ihren Nachbarwissenschaften,
2. Ökonomisches Prinzip als Auswahlkriterium zur Beurteilung betrieblichen Handelns und
3. Wertfreiheit, d. h. einer Vermeidung von Werturteilen.[741]

Diese Grundsätze, gepaart mit didaktischem Geschick und der Verwendung einfacher Sprache, sind wohl die wesentlichen Faktoren, die zum jahrzehntelangen Erfolg des Lehrbuches beigetragen haben.

739 Vgl. G. Wöhe: Einführung in die Allgemeine Betriebswirtschaftslehre, 1. Aufl., München: Vahlen 1960, S. V–VI.

740 Vgl. Bellinger (1988), S. 73–76.

741 Vgl. U. Döring: Günter Wöhe – Der lange Weg vom Würzburger Privatdozenten zum Lehrbuchklassiker der deutschen Betriebswirtschaftslehre, Saarbrücken: universaar 2011, S. 19.

Gegen Ende seiner akademischen Laufbahn im Jahre 1990 beklagte *Wöhe*: „Leider gibt es in der Lehre schon lange keine ganzheitliche Allgemeine Betriebswirtschaftslehre mehr, die als geschlossenes Lehrsystem vermittelt wird".[742] Ein solches sei noch, wie *Brockhoff* feststellt, bis in die 1970er-Jahre erkennbar gewesen, heute hingegen kaum mehr. Die **Ausdifferenzierung** vieler „Spezieller Betriebswirtschaftslehren" habe „den Kern der Disziplin in jüngster Zeit verdeckt und diffus erscheinen lassen."[743] Deutlich wird dies auch an zahlreichen **Lehrbüchern** der ABWL, die – im Gegensatz zum „Wöhe" – nicht „aus einer Feder" stammen und einen bestimmten Ansatz konsequent verfolgen, sondern, wie *Schreyögg* feststellt, „eher Sammelwerke darstellen, zu denen Spezialisten ihre Perspektive beitragen." Gleiches treffe auch auf die **Lehrveranstaltungen** zur „Allgemeinen Betriebswirtschaftslehre" zu. Viele Hochschullehrer würden unter diesem Etikett nur noch „eine bunte Reihe abgemagerter Versionen ihrer Spezialveranstaltungen anbieten", denen „in aller Regel eine verbindende theoretische Perspektive fehlt."[744] Die zunehmende Öffnung der Betriebswirtschaftslehre seit Ende der 1960er-Jahre mit untereinander konkurrierenden Ansätzen (entscheidungsorientiert, systemorientiert, verhaltenswissenschaftlich usw.) sowie die parallel zunehmenden Spezialisierungstendenzen führten zu jenem Bedeutungsverlust der ABWL, der von vielen Fachvertretern seit geraumer Zeit beklagt wird.

Die weitere Entwicklung der ABWL hänge nach *Weber* vor allem von der Entwicklung einer tragfähigen Theorie ab, denn „die Entwicklung einer tragfähigen Theorie bedeutet die Reduktion von Komplexität. Das Fehlen oder der Verzicht auf Theorie bedeutet, dass mehr oder weniger zusammenhanglos Wissen gesammelt und angehäuft wird." Dies führt *Weber* zu der These: „Je theorieärmer eine Disziplin ist, desto mehr neigt sie zur Zersplitterung und Auflösung."[745] *Weber* plädiert dafür, dass die BWL ihre Verpflichtungen als wissenschaftliche Disziplin ernst nehme und „sich (wieder) mit großem Einsatz dem Ausbau der theoretischen Basis des Faches" widme. Es sei geboten, „an der Diskussion in der Betriebswirtschaftslehre in den 1950er-, 60er-, 70er- und 80er-Jahre anzuknüpfen."[746] Dies würde allerdings voraussetzen, dass die jüngere

742 Wöhe (1990), S. 233.

743 Brockhoff (2017), S. 253.

744 G. Schreyögg: Betriebswirtschaftslehre nur noch als Etikett? – Betriebswirtschaftslehre zwischen Übernahme und Zersplitterung, in: Zukunft der Betriebswirtschaftslehre, Düsseldorf 2007, S. 145.

745 Weber (2018), S. 32.

746 Weber (2018), S. 33.

Forschergeneration sich (wieder) der Geschichte der Betriebswirtschaftslehre zuwendet und auch eine kritischere Position gegenüber dem US-amerikanischen Managementdenken einnimmt. Nicht ohne Grund beklagte *Dieter Schneider* schon in den 1980er-Jahren den in der Betriebswirtschaftslehre vorherrschenden „Denkstil von der geschichtslosen Managementwissenschaft." Diese **Ahistorizität** in der BWL, die paradoxerweise mit zunehmendem Alter und zunehmender Spezialisierung des Faches angewachsen ist, hat sicherlich mit dazu beigetragen, dass die Zentrifugalkräfte in der BWL stärker geworden sind und die ABWL immer mehr von ihrer Identität einbüßen musste. Spezialisierungen gibt es in jeder Wissenschaft. Allerdings lehren und forschen die anderen Wissenschaftsdisziplinen auch allesamt über ihre eigene Geschichte! Vermutlich hat die BWL die Notwendigkeit hierfür zu lange ignoriert. „Dabei ist der Erkenntniswert der Geschichte der Lehre gerade in der Betriebswirtschaftslehre groß. Die zunächst verwirrende Fülle der Lehrmeinungen, die mangelhafte Umgrenzung des Gebietes, der für den Studenten schwierig erfassbare innere Zusammenhang ihrer weit verzweigten und isoliert gewachsenen Erkenntnisse drängen auf eine Beschäftigung mit ihrer Geschichte."[747] Diese Worte hören sich sehr aktuell an; sie sind aber bereits über ein halbes Jahrhundert alt. *Rudolf Seÿffert* schrieb sie 1971, kurz vor seinem Tod. Er gehörte zu den relativ wenigen Betriebswirten, die die Bedeutung der Geschichte ihres eigenen Faches erkannten und auch auf diesem Gebiete forschten und lehrten. Bleibt zu hoffen, dass seine 1926 geäußerte Voraussage sich bewahrheiten wird:

**„Von der Anwendung der historischen Methode ist noch viel für die Betriebswirtschaftslehre zu erwarten."**[748]

## ➲ Zusammenfassung

- Die **ABWL** befasst sich mit Sachverhalten, Fragestellungen und Problemen, die allen Betrieben gemeinsam sind. Sie versucht zu Aussagensystemen zu kommen, die für alle Betriebe Gültigkeit haben.

747 R. Seÿffert: Über Begriff, Aufgaben und Entwicklung der Betriebswirtschaftslehre, 6. Aufl., Stuttgart 1971, S. 31f.

748 R. Seÿffert: Betriebswirtschaftliche Forschung, ihre Entwicklung, in: Handwörterbuch der Betriebswirtschaft, hrsg. von H. Nicklisch, Bd. 1, Stuttgart 1926, Sp. 1190.

- Die wichtigsten **Funktionen** der ABWL sind:
  - Überblicksfunktion/Orientierungsfunktion,
  - Klammerfunktion und
  - Theoriebildungsfunktion.
- Zur ABWL zählen z. B. folgende **Inhalte**:
  - Einordnung der BWL als Wissenschaft,
  - Geschichte der BWL,
  - Betrieb und Umwelt,
  - Betriebsformen/Betriebstypen,
  - Unternehmensorganisation,
  - Standortwahl, Rechtsformen,
  - Unternehmensziele und -strategien und
  - betriebliche Funktionsbereiche in ihren Grundzügen.
- Eine **SBWL** kann sich beziehen auf:
  - Wirtschaftszweige (z. B. Industrie, Handel, Banken),
  - Funktionsbereiche (z. B. Produktion, Marketing, Personalwirtschaft) und
  - Entwicklungsphasen von Unternehmen (z. B. Gründung, Wachstum, Sanierung).
- **Ursachen** der Spezialisierung:
  - zunehmende Komplexität,
  - US-amerikanisches Fachverständnis von Funktionsbereichen (Managementlehren),
  - Einfluss der englischsprachigen „Journals“ und
  - Besetzung von Professorenstellen mit Fachfremden (z. B. Psychologen im Marketing).
- ABWL und SBWL beeinflussen sich **gegenseitig**. Die SBWL ist vor allem aus Forschungssicht positiv zu werten. Sie kann aber auch zur Auflösung der ABWL beitragen.
- Etwa seit den 1980er-Jahren ist eine ABWL im Sinne eines geschlossenen Lehrsystems **kaum mehr erkennbar**. Die zunehmende Spezialisierung hat die ABWL immer weiter geschwächt. Die Gefahr eines Bedeutungsverlustes der ABWL wird sehr kritisch gesehen.

# Abbildungsbelegverzeichnis

[1] Abb. 2.1: Mesopotamien innerhalb heutiger Staatsgrenzen. | Wikimedia
[2] Abb. 2.2: Sumerische Bilderschrift. | in Anlehnung an Faszination Weltgeschichte, 2004, S. 30
[3] Abb. 2.3: Xenophon. | Brockhaus Bilder-Conversations-Lexikon, Bd. 4, Leipzig 1841, S. 768
[4] Abb. 2.4: Aristoteles. | Gemälde von J. van Gent, 1476, Wikimedia
[5] Abb. 2.5: Cato. | Wikimedia
[6] Abb. 2.6: Handelswege nach dem Nahen Osten. | Eigene Darstellung in Anlehnung an Samhaber, E., Kaufleute wandeln die Welt, 2. Aufl., Frankfurt a. M. 1993, S. 81
[7] Abb. 2.7: Thomas von Aquin. | Wikimedia
[8] Abb. 2.8: Luca Pacioli. | Penndorf, B., Geschichte der Buchhaltung in Deutschland, Leipzig 1913, S. 41
[9] Abb. 2.9: Die Verbreitung der doppelten Buchhaltung in Europa. | eigene Darstellung
[10] Abb. 2.10: Martin Luther. | Lucas Cranach der Ältere, 1522, Wikimedia
[11] Abb. 2.11: Wucher und Fürkauf. | Steinhausen (1899), S. 79
[12] Abb. 2.12: Giovanni Domenico Peri. | Wikimedia Commons
[13] Abb. 3.1: Das Zollhaus in London. | Wikimedia
[14] Abb. 3.2: Johann Joachim Becher. | Wikimedia
[15] Abb. 3.3: Jaques Savary. | Wikimedia
[16] Abb. 3.4: Titelkupfer aus J. Savarys „Der vollkommene Kauff- und Handels-Mann“ (1676). | „Der vollkommene Kauff- und Handels-Mann“, 1676: Steinhausen, G., Kaufleute und Handelsherren in alten Zeiten, Leipzig 1899, S. 106
[17] Abb. 3.5: Das Kaufmannssystem nach Ludovici. | in Anlehnung an Sundhoff (1979), S. 113
[18] Abb. 3.6: „Haupt- und Hülsgeschäfte des Handels“ nach Buse. | eigene Darstellung nach nach Buse (1807), S. 56–62
[19] Abb. 3.7: Leuchs System der Handlungswissenschaft (1791). | Sundhoff (1979), S. 129
[20] Abb. 4.1: Jean-Gustave Courcelle-Seneuil. | Wikimedia
[21] Abb. 4.2: Arwed Emminghaus. | Wikimedia
[22] Abb. 4.3: Die Allgemeine Gewerkslehre im Rahmen der Wirtschaftswissenschaften. | Emminghaus (1868), S. 12

[23] Abb. 5.1: Sitz der HH Leipzig in der Schulstraße 1 von 1902 bis 1910. | Göschel, H., Die Handelshochschule in Leipzig, Leipzig 2008, S. 63

[24] Abb. 5.2: Robert Stern. | Robert Stern: Zur Entwicklung der Betriebswirtschaftslehre – Festschrift für Robert Stern, Berlin/Wien/Leipzig 1925, S. 1

[25] Abb. 5.3: Richard Lambert. | Lambert, R., Buchhaltung, hrsg. v. VDDK, Berlin 1938, S. 1

[26] Abb. 5.4: Die zweite Generation der Betriebswirte, Schüler von Richard Lambert. | eigene Darstellung

[27] Abb. 5.5: Eugen Schmalenbach. | mit Unterstützung der Schmalenbach-Gesellschaft

[28] Abb. 5.6: Hörsaal der Handelshochschule Köln. | historische Postkarte

[29] Abb. 5.7: Heinrich Nicklisch. | Universität Mannheim (Fotograf: G. Tillmann-Matter, Mannheim) (UA MA 100 Nr. 4)

[30] Abb. 5.8: Fritz Schmidt. | Universitätsarchiv Frankfurt am Main, Signatur: UAF Abt. 854 Nr. 1482

[31] Abb. 5.9: Titelblatt der ersten kaufmännischen Fachzeitschrift „Journal de Commerce“. | Brüssel 1759

[32] Abb. 5.10: Titelkopf der „Zeitschrift für Handelswissenschaft und Handelspraxis“. | Heft 6, 1908

[33] Abb. 5.11: Werbeanzeige des Verlags G. A. Gloeckner für die „Betriebswirtschaftliche Rundschau“. | Börsenblatt für den deutschen Buchhandel (Nr. 119, 21. Mai 1924)

[34] Abb. 5.12: Wilhelm Rieger. | Stadtarchiv Nürnberg C 21/VII Nr. 128

[35] Abb. 6.1: Josef Hellauer. | Festschrift zu Hellauers 65. Geburtstag: Die Erfolgsrechnung der Handels- und Verkehrsbetriebe, hrsg. von C. Lüer und R. Henzler, Frankfurt. a. M. 1936.

[36] Abb. 6.2: Johann Friedrich Schär. | Bibliothek der Universität Basel

[37] Abb. 6.3: Ein- und Ausschaltung der Glieder in die Organisation des Handels. | Schär (1918), S. 193

[38] Abb. 6.4: Schärs Darstellung des Einflusses der Betriebskosten auf den Handelsgewinn. | Schär (1918), S. 163

[39] Abb. 6.5: Das Netz der Wertbeziehungen in der Wirtschaft. | Nicklisch (1932), S. 108

[40] Abb. 7.1: Der Stammbaum der BWL (Auswahl). | Eigene Darstellung in Anlehnung an Klein-Blenkers (1992) und Brockhoff (2017), biographischer Anhang, S. 261ff. (der hier dargestellte Stammbaum erhebt keinen Anspruch auf Vollständigkeit)

[41] Abb. 7.2: Pfingst-Tagung des VHB in Wien (1928), in der Mitte Eugen Schmalenbach (mit Stock). | Foto: Simonis/VHB
[42] Abb. 7.3: Das Kölner Einzelhandelsinstitut. | Seÿffert: Handbuch des Einzelhandels, Stuttgart 1932, S. 881
[43] Abb. 7.4: Julius Hirsch. | Der Handel heute (in Memoriam Julius Hirsch), hrsg. von K. C. Behrens, Tübingen 1962
[44] Abb. 7.5: Das fünfbändige „Handwörterbuch des Kaufmanns“ von Karl Bott, die fünfbändige 1. und die zweibändige 2. Auflage des „Handwörterbuchs der Betriebswirtschaft“ von Heinrich Nicklisch. | eigenes Foto
[45] Abb. 7.6: Walter Le Coutre. | Universität Mannheim (UA MA 100 Nr. 1561)
[46] Abb. 7.7: Handbuch des Einzelhandels. | Poeschel Verlag, Stuttgart 1932
[47] Abb. 8.1: Die Organisation der deutschen Wirtschaft. | Die rechte Hand des Kaufmanns, 18. Aufl., Osnabrück 1937, S. 53
[48] Abb. 8.2: Wilhelm Auler. | Universitätsarchiv Marburg, UniA Marburg 312/7 Nr. 4
[49] Abb. 8.3: Walter Thoms. | Walter Thoms: Weilbach, E.: Neue Wege der Betriebswirtschaft – Festschrift für Walter Thoms zu seinem 65. Geburtstag, Herne/Berlin 1964, S. IV
[50] Abb. 8.4: Bücherverbrennung auf dem Opernplatz in Berlin am 10. Mai 1933. | Bundesarchiv, Bild 102-14597 / Georg Pahl / CC-BY-SA 3.0
[51] Abb. 8.5: Alfred Isaac. | Wikimedia Commons
[52] Abb. 8.6: Bruno Rogowsky. | Festschrift Ein Halbjahrhundert betriebswirtschaftliches Hochschulstudium, Festschrift zum 50. Gründungstag der Handels-Hochschule Berlin, hrsg. vom Verband Deutscher Diplomkaufleute e. V., Berlin 1956
[53] Abb. 8.7: Waldemar Koch. | Wikimedia
[54] Abb. 9.1: Hauptgebäude der Berliner Humboldt-Universität (Ruine) im Jahr 1949. | Wikimedia
[55] Abb. 9.2: Struktur der Wirtschaftswissenschaft in der DDR (Mitte der 1950er-Jahre). | angelehnt an Pieper (1989), S. 88
[56] Abb. 9.3: Blick in einen Hörsaal der HfÖ, 1970. | Wikimedia
[57] Abb. 9.4: Wilhelm Kalveram. | Universitätsarchiv Frankfurt, Signatur: UAF, Abt. 854, Nr. 719.
[58] Abb. 9.5: Die Produktivitätsbeziehung nach Gutenberg. | eigene Darstellung
[59] Abb. 9.6: Konrad Mellerowicz. | Abromeit, H.-G./Jonas, H./Labes, J.-R. (Hrsg.): Aktuelle Betriebswirtschaft, Festschrift zum 60. Geburtstag von Konrad Mellerowicz, Berlin: De Gruyter 1952
[60] Abb. 10.1: Edmund Heinen. | https://eschringen.de/wordpress/die-menschen/steckbriefe/edmund-heinen/

[61] Abb. 10.2: Einflussgrößen und Phasen des Entscheidungsprozesses in der Unternehmensorganisation. | in Anlehnung an Heinen: Einführung in die Betriebswirtschaftslehre, 9. Aufl., Wiesbaden 1985, S. 52

[62] Abb. 10.3: Der Forschungsansatz der entscheidungsorientierten Betriebswirtschaftslehre. | in Anlehnung an Heinen, Industriebetriebslehre, 8. Aufl., Wiesbaden 1990, S. 12

[63] Abb. 10.4: Aufbau eines Regelsystems nach Ulrich. | in Anlehnung an H. Ulrich: Die Unternehmung als produktives soziales System, 2. Aufl. Bern 1970, S. 123

[64] Abb. 10.5.: Norbert Koubek (1973). | Quelle: Norbert Koubek (privat)

[65] Abb. 10.6: Herbert A. Simon. | Wikimedia

[66] Abb. 10.7: Werner Kroeber-Riel. | Prof. Dr. Andrea Gröppel-Klein

[67] Abb. 10.8: Forschungsansätze des Käuferverhaltens. | in Anlehnung an H. Meffert et al.: Marketing, 13. Aufl., Wiesbaden 2019, S. 90

[68] Abb. 10.9: S-O-R-Paradigma der Käuferverhaltensforschung. | in Anlehnung an H. Meffert (Hrsg.): Marktorientierte Unternehmensführung im Wandel, Wiesbaden 1999, S. 48

[69] Abb. 10.10: Titelseite des Berichts des Club Rome. | deutsche Ausgabe/Rowohlt Verlag

[70] Abb. 10.11: Geschäftsbeziehungen mit Handel (links) und ohne Handel (rechts). | in Anlehnung an L. Müller-Hagedorn / W. Toporowski / S. Zielke: Der Handel, 2. Aufl., Stuttgart 2012, S. 104

[71] Abb. 11.1: Günter Wöhe. | Universitätsarchiv Saarbrücken

[72] Abb. 11.2: Titelseite der Erstauflage von 1960. | Verlag Franz Vahlen

# Literaturverzeichnis

## 1. Kapitel

Bardmann, Manfred: Grundlagen der Allgemeinen Betriebswirtschaftslehre – Geschichte, Konzepte, Digitalisierung, 3. Aufl., Wiesbaden: Springer/Gabler 2019.

Bellinger, Bernhard: Geschichte der Betriebswirtschaftslehre, Stuttgart: Poeschel 1967.

Diehl, Karl: Nationalökonomie und Handelsbetriebslehre, in: Jahrbücher für Nationalökonomie und Statistik, III. Folge, Bd. 43, Jena: Gustav Fischer Verlag 1912, S. 94–112.

Gutenberg, Erich: Einführung in die Betriebswirtschaftslehre, Wiesbaden: Gabler 1958 (unveränd. Nachdruck 1990).

Löffelholz, Josef: Geschichte der Betriebswirtschaft, in: Handwörterbuch der Betriebswirtschaft, Bd. 1, hrsg. von H. Seischab u. K. Schwantag, 3. Aufl., Stuttgart: Poeschel 1956, Sp. 970–984.

Schneider, Dieter: Managementfehler durch mangelndes Geschichtsbewusstsein in der Betriebswirtschaftslehre, in: Zeitschrift für Unternehmensgeschichte/Journal of Business History, 29. Jg., Heft 2, München: C. H. Beck 1984, S. 114–130.

Schneider, Dieter: Geschichte der Betriebswirtschaftslehre, in: 100 Jahre Betriebswirtschaftslehre in Deutschland, hrsg. von M. Lingenfelder, München: Vahlen 1999, S. 1–31.

Schneider, Dieter: Betriebswirtschaftslehre, Bd. 4: Geschichte und Methoden der Wirtschaftswissenschaft, München/Wien: Oldenbourg 2001.

Seÿffert, Rudolf: Betriebswirtschaftliche Forschung, ihre Entwicklung. In: Handwörterbuch der Betriebswirtschaft, hrsg. von H. Nicklisch, Bd. 1, Stuttgart: Poeschel 1926, Sp. 1188–1193.

Seÿffert, Rudolf Über Begriff, Aufgaben und Entwicklung der Betriebswirtschaftslehre, 6. Aufl., Stuttgart: Poeschel 1971.

Wächter, Hartmut: Gesamtwirtschaftliche Bezüge im Denken älterer Betriebswirte, in: Betriebswirtschaftslehre und Nationalökonomie – Wissenschaftstheoretische Standortbestimmungen und Perspektiven, hrsg. v. G. Schanz, Wiesbaden: Gabler 1984, S. 1–21.

## 2. Kapitel

Audring, Gert/Brodersen, Kai: Oikonomika – Quellen zur Wirtschaftstheorie der griechischen Antike, Darmstadt: WBG 2008.

Bellinger, Bernhard: Geschichte der Betriebswirtschaftslehre, Stuttgart: Poeschel 1967.

Beutter, Friedrich: Thomas von Aquin, in: Klassiker des ökonomischen Denkens, hrsg. v. J. Starbatty, München. C. H. Beck 1989, S. 56–75.

Brockhoff, Klaus: Betriebswirtschaftslehre in Wissenschaft und Geschichte, 5. Aufl., Wiesbaden: Springer/Gabler 2017.

Bussmann, Karl Ferdinand: Luca Pacioli, in: Handwörterbuch der Betriebswirtschaft, Bd. 3, hrsg. von H. Seischab u. K. Schwantag, 3. Aufl., Stuttgart: Poeschel 1960, Sp. 4271 f.

Cato, Marcus Pordus: Vom Landbau, hrsg. und übers, von Otto Schönberger, 2. Aufl., Düsseldorf/Zürich: Artemis und Winkler 2000.

Favier, Jean: Gold und Gewürze – Der Aufstieg des Kaufmanns im Mittelalter, Hamburg: Junius 1992.

Finley, Moses I.: Die antike Wirtschaft, 3. Aufl., München: DTV 1993.

Hermann, Thomas: Luca Pacioli im Lichte von Betriebswirtschaftslehre und Economia Aziendale, in: Ideengeschichte der BWL, hrsg. von W. Matiaske u. W. Weber, Wiesbaden: Springer/Gabler 2018, S. 85–129.

Leitherer, Eugen: Geschichte der handels- und absatzwirtschaftlichen Literatur, Köln/Opladen: Westdeutscher Verlag 1961.

Linhardt, Hanns: Die historische Komponente der funktionalen Betriebswirtschaftslehre, Berlin: Duncker & Humblot, 1964.

Löffelholz, Josef: Geschichte der Betriebswirtschaft und der Betriebswirtschaftslehre, Stuttgart: Poeschel 1935.

Löffelholz, Josef: Geschichte der Betriebswirtschaft, in: Handwörterbuch der Betriebswirtschaft, Bd. 1, hrsg. von H. Seischab u. K. Schwantag, 3. Aufl., Stuttgart: Poeschel 1956, Sp. 970–984.

Lohse, Bernhard: Martin Luther. Eine Einführung in sein Leben und sein Werk, 3. Aufl., München: C. H. Beck 1997.

Luther, Martin: Werke, Bd. 7, hrsg. von K. Aland, Göttingen: Vandenhoeck & Ruprecht 1991.

Meder, Lorenz: Handel-Buch : darin angezeigt wird, welcher gestalt inn den fürnembsten Hendelstetten Europe allerley wahren anfencklich kaufft, dieselbig wider mit nutz verkaufft, wie die Wechsel gemacht, Pfund, Ellen unnd Müntz

uberal verglichen und zu welcher zeit die Merckten […], Nürnberg: Vom Berg und Neuber 1558.
North, Michael (Hrsg.): Deutsche Wirtschaftsgeschichte – Ein Jahrtausend im Überblick, München: C.H. Beck 2000.
Pacioli, Luca: Abhandlung über die Buchhaltung, mit einer Einleitung über die italienische Buchhaltung im 15. Jahrhundert und Paciolis Leben und Werk, hrsg. v. B. Penndorf, Stuttgart: Poeschel 1933.
Penndorf, Balduin: Geschichte der Buchhaltung in Deutschland, Leipzig: Gloeckner 1913.
Penndorf, Balduin: Die geschichtliche Entwicklung der Handelswissenschaften bis zum Ende des 19. Jahrhunderts. In: Zur Entwicklung der Betriebswirtschaftslehre – Festschrift für Robert Stern, Berlin/Wien/Leipzig: Leopold Weiss 1925, S. 7–19.
Polanyi, Karl: The Great Transformation, 11. Aufl., Frankfurt am Main: Suhrkamp 2014.
Ritter, Hellmut: Ein arabisches Handbuch der Handelswissenschaft in: Der Islam – Journal of the History and Culture of the Middle East, 1916. Online verfügbar: https://www.degruyter.com/document/doi/10.1515/islm.1916.7.1-2.1/html
Ruffing, Kai: Wirtschaft in der griechisch-römischen Antike, Darmstadt: WBG 2012.
Schneider, Dieter: Betriebswirtschaftslehre, Band 4: Geschichte und Methoden, München/Wien: Oldenbourg 2001.
Schönberger, Otto (Hrsg.): Marcus Pordus Cato: Vom Landbau, 2. Aufl., Düsseldorf/Zürich: Artemis und Winkler 2000.
Sombart, Werner: Der moderne Kapitalismus, Bd. II: Das europäische Wirtschaftsleben im Zeitalter des Frühkapitalismus, 2. Aufl., München/Leipzig 1916 [Nachdruck, München: DTV 1987].
Sundhoff, Edmund: Dreihundert Jahre Handelswissenschaft – Beiträge zur Geschichte der Betriebswirtschaftslehre, Göttingen: Schwartz & Co 1979.
Wächter, Lars: 525 Jahre Luca Paciolis doppelte Buchführung, in: WiSt - Wirtschaftswissenschaftliches Studium, 49. Jg., Heft 6/2020, S. 53-55.
Weber, Eduard: Literaturgeschichte der Handelsbetriebslehre, Tübingen: H. Laupp 1914.
Zorn, Wolfgang: Wirtschaftsgeschichte, in: Handwörterbuch der Wirtschaftswissenschaft (HdWW), Bd. 9, hrsg. v. W. Albers et al., Stuttgart et al. 1982, S. 55–82.

## 3. Kapitel

Becher, Johann Joachim: Politischer Discurs von den eigentlichen Ursachen deß Auf- und Abnehmens/ der Staedt/ Laender und Republicken, Frankfurt 1668.

Bellinger, Bernhard: Geschichte der Betriebswirtschaftslehre, Stuttgart: Poeschel 1967.

Brockhoff, Klaus: Betriebswirtschaftslehre in Wissenschaft und Geschichte, 5. Aufl., Wiesbaden: Springer/Gabler 2017.

Klein-Blenkers, Fritz: Kurzfassung des Inhalts der „Einleitung zur Handlungswissenschaft“ von Gerhard Heinrich Buse. In: Gerhard Heinrich Buse, Einleitung zur Handlungswissenschaft, Nachdruck der Ausgabe von 1807, hrsg. v. F. Klein-Blenkers/K. Robl, Bergisch Gladbach 2004, S. LXI-CVI (= Schriften zur Geschichte der Betriebswirtschaftslehre, Nr. 18).

Kolb, Gerhard: Geschichte der Volkswirtschaftslehre, 2. Aufl., München: Vaheln 2004.

Leitherer, Eugen: Geschichte der handels- und absatzwirtschaftlichen Literatur, Köln/Opladen: Westdeutscher Verlag 1961.

Löffelholz, Josef: Geschichte der Betriebswirtschaft und der Betriebswirtschaftslehre, Stuttgart: Poeschel 1935.

Löffelholz, Josef: Geschichte der Betriebswirtschaft, in: Handwörterbuch der Betriebswirtschaft, Bd. 1, hrsg. von H. Seischab u. K. Schwantag, 3. Aufl., Stuttgart: Poeschel 1956, Sp. 970–984.

Ludovici, Carl Günther: Grundriß eines vollständigen Kaufmanns-Systems..., 2. Aufl., Leipzig: Breitkopf 1768, hrsg. von R. Seÿffert, mit einer Einleitung: Carl Günther Ludovici und sein Hauptwerk, Stuttgart: Poeschel 1932 (= Quellen und Studien zur Geschichte der Betriebswirtschaftslehre, Bd. IV).

Penndorf, Balduin: Entwicklungsgeschichte des Betriebslebens, Wiesbaden: Gabler 1951.

Pott, Klaus Friedrich: Gerhard Heinrich Buse – Ein Handelsfachlehrer der Spätaufklärungspädagogik im Übergang zum Neuhumanismus. In: Gerhard Heinrich Buse, Einleitung zur Handlungswissenschaft , Nachdruck der Ausgabe von 1807, hrsg. v. F. Klein-Blenkers/K. Robl, Bergisch Gladbach 2004, S. IX–XVII (= Schriften zur Geschichte der Betriebswirtschaftslehre, Nr. 18).

Schenk, Hans-Otto: Dogmengeschichte des Handels. In: Handwörterbuch der Absatzwirtschaft, hrsg. v. B. Tietz, Stuttgart: Poeschel 1974, Sp. 487–504.

Schwantag, Karl: Stichwortartikel „Betriebswirtschaftslehre (I): Geschichte“ in: Handwörterbuch der Sozialwissenschaften, Bd. 2, hrsg. von Erwin v. Beckerath et al., Stuttgart et al. 1959, S. 114–120.

Seÿffert, Rudolf: Carl Günther Ludovici und sein Hauptwerk, in: Carl Günther Ludovici, Grundriß eines vollständigen Kaufmanns-Systems..., Nachdruck der 2. Aufl., Leipzig: Breitkopf 1768, hrsg. von R. Seÿffert, Stuttgart 1932 (= Quellen und Studien zur Geschichte der Betriebswirtschaftslehre, Bd. IV)

Seÿffert, Rudolf Über Begriff, Aufgaben und Entwicklung der Betriebswirtschaftslehre, 6. Aufl., Stuttgart: Poeschel 1971.
Sombart, Werner: Der moderne Kapitalismus, Bd. II: Das europäische Wirtschaftsleben im Zeitalter des Frühkapitalismus, 2. Aufl., München/Leipzig 1916 [Nachdruck, München: DTV 1987].
Sundhoff, Edmund: Stichwortartikel „Savary, Jacques" in: Handwörterbuch der Betriebswirtschaft, 3. Aufl., Bd. 3, hrsg. v. H. Seischab und K. Schwantag, Stuttgart: Poeschel 1960, Sp. 4763–4764.
Sundhoff, Edmund: Dreihundert Jahre Handelswissenschaft – Beiträge zur Geschichte der Betriebswirtschaftslehre, Göttingen: Schwartz & Co 1979.
Wächter, Lars: Ökonomen auf einen Blick – Ein Personenhandbuch zur Geschichte der Wirtschaftswissenschaft, 2. Aufl., Wiesbaden Springer/Gabler 2021.
Weber, Eduard: Literaturgeschichte der Handelsbetriebslehre, Tübingen: H. Laupp 1914.
Wöhe, Günter: Einführung in die Allgemeine Betriebswirtschaftslehre, 15. Aufl., München: Vahlen 1984.
Zedler, Johann Heinrich: Grosses vollständiges Universal-Lexicon Aller Wissenschafften und Künste, Leipzig/Halle 1731–1751. Digitalisierte Ausgabe im Internet: https://www.zedler-lexikon.de

## 4. Kapitel

Bardmann, Manfred: Grundlagen der Allgemeinen Betriebswirtschaftslehre – Geschichte, Konzepte, Digitalisierung, 3. Aufl., Wiesbaden: Springer/Gabler 2019.
Bontrup, Heinz-J.: Volkswirtschaftslehre – Grundlagen der Mikro- und Makroökonomie, 2. Aufl., München/Wien: Oldenbourg 2004.
Courcelle-Seneuil, Jean Gustave: Theorie und Praxis des Geschäftsbetriebs in Ackerbau, Gewerbe und Handel, Stuttgart: C. Grüninger 1868.
Hellauer, Josef: System der Welthandelslehre, Berlin: Puttkammer & Mühlbrecht 1920.
Klein-Blenkers, Fritz: Courcelle-Seneuil, Emminghaus und Lindwurm als Vorläufer der neuen Betriebswirtschaftslehre in der zweiten Hälfte des 19. Jahrhunderts, in: Aufsätze zur Geschichte der Betriebswirtschaftslehre, hrsg. von F. Klein-Blenkers, Köln: Bachem 1994, S. 111–130.
Klein Blenkers, Fritz; Reiß, Michael: Geschichte der Betriebswirtschaftslehren, in: Handwörterbuch der Betriebswirtschaftslehre, Bd. 1, 5. Aufl., Stuttgart: Schäffer-Poeschel 1993, Sp. 1417–1433.

Kulischer, Josef: Allgemeine Wirtschaftsgeschichte des Mittelalters und der Neuzeit, Bd. 2, 4. Aufl., München/Wien: Oldenbourg 1971.

Leitner, Friedrich: Wirtschaftslehre der Unternehmung, 5. Aufl., Berlin/Leipzig: De Gruyter & Co. 1926.

Lindwurm, Arnold: Die Handelsbetriebslehre und die Entwicklung des Welthandels, Stuttgart & Leipzig: Rübling 1869.

Löffelholz, Josef: „Handelsgeschichte", in: Handwörterbuch der Betriebswirtschaft, Bd. 2, Stuttgart: Poeschel 1958, Sp. 2553–2565.

Penndorf, Balduin: Kaufmännisches Bildungswesen. In: Handwörterbuch des Kaufmanns – Lexikon für Handel und Industrie, Bd. III, hrsg. von K. Bott, Hamburg/Berlin: Hanseatische Verlagsanstalt 1927, S. 279–284

Pott, Klaus Friedrich: Arnold Lindwurm – oder: Wer zu früh kommt, der steht vor verschlossenen Türen. In: Berufsbiographien von Handelsschullehrern des 19. Jahrhunderts, hrsg. von K. F. Pott, 2. Aufl., Detmold: Eusl 2017, S. 267–296.

Rau, Karl Heinrich: Ueber die Kameralwissenschaft – Entwicklung ihres Wesens und ihrer Theile, Heidelberg: C. F. Winter 1825.

Raydt, Hermann: Zur Begründung einer Handels-Hochschule in Leipzig, Denkschrift im Auftrag der Handelskammer zu Leipzig, Leipzig 1897.

Schär, Johann F.: Allgemeine Handelsbetriebslehre, 3. Aufl., Leipzig: Gloeckner 1918.

Schneider, Dieter: Die ersten Handelshochschulen. In: Entwicklungen der Betriebswirtschaftslehre. 100 Jahre Fachdisziplin – zugleich eine Verlagsgeschichte, hrsg. von Eduard Gaugler/Richard Köhler, Stuttgart: Schäffer-Poeschel 2002, S. 39–59.

Schuricht, Annemarie: Emminghaus, Arwed, in: Neue Deutsche Biographie, Bd. 4, hrsg. v. der Historischen Kommission bei der Bayerischen Akademie der Wissenschaften, Berlin: Duncker & Humblot 1959.

Schwantag, Karl: Betriebswirtschaftslehre (I): Geschichte, in: Handwörterbuch der Sozialwissenschaften, Bd. 2, hrsg. von Erwin v. Beckerath et al., Stuttgart et al. 1959, S. 114–120.

Seÿffert, Rudolf Über Begriff, Aufgaben und Entwicklung der Betriebswirtschaftslehre, 6. Aufl., Stuttgart: Poeschel 1971.

Sundhoff, Edmund: Emminghaus, K. B. Arwed, in: Handwörterbuch der Betriebswirtschaftslehre, Bd. I, 3. Aufl., Stuttgart 1956, Sp. 1629/30.

Sundhoff, Edmund: Dreihundert Jahre Handelswissenschaft – Beiträge zur Geschichte der Betriebswirtschaftslehre, Göttingen: Schwartz & Co 1979.

Weber, Eduard: Literaturgeschichte der Handelsbetriebslehre, Tübingen: H. Laupp 1914.

## 5. Kapitel

Baumstark, Eduard: Kameralistische Encyclopädie – Handbuch der Kameralwissenschaften und ihrer Literatur für Rechts- und Verwaltungs-Beamten, Landstände, Gemeinde-Räthe und Kameral-Candidaten, Heidelberg/Leipzig: Groos 1835.

Busse von Colbe, Walther: Wirtschaftshochschulen und wirtschafts- und sozialwissenschaftliche Fakultäten. In: Handwörterbuch der Betriebswirtschaft, Bd. 4, hrsg. von H. Seischab u. K. Schwantag, 3. Aufl., Stuttgart: Poeschel 1962, Sp. 6391–6407.

Cordes, Walter (Hrsg.): Eugen Schmalenbach – Der Mann – Sein Werk – Die Wirkung, Stuttgart: Schäffer 1984.

Franz, Heike: Zwischen Markt und Profession – Betriebswirte in Deutschland im Spannungsfeld von Bildungs- und Wirtschaftsbürgertum (1900–1945), Göttingen: Vandenhoeck & Ruprecht 1998 (zugl. Diss., Univ. Bielefeld, 1996/97).

Franz, Heike/Kieser, Alfred: Die Frühphase der Betriebswirtschaftslehre an Hochschulen (1898–1932), in: Entwicklungen der Betriebswirtschaftslehre, hrsg. von E. Gaugler u. R. Köhler, Stuttgart: Schäffer-Poeschel 2002, S. 61–85.

Göschel, Hans: Die Handelshochschule in Leipzig, Leipzig: HHL 2008.

Hundt, Sönke: Zur Theoriegeschichte der Betriebswirtschaftslehre. Köln: Bund 1977.

Isaac, Alfred: Die Entwicklung der wissenschaftlichen Betriebswirtschaftslehre in Deutschland seit 1898, Berlin: Spaeth & Linde 1923.

Klein-Blenkers, Fritz: Gesamtübersicht über die Hochschullehrer der Betriebswirtschaft in der Zeit von 1898–1955, 2. Aufl., Köln: Wirtschaftsverlag Bachem 1992.

Klein-Blenkers, Fritz: Die Entwicklung der Betriebswirtschaftslehre bis 1955. In: Aufsätze zur Geschichte der Betriebswirtschaftslehre, hrsg. von F. Klein-Blenkers, Köln: Wirtschaftsverlag Bachem 1994, S. 11–63.

Lingenfelder, Michael/Loevenich, Peter: Medien und Fachverlage in der Betriebswirtschaftslehre, in: 100 Jahre Betriebswirtschaftslehre in Deutschland, hrsg. von M. Lingenfelder, München: Vahlen 1999, S. 231–249.

Lokatis, Siegfrid: Hanseatische Verlagsanstalt – Politisches Buchmarketing im Dritten Reich, in: Archiv für Geschichte des Buchwesens (AGB), Bd. 38, hrsg. von der Historischen Kommission des Börsenvereins des Deutschen Buchhandels, Frankfurt am Main 1992.

Maltry, Helmut: Betriebswirtschaftliche Zeitschriften, in: Handwörterbuch der Betriebswirtschaft, Bd. 3, hrsg. von W. Wittmann et al., 5. Aufl., Stuttgart: Schäffer-Poeschel 1993, Sp. 4785–4794.

Mantel, Peter: Betriebswirtschaftslehre und Nationalsozialismus – Eine institutionen- und personengeschichtliche Studie, Wiesbaden: Gabler 2009 (zugl. Diss., FU Berlin 2007).

Odermann, Carl G.: Lehrbuch der Kontorwissenschaft, 9. Aufl., Leipzig: Gebhardt 1889.

Pfeiff, Andreas: Die Entstehung und Entwicklung der Handelshochschulen in Deutschland – Empirische Analysen zwischen Kaiserreich, Republik und Diktatur, Frankfurt am Main: Peter Lang 2009 (= Europäische Hochschulschriften, Serie XI, Bd. 990; Diss. Univ. Mannheim 2009).

Rieger, Wilhelm: Einführung in die Privatwirtschaftslehre, Nürnberg: Krische 1928.

Riese, Reimar: Am Strom der Zeit – Carl Ernst Poeschel und sein Verlag für kaufmännische Fachliteratur in Leipzig 1902 bis 1919, in: Entwicklungen der Betriebswirtschaftslehre, hrsg. von E. Gaugler u. R. Köhler, Stuttgart: Schäffer-Poeschel 2002.

Rogowsky, Bruno: Lambert, Richard. In: Handwörterbuch der Betriebswirtschaft, Bd. III, 3. Aufl., hrsg. v. H. Seischab u. K. Schwantag, Stuttgart: Poeschel 1960, Sp. 3680–3682.

Sächsisches Wirtschaftsarchiv (Hrsg.): Die öffentliche Handelslehranstalt zu Leipzig 1831–1950, Festschrift zum 170. Jahrestag ihrer Gründung, Leipzig 2001.

Schmaltz, Kurt: Betriebswirtschaftliche Zeitschriften in Deutschland, in: Handwörterbuch der Betriebswirtschaft, Bd. 5, hrsg. von H. Nicklisch, Stuttgart: Poeschel 1928, Sp. 1283–1295.

Schmidt, Fritz: Organische Bilanz, in: Handwörterbuch des Kaufmanns, Bd. IV, hrsg. von K. Bott, Hamburg: Hanseatische Verlagsanstalt 1927, S. 195–197.

Schneider, Dieter: Geschichte der Betriebswirtschaftslehre. In: 100 Jahre Betriebswirtschaftslehre in Deutschland (1898–1998), hrsg. v. M. Lingenfelder, München: Vahlen 1999, S. 1–29.

Schneider, Dieter: Betriebswirtschaftslehre, Band 4: Geschichte und Methoden, München/Wien: Oldenbourg 2001.

Schneider, Dieter: Die ersten Handelshochschulen. In: Entwicklungen der Betriebswirtschaftslehre. 100 Jahre Fachdisziplin – zugleich eine Verlagsgeschichte, hrsg. von Eduard Gaugler u. Richard Köhler, Stuttgart: Schäffer-Poeschel 2002, S. 39–59.

Schneider, Dieter: Prägende Persönlichkeiten in der Gründungsphase des VHB 1921–1933, in: Der Verband der Hochschullehrer für Betriebswirtschaft, hrsg. vom VHB, Wiesbaden: Gabler 2012, S. 38–44.

Seÿffert, Rudolf Über Begriff, Aufgaben und Entwicklung der Betriebswirtschaftslehre, 6. Aufl., Stuttgart: Poeschel 1971.

Wächter, Lars: 125 Jahre Handelshochschule – Die Wiege der BWL, in: WiSt – Wirtschaftswissenschaftliches Studium, 52. Jg., Heft 11/2023, S. 55–59.

Weber, Eduard: Literaturgeschichte der Handelsbetriebslehre, Tübingen: H. Laupp 1914.

Werner, Felix: Die Betriebswirtschaftslehre und die Handelshochschulen. In: Zur Entwicklung der Betriebswirtschaftslehre – Festschrift für Robert Stern, Berlin/Wien/Leipzig: Leopold Weiss 1925, S. 20–39.

Zander, Gunther Herbert: Gründung der Handelshochschulen im deutschen Kaiserreich (1898–1919), Dissertation an der Universität zu Köln, 2004.

## 6. Kapitel

Bardmann, Manfred: Grundlagen der Allgemeinen Betriebswirtschaftslehre – Geschichte, Konzepte, Digitalisierung, 3. Aufl., Wiesbaden: Springer/Gabler 2019.

Bellinger, Bernhard: Geschichte der Betriebswirtschaftslehre, Stuttgart: Poeschel 1967.

Bellinger, Bernhard: Die Betriebswirtschaftslehre der neueren Zeit, Darmstadt: Wissenschaftliche Buchgesellschaft 1988.

Falk, Bernd/Wolf, Jakob: Handelsbetriebslehre, 11. Aufl., Landsberg/Lech: Moderne Industrie 1992.

Hellauer, Josef: System der Welthandelslehre, Ein Lehr- und Handbuch des internationalen Handels, 3.–8. Aufl., Berlin: Puttkammer & Mühlbrecht 1920.

Käfer, Karl: Johann Friedrich Schär und die Entwicklung der Betriebswirtschaftslehre, Zürich: Schulthess & Co. 1946.

Kosiol, Erich: Wegbereiter der Betriebswirtschaftslehre – Würdigung der Forschungsleistungen von Leitner und Nicklisch, in: Bausteine der Betriebswirtschaftslehre – Eine Sammlung ausgewählter Abhandlungen, Aufsätze und Vorträge, Bd. 1, hrsg. von E. Kosiol, Berlin: Duncker & Humblot 1973, S. 28–43.

Large, Rudolf O.: Heinrich Nicklisch, in: VHB (Hrsg.): Der Verband der Hochschullehrer für Betriebswirtschaft – Geschichte des VHB und Geschichten zum VHB, Wiesbaden: Gabler 2012.

Leitherer, Eugen: Geschichte der handels- und absatzwirtschaftlichen Literatur, Köln u. Opladen 1961.

Löffelholz, Josef: Repetitorium der Betriebswirtschaftslehre, 6. Aufl., Wiesbaden: Gabler 1980.

Marscheider, Dieter: Die Erkenntnisse auf dem Gebiet des Vertriebes in der deutschsprachigen Literatur von 1868 bis 1914, Berlin: Duncker & Humblot 1967.

Nicklisch, Heinrich: Die Betriebswirtschaft, 7. Aufl., Stuttgart: Poeschel 1932.

Schär, Johann F.: Allgemeine Handelsbetriebslehre, 3. Aufl., Leipzig: Gloeckner 1918.

Schneider, Dieter: Nicklisch, Heinrich, in: Neue Deutsche Biographie 19 (1999), S. 199–200. Online: https://www.deutsche-biographie.de/pnd118734741.html#ndbcontent

Schönpflug, Fritz: Betriebswirtschaftliche Methoden und Hauptströmungen, 2. Aufl., Stuttgart: Poeschel 1954 (1. Aufl. 1933 u. d. T. Das Methodenproblem in der Einzelwirtschaftslehre).

Sundhoff, Edmund: Dreihundert Jahre Handelswissenschaft – Beiträge zur Geschichte der Betriebswirtschaftslehre, Göttingen: Schwartz & Co 1979.

Tietz, Bruno: Der Handelsbetrieb, 2. Aufl., München: Vahlen 1993.

Völker, Gerhard: Heinrich Nicklisch – Grundzüge seiner Lehre, Stuttgart: Poeschel 1961.

Wächter, Lars: Das Schärsche Gesetz, in: WiSt – Wirtschaftswissenschaftliches Studium, 50. Jg., Heft 10/2021, S. 41–43.

Weber, Eduard: Literaturgeschichte der Handelsbetriebslehre, Tübingen: Laupp 1914.

## 7. Kapitel

Backhaus, Klaus: Betriebswirtschaftliche Vereinigungen, in: M. Lingenfelder (Hrsg.): 100 Jahre Betriebswirtschaftslehre in Deutschland, München: Vahlen 1999, S. 213–229.

Böhme, Werner: Ein Vierteljahrhundert Verband deutscher Diplom-Kaufleute e. V., in: Der Diplom-Kaufmann – Zeitschrift des Verbandes deutscher Diplom-Kaufleute e. V, hrsg. von K. Borchardt/H. Löhmer, Nr. 6 vom Juni 1930, S. 247–259.

Bott, Karl (Hrsg.): Handwörterbuch des Kaufmanns, Bd. 5, Hamburg: Hanseatische Verlagsanstalt 1927.

Brockhoff, Klaus: Zur Vor- und Frühgeschichte des Verbands der Hochschullehrer für Betriebswirtschaft, in: Schmalenbachs Zeitschrift für betriebswirtschaftliche Forschung (zfbf), Heft 2/2016, S. 229–251.

Brockhoff, Klaus: Betriebswirtschaftslehre in Wissenschaft und Geschichte, 5. Aufl., Wiesbaden: Springer/Gabler 2017.

Bunge, Helmut: Siebzig Jahre Forschungsstelle für den Handel, in: V. Trommsdorff (Hrsg.): Handelsforschung 1999/00, Wiesbaden: Gabler 2000, S. 1–10.

Cordes, Walter (Hrsg.): Eugen Schmalenbach – Der Mann – Sein Werk – Die Wirkung, Stuttgart: Schäffer 1984.

Fuchs-Wegner, Gertrud: Vereinigungen, Betriebswirtschaftliche, in: Handwörterbuch der Betriebswirtschaft, Bd. 3, 5. Aufl., Stuttgart: Schäffer-Poeschel 1993, Sp. 4485–4495.

Göschel, Hans: Die Handelshochschule in Leipzig, Leipzig: HHL 2008.

Hundt, Sönke: Zur Theoriegeschichte der Betriebswirtschaftslehre, Köln: Bund 1977.

Isaac, Alfred: Die Entwicklung der wissenschaftlichen Betriebswirtschaftslehre in Deutschland seit 1898, Berlin: Spaeth & Linde 1923.

Klein-Blenkers, Fritz: Die Entwicklung der Betriebswirtschaftslehre bis in die zwanziger Jahre des 20. Jahrhunderts, in: Aufsätze zur Geschichte der Betriebswirtschaftslehre, hrsg. von F. Klein-Blenkers, Köln 1994, S. 65–85.

Köster, Roman: Die Schmalenbachkontroverse während der Weltwirtschaftskrise. Ein Fallbeispiel für die ökonomische Wissensrezeption, in: Jahrbuch für Wirtschaftsgeschichte, Bd. 50, Heft 1/2009, S. 229–244.

Kruk, Max: Leben und Wirken Schmalenbachs, in: W. Cordes (Hrsg.): Eugen Schmalenbach, Stuttgart: Schäffer 1984.

Littmann, Hans-Eduard.: Verband deutscher Diplom-Kaufleute e. V. (VddK), in: Handwörterbuch der Betriebswirtschaftslehre, Bd. 4, 3. Aufl., Stuttgart: Poeschel 1962, Sp. 5617 f.

Mantel, Peter: Betriebswirtschaftslehre und Nationalsozialismus – Eine institutionen- und personengeschichtliche Studie, Wiesbaden: Gabler 2009.

o.V.: Verband der Dozenten für Betriebswirtschaftslehre an deutschen Hochschulen, in: Handwörterbuch der Betriebswirtschaftslehre, Bd. 5, 1. Aufl., hrsg. v. H. Nicklisch, Stuttgart: Poeschel 1928, Sp. 553.

Pfundt, W.: Verband deutscher Diplom-Kaufleute e. V., in: Handwörterbuch der Betriebswirtschaftslehre, Bd. 5, 1. Aufl., Stuttgart: Poeschel 1928, Sp. 560–562.

Picot, Arnold: Überblick über Geschichte und Struktur des VHB, in: VHB (Hrsg.): Der Verband der Hochschullehrer für Betriebswirtschaft, Wiesbaden: Gabler 2012, S. 3–21.

Schanz, Günther: Eine kurze Geschichte der Betriebswirtschaftslehre, Konstanz/München: UVK/Lucius 2014.

Schäfer, Erich: Etappen der Handels- und Absatzlehre, in: Handelsforschung heute – Festschrift zum 50jährigen Bestehen der Forschungsstelle für den Handel, hrsg. von der Forschungsstelle für den Handel, Berlin: Duncker & Humblot 1979, S. 46–58.

Schenk, Hans-Otto: Handelsforschung gestern und heute, in: Handelsforschung heute, hrsg. von der Forschungsstelle für den Handel, Berlin: Duncker & Humblot 1979, S. 25–45.

Schmidt, Klaus-Dietrich: Fachvereinigungen, in: Handwörterbuch der Betriebswirtschaftslehre, Bd. 1, hrsg. v. H. Nicklisch, 2. Aufl., Stuttgart 1938, Sp. 1684–1689.

Schmidt, Klaus-Dietrich: Institute, in: Handwörterbuch der Betriebswirtschaft, Bd. 2, hrsg. v. H. Nicklisch, 2. Aufl., Stuttgart: Poeschel 1939, Sp. 461–482.

Schneider, Dieter: Betriebswirtschaftslehre, Bd. 4: Geschichte und Methoden der Wirtschaftswissenschaft, München: Oldenbourg 2001.

Seÿffert, Rudolf: Betriebswirtschaftliche Forschung, ihre Entwicklung. In: Handwörterbuch der Betriebswirtschaft, Bd. 1, hrsg. v. H. Nicklisch, 1. Aufl., Stuttgart: Poeschel 1926, Sp. 1188–1193.

Tafner, Georg: Reflexive Wirtschaftspädagogik. Wirtschaftliche Erziehung im ökonomisierten Europa: Eine neo-institutionelle Dekonstruktion des individuellen und kollektiven Selbstinteresses, Detmold: Eusl 2015 (zugl. Habil.-Schrift an der Humboldt-Universität zu Berlin, 2014).

## 8. Kapitel

Ambrosius, Gerold: Von Kriegswirtschaft zu Kriegswirtschaft 1914–1945, in: Deutsche Wirtschaftsgeschichte – Ein Jahrtausend im Überblick, hrsg. von M. North, München: Beck 2000, S. 282–350.

Auler, Wilhelm: Allgemeine kaufmännische Betriebswirtschaft, in: Handbuch des Deutschen Kaufmanns, hrsg. von J. Greifzu, Hamburg: Hanseatische Verlagsanstalt 1935, S. 335–360.

Berghoff, Hartmut: Moderne Unternehmensgeschichte – Eine themen- und theorieorientierte Einführung, 2. Aufl., Berlin/Boston: De Gruyter/Oldenbourg 2016.

Beste, Theodor: Wirtschaftsplanung, in: Handwörterbuch der Betriebswirtschaft, Bd. 2, hrsg. von H. Nicklisch, 2. Aufl., Stuttgart: Poeschel 1939, Sp. 2339–2354.

Borgstedt, Angela/Gassert, Philipp/Löhr, Johannes: Curt Sandig, der Nationalsozialismus, die deutsche BWL und die Universität Mannheim. Pressemitteilung der Universität Mannheim vom 07.06.2019. Online verfügbar: https://www.uniannheim.de/media/Einrichtungen/Abteilung_Kommunikation/Dokumente/Pressemitteilungen/Pressemitteilungen_2019/Stellungnahme_zu_Curt_Sandigs_Verhaeltnis_zum_NS_2019_08.pdf (aufgerufen am 15.07.2023)

Franz, Heike: Zwischen Markt und Profession – Betriebswirte in Deutschland im Spannungsfeld von Bildungs- und Wirtschaftsbürgertum (1900–1945), Göttingen: Vandenhoeck & Ruprecht 1998 (zugl. Diss., Univ. Bielefeld, 1996/97).

Friedrichs, Hans: Würdigung von Guido Fischer. In: Personal, 31. Jg., Heft 4/1979, S. 130–32. Online verfügbar: http://www.jstor.org/stable/24379220

Gmähle, Peter: Betriebswirtschaftslehre und Nationalsozialismus, Diss. Univ. Erlangen-Nürnberg 1968.

Göschel, Hans: Die Handelshochschule in Leipzig, Leipzig: HHL 2008.

Greifzu, Julius (Hrsg.): Handbuch des Deutschen Kaufmanns, Hamburg: Hanseatische Verlagsanstalt 1935.

Hahn, Oswald: Funktionale Kontorechnung – Zum Tode von Walter Thoms. In: Zeitschrift für öffentliche und gemeinwirtschaftliche Unternehmen (ZögU/Journal for Public and Nonprofit Services), Bd. 18, H. 3 (1995), S. 356–361. Online verfügbar: https://www.jstor.org/stable/20763819

Hasenack, Wilhelm: Vierjahresplan, in: Handwörterbuch der Betriebswirtschaft, Bd. 2, hrsg. v. H. Nicklisch, 2. Aufl., Stuttgart: Poeschel 1939, Sp. 2140–2163.

Hundt, Sönke: Zur Theoriegeschichte der Betriebswirtschaftslehre, Köln: Bund 1977.

Keynes, John Maynard: Allgemeine Theorie der Beschäftigung, des Zinses und des Geldes, 3. Aufl. der dt. Übers. v. Fritz Waeger, Berlin: Duncker & Humblot 1966.

Klein-Blenkers, Fritz: Die Entwicklung der Betriebswirtschaftslehre bis in die zwanziger Jahre des 20. Jahrhunderts, in: Aufsätze zur Geschichte der Betriebswirtschaftslehre, hrsg. von F. Klein-Blenkers, Köln: Bachem 1994, S. 65–85.

Klein-Blenkers, Fritz: Die Entwicklung der Betriebswirtschaftslehre bis 1955, in: Aufsätze zur Geschichte der Betriebswirtschaftslehre, hrsg. von F. Klein-Blenkers, Köln: Bachem 1994, S. 9–63.

Kosiol, Erich: Nicklischs Theorie der Betriebswirtschaft, in: Bausteine der Betriebswirtschaftslehre – Eine Sammlung ausgewählter Abhandlungen, Aufsätze und Vorträge, Bd. 1, hrsg. von E. Kosiol, Berlin: Duncker & Humblot 1973, S. 211–233.

Lorson, Peter/Häußler, Matthias/Martins, Erko: Geschichte und Denker der Betriebswirtschaftslehre, in: Schweitzer/Baumeister (Hrsg.): Allgemeine Betriebswirtschaftslehre, 11. Aufl., Berlin: Erich Schmidt 2015.

Mantel, Peter: Betriebswirtschaftslehre und Nationalsozialismus – Eine institutionen- und personengeschichtliche Studie, Wiesbaden: Gabler 2009.

Mantel, Peter: „Eine vollkommen unpolitische Disziplin“ – Zur Entwicklung der modernen Betriebswirtschaftslehre im ersten Halbjahrhundert ihres Bestehens, in: Die Hochschule – Journal für Wissenschaft und Bildung, 19. Jg., Heft 1/2010, S. 148–164.

Müller, Kurt/Lochner, H.: Das Grundwissen des Kaufmanns – Eine Betriebslehre, Leipzig: Gloeckner 1938.

Potthoff, Erich: Betriebswirtschaftslehre im Nationalsozialismus (1933–1945) bei politischer Gleichschaltung und staatlicher Wirtschaftslenkung, in: E. Gaugler/R. Köhler (Hrsg.): Entwicklungen der Betriebswirtschaftslehre, Stuttgart: Schäffer Poeschel 2002, S. 87–110

Seier, Hellmut: Der Rektor als Führer. In: Vierteljahrshefte für Zeitgeschichte, 12. Jg. (1964), Heft 2, S. 105–146.

Schneider, Dieter: Betriebswirtschaftslehre, Bd. 4: Geschichte und Methoden der Wirtschaftswissenschaft, München: Oldenbourg 2001.

Schönpflug, Fritz: Betriebswirtschaftliche Methoden und Hauptströmungen, 2. Aufl., Stuttgart: Poeschel 1954 (1. Aufl. 1933 u. d. T. Das Methodenproblem in der Einzelwirtschaftslehre).

Schultes, Kilian P.: Die Staats- und Wirtschaftswissenschaftliche Fakultät der Universität Heidelberg 1934–1946, Heidelberg 2010, S. 139 (Diss. Univ. Heidelberg 2007/08).

Thoms, Walter: Allgemeine Betriebswirtschaftslehre, Berlin/Potsdam/Wien 1944.

Uckel, Kurt: Wirtschaftslenkung (Wirtschaft und Judentum), in: Handwörterbuch der Betriebswirtschaft, Bd. 2, hrsg. von H. Nicklisch, 2. Aufl., Stuttgart: Poeschel 1939, Sp. 2705–2708.

Walter, Rolf: Wirtschaftsgeschichte – Vom Merkantilismus bis zur Gegenwart, 5. Aufl., Köln/Weimar/Wien: Böhlau 2011.

Weilbach, Erich A.: Neue Wege der Betriebswirtschaft – Festschrift für Walter Thoms zu seinem 65. Geburtstag, Herne/Berlin: Neue Wirtschaftsbriefe 1964.

## 9. Kapitel

Albach, Horst: Meilensteine der Betriebswirtschaftslehre – 60 Jahre Zeitschrift für Betriebswirtschaft, Wiesbaden: Gabler 1991.

Albach, Horst: Erich Gutenberg, die Entstehung der „Grundlagen der Betriebswirtschaftslehre“ und der VHB, in: Der Verband der Hochschullehrer für Betriebswirtschaft, hrsg. vom VHB, Wiesbaden: Gabler 2012, S. 87–90.

Bardmann, Manfred: Grundlagen der Allgemeinen Betriebswirtschaftslehre – Geschichte, Konzepte, Digitalisierung, 3. Aufl., Wiesbaden: Springer/Gabler 2019.

Bellinger, Bernhard: Die Betriebswirtschaftslehre der neueren Zeit, Darmstadt: Wissenschaftliche Buchgesellschaft 1988.

Brockhoff, Klaus: Betriebswirtschaftslehre in Wissenschaft und Geschichte, 5. Aufl., Wiesbaden: Springer/Gabler 2017.

Cramer, Werner und Kollektiv: Handelsökonomie, 2. Aufl., Berlin (DDR): Die Wirtschaft 1989.

Fischer, Guido: Der Mensch im Betrieb – Die Grenze zwischen Betriebswirtschaftslehre, Soziologie und Psychologie, in: ZfB, 22. Jg., 1952, S. 253–264.

Göschel, Hans: Die Handelshochschule in Leipzig, Leipzig: HHL 2008.

Gutenberg, Erich: Die Unternehmung als Gegenstand betriebswirtschaftlicher Theorie, Berlin/Wien: Spaeth & Linde 1929.

Gutenberg, Erich: Martin Lohmann, Einführung in die Betriebswirtschaftslehre, in: Zeitschrift für die gesamte Staatswissenschaft, Bd. 106, H. 2 (1950), S. 380–382.

Gutenberg, Erich: Zum Methodenstreit, in: Zeitschrift für handelswissenschaftliche Forschung (ZfhF), Neue Folge, 5. Jg., 1953, S. 327–355.

Gutenberg, Erich: Betriebswirtschaftslehre als Wissenschaft, in: ZfB, 27. Jg. (1957), S. 606–612.

Gutenberg, Erich: Einführung in die Betriebswirtschaftslehre, Wiesbaden: Gabler 1958.

Gutenberg, Erich: Zur Theorie der Unternehmung – Schriften und Reden von Erich Gutenberg, aus dem Nachlass hrsg. von H. Albach, Berlin/Heidelberg/New York: Springer 1989.

Gutenberg, Erich: Die Betriebswirtschaftslehre in den Jahren des Wiederaufbaus, in: Wirtschafts- und Sozialwissenschaftler in Frankfurt am Main, hrsg. von B. Schefold, 3. Aufl., Marburg: Metropolis 2016, S. 157–159.

Kalveram, Wilhelm: Der christliche Gedanke in der Wirtschaft, Köln: Bachem 1949.

Klein-Blenkers, Fritz: Die Entwicklung der Betriebswirtschaftslehre bis 1955, in: Aufsätze zur Geschichte der Betriebswirtschaftslehre, hrsg. von F. Klein-Blenkers, Köln: Bachem 1994, S. 9–63.

Koch, Helmut: Erich Gutenberg und die betriebswirtschaftliche Theorie, in: Entwicklung und Bedeutung der betriebswirtschaftlichen Theorie, hrsg. von H. Koch, Wiesbaden: Gabler 1997, S. 105–123.

Kupferschmidt, Walter: Abwicklung einer „Kaderschmiede", in: Neues Deutschland vom 24. 09. 2011. Online verfügbar: https://www.nd-aktuell.de/artikel/207475.abwicklung-einer-kaderschmiede.html (aufgerufen am 23.08.2023).

Mantel, Peter: „Eine vollkommen unpolitische Disziplin" – Zur Entwicklung der modernen Betriebswirtschaftslehre im ersten Halbjahrhundert ihres Bestehens, in: Die Hochschule – Journal für Wissenschaft und Bildung, 19. Jg., Heft 1/2010, S. 148–164.

Mantel, Peter: Das Frankfurter Betriebswirte-Treffen von 1948 und Hanns Linhardts Fachkritik, in: Der Verband der Hochschullehrer für Betriebswirtschaft, hrsg. vom VHB, Wiesbaden: Gabler 2012, S. 82–86.

Meffert, Heribert: Betriebswirtschaftslehre in den Siebziger- und Achtzigerjahren, in: Entwicklungen der Betriebswirtschaftslehre, hrsg. von E. Gaugler/R. Köhler, Stuttgart: Schäffer-Poeschel 2002, S. 135–164.

Mellerowicz, Konrad: Allgemeine Betriebswirtschaftslehre, Bd. 1–3, 7. Aufl., Berlin: de Gruyter 1952.

Mellerowicz, Konrad: Eine neue Richtung in der Betriebswirtschaftslehre? ZfB, 22. Jg., Heft 3, 1952, S. 145–161.

Müller-Armack, Alfred: Soziale Marktwirtschaft, in: Handwörterbuch der Sozialwissenschaften (HDSW), Bd. 9, Stuttgart/Tübingen/Göttingen: Fischer/Mohr/Vandenhoeck & Ruprecht 1956, S. 390–392.

Müller-Merbach, Heiner: Der Methodenstreit in der BWL: Mellerowicz versus Gutenberg, in: Der Verband der Hochschullehrer für Betriebswirtschaft, hrsg. vom VHB, Wiesbaden: Gabler 2012, S. 179–184.

Pieper, Rüdiger: Rekonstruktion der Geschichte von Betriebswirtschaftslehre und Leitungswissenschaft in der DDR. In: Westliches Management – Östliche Leitung. Ein Vergleich von Managementlehre und DDR-Leitungswissenschaft, hrsg. von R. Pieper, Berlin/New York: De Gruyter 1989, S. 79–124.

Roesler, Jörg: Behrens und Berger – Zur Rolle des Behrens-Schülers und Ulbricht-Beraters Wolfgang Berger in der Wirtschaftspolitik der SED. In: Eva Müller / Manfred Neuhaus/Joachim Tesch: »Ich habe einige Dogmen angetastet....« – Werk und Wirken von Fritz Behrens, Leipzig: Rosa-Luxemburg-Stiftung Sachsen 1999, S. 39–53.

Schäfer, Erich: Die Unternehmung – Einführung in die Betriebswirtschaftslehre, 8. Aufl., Opladen: Westdeutscher Verlag 1974.

Schauenberg, Bernd: „Spezialisierung in der Betriebswirtschaftslehre und die Frage nach der Allgemeinen Betriebswirtschaftslehre“, in: VHB (Hrsg.): Der Verband der Hochschullehrer für Betriebswirtschaft, Wiesbaden: Gabler 2012, S. 213–222.

Schmalenbach, Eugen: Der freien Wirtschaft zum Gedächtnis, Köln/Opladen: Westdeutscher Verlag 1949.

Schneider, Dieter: Betriebswirtschaftslehre, Bd. 4: Geschichte und Methoden der Wirtschaftswissenschaft, München: Oldenbourg 2001.

Schreyögg, Georg: Das Verhältnis der Betriebswirtschaftslehre zu ihren Nachbardisziplinen, insbesondere der Volkswirtschaftslehre, in: Der Verband der Hochschullehrer für Betriebswirtschaft (VHB), hrsg. vom VHB, Wiesbaden: Gabler 2012, S. 191–201.

Wöhe, Günter: Einführung in die Allgemeine Betriebswirtschaftslehre, 15. Aufl., München: Vahlen 1984.

Wöhe, Günter: Entwicklungstendenzen der Allgemeinen Betriebswirtschaftslehre im letzten Drittel unseres Jahrhunderts – Rückblick und Ausblick, in: Die Betriebswirtschaft (DBW), 50. Jg., Heft 2, 1990, S. 223–235.

Wöhe, Günter: Einführung in die Allgemeine Betriebswirtschaftslehre, 24. Aufl., München: Vahlen 2010.

## 10. Kapitel

Baligh, Helmy H./Richartz, Leon E.: Vertical Market Structures, Boston: Allyn and Bacon 1967.

Bardmann, Manfred: Grundlagen der Allgemeinen Betriebswirtschaftslehre – Geschichte, Konzepte, Digitalisierung, 3. Aufl., Wiesbaden: Springer/Gabler 2019.

Betancourt, Roger R./Gautschi, David A.: Distribution Services and Economic Power in a Channel, in: Journal of Retailing, Jg. 74, H. 1, 1998, S. 37–60.

Brockhaus: Die Bibliothek Gesundheit, Bd. 4: Psychologie, Leipzig/Mannheim: F. A. Brockhaus, 2000–2001.

Freimann, Jürgen: Betriebliche Umweltpolitik, Bern/Stuttgart/Wien: Haupt 1996.

Freimann, Jürgen: Das Märchen vom gerechten Markt – Wie wir den homo oeconomicus überwinden können, Baden-Baden: Tectum 2017.

Freimann, Jürgen: Der Bock als Gärtner – Vom Wachsen und Werden der ökologisch orientierten Betriebswirtschaftslehre, in: Ideengeschichte der BWL II, hrsg. von W. Matiaske/D. Sadowski, Wiesbaden: Springer/Gabler 2022, S. 323–347.

Gröppel-Klein, Andrea: Geschichte der BWL – Die Konsumentenverhaltensforschung in Marketing und Betriebswirtschaftslehre, in: Ideengeschichte der BWL II, hrsg. von W. Matiaske u. D. Sadowski, Wiesbaden: Springer/Gabler 2022, S. 179–212.

Hansen, Ursula/Bode, Matthias: Marketing & Konsum – Theorie und Praxis von der Industrialisierung bis ins 21. Jahrhundert, München: Vahlen 1999.

Gümbel, Rudolf: Handel, Markt und Ökonomik, Wiesbaden: Gabler 1985.

Heinen, Edmund: Zum Wissenschaftsprogramm der entscheidungsorientierten Betriebswirtschaftslehre. In: ZfB, 39 Jg., 1969, S. 207–220.

Heinen, Edmund: Grundfragen der entscheidungsorientierten Betriebswirtschaftslehre, München: Goldmann 1976.

Heinen, Edmund: Betriebswirtschaftslehre heute – Die Bedeutung der Entscheidungstheorie für Forschung und Praxis, Wiesbaden: Gabler 1966.

Heinen, Edmund: Einführung in die Betriebswirtschaftslehre, 9. Aufl., Wiesbaden: Gabler 1985.

Heinen, Edmund (Hrsg.): Industriebetriebslehre, 8. Aufl., Wiesbaden: Gabler 1990.

Henning, Christoph: Marx und die Folgen. Stuttgart: Metzler 2017.

Hillmann, Karl-Heinz: Wörterbuch der Soziologie, 5. Aufl., Stuttgart: Kröner 2007.

Kieser, Alfred: Geschichte der Organisationslehre, in: 100 Jahre Betriebswirtschaftslehre in Deutschland, hrsg. v. M. Lingenfelder, München: Vahlen 1999.

Koubek, Norbert: Grundelemente einer Arbeitsorientierten Einzelwirtschaftslehre, in: WSI-Mitteilungen, H. 5/1973.

Koubek, Norbert: Arbeitsorientierte Einzelwirtschaftslehre (AOEWL), Mitbestimmung und Gewerkschaftspolitik, in: Gewerkschaftliche Monatshefte, 24. Jg., H. 11/1973.

Koubek, Norbert: Jenseits und Diesseits der Betriebswirtschaftslehre. Institutionen - Unternehmenstheorien - Globale Strukturen. Wiesbaden: Gabler 2010.

Kroeber-Riel, Werner/Gröppel-Klein, Andrea: Konsumentenverhalten, 11. Aufl., München: Vahlen 2019.

Kuß, Alfred: Marketing-Theorie – Eine Einführung, 3. Aufl., Wiesbaden: Gabler 2013.

Meffert, Heribert (Hrsg.): Marktorientierte Unternehmensführung im Wandel, Wiesbaden: Gabler 1999.

Meffert, Heribert: Betriebswirtschaftslehre in den Siebziger- und Achtzigerjahren, in: Entwicklungen der Betriebswirtschaftslehre, hrsg. von E. Gaugler/R. Köhler, Stuttgart: Schäffer-Poeschel 2002, S. 135–164.

Myers, David G.: Psychologie, 4. Aufl., Berlin/Heidelberg: Springer 2023.

Picot, Arnold: Transaktionskosten im Handel, in: Betriebsberater, Beilage 13 zu Heft 27/1986, S. 1–16.

Picot, Arnold/Schuller, Susanne: Institutionenökonomie, in: Handelsblatt Wirtschaftslexikon, Bd. 5, Stuttgart: Schäffer-Poeschel 2006, S. 2535–2541.

Rühli, Edwin: Betriebswirtschaftslehre nach dem Zweiten Weltkrieg, in: Entwicklungen der Betriebswirtschaftslehre, hrsg. von E. Gaugler/R. Köhler, Stuttgart: Schäffer-Poeschel 2002, S. 111–133.

Schäfer, Erich: Über einige Grundfragen der Betriebswirtschaftslehre, in: Zeitschrift für Betriebswirtschaft , Jg. 20, 1950, S. 553–563.

Schäfer, Erich: Selbstliquidation der Betriebswirtschaftslehre?, in: ZfB, Jg. 22 (1952), S. 605–615.

Schanz, Günther: Wissenschaftsprogramme, in: 100 Jahre Betriebswirtschaftslehre in Deutschland, hrsg. von M. Lingenfelder, München: Vahlen 1999, S. 31–48.

Schanz, Günther: Eine kurze Geschichte der Betriebswirtschaftslehre, München: UVK/Lucius 2014.

Schmoller, Gustav: Grundriss der Allgemeinen Volkswirtschaftslehre, Erster Teil, 1.–3. Auflage, Leipzig: Duncker & Humblot 1900.

Schneider, Dieter: Geschichte der Betriebswirtschaftslehre. In: 100 Jahre Betriebswirtschaftslehre in Deutschland (1898–1998), hrsg. v. M. Lingenfelder, München: Vahlen 1999, S. 1–29.

Schwaninger, Markus: Hans Ulrich – Leben und Werk, in: alma 2/2001, Das Alumni-Magazin der Universität St. Gallen, S. 19–22.

Schweitzer, Marcell: Institutionenökonomik, in: BWL-Lexikon, hrsg. von F. Bea/R. Helm/M. Schweitzer, Stuttgart: Lucius & Lucius 2009, S. 161.

Schweitzer, Marcell: Transaktionskostentheorie, in: BWL-Lexikon, hrsg. von F. Bea/R. Helm/M. Schweitzer, Stuttgart: Lucius & Lucius 2009, S. 379–380.

Ulrich, Hans: Die Unternehmung als produktives soziales System, Bern/Stuttgart: Haupt 1970.

Ulrich, Hans: Der systemorientierte Ansatz in der Betriebswirtschaftslehre, in: Wissenschaftsprogramm und Ausbildungsziele der Betriebswirtschaftslehre, Tagungsberichte des Verbandes der Hochschullehrer für Betriebswirtschaft e. V., Band 1, hrsg. von G. v. Kortzfleisch, Berlin: Duncker & Humblot 1971.

Ulrich, Hans: Management – eine unverstandene gesellschaftliche Funktion, Bern/Stuttgart: Haupt 1983.

Wächter, Hartmut/Metz, Thomas: Das kritische Vermächtnis der AOEWL, in: Innovation und Internationalisierung, hrsg. von W. Baumann/U. Braukmann/W. Matthes, Wiesbaden: Springer/Gabler 2010, S. 29–44.

Wöhe, Günter: Entwicklungstendenzen der Allgemeinen Betriebswirtschaftslehre im letzten Drittel unseres Jahrhunderts – Rückblick und Ausblick, in: Die Betriebswirtschaft (DBW), 50. Jg., Heft 2, 1990, S. 223–235.

Wöhe, Günter: Einführung in die Allgemeine Betriebswirtschaftslehre, 24. Aufl., München: Vahlen 2010.

## 11. Kapitel

Adam, Dietrich et al. (Hrsg.): Integration und Flexibilität – Eine Herausforderung für die Allgemeine Betriebswirtschaftslehre. 51. Wissenschaftliche Jahrestagung des Verbandes der Hochschullehrer für Betriebswirtschaftslehre 1989 in Münster, Wiesbaden Gabler 1990.

Bellinger, Bernhard: Die Betriebswirtschaftslehre der neueren Zeit, Darmstadt: Wissenschaftliche Buchgesellschaft 1988.

Bellinger, Bernhard: Allgemeine und Spezielle Betriebswirtschaftslehre(n), in: Handwörterbuch der Betriebswirtschaftslehre, hrsg. v. W. Wittmann et al., Stuttgart: Schäffer-Poeschel 1993, Sp. 68–84

Döring, Ulrich: Günter Wöhe – Der lange Weg vom Würzburger Privatdozenten zum Lehrbuchklassiker der deutschen Betriebswirtschaftslehre, Akademische Gedenkfeier für Günter Wöhe am 7.1.2009, Saarbrücken: universaar 2011, S. 15–25.

Schauenberg, Bernd: Spezialisierung in der BWL und die Frage nach der Allgemeinen BWL, in: Der Verband der Hochschullehrer für Betriebswirtschaft, hrsg. vom VHB, Wiesbaden: Gabler 2012, S. 213–222.

Schneider, Dieter: Betriebswirtschaftslehre, Bd. 1, Grundlagen, 2. Aufl., München/Wien: Oldenbourg 1995.

Schreyögg, Georg Betriebswirtschaftslehre nur noch als Etikett? – Betriebswirtschaftslehre zwischen Übernahme und Zersplitterung, in: Zukunft der Betriebswirtschaftslehre : Bestandsaufnahme und Perspektiven. – Düsseldorf: Verl.-Gruppe Handelsblatt 2007, S. 140–160.

Seÿffert, Rudolf: Betriebswirtschaftliche Forschung, ihre Entwicklung. In: Handwörterbuch der Betriebswirtschaft, Bd. 1, hrsg. v. H. Nicklisch, 1. Aufl., Stuttgart: Poeschel 1926, Sp. 1188–1193.

Seÿffert, Rudolf Über Begriff, Aufgaben und Entwicklung der Betriebswirtschaftslehre, 6. Aufl., Stuttgart: Poeschel 1971.

Weber, Wolfgang: Allgemeine vs. Spezielle Betriebswirtschaftslehren, in: Ideengeschichte der BWL, hrsg. v. W. Matiaske/W. Weber, Wiesbaden: Springer/Gabler 2018, S. 21–39.

Wöhe, Günter: Einführung in die Allgemeine Betriebswirtschaftslehre, 1. Aufl., München: Vahlen 1960.

# Glossar

Dieses Glossar erläutert überwiegend wirtschaftsgeschichtliche und wissenschaftstheoretische Begriffe im Zusammenhang mit der historischen Entwicklung der Betriebswirtschaftslehre. Verweise innerhalb des Glossars werden durch einen ▹ angezeigt, ein ▸ verweist auf ein Kapitel dieses Buches.

**Arbeitsorientierte Einzelwirtschaftslehre (AOEWL)** | Anfang der 1970er-Jahre konzipiertes Alternativkonzept zur „kapitalorientierten" BWL. Im Mittelpunkt der AOEWL stehen die Interessen der Arbeitnehmer (z. B. Sicherung der Arbeitsplätze, optimale Gestaltung der Arbeit, Sicherung und Steigerung der Einkommen). | ▸ **10.4**

**Beobachtung** | Systematische und geplante Erfassung von sinnlich wahrnehmbaren Sachverhalten, Eigenschaften, Zusammenhängen und Wirkungsweisen im Augenblick ihres Auftretens.

Die Beobachtung ist eng verwandt mit dem ▹ Experiment, unterscheidet sich jedoch von diesem dadurch, dass sie nicht unmittelbar auf das Objekt einwirkt. Große Bedeutung hat die Beobachtung in der Marktforschung (z. B. Käuferverhalten).

**Betriebswirtschaft** | Bezeichnung sowohl für den einzelnen wirtschaftlichen Betrieb als auch für das Wirtschaftsleben der Betriebe als Gesamterscheinung.

Der Begriff „Betriebswirthschaft" wurde erstmals von dem Heidelberger Professor *Eduard Baumstark* (1807–1889) in seiner „Kameralistischen Enzyklopädie" (1835, S. 155) verwendet. | ▸ **1.2** | ▸ **5.6**

**Deduktion/deduktive Methode** | lat. „Herabführung" | Schlussfolgerung vom Allgemeinen auf das Spezielle.

Dieses Verfahren zur Gewinnung neuer Erkenntnisse mittels logischer Ableitung setzt einen relativ hohen Stand der theoretischen Erkenntnis in dem betreffenden Wissensgebiet voraus, der sich in der präzisen Formulierung von Grundbegriffen und Gesetzesaussagen ausdrückt. Davon ausgehend lassen sich Folgerungen ableiten, die neue Erkenntnisse enthalten. Das Gegenstück der Deduktion ist die Induktion. | ▸ **9.3.5**

**Definition** | Verfahren, durch welches das Wesen von Gegenständen, Eigenschaften, Beziehungen und Prozessen begrifflich genau bestimmt und festgelegt wird.

**Doppelte Buchhaltung/Buchführung** | Der Begriff „Doppelte Buchführung" kann mehrfach gedeutet werden:

- Durch Abschluss der Bestandskonten (in der Bilanz) und durch Abschluss der Erfolgskonten (in der Gewinn- und Verlustrechnung) wird der Periodenerfolg doppelt ermittelt.
- Jeder Geschäftsfall wird doppelt festgehalten: im Grundbuch (zeitliche Ordnung) und im Hauptbuch (sachliche Ordnung).
- Da jeder Buchungsvorgang einen Wertübergang darstellt (jeder Leistung entspricht eine Gegenleistung) werden zwangsläufig zwei Konten berührt.

Die Technik der „Doppelten Buchführung" ist seit 1340 nachweisbar. *Luca Pacioli* veröffentlichte 1494 die erste gedruckte Schrift zur *Doppelten Buchführung* und trug so wesentlich zu deren Verbreitung bei. | ▸ **2.6**

**Ehrbarer Kaufmann** | Das Konzept vom „ehrbaren Kaufmann" ist ein in der europäischen Kaufmannskultur historisch gewachsenes Leitbild, das den Kaufmann zu einem verantwortungsvollen Handeln in der Wirtschaft anleiten will.

*Ludovici* (1767) nennt die Ehre sowie Treue und Glauben als die „größten Kostbarkeiten der rechtschaffenen Kauf- und Handelsleute". Schlagwörter, die seit jeher regelmäßig im Zusammenhang mit dem „ehrbaren Kaufmann" genannt werden, sind z. B. Ehrlichkeit, Verantwortung, Anstand, Sorgfalt und Zuverlässigkeit (im Sinne von „Wort halten"). | ▸ **2.6**

**Empirisch** | gr./lat. „erfahrungsgemäß" | Aus der ▹ Beobachtung bzw. Erfahrung erwachsen oder dem ▹ Experiment entnommen.

**Empirismus** | Bezeichnung für (philosophische bzw. wissenschaftstheoretische) Lehren, die den Ursprung aller ▹ Erkenntnis in der Erfahrung sehen (▹ Beobachtung, ▹ Experiment).

**Entscheidungsorientierte BWL** | Neuerer Ansatz in der BWL, der von *E. Heinen* Ende der 1960er-Jahre begründet wurde. Die *entscheidungsorientierte*

*BWL* versteht sich als eine angewandte Wissenschaft, die darauf abzielt, das betriebliche Entscheidungsverhalten transparenter und prognostizierbarer zu machen. Dieser Ansatz (▹ Wissenschaftsprogramm) rückt das betriebliche Entscheidungsproblem in den Mittelpunkt. Es entsteht dadurch, dass Unternehmen nicht nur ein Ziel (z. B. Gewinnmaximierung) verfolgen, sondern ein ganzes Bündel unterschiedlicher Ziele. Die *entscheidungsorientierte BWL* öffnete das Fach für sozialwissenschaftliche Fragestellungen. | ▸ **10.2**

**Epoche** | gr. „Haltepunkt“ | Zeitpunkt, an dem etwas Neues beginnt, ein Ereignis eintritt, das dem Lauf der Dinge eine neue Richtung gibt. Im übertragenen Sinne auch die Bezeichnung für einen ganzen Zeitraum, der von den Nachwirkungen eines solchen Ereignisses geprägt ist.

Die Einteilung der Geschichte in Epochen (Periodisierung) stellt in der Geschichtswissenschaft ein wichtiges Hilfsmittel dar. Kritisiert wird das Willkürliche, Subjektive an der Epochengliederung. Eine klassische Großgliederung ist die in Altertum, Mittelalter, Neuzeit. | ▸ **1.5**

**Erfahrungsobjekt** | Die in der Realität vorkommende Erscheinung bzw. der konkrete Gegenstand, auf den sich das Interesse der wissenschaftlichen Disziplin richtet. Das Erfahrungsobjekt der BWL ist der Betrieb.

Der Betrieb kann für verschiedene Disziplinen das Erfahrungsobjekt sein, z. B. für die Soziologie oder Psychologie. Für diese steht dann aber ein anderes ▹ Erkenntnisobjekt im Vordergrund (z. B. das Verhalten der Menschen).

**Erkenntnis** | Erkenntnis wird sowohl der Vorgang (das Erkennen) als auch das Ergebnis der theoretischen Widerspiegelung eines objektiven Sachverhalts im menschlichen Bewusstsein genannt. Zu einer Erkenntnis kann man durch Erfahrung, (logisches) Denken oder ▹ Intuition gelangen.

**Erkenntnisobjekt** | Aus dem ▹ Erfahrungsobjekt wird durch gedankliche Isolierung das jeweils interessierende Erkenntnisobjekt (= Denkobjekt) gewonnen. Das Erkenntnisobjekt der BWL ist das Wirtschaften im Betrieb.

**Ethik** | gr. „Sittenlehre“ | Die philosophische Wissenschaft vom Sittlichen. Teil der Philosophie, welcher die Moral, d. h. die sittlichen Verhaltensweisen, Werte, Normen und Anschauungen der Menschen untersucht. Der ethische ▹ Normativismus in der BWL kommt insbesondere bei *Nicklisch*, *Schär* und *Kalveram* zum Tragen. | ▸ **6.2** | ▸ **6.3** | ▸ **9.2.1**

**Experiment** | lat. „Probe, Versuch" | Wissenschaftliche Methode, die eng verwandt ist mit der ▹ Beobachtung, sich von dieser jedoch durch einen aktiven Charakter unterscheidet. Beim Experiment wird die zu untersuchende Erscheinung weitgehend von störenden Einflüssen isoliert und unter verschiedenen natürlichen/normalen (Feld-Experiment) und künstlichen Bedingungen (Labor-Experiment) untersucht. Die experimentelle Wirtschaftsforschung gehört zur ▹ empirischen Wirtschaftswissenschaft (z. B. Marktexperimente, Experimente zur Entscheidungstheorie).

**Falsifikation** | lat. „als falsch erkennen" | Widerlegung bzw. Nachweis der Falschheit einer wissenschaftlichen Aussage. Das Gegenteil ist die ▹ Verifikation.

**Forschungsmethoden** | ▹ Methoden

**Fürkauf** | (auch Vorhökerei) bedeutete im Mittelhochdeutschen so viel wie „Vorwegkauf", ein Ankauf von Waren mit dem Ziel, diese gewinnträchtig weiterzuverkaufen. Um diesen spekulativen Zwischenhandel zu verhindern, bestand vielerorts ein Marktzwang, der es Zwischenhändlern untersagte, Waren auf Wochenmärkten aufzukaufen. | ▸ **2.7**

**gerechter Preis** | Zu der Frage, welcher Preis als „gerecht" anzusehen ist, gehen die Ansichten weit auseinander, weil Moralnormen nicht nur kultur- und zeitabhängig, sondern auch subjektiv auslegbar sind. Eine allgemeingültige ▹ Definition existiert nicht.

Bereits antike griechische Philosophen setzten sich mit der Frage des gerechten Preises auseinander: Nach *Platon* dienen wirtschaftliche Transaktionen vor allem der Versorgung der Bürger, ein Gewinn sei daher nur in mäßigen Margen erlaubt.

Eine differenziertere Auffassung vertritt *Aristoteles*: Preise müssten verhältnismäßig sein, wobei das Maß für Verhältnismäßigkeit der Bedarf sei. Der Preis einer Ware solle sich nach dem Bedürfnis richten.

Der Römer *Cicero* berücksichtigt bezüglich des gerechten Preises die Bedeutung der Informationen: Der Verkäufer habe alle den Kaufabschluss betreffenden Informationen aufzudecken.

Im Mittelalter zielt *Luthers* Idee vom gerechten Preis auf eine optimale Güter- und Einkommensverteilung ab, die sowohl das Allgemeinwohl als auch eine für Käufer- und Verkäuferseite akzeptable Preisgestaltung berücksichtigt.

Der Betriebswirt *Kalveram* thematisiert die Preisgerechtigkeit in seinem Buch „Der christliche Gedanke in der Wirtschaft" (1949). | ▸ **2.6** | ▸ **2.7**

**Gesetz** |

- **Wissenschaftstheorie:** Ein notwendiger und wesentlicher Zusammenhang zwischen Dingen, Erscheinungen oder Vorgängen, der sich durch Beständigkeit auszeichnet und sich unter gleichen Bedingungen wiederholt. Beispiele: Gesetz der Massenproduktion, Gesetz vom abnehmenden Grenznutzen, Ertragsgesetz.
- **Rechtswissenschaft:** Eine verbindliche Rechtsnorm, eine rechtsverbindliche Regel.

**Gesetzmäßigkeit** | Der Ablauf von Prozessen gemäß den ihnen innewohnenden ▹ Gesetzen.

**Handelshochschulen (HH)** | (Fach-)Hochschulen für die qualifizierte Ausbildung von Handelslehrern und Kaufleuten. Obwohl die Idee zu deren Errichtung bis ins 18. Jahrhundert zurückreicht (*P. J. Marperger*), wurden sie erst ab 1898 in Deutschland gegründet (Leipzig, Aachen). Die Initiative kam gleichzeitig aus dem Bildungssystem und aus der Wirtschaft, um einerseits dem Mangel an qualifizierten Lehrkräften in der kaufmännischen Bildung entgegenzuwirken und andererseits den Erfordernissen in den Unternehmen Rechnung zu tragen. Nach einiger Zeit wurden die HH in Universitäten integriert (z. B. Frankfurt am Main) oder zu Universitäten umgewandelt (z. B. Mannheim). | ▸ **5.1**

**Hermeneutik** | gr. „Kunst der Auslegung" | Die Lehre vom Verstehen, vom wissenschaftlichen Begreifen geisteswissenschaftlicher Gegenstände (z. B. Texte und andere kulturelle Erzeugnisse). Die Hermeneutik zielt auf die Rekonstruktion jener Aussagen und Aussagensystemen, die ihnen im Kontext ihrer Entstehung zukamen. Im Forschungsprozess stellt die Hermeneutik ein Verfahren der Sinngebung und Sinndeutung dar.

**Hilfswissenschaften** | ▹ Interdisziplinarität

**Historische Schule** | Von *W. Roscher* begründete Schule der Nationalökonomie, die von der Mitte des 19. Jahrhunderts bis in die Weimarer Republik die vorherrschende Denk- und Forschungsrichtung in Deutschland war. Weitere Vertreter sind: *G. Schmoller*, *K. Bücher*, *W. Sombart* und *M. Weber*. Die *Historische Schule* geht davon aus, dass gesellschaftliche und ökonomische

Verhältnisse historisch entstanden sind und es keine allgemeingültigen ▹ Theorien geben könne. Ihr Ziel war eine historisch fundierte Sozialwissenschaft. Die ▹ Forschungsmethode war ein ▹ empirisch-beschreibendes Vorgehen. Auch sollten auf die Wirtschaft einwirkende außerökonomische Faktoren (z. B. Recht, Moral, Politik, Religion) berücksichtigt werden.

**Homo oeconomicus** | Menschenbild, das sich auf *J. St. Mill* zurückführen lässt und insbesondere der Klassik und Neoklassik zugrunde liegt. Das Modell des *Homo oeconomicus* geht von einem Menschen aus, der ausnahmslos rational handelt. Er ist vollständig über das Marktgeschehen informiert und strebt danach, stets seinen eigenen Nutzen zu maximieren. In die BWL fand das Modell indirekt Eingang durch den Ansatz von *Gutenberg*. Es wird zunehmend kritisiert bzw. ganz abgelehnt (z. B. in der VWL von *R. Selten* und in der BWL von *E. Heinen*). | ▸ **9.2.1** | ▸ **10.1**

**Hypothese** | gr. „Grundlage" | Annahme, die noch nicht bewiesen ist. Sie bildet die Vorstufe für eine ▹ Theorie. Erweist sich eine Hypothese als richtig bzw. wird sie bestätigt (Verifizierung), so spricht man von einem ▹ Gesetz.

**Induktion/induktive Methode** | lat. „Hinführung" | Schlussfolgerung vom Speziellen auf das Allgemeine. Einzelne ▹ Beobachtungen (empirisches Material) werden systematisiert und zu einem sinnvollen Ganzen zusammengeführt, d. h. aus der Beobachtung und Analyse der Wirklichkeit werden Regelmäßigkeiten abgeleitet und theoretisch verallgemeinert, um so eine neue Theorie zu entwickeln.

Um zu richtigen induktiven Schlüssen zu gelangen, ist es notwendig, die wesentlichen Eigenschaften der Gegenstände und ihre Beziehungen zueinander zu untersuchen. Die Induktion ist von großer Bedeutung für den Erkenntnisprozess, weil durch sie neue Aussagen gewonnen werden können. Zusammen mit ihrem Gegenstück, der ▹ Deduktion bildet sie ein grundlegendes Verfahren des erkennenden Denkens. Beide Methoden ergänzen sich: Durch Induktion lässt sich eine Theorie entwickeln, durch Deduktion lässt sich eine Theorie überprüfen. | ▸ **9.3.5**

**Informationsasymmetrie** | Zustand, in dem die Marktakteure über unterschiedliche Informationen verfügen. Dieser Zustand kann durch *adverse Selektion* (= Negativauslese) zu Marktversagen führen.

**Interdisziplinarität/interdisziplinärer Ansatz** | Verwendung von Ansätzen, Denkweisen und Methoden verschiedener Wissenschaften, die zwar selbständig bleiben, jedoch als Hilfswissenschaften zur Lösung von Fragestellungen innerhalb der eigenen Disziplin herangezogen werden.

Hilfswissenschaften der BWL sind insbesondere VWL, Mathematik, Statistik, Psychologie, Soziologie, Politikwissenschaft, Rechtswissenschaft, Wirtschaftsgeschichte. „Im Rahmen der interdisziplinären Kooperation kann die Betriebswirtschaftslehre einerseits die sie interessierenden Erkenntnisse aus den Nachbarwissenschaften übernehmen, andererseits aber auch Anregungen zur Untersuchung bestimmter Fragen durch die Nachbarwissenschaften geben" (*H. Raffée*). | ▸ **9.2.2**

**Intuition** | lat. „Blick, Anschauung" | Ein besonderer Erkenntnisakt, der plötzlich zu unmittelbarer Einsicht in bisher unbekannte Zusammenhänge führt. Dabei handelt es sich um eine eingebungsartige Erkenntnis und nicht durch ein vermitteltes Wissen (durch Logik oder Überlegung). Die Intuition ist keine übernatürliche, irrationale Erkenntnisweise, sondern ein spezifischer Erkenntnisvorgang, in dem sinnliche Anschauung und abstraktes Denken auf besondere Weise verflochten sind. Das intuitiv gewonnene Wissen bedarf weiterer theoretischer Verarbeitung und praktischer Überprüfung. Nach der Auffassung von *H. Nicklisch*, dem Hauptvertreter des ethisch-normativen Ansatzes, „muß für die Betriebswirtschaft wie für die Betriebswirtschaftslehre das herrschende Forschungsverfahren das der Intuition sein" (Die Betriebswirtschaft, 7. Aufl., 1932, S. 28). | ▸ **5.3.2**

**Kameralismus** | Eine Variante des Merkantilismus, speziell in den deutschen Staaten vom 17. bis zum Beginn des 19. Jahrhunderts. Im Mittelpunkt stand die wirtschaftliche Entwicklung des Staates durch handelspolitische Maßnahmen und die Förderung des Manufakturwesens, um so Einnahmen für die Staatskasse zu generieren. | ▸ **3**

**Kapital** | „Kapital" hat in der Wirtschaftswissenschaft eine dreifache Bedeutung:

1. Neben Boden und Arbeit bezeichnet es den dritten volkswirtschaftlichen Produktionsfaktor.
2. Im Sinne von Geld*kapital*, welches die finanziellen Mittel umfasst, die zur Erneuerung bzw. Erweiterung des Kapitalstocks zur Verfügung stehen.
3. Im betrieblichen Rechnungswesen das Gesamtvermögen (bestehend aus Eigenkapital und Fremdkapital), das auf der Passivseite der Bilanz erfasst wird.

**Kapitalismus** | Bezeichnung für ein neuzeitliches Wirtschaftssystem, das gekennzeichnet ist durch freies Unternehmertum und Privateigentum an den Produktionsmitteln. Die Steuerung der Wirtschaftsaktivitäten wird – im Gegensatz zur ▹ Planwirtschaft – dem Markt überlassen. Synonym für ‚Kapitalismus' wird der Begriff (freie) Marktwirtschaft verwendet. *W. Rieger* sieht im kapitalistischen Gewinnprinzip die Grundidee seiner Privatwirtschaftslehre. Zu den Betriebswirten, die dem Kapitalismus kritisch gegenüberstehen, gehören z. B. *H. Nicklisch*, *J. F. Schär* sowie die Vertreter der ▹ AOEWL. | ▸ **5.5** | ▸ **8.2**

**Kommerzielle Revolution** | Ein europäisches Phänomen im Hochmittelalter, das die Handelsstrukturen und das Wirtschaftsleben etwa zwischen dem 13. und 15. Jahrhundert grundlegend veränderte. Die kommerzielle Revolution wurde forciert durch das Aufkommen der Schriftlichkeit, die Einführung der ▹ *Doppelten Buchhaltung*, die Ablösung des Wanderhandels durch die Sesshaftwerdung der Kaufleute sowie durch Innovationen im Zahlungsverkehr (z. B. Kredit und Wechsel) und im Transportwesen (bessere Lagermöglichkeiten und Transportmittel). Die Bezeichnung *Kommerzielle Revolution* wurde von dem Wirtschaftshistoriker *R. de Roover* (1904–1972) in den 1940er-Jahren geprägt. | ▸ **2.6**

**Mathematik (in der Wirtschaftswissenschaft)** | Mathematik als eine formale Ausdrucksweise (formale Logik) ist gekennzeichnet durch eine hohe Präzision ihres Begriffssystems, strenge Beweismethoden und einen stark ▹ deduktiven Charakter.

Als „Vater der mathematischen Wirtschaftswissenschaft" wird *Cournot* angesehen. Mit seinem Werk „Untersuchungen über die mathematischen Grundlagen der Theorie des Reichtums" erklärte er den Marktmechanismus unter Zuhilfenahme der mathematischen Analyse. In der BWL kam es zwischen *E. Gutenberg* und *K. Mellerowicz* zu einem ▹ Methodenstreit um die Frage, ob die Verwendung von mathematischen Modellen in der betriebswirtschaftlichen ▹ Theorie sinnvoll ist. *Mellerowicz* vertrat die traditionelle unmathematische Methode, *Gutenberg* setzte sich für mathematische Verfahren ein. | ▸ **9.2.3** | ▸ **9.2.5**

**Merkantilismus** | ▹ Kameralismus | ▸ **3**

**Methoden** | gr. „das Nachgehen, Verfolgen" | Art und Weise, Verfahren, Technik des Forschens. Jede Forschung wird stets unter Verwendung geeigneter Methoden vollzogen. Zu den wissenschaftlichen Methoden (die abhängig sind von der jeweiligen Theorie) gehören beispielsweise ▷ Beobachtung, ▷ Deduktion,▷ Experiment, ▷ Hermeneutik, ▷ Induktion, ▷ Intuition.

**Methodenstreit** | Wissenschaftliche Auseinandersetzung um die „richtige" bzw. angemessene Forschungsmethode in der Wirtschaftswissenschaft.

- In der **VWL** entbrannte der **1. Methodenstreit** zwischen *G. Schmoller* (Historische Schule) und *C. Menger* (Grenznutzenschule). Dabei ging es um die Berechtigung und Bedeutung der theoretischen Forschungsmethode, insbesondere um ▷ deduktive und ▷ induktive Verfahren. Beim **2. Methodenstreit** (zwischen *M. Weber* und *W. Sombart* auf der einen Seite und *G. Schmoller, A. Wagner* und *E. von Philippovich* auf der anderen Seite) ging es um die Zulässigkeit von ▷ normativen Aussagen (Werturteilen). *Weber* und *Sombart* vertraten die Auffassung, dass ▷ Werturteile mit objektiver Wissenschaft nicht vereinbar seien.
- In der **BWL** wurde Der **1. Methodenstreit** 1912 von *M. Weyermann* und *H. Schönitz* ausgelöst. Sie betrachteten die BWL als einen Bereich der VWL. *E. Schmalenbach* vertrat hingegen die Ansicht, dass die BWL eine technologisch orientierte Kunstlehre sei, in deren Mittelpunkt der Wirtschaftlichkeitsaspekt stehe. Der **2. Methodenstreit** entzündete sich an der Wirtschaftlichkeitslehre von *E. Schmalenbach. W. Rieger* löste diesen Streit aus, als er *Schmalenbachs* Auffassung seine Privatwirtschaftslehre gegenüberstellte, die sich am Rentabilitätsaspekt orientiert. Beim **3. Methodenstreit** zwischen *E. Gutenberg* und *K. Mellerowicz* ging es insbesondere um die Frage, ob die Verwendung von mathematischen Modellen in der betriebswirtschaftlichen Theorie sinnvoll ist. *Mellerowicz* vertrat die traditionelle unmathematische Methode, *Gutenberg* setzte sich für mathematische Verfahren ein. | ▸ **9.3.5**

**Modell** | Vereinfachte, übersichtlichere Darstellung der Realität bzw. des Originals zum Zwecke der Problemlösung. Beispiele: Der ▷ *Homo oeconomicus*, Bilanzen, Produktionsfunktionen.

**Nationalökonomie** | Veraltete Bezeichnung für das Fach Volkswirtschaftslehre, die so nur im deutschsprachigen Raum existiert. Der Begriff wurde populär durch *F. Lists* Werk „Das nationale System der politischen Ökonomie" (1841).

**Neue Institutionenökonomik (NIÖ)** | Oberbegriff für drei zusammengehörige bzw. sich überlappende Theoriegebiete:

- Die **Theorie der Verfügungsrechte** (Property-Rights-Theorie) betrachtet wirtschaftliche Transaktionen (z. B. Kauf, Miete, Arbeitsverhältnis) als Tausch von Verfügungsrechten und fragt danach, wie sie das Verhalten der Wirtschaftssubjekte beeinflussen.
- Die **Transaktionskostentheorie** geht davon aus, dass sich das Wirtschaften in den Kategorien von Verträgen und Vereinbarungen vollziehe. Für deren Anbahnung, Gestaltung, Einhaltung und Anpassung entstehen sog. Transaktionskosten (z. B. Such-, Informations-, Kontrollkosten). Diese sollen bei der Koordination ökonomischer Aktivitäten minimiert werden.
- Die **Principal-Agent-Theorie (Agency-Theorie)** untersucht die Beziehung zwischen Principal (Auftraggeber) und Agent (Auftragnehmer). Dabei wird davon ausgegangen, dass diese Beziehungen zumeist durch ▹ Informationsasymmetrien gekennzeichnet sind.

Der Einfluss der *NIÖ* auf die BWL machte sich seit Mitte der 1980er-Jahre bemerkbar und verstärkte sich in den 1990er-Jahren. | ▸ **10.7**

**Normativistische Theorie/normative Richtung der BWL** | Eine ethisch-wertende Denkrichtung, die auf Werturteilen basiert. Sie beschreibt also nicht (nur) objektiv, wie etwas *ist*, sondern insbesondere wie etwas *sein soll*. Die bekanntesten Vertreter dieser Richtung in der BWL sind *Nicklisch, Schär, Kalveram.* | ▸ **5.3.2** | ▸ **6.2** | ▸ **6.3** | ▸ **9.2.1**

**Periodisierung** | ▹ Epoche

**Planwirtschaft** | auch „Zentralverwaltungswirtschaft" | Ein Ordnungssystem der Wirtschaft, in dem ökonomische Entscheidungen zentral getroffen und die Abläufe auch zentral gesteuert und kontrolliert werden. Die Produktion und Verteilung der Güter wird also nicht wie in der Marktwirtschaft über den Preismechanismus durch Angebot und Nachfrage gesteuert, sondern von einer zentralen Stelle (z. B. einer Behörde) geplant. Beispiele: „4-Jahres-Pläne" der Nazis, „5-Jahres-Pläne" der kommunistischen Staaten (Sowjetunion, DDR, Nordkorea, China). | ▸ **9.1**

**Principal-Agent-Theorie** | ▹ Neue Institutionenökonomik (NIÖ)

**Privatwirtschaftslehre** | Auf *W. Rieger* zurückgehende (alternative) Bezeichnung für *Betriebswirtschaftslehre,* die sich für einen kurzen Zeitraum eingebürgert hatte. 1928 erschien sein Werk *Einführung in die Privatwirt-*

*schaftslehre.* Als Name des Fachs setzte sich jedoch der von *E. Schmalenbach* eingeführte Begriff „Betriebswirtschaftslehre“ durch. | ▸ **5.5**

**Systemorientierte Betriebswirtschaftslehre** | Von *Hans Ulrich* initiierter Ansatz in der BWL, der die Systemtheorie bzw. die Kybernetik (gr. „Steuermannskunst“) auf die Unternehmung anwendet, da diese sowohl ein „produktives“ als auch ein „soziales“ System darstelle und es mithin der Lenkung und Steuerung bedürfe. Der systemorientierte Ansatz führte zu einer Öffnung des Fachs und schuf die Basis für die Managementlehre. | ▸ **10.3**

**Theorie** | gr. „Schauen“ | Ein systematisch geordnetes Aussagensystem zu einem Wissensbereich. Die Theorie widerspiegelt die Struktur, die Funktion und die Gesetzmäßigkeiten der Realität bzw. einer Erscheinung in verallgemeinerter Form und formuliert diese sprachlich möglichst exakt. Die Bildung von Theorien ist eine entscheidende Etappe im wissenschaftlichen Erkenntnisprozess. Theorien haben eine Beschreibungs-, Erklärungs- und Prognosefunktion; sie bilden das „Rückgrat“ und das „Lehrgebäude“ einer Wissenschaft bzw. eines ▹ Wissenschaftsprogramms.

**Theorie der Verfügungsrechte** | ▹ Neue Institutionenökonomik (NIÖ)

**These** | gr. „Setzung“ | Aussage bzw. Behauptung, die als Ausgangspunkt für die weitere Diskussion dient.

**Transaktionskostentheorie** | ▹ Neue Institutionenökonomik (NIÖ)

**Verband der Hochschullehrer für Betriebswirtschaft (VHB)** | Der *VHB* ist ein eingetragener Verein, der am 26.11.1921 in Frankfurt am Main als *Verband der Dozenten für Betriebswirtschaftslehre an deutschen Hochschulen* gegründet wurde mit dem „Zweck, die BWL in Forschung und Lehre zu fördern, auf eine angemessene Vertretung der BWL an den in Frage kommenden Hochschulen hinzuwirken und die Standesinteressen seiner Mitglieder zu vertreten“ (HWB, Bd. 5, 1928, Sp. 552).

Zu den Gründungsmitgliedern gehörten *Heinrich Nicklisch*, *Abraham Adler* und *Fritz Schmidt*; bald darauf traten *Ernst Pape*, *Josef Hellauer* und *Eugen Schmalenbach* dem *VHB* bei. Die jährliche Hauptversammlung des *VHB* findet traditionell zu Pfingsten statt. Offizielle Internetseite des *VHB*: https://vhbonline.org | ▸ **7.2.3**

**Verifikation** | lat. „die Wahrheit erweisen" | Erweis der Wahrheit einer wissenschaftlichen Aussage (z. B. durch empirische Beobachtung oder logischen Beweis). Das Gegenteil ist die ▹ Falsifikation.

**Verkehrswirtschaft/Verkehrslehre** | Der veraltete, heute kaum noch verwendete betriebswirtschaftliche Fachbegriff war von den 1910er- bis in die 1950er-Jahre gebräuchlich als Bezeichnung für das von *J. Hellauer* begründete Teilgebiet der BWL, das sich mit den Beziehungen – dem Verkehr von Waren, Geld und Informationen – zwischen dem Betrieb und seinen Marktpartnern (Lieferanten und Kunden) befasst. Somit ist der Begriff zu einem Teil deckungsgleich mit *Absatzwirtschaft* bzw. *Marketing*.

**Werturteil/Werturteilsstreit** | Dem Werturteilsstreit, der aus den methodologischen Untersuchungen *M. Webers* hervorgegangen ist, liegt die Frage zugrunde, ob wirtschaftliche (und gesellschaftliche) Tatbestände einer Wertung (z. B. unter ethischen, moralischen oder religiösen Gesichtspunkten) unterzogen werden dürfen. Es geht im Kern also um die Frage, ob die Wirtschaftswissenschaft Werturteile enthalten darf oder nicht.

*M. Weber* und *W. Sombart* vertraten die Auffassung, dass die Wirtschaftswissenschaft eine ▹ empirische Wissenschaft sei, in der Werturteile keinen Platz hätten. Nach *A. Wagner* und *G. Schmoller* müsse die Wirtschaftswissenschaft Werturteile enthalten bzw. diese bei der Theoriebildung berücksichtigen.

**Wissenschaft** | lat. „scientia" | Je nach Abgrenzung (Kulturzweig, Einzelwissenschaft, methodischer Prozess) unterschiedlicher Bedeutungsinhalt und -umfang, z. B.:

- Inbegriff menschlichen Wissens, das systematisch gesammelt, aufbewahrt, gelehrt und tradiert wird.
- Gesamtheit von Erkenntnissen, die sich auf einen Gegenstandsbereich beziehen und in einem Begründungszusammenhang stehen.
- Zusammenhängendes System von überprüften Aussagen, Theorien und Verfahrensweisen, das den Anspruch auf objektive Gültigkeit erhebt.

Das Bundesverfassungsgericht versteht unter wissenschaftlicher Tätigkeit „alles, was nach Inhalt und Form als ernsthafter, planmäßiger Versuch zur Ermittlung der Wahrheit anzusehen ist."

**Wissenschaftsprogramme (der BWL)** | Konkrete Ausgestaltung einer Wissenschaftsdisziplin auf der Grundlage eines systemkonstituierenden Grundgedankens, einer „Leitidee“ (*Schanz*).

Auf der Grundlage einer spezifischen Forschungskonzeption lassen sich Einzelprobleme in einen Aussagenzusammenhang systematisch einordnen, sodass dem Wissenschaftsprogramm eine gewisse Geschlossenheit innewohnt. Problematisch ist, dass der Forscherblick möglicherweise nur in eine ganz bestimmte Richtung gelenkt wird („Scheuklappen“). In der BWL wurden folgende Wissenschaftsprogramme konzipiert:

- BWL als „Kunstlehre“ (*Eugen Schmalenbach*),
- BWL als „ethisch-normative Wissenschaft“ (*Heinrich Nicklisch*),
- BWL als „rein theoretische Wissenschaft“ (*Wilhelm Rieger*)
- BWL als „System der betrieblichen Produktivitätsbeziehung“ (*Erich Gutenberg*),
- „Entscheidungsorientierte BWL“ (*Edmund Heinen*),
- „Systemorientierte BWL“ (*Hans Ulrich*) und
- „Arbeitsorientierte Einzelwirtschaftslehre (AOEWL)“ (*WSI/Norbert Koubek*).

**Wucher** | Ein nichtäquivalenter Austausch bzw. Verkauf von Waren. Indem der Preis erheblich vom Warenwert abweicht, lässt sich ein zusätzlicher Profit erzielen. Wuchergeschäfte waren in vorkapitalistischen Gesellschaftsordnungen (z. B. im Mittelalter) stark ausgeprägt. Heute sind im bürgerlichen Recht wucherische Rechtsgeschäfte sittenwidrig und somit nichtig (§ 138 BGB). | ▸ **2.7**

# Personen- und Sachregister

## Abbildungsverzeichnis

# Tabellenverzeichnis